WETTER UND KLIMA

IHR EINFLUSS AUF DEN GESUNDEN
UND AUF DEN KRANKEN MENSCHEN

VON

PROF. DR. RICHARD GEIGEL

VERLAG J. F. BERGMANN / MÜNCHEN

1924

ISBN-13: 978-3-642-98652-9   e-ISBN-13: 978-3-642-99467-8
DOI: 10.1007/ 978-3-642-99467-8

INHALT

IV

Vorwort.

Es gibt Lagen von eigentümlicher Beschränkung der persönlichen Freiheit. Das freie Wort kann unterbunden sein und über manches kann und darf man nicht sprechen oder man dürfte es wohl, wenn man seinen Mund mit schamlosen Lügen entweihen wollte und könnte. Das kommt schließlich auf das einfache Verbot hinaus, gewisse Dinge in seinen Gesprächen überhaupt zu berühren. Man sagt, solches geschehe da, wo manche das Rauschen des Paniers der Freiheit hoch in den Lüften zu vernehmen meinen. Möglich!

Wo sich die geladenen Zeugen und Sachverständigen bei einer Gerichtsverhandlung zusammenfinden, darf von allem gesprochen werden, nur nicht von dem gerade zur Verhandlung stehenden Fall. Äußerer Zwang nicht nur, auch gute Sitte und Erziehung können ähnlich wirken. Wie oft muß man religiöse und politische Gesprächsstoffe meiden, um nicht die Gefühle anderer zu verletzen, an die man das Wort richten möchte; wie oft werden unbeabsichtigt und später bereut die berüchtigten „Moosbacher" zutage gefördert!

Und von was wird denn eigentlich gesprochen, wenn irgendeine Einschränkung des Gesprächsstoffes aus irgendeinem Grund vorliegt?

Allemal vom Wetter.

Der harmloseste Gesprächsstoff von allen, dazu dem Bildungsgrad eines jeden zugänglich und noch verständlich bis zu einem gewissen Grad, dazu für einen jeden von Bedeutung, ein wirklicher Neutraler!

Klima ist aber im wesentlichen nichts anderes als das durchschnittliche Wetter an einem bestimmten Ort in einem gewissen Zeitabschnitt, es teilt also die erwähnten Vorzüge mit dem Wetter als Gesprächsthema. So mag es auch mir erlaubt sein, in den nachfolgenden Zeilen vom Wetter und Klima zu reden. Als Arzt aus Beruf, als Naturliebhaber aus Neigung, schreibe ich kein Lehrbuch, eher könnte man das, was ich hier den Ärzten, vorwiegend aber nicht ausschließlich den Ärzten, biete, einen bescheidenen Grundriß nennen, wenn das Kind einen Namen haben soll.

Es liegt auf der Hand, daß ich dabei ausgiebig von fremdem Eigentum Gebrauch gemacht habe. Woher sollte ich nur das Tatsachenmaterial, die Zahlenangaben sonst haben? Ich bin aber mit Namen sparsam gewesen, und was ich wirklich mein geistiges Eigentum nennen darf, das wird man doch leicht erkennen.

Der Wandelstern, auf dem wir leben — leben dürfen, sagen die einen, leben müssen, sagen die andern — besteht aus der Geosphäre, die durch die feste Erdoberfläche begrenzt ist, wenngleich sie wohl nicht ganz, auch im innersten Kern, fest ist, der Hydrosphäre, die im ganzen eine Kugelschale darstellt, die in den Meeren frei zutage tritt, aber auch unter der Erdoberfläche sich schalenförmig verbreitet, und endlich aus der gasförmigen Hülle des Erdballs, der Atmosphäre. Sie allein bildet den Schauplatz des Wetters, denn das Wetter ist nichts als der Zustand der Atmosphäre zu einer gewissen Zeit in einem weiteren Gebiet. Für das Klima kommt auch noch der Zustand der Geosphäre und der Hydrosphäre in Betracht.

Die Atmosphäre.

Nur unter besonderen Umständen oder wenn wir unser Augenmerk besonders darauf richten, kommt uns das Dasein der Atmosphäre überhaupt zum Bewußtsein. Ihre Masse wird auf etwa den millionsten Teil der ganzen Erdmasse veranschlagt. Immerhin ist das Gewicht der Lufthülle sehr groß. Das Gewicht der Erde beträgt nach der sorgfältigen Bestimmung des Pater Braun 5,985 mal 10^{24} kg. Der millionste Teil wäre 5,985 mal 10^{18} kg oder 10^{15} Tonnen. Drückt ja doch die Erdatmosphäre auf jeden Quadratzentimeter der Erdoberfläche mit einem Gewicht von rund 1,033 kg, auf 1 Quadratmeter also mit einem Gewicht von 10,333 Tonnen. Die Erdoberfläche zu 5,097 mal 10^{14} angenommen, wiegt die Atmosphäre 5,27 mal 10^{15} Metertonnen. Das wäre etwa der 252. Teil der Hydrosphäre. Dagegen übertrifft die Ausdehnung der Atmosphäre die der beiden andern, der Geosphäre und gar der Hydrosphäre, ganz außerordentlich.

Mit der Erhebung über die Erdoberfläche nimmt die Dichte der Luft ab, anfangs rascher, dann langsamer, und deswegen läßt sich eine feste Grenze gar nicht bestimmen. Man kann nur aus gewissen Erscheinungen sagen, bis zu welcher Höhe sich die Anwesenheit einer wenngleich sehr dünnen Atmosphäre überhaupt noch bemerkbar macht. Wenn ein fremder kleiner Weltkörper, ein Meteor, die Atmosphäre der Erde in einer Höhe von 200 bis 110 km durchfliegt, so kommt er zum Glühen und wird als Sternschnuppe bemerkbar. In dieser Höhe genügt die Reibung selbst in den sehr verdünnten Gasen bei der Geschwindigkeit zwischen 30 und 100 km/sek, um Gluthitze an dem kleinen fremden Weltkörper zu erzeugen. Das sind schon Geschwindigkeiten von „kosmischer Ordnung“, wie wir sie mit unseren irdischen Mitteln auch nicht annähernd erzielen können. Die Höhe mancher Polarlichter wird noch größer, bis zu 400 km und darüber, eingeschätzt. Was sich in solcher Höhe findet, kann kaum noch irdische Atmosphäre genannt werden. Wahrscheinlich findet sich so hoch oben keines der Gase mehr vor, aus denen sich die uns bekannte Atmosphäre zusammensetzt, sondern nur das „Koronium“ in äußerst verdünntem Zustand, in dessen Spektrum die grüne Linie der Nordlichter aufleuchtet. Unseren Beobachtungen vertrauter sind schon die Dämmerungserscheinungen, die aus Höhen von weit mehr als 30 km kommen können. Was aus der Atmosphäre in noch viel größeren Höhen wird, draußen im Weltenraum, davon weiß man aus irgendeiner Beobachtung natürlich gar nichts, man kann sich nur eine Vorstellung davon machen, oder eigentlich man kann sich keine Vorstellung von dem Verdünnungszustand machen, der dort herrschen muß; man kann ihn nur berechnen. Nach der Berechnung von Zöllner würde sich 1 Kubikmeter unserer Luft zwischen den Planeten unseres Sonnensystems dergestalt ausdehnen, daß er eine Kugel erfüllte, die ein Lichtstrahl in 10 Jahren durcheilen könnte. Genau sind solche Angaben naturgemäß nicht, nichtsdestoweniger sind sie annähernd wahr; also eine obere Grenze unserer Atmosphäre gibt es überhaupt nicht, aber es gibt eine Grenze, bis zu welcher die Anwesenheit der Atmosphäre und ihr Zustand für uns überhaupt in Betracht kommt, bis zu der es überhaupt ein Wetter gibt, und diese Grenze liegt gar nicht so weit vom Erdboden entfernt. Die Höhe der „Troposphäre“ beträgt am Äquator etwa 17 km, in unseren Breiten 11, am Pol 9. Darüber kommt die „Stratosphäre" mit „blätterartiger" Struktur, mit langsamer Abnahme der Temperatur, aber unbeeinflußt von vertikalen Strömungen.

Mit Abnahme des Drucks in der Höhe ändert sich auch die chemische Zusammensetzung der Atmosphäre, denn ihre einzelnen Bestandteile haben ein verschiedenes spezifisches Gewicht. Folgende Tabelle ist W e g e n e r (Handbuch der Naturwissenschaften) entnommen. (Dichte bezogen auf trockene, kohlensäurefreie Luft.)

	Dichte	Volumprozent
N_2	0,9673	78,03
O_2	1,105	20,99
Arg	1,370	0,937
CO_2	1,529	0,03
H_2	0,0696	0,01

Es ist klar, daß mit zunehmender Erhöhung über den Erdboden und demgemäß abnehmendem Druck zuerst die spezifisch schwereren Gase an Menge abnehmen müssen. Der Sauerstoffgehalt muß bei 100 km Höhe verschwunden sein; der Stickstoff, der bei 70 km Höhe noch 70% ausmacht, sinkt bei 120 km Höhe auf Null, und von 100 km an besteht die Atmosphäre so ziemlich nur aus Wasserstoff, darüber hinaus bis vielleicht 500 km aus dem uns noch ganz unbekannten, nur aus seiner grünen Spektrallinie bekannten „Geokoronium". Vom Zustand der Atmosphäre hoch oben, auch von ihrer Zusammensetzung, haben wir nur ganz dürftige Kenntnisse, die nicht weit reichen. Die größte Höhe wurde wohl am 5. 11. 08 bei Brüssel mit einem Versuchsballon (Tandemapparat) mit 29040 m erreicht.

Aber auch an der Erdoberfläche, wo die Schwerkraft bekanntlich nicht überall ganz gleich ist, sondern sich mit der geographischen Breite ändert, hat man eine verschiedene prozentuale Zusammensetzung der Atmosphäre wirklich nachweisen können. Es fanden sich Volumprozente:

Breite	Äquator	48°	70°
N_2	75,19	77,32	77,87
O_2	20,44	20,80	20,94
Arg	0,92	0,94	0,94
CO_2	0,02	0,02	0,03

Man sieht, daſs die Unterschiede nicht groſs sind. Auf das Wohlbefinden des Menschen sind sie ohne Einfluſs. Bekanntlich verbraucht der Stoffwechsel der Tiere Sauerstoff und bildet Kohlensäure, umgekehrt spalten Pflanzen mit Chlorophyll aus der Kohlensäure Sauerstoff ab. Man sollte also erwarten, daſs in Städten die Luft mehr Kohlensäure enthalten wird als auf dem freien Lande, und umgekehrt dort weniger Sauerstoff als hier. Aber auch da ist der Unterschied viel zu klein, um irgend in die Wagschale zu fallen. Etwas anderes ist es mit den Schwankungen an Kohlensäure, die im Verlauf der Jahrtausende sich in der Atmosphäre bemerkbar machten, die, wie man angenommen hat, sogar einen recht merklichen Einfluſs auf die physikalischen Verhältnisse des Luftmeers, im besonderen auf die Absorption von Wärmestrahlen ausgeübt haben. Hier vollzieht sich aber die genannte Änderung in viel zu langen Zeiträumen, um in kürzeren, im Verlauf mehrerer Menschenalter zum Beispiel, irgenwie bemerkbar zu werden.

Die zufälligen Beimengungen: schwefelige Säure, Ozon, Schwefelwasserstoff, Ammoniak, können gelegentlich einmal an begrenzten Orten von Einfluſs auf den Menschen und sein Wohlbefinden, selbst auf seine Gesundheit sein, wie die tausend Arten von Gerüchen und Gestank, die sich an die verschiedensten Formen menschlicher Tätigkeit knüpfen; den Zustand der Atmosphäre bezeichnen sie aber nur insofern, als manche Faktoren, die das Wetter bilden: Wind, Sonnenstrahlung, Temperatur, sich von Einfluſs auf die genannten, meist lästigen oder schädlichen Beimengungen erweisen. Sie werden vom Wetter beeinfluſst, aber sie tragen gar nichts dazu bei, wie das Wetter gebildet wird. Die in der Atmosphäre spurenhaft anwesenden Edelgase Helium, Krypton, Neon, auch das schon genannte Argon, dessen Menge nahezu an die des Kohlendioxyds heranreicht, spielen für das Wetter und für das Klima überhaupt keine Rolle. Von allergröſstem Einfluſs ist dagegen der Gehalt an dampfförmigem Wasser, die „Feuchtigkeit".

Es sind nur sechs „Elemente", aus deren Zusammenwirken der Zustand des Luftmeers herauskommt, den wir W e t t e r heiſsen. Diese sechs meteorologischen Elemente sind Temperatur, Druck, Feuchtigkeit, Wind, Bewölkung, Niederschläge.

Die Erwärmung der Erde.

„Das ganze Wetter besteht", so hat man gesagt, „eigentlich aus Störungen des atmosphärischen Gleichgewichts und deren Wirkungen." Da müssen wir uns zuerst nach einer Ursache für diese Änderungen erkundigen. Es kann sich wesentlich nur um Wärmeenergie handeln. Elektrische Energie ist zwar auch auf der Erde wirksam, aber nur in sehr geringem Maſse. Sie flieſst der Erde wahrscheinlich von der Sonne her zu, wenigstens der Hauptsache nach, wie der Zusammenhang zwischen der Sonnentätigkeit, der Häufigkeit der Sonnenflecken mit dem Auftreten magnetischer Störungen und der Polarlichter auf der Erde dartut. Von der Sonne aber kommt ganz unzweifelhaft, fast ganz und gar, die Wärmeenergie, vor allem auch die Energie, die für die Störungen des atmosphärischen Zustandes, des Wetters, fast ganz ausschliefslich verantwortlich gemacht werden mufs. Die Erde ist freilich, aus Gluthitze hervorgegangen, im Verlauf ungezählter Jahrmillionen keineswegs vollkommen ausgebrannt. Aber was auf der Erdoberfläche heutigentags davon irgend bemerkbar wird, vorzugsweise in Gestalt vulkanischer Tätigkeit, in heifsen und warmen Quellen, in der erhöhten Temperatur im Innern von Bergen und unter Tag, um so stärker, je weiter man sein Bohrloch gegen die Erdmitte niederbringt, gelegentlich an verschiedenen Orten um so rascher, je kleiner die geothermische Tiefenstufe am gewählten Ort ist, da und dort in einer gegen die Umgebung bemerkbar höheren Temperatur des Erdbodens, kann wohl nicht ohne Einflufs auf das Klima des betreffenden Ortes bleiben, für die Gestaltung des Wetters ist aber das alles doch viel zu geringfügig. In der Behandlung des Klimas können wir ja wohl darauf noch eingehen. Wesentlich ist die Sonnenstrahlung die Energiequelle, die nicht nur das meteorologische Element, die Temperatur, erzeugt, sondern auch mittelbar für die andern fünf meteorologischen Elemente als alleinige Energiequelle herangezogen werden mufs. Es hat viel Mühe und Arbeit gekostet, die „Solarkonstante" zu bestimmen, d. h. die Wärmemenge, die der Erdoberfläche von der Sonne her in jeder Zeiteinheit zufliefst. Nach dem gegenwärtigen Stand unseres Wissens ist der wahrscheinlichste Wert für die Sonnenkonstante 2,2, d. h. der oberen Grenze der Erdatmosphäre fliefst für jeden Quadratzentimeter in der Minute eine Wärmemenge von 2,2 Grammkalorien zu. Wäre das ganze Himmelsgewölbe dicht von lauter Sonnen besetzt, wie die einzige unserige es ist, mit einer Temperatur der Photosphäre von 6000^0 vom absoluten Nullpunkt an gerechnet, wie man dies für unsere Sonne jetzt annimmt, so wäre die Folge sehr einfach. Im Laufe der Zeit würde die Erdoberfläche die gleiche Temperatur schon längst angenommen haben, ja, auch die Temperatur des Erdinnern würde wohl augenblicklich nicht unbeträchtlich höher sein, der nämlichen, der Sonnentemperatur, aber zustreben. Dann wäre ein Gleichgewichtszustand erreicht, jeder strahlende Körper würde allen andern die gleiche Wärmemenge in der Zeiteinheit zuschicken, die er von ihm zugeschickt bekommt. Wir haben aber nur eine Sonne, und während die Erde als der niedriger temperierte Körper von der Sonne ungleich mehr Wärme bekommt, als er, als der kältere Körper, ihr zusendet, ist die Erde anderseits vom kalten Weltenraum umschlossen, dessen Temperatur nicht allzuweit vom absoluten Nullpunkt abliegen mag, und in diesen kalten Weltenraum strahlt die Erde fortwährend, in der Nacht und am Tag, wenn sie von der Sonne beschienen wird, besonders von den sonnenbestrahlten Teilen, Wärme aus, denn sie ist ja bekanntlich viel wärmer als der Weltenraum. Durch diese fortwährende Ausstrahlung sinkt die Temperatur der Erdoberfläche, und ein Gleichgewichtszustand hat sich zwischen Ein- und Ausstrahlung eingestellt, wodurch die jetzt herrschende mittlere Oberflächentemperatur der Erde erzeugt wurde und, wie es scheinen will, fortdauernd erhalten wird. Es hat freilich nicht an Stimmen gefehlt mit der Behauptung, dieses Gleichgewicht sei im Verlauf der Erdgeschichte zu Zeiten gestört gewesen, sei es, daß die Sonne erkaltet sei und der Erde weniger Wärme in der Zeiteinheit gespendet habe, sei es, daß die Erde in ihrem Laufe zusammen mit dem ganzen Sonnensystem in einen kälteren Teil des Weltraums geraten sei. So wollte man sich wohl das Auftreten der Eiszeiten erklären. Es ist hier nicht der Ort, näher auf diese Dinge einzugehen, genug, im Gegensatz zu diesen „kosmischen Ursachen" verdienen die „tellurischen" mehr Vertrauen, wenn man sich über die Ent-

stehung der Eiszeiten nicht nur, sondern überhaupt über
den Klimawechsel Rechenschaft geben will, der nach deut-
lichen Anzeichen im Verlaufe der geologischen Perioden
sicher mehrmals auf der Erde sich vollzogen hat. Denn
auch Zeiträume mit augenscheinlich höheren Jahrestem-
peraturen müssen dagewesen sein, wie die weite Verbreitung von Pflanzen- und Tierformen bis in die Polargegenden beweist, die sonst nur in heifsen Gegenden ihr Fortkommen finden. Eine sehr ansprechende Annahme geht
davon aus, dafs die Absorptionskraft der Luft für Wärmestrahlen zu verschiedenen Zeiten verschieden grofs gewesen ist und von der eingestrahlten Wärme, sei sie auch
so ziemlich immer gleich viel gewesen, bald mehr bald
weniger auf dem Erdball zurückgehalten worden ist. Doch
sind gegen diese Annahme von Arrhenius auch gewich-
tige Einwände erhoben worden.

Damit betreten wir ein Gebiet, das auch uns schon etwas
näher angeht. Anscheinend gehen die Sonnenstrahlen
durch die Luft glatt hindurch. Aber schon bei geringer
Aufmerksamkeit überzeugt man sich vom Gegenteil. Am
Morgen und am Abend sind die Sonnenstrahlen, da sie
durch eine dickere Schicht von Luft hindurch müssen, um
zu uns zu gelangen, schon für das Gefühl recht merklich
schwächer wirksam, als wenn sie um die Mittagszeit bei
steilerem Einfall einen kürzeren Weg bis zur Erdoberfläche zurückzulegen haben. Wohlbemerkt, auch dann,
wenn der Winkel, unter dem sie den bestrahlten Körper
treffen, in beiden Fällen gleich grofs ist. Und diese Absorptionskraft der Atmosphäre ist für die Strahlen verschiedener Wellenlänge nicht dieselbe, und sie ist auch
abhängig vom jeweiligen Zustand der Atmosphäre. Auch
dann, wenn eine bemerkbare Trübung durch eine Wolkendecke oder durch beigemengte Staubmassen keineswegs
vorliegt, wenn die Luft vollkommen durchsichtig und klar

ist, so ist doch ihre Absorptionsfähigkeit für langwellige, also Wärmestrahlen, in hohem Maße abhängig vom Gehalt der Luft an gasförmigem Wasserdampf und auch an Kohlensäure. Würde der Kohlensäuregehalt der Atmosphäre auf das zweieinhalb- bis dreifache steigen, so würde die mittlere Temperatur in den Polargegenden sich um 8—9° erhöhen, die Eiszone würde weit gegen die Pole verschoben werden, in hohen Breiten könnte sich eine üppige Vegetation entwickeln, wie es schon einmal der Fall war, denn über den 80. Breitegrad hinaus sind Reste von Buchen, Platanen, Ulmen, Ahorn usw. gefunden worden. Eine solche Vermehrung des Kohlensäuregehaltes liegt aber, wenn wir Arrhenius weiter folgen, sicher im Bereich der Möglichkeit, wenn man bedenkt, welche riesige Mengen dieses Gases vulkanische Tätigkeit und die sich daran anschließende der Gasquellen und Sauerbrunnen der Atmosphäre zuführen. Die Perioden der Erdgeschichte, für die eine besonders hohe Temperatur angenommen, werden muß, sollen zugleich Perioden erhöhter vulkanischer Tätigkeit gewesen sein. Anderseits hat man Gründe zur Annahme, daß die Erdachse nicht immer die nämliche Lage im Erdkörper hatte wie heute, und daß es eine Zeit gab, in der Island und Grönland eine geringere geographische Breite hatten, „südlicher lagen" als jetzt; und die Verteilung der Wärme an der Erde, wenn sie selbst im ganzen immer gleich viel erhalten haben sollte, könnte doch verschieden ausgefallen sein, und eine Verschiebung der Klimate im Laufe der Zeiten sich so vollzogen haben.

Das sind Betrachtungen, die streng genommen nicht zu dem hier vorliegenden Stoff gehören, aber dieser Seitensprung hat uns doch auf Begriffe aufmerksam gemacht, die für unseren Gegenstand von der größten Bedeutung sind: auf die Begriffe der Strahlung und der Absorption.

Die Größe der Solarkonstanten ist gewiß die Grundlage

für die Wärmemenge, die der Erde in der Zeiteinheit zufliefst, und schon für die Beurteilung, für die Beschaffenheit,
Leistung und vermutliches Alter der Sonne und der möglichen Energiequellen, die ihr zu Gebote stehen, von der
äufsersten Wichtigkeit. Für den Erdball, seine mittlere
Temperatur an der Oberfläche, auf der wir uns bewegen, und für alles weitere, was Wetter und Klima her-
stellt, dafür kommt nicht sowohl die ganze Wärmeenergie,
die der oberen Grenze unserer Atmosphäre zufliefst, als
vielmehr nur der Bruchteil davon in Betracht, der bis
zur Erdoberfläche oder wenigstens der „Porosphäre“ zu-
strömt, in der ausschliefslich das Wetter gemacht wird.
Und so wichtig die Einnahmen sind, so wichtig sind auch
die Ausgaben, auch hier, wo es sich um den Vorrat an
Energie und die von ihr möglicherweise zu leistende Arbeit
handelt. Dem Erdball wird Wärmeenergie zugestrahlt,
ein Teil geht neben der Erdkruste vorbei in den Weltraum
wieder hinaus, ein Teil wird von der Atmosphäre verschluckt, wird hier schon zur Erhöhung der Temperatur
oder zur Vergasung von tropfbar flüssigem Wasser verbraucht, bleibt der Atmosphäre zunächst auch als latente
Wärme erhalten, ein weiterer Teil leistet schon in der
Atmosphäre Arbeit durch Massenbewegung: aufsteigende
Luftströme, Luftverdünnung, Winde. Endlich kommt der
Teil von Strahlen, der beim Durchgang durch die Luft
von dieser nicht verschluckt wurde, bis auf den Erdboden
und erwärmt diesen. Auch hier wird ein Teil der zuge-
flossenen Energie zur Leistung von Arbeit verwendet
(Ausdehnung, Bewegung, namentlich in der Hydrosphäre),
vorwiegend aber doch zur Erhöhung der Temperatur. Sie
ist bei gleicher zugeführter Wärmemenge je nach der
Wärmekapazität der getroffenen Teile verschieden, am
kleinsten am Wasser, das von allen bekannten Körpern
das gröfste Wärmebindungsvermögen besitzt.

Diesem Teil der Einnahmen stehen die Ausgaben der Wärmeenergie entgegen. Der Verlust kann nur auf dem Wege der Strahlung stattfinden. Durch Leitung oder Verdunstung verliert der Erdkörper gegen den Weltraum hin nichts. Die Atmosphäre strahlt aber sicher Wärme gegen den kalten Weltraum aus, auch bei gleicher Temperatur in verschiedener Menge, je nach dem Grad der Bewölkung. Die Ausstrahlung von Teilen der Erdoberfläche aus findet in gleicher Weise statt, ob sie gerade von der Sonne beschienen werden oder nicht, nur stärker oder schwächer, je nach ihrer bestehenden Temperatur. Dagegen ist die Größe der Ausstrahlung vom Zustand der Atmosphäre ganz wesentlich abhängig. Erlaubt dieser den nahezu ungehinderten Abfluß der Wärme, so strahlt die Erdoberfläche viel Wärme aus und erkaltet demgemäß rasch und ausgiebig. Im andern Fall, wenn die Atmosphäre die Strahlung nur schwer und unter großem Verlust durchläßt, fällt die Erdstrahlung klein aus und die Temperatur derselben sinkt nur langsam und wenig. Man sieht: die Absorption von Wärme in der Luft bei der Einstrahlung ist zunächst für die Erwärmung der Erdoberfläche ungünstig, ist aber gegenüber der Erdausstrahlung für die Hochhaltung ihrer Temperatur günstig. Nimmt man Geosphäre, Hydrosphäre und Atmosphäre zusammen, so wird von der eingestrahlten Wärmeenergie, deren Größe die Solarkonstante angibt, von unserem Wandelstern ein um so größerer Teil zurückgehalten, der dann auf ihm möglicherweise zur Leistung von Arbeit, zur Hervorbringung von Leben verwendbar wird, je größer die Absorptionskraft der Atmosphäre ist, auch für die Störungen des Zustandes in der Atmosphäre selber, für das Wetter und die Gestaltung der Klimate.

Ein Teil der von der Luft verschluckten Wärme kommt übrigens auch der Erdoberfläche ohne weiteres zugute: durch Strahlung und Leitung. Ein Teil der Sonnenstrahlen wird von den schwebenden Beimengungen der Luft, dem Staub, vornehmlich den Wassertröpfchen, die sichtbar oder unsichtbar stets in erstaunlichen Mengen schwebend erhalten werden, zurückgeworfen und erzeugt so die re-flektierte Strahlung. Ja, man nimmt vielfach an, daß eine solche Reflexion sogar an den Molekulen der Luft selbst, dem Stickstoff, Sauerstoff, stattfindet und so die blaue Farbe des Himmelsgewölbes erzeugt. Eine wie gewaltige Menge von Licht durch größere und dichtere Ansammlungen von Wassertröpfchen sonnenbeglänzte Wolken zurückwerfen können, daran mag nur obenhin erinnert werden. Überhaupt ist die Menge von reflektierter Strahlung, die dem Boden zufließt, zwar wechselnd je nach dem Zustand der Atmosphäre, der Menge der schwebenden Teile, je nach der Beleuchtung, also der direkten Bestrahlung, im ganzen aber sehr erheblich. Ja, zu Zeiten kann die von der Atmosphäre reflektierte Strahlung über die direkte Sonnenstrahlung überwiegen. Welch große Bedeutung der diffusen Strahlung auch für unser ganzes Wandeln und Treiben zukommt, ist allbekannt. Das gilt namentlich für die Beleuchtung, aber auch für die Erwärmung. Ohne das diffuse Licht wäre es in unseren Zimmern dunkel, nur wo ein Sonnenstrahl hinfiele, wäre blendende Helle, und so wäre es auch auf den Straßen, überall schwarzer Schatten neben glänzendem Licht, fast so schon, wie offensichtlich durch die Revolution alle Gegensätze bei uns so gerecht und hübsch ausgeglichen sind.

Läßt man die zerstreute Strahlung außer Rechnung, so geht von der unmittelbaren Strahlung am Äquator bei ganz heiterem Himmel etwa die Hälfte für den Erdboden verloren, am Pol mag nur der fünfte Teil den Erdboden erreichen. Im ganzen kann man den Verlust der Erde an direkter Strahlung auf 45 bis 56% anschlagen. Demgegenüber schickt die diffuse Strahlung, namentlich in wechselndem Grade je nach der Bewölkung nicht nur Mengen von Strahlung bis zum Boden, die nach Umständen die augenblickliche direkte Strahlung erreichen oder sogar übertreffen, sondern die indirekte Strahlung verlängert auch die Dauer der Einstrahlung überhaupt. Am Morgen und Abend gibt es auch eine Wärmedämmerung, deren Wirkung nicht gering anzuschlagen ist. Namentlich in höheren Breiten, wo die Sonne nie hoch steht und die Dämmerung lang dauert, ist die diffuse Strahlung von ganz besonderer Bedeutung, um so mehr, als die direkte ja wegen der starken Absorption in der gewöhnlich trüben Atmosphäre nur wenig wirksam ist. Bei ganz bedecktem Himmel kann man den Bruchteil der Sonnenstrahlung, der noch bis zur Erde kommt, auf 40% berechnen.

Gilt das für das langwellige Licht, für die Wärmestrahlen, so ist der Einfluß des zerstreuten Lichtes auf die photographische Platte noch größer, und bekannt ist es, wie das von hellbeschienenen Wolken reflektierte Licht sich bei photographischen Aufnahmen bemerkbar macht und wesentlich kürzere Expositionszeiten erfordert. Schon ein Wolkenschleier kann die Wirkung des Himmelslichtes auf das Vierfache steigern. Bei hochstehender Sonne ist die direkte Strahlung natürlich bedeutender als die diffuse, aber schon in einer Entfernung von 18⁰ vom Horizont verschwindet der Unterschied, und noch weiter unten ist das diffuse Licht sogar heller als das direkte, insoweit die kurzen Lichtwellen in Betracht kommen. Ein Glück, daß unser Auge nicht ebenso empfindlich ist wie gegen die kurzwelligen Strahlen das Bromsilber. Sonst könnten wir am übermäßig hellen Himmel die doch so helle Sonne erst erkennen, wenn sie sich um wenigstens 18⁰ über den Horizont erhoben hat.

Das kurzwellige Licht ist nun an der Bildung des Wetters, was wir so gewöhnlich „Wetter" heißen, nicht beteiligt. Gleichwohl ist es auf das Befinden des Menschen gelegentlich von grofsem Einflufs, und wie es bei mäfsiger Wirkung die Gesundheit fördert, so kann es bei zu starker oder zu lang andauernder Wirkung zur schweren Schädigung, ja sogar zu ernster Gefahr werden. In manchen Abschnitten unserer Betrachtungen müssen wir noch darauf zurückkommen.

Bleiben wir zunächst bei den langwelligen Strahlen, bei den Wärmestrahlen, die so wesentlich für die Vorgänge in der Atmosphäre sind und die Gestaltung des Wetters im eigentlichsten Sinn und in der hervorragendsten Weise beeinflussen, so mufs daran festgehalten werden, dafs von der Atmosphäre zwar viel der eingestrahlten Wärme verschluckt, im ganzen aber doch der Hauptteil direkt oder indirekt der Erdoberfläche zugeführt wird. Hier aber wird nur ein kleiner Teil zurückgeworfen, nicht von allen Teilen und an allen Orten gleichviel. Der gröfste Teil dient zur Erwärmung. Die erwärmte Erdoberfläche ihrerseits gibt dann, durch Strahlung nicht nur, sondern hauptsächlich auch durch Leitung Wärme an die Luft ab, durch Leitung zunächst an die ihr benachbarten, an die allleruntersten Luftschichten. Diese wirken wieder erwärmend durch Leitung auf die nächsthöhere. Dazu kommt aber jetzt noch ein für die Fortschaffung der Wärme höchst wichtiger Umstand. Das Wärmeleitungsvermögen der Luft ist freilich gering, aber die Luft bleibt nicht ruhig, wenn die unterste Schicht erwärmt und wärmer wird als die höheren. Mit Steigen der Temperatur dehnt sich bekanntlich die Luft aus, wird spezifisch leichter und steigt in die Höhe, weil sie von den spezifisch schwereren, die oben sind und nach unten fallen, verdrängt werden. So kommt es zum Wärmetransport durch M a s s e n b e w e g u n g , durch K o n v e k t i o n . Das Gleichgewicht der Luft ist nur dann und nur so lang stabil, solange die oberen

Schichten spezifisch leichter sind als die unteren. Mit zunehmender Höhe sinkt der Druck, weil immer weniger Luftteilchen darüber sich befinden und drücken. Die Dichte eines Gases ist abhängig von der Temperatur und vom Druck. Nach dem Gesetz von Mariotte-Gay-Lussac ist das Produkt Volumen der Gewichtseinheit (v) mal dem Druck (p) gleich dem Produkt absolute Temperatur (T) mal der Gaskonstante (R)

$$vp = RT.$$

In der Höhe ist beides möglich: Mit Sinken des Drucks nimmt die Dichte des Gases ab, das Gas wird leichter, mit zunehmender Höhe sinkt aber auch die Temperatur, das Gas zieht sich deswegen zusammen, wodurch das spezifische Gewicht steigt. Ausdehnung eines Gases führt zur Senkung, Verdichtung zur Erhöhung der Temperatur. Wird unten ein Gasteil erwärmt, so steigt es in die Höhe, dehnt sich wegen des niederen Drucks oben aus und wird dadurch kälter, also wieder spezifisch schwerer. Viel verwickelter werden die Verhältnisse, wenn es sich nicht um trockene Luft handelt, sondern wenn diese Wasserdampf enthält. Am leichtesten lassen sich die Sachen noch übersehen unter der Annahme, daſs das Gas nur unten erwärmt wird. Allein auch dies trifft für die irdische Atmosphäre keineswegs genau zu. Wem daran liegt, hierin besseren Einblick zu gewinnen und imstande ist, den Entwicklungen zu folgen, kann diese finden in Hann, Lehrbuch der Meteorologie 1901, p. 748 ff. Ohne Zahlenwerte festzulegen, wollen wir hier nur an den bekannten Zusammenhang zwischen Druck, Temperatur und Volumen erinnert haben, sowie auf die Bewegung, die die Luft entsprechend dem Einfluſs der Schwere einschlagen muſs, je nach der Kraft, mit der die Volumseinheit von der Erde angezogen wird, also je nach dem Gewicht der Volumseinheit, der Dichte, dem spezifischen Gewicht.

Nicht allein, aber doch in überwiegendem Maße werden die untersten, dem Boden benachbarten Luftteilchen erwärmt, und mit dieser Erwärmung ist ein fortdauernd aufsteigender Luftstrom verknüpft. Das gilt, solange an der Erdoberfläche die Ausstrahlung von der Einstrahlung übertroffen wird, kurz gesagt, am Tag, während umgekehrt, wenn die Ausstrahlung überwiegt und der Erdboden erkaltet, um es mit einem Wort zu sagen: in der Nacht, die erkalteten Schichten unten liegen bleiben.

Mit diesem Wechsel haben wir schon ein Beispiel von ungleicher Verteilung der Wärme. In dieser Ungleichheit ist allein die Ursache dafür gegeben, daß sich auf Erden irgendwelche Änderungen, namentlich auch im Gebiet der Atmosphäre, einstellen, insbesondere, daß es überhaupt ein Wetter gibt. Stellt man sich vor, daß zu allen Zeiten überall die gleiche Menge von Wärmeenergie zustrahlt, anderseits die Wärmekapazität überall die gleiche ist, ebenso wie auch die Ausstrahlung, dann könnte wohl je nach dem Verhältnis der Einstrahlung zur Ausstrahlung eine Erwärmung oder auch eine Erkaltung eintreten, aber überall im gleichen Sinn und im gleichen Maß würde das eintreten. Nirgends würde ein Wärmegefälle sich einstellen, nirgends würde eine Bewegung veranlaßt werden, die Wärme bliebe einfach Wärme, und mechanische Arbeit würde sie nirgends leisten.

Das trifft nun bekanntlich nicht zu. Schon der Wechsel von Tag und Nacht führt dazu, daß das eine Mal die Einstrahlung überwiegt, das andere Mal die Ausstrahlung. Zu verschiedenen Zeiten hat ein Ort eine höhere Temperatur, das andere Mal eine niedrigere als seine Umgebung. So muß sich also schon deswegen ein Temperaturgefälle auf der Erde und auch in der Atmosphäre einstellen. Die Sonnenstrahlen treffen die Erdoberfläche nicht überall im gleichen Winkel. Auch das ist von Einfluß auf ihre Wir-

kung und auf die erzielte Temperatursteigerung. Die Wirkung der Strahlen steigt mit dem Sinus des Einfallwinkels.
Bei senkrechtem Einfall ist der Sinus gleich 1, der Sinus
0^0 ist gleich Null. Strahlen, die eine Fläche nur tangieren,
sind ohne Wirkung. Die Erde wendet aber der Sonne nicht
eine Ebene, sondern eine halbkugelförmige Fläche zu. Deswegen ist die Wirkung der Sonnenstrahlen noch mit dem
Sinus der geographischen Breite zu multiplizieren. Nur an
den Orten zwischen den Wendekreisen zweimal im Jahr
steht die Sonne im astronomischen Mittag scheitelrecht
über dem Beobachter, und nur in diesem Augenblick ist
der Einfallswinkel $\varphi = R$ und der Sinus $= 1$. Sonst sind die
Abweichungen von diesem Wert zwischen den Wendekreisen nur gering, in den gemäfsigten Zonen schon viel beträchtlicher als unter den Tropen, in den Polargegenden
aber sehr grofs.

Wäre die Sonne ein mathematischer Punkt, so wäre ihre
Wirkung für jeden Ort bei Sonnenaufgang und -untergang
gleich Null, was den flachen Erdboden betrifft. Da sie uns
aber als Scheibe von etwa $1/_2{}^0$ Durchmesser erscheint, so
ist ihre Strahlungswirkung bei Aufgang und Untergang der
Sonne (des Mittelpunktes ihrer Scheibe) von Null verschieden, im Mittag aber ist sie stets am gröfsten. Wenn die
Äquatorebene mit der Ebene der Erdbahn zusammenfiele,
mit anderen Worten: wenn die Erdachse senkrecht zur
Erdbahn stünde, so hätte jeder Punkt der Erdoberfläche
das ganze Jahr die gleiche Dauer von Tag und Nacht. Nur
stünde die Sonne wegen der Lichtbrechung in der Atmosphäre ein paar Minuten länger über dem Horizont als darunter, um diese paar Minuten wäre also der Tag länger als
die Nacht. Mit grofser Annäherung aber könnte man sagen, dafs alle Orte auf der Erde das ganze Jahr gleichlange
Tage und Nächte haben, jedes dauerte 12 Stunden. Dazu
käme freilich bezüglich der Erwärmung der Einflufs der

schon erwärmten Wärmedämmerung. Immerhin wäre die Sachlage verhältnismäßig recht einfach bezüglich der Verteilung der Wärme auf der Erde. Dem ist aber, wie jeder weiß, nicht so. Die Erdachse ist gegen die Erdbahn um rund $23\frac{1}{2}^{0}$ geneigt und die Dauer von Tag und Nacht ist in den verschiedenen Jahreszeiten sehr wechselnd, um so mehr, je weiter man sich vom Äquator entfernt. Jenseits der Wendekreise steht die Sonne niemals so hoch wie unter den Tropen, aber die Tropen kennen auch nicht so lange Tage wie die höhern Breiten. Die Folge ist viel bedeutender, als man ohne nähere Überlegung vermuten sollte. An vollen 86 Tagen, am Nordpol vom 10. Mai bis zum 3. August, ist die eingestrahlte Wärme am Pol größer als gleichzeitig am Äquator, und während 56 Tagen wird sie dort überhaupt an keinem andern Punkt der Erdoberfläche an Größe erreicht. Jeder Pol erhält zur Zeit der Sommersonnenwende um 38% mehr Wärme zugestrahlt als zur gleichen Zeit die Gegend des Äquators. An diesem Verhältnis wird freilich durch die Wärmeabsorption in der Atmosphäre sehr viel geändert. Die angegebenen, H a n n entnommenen Zahlen gelten nur für die Strahlung, von der die äußerste Grenze der Lufthülle getroffen wird.

Ein Unterschied zwischen der Gesamtwärmemenge, die im Verlauf eines ganzen Jahres der nördlichen und der südlichen Halbkugel zufließt, besteht nicht. Bekanntlich bewegt sich die Erde um die Sonne nicht in einer kreisförmigen Bahn, sondern in einer Ellipse mit der numerischen Exzentrizität von zirka $\frac{1}{60}$. Die Entfernung der Erde von der Sonne beträgt daher im Aphelium $1+\frac{1}{60}$ im Perihelium $1-\frac{1}{60}$. Die Stärke der Sonnenstrahlung nimmt mit dem Quadrat der Entfernung ab, die Wärmemengen zur Zeit der Sonnennähe und Sonnenferne verhalten sich also wie $(1+\frac{1}{60})^2 : (1-\frac{1}{60})^2$. Daraus ergibt sich, daß die Strahlung der Sonne für die Erde zur Zeit des Perihels rund um $1/_{15}$ größer ist als zur Zeit des Aphels. Gegenwärtig fällt das Perihelium auf den 2. Januar, also nicht lang nach der Wintersonnenwende, das Aphel fällt auf den 1. Juli. Nach dem zweiten Keplerschen Gesetz werden auf der Bahn der Planeten um den Zentralkörper vom Radiusvektor in gleichen Zeiten gleiche Flächen beschrieben. Im Aphel müssen sich die Planeten also langsamer, im Perihel schneller bewegen. Im Perihel strömt, wie wir soeben gesehen haben, der Erde wegen der größeren Sonnennähe mehr Wärme zu, im Aphel weniger. Legen wir die Jahreszeiten der nördlichen Halbkugel zugrunde, so dauert das Sommerhalbjahr, d. h. die Zeit von der Frühlings- bis zur Herbst-Tag- und Nachtgleiche rund 186 Tage, das Winterhalbjahr vom Herbst bis zum Frühjahr nur 179 Tage. Hierdurch wird der Unterschied zwischen Einstrahlung im Aphel und Perihel gerade ausgeglichen, in den 179 Wintertagen ist die zugeflossene Wärmemenge gerade so groß wie die in den 186 Sommertagen. Dieser Lambertsche Satz gilt nicht nur für den ganzen Planeten, sondern auch für die verschiedenen Gegenden auf demselben, für jeden Breitegrad. Die nördliche Halbkugel bekommt, obwohl ihr Sommer um volle 8 Tage länger ist, von der Sonne nicht mehr Wärme als die südliche.

Mit der Bestrahlung nimmt die Verdunstung des Wassers zu, ändert sich die Beschaffenheit der Luft, der Bewölkung, und was da von der eingestrahlten Wärme bis zum Erdboden gelangt und wie dies in den verschiedenen Breiten sich ändert, das läßt sich nur sehr schwer überblicken. Wieweit dies bis jetzt möglich ist, kann man in Hanns Lehrbuch p. 742 ersehen. Von der Menge der Wärmestrahlen hängt nun die auf Erden erzeugte Temperatur wohl ab, aber noch mehr Faktoren sind von Einfluß darauf. Es kommt darauf an, wieviel von den Wärmestrahlen in den bestrahlten Körper eindringen und von ihm zu-

rückgehalten werden, und wie viele er zurückwirft. Nur der
erste Teil wird zur Temperaturerhöhung verwendet. Reflexion ist etwas ganz anderes als Ausstrahlung. Ein Körper
mit höherer Temperatur strahlt gegen seine niedriger temperierte Umgebung Wärme aus und erhält dagegen von
ihnen eine kleinere Wärmemenge zugestrahlt; deswegen erkaltet er und seine Umgebung wird wärmer. Jeder bestrahlte Körper nimmt aber einen Teil der Strahlung gar nicht
auf, der kommt bei ihm gar nicht zur Wirkung, weil er ihn
schon beim Auftreffen zurückwirft. Es ist gerade so wie
bei den sichtbaren Lichtstrahlen. Bei ganz gleicher Beleuchtung erscheint uns der eine Körper heller, der andere
dunkler, weil der eine mehr vom Licht, das ihn trifft, zurückwirft, der andere weniger. Der eine verschluckt mehr
davon, der andere weniger, und sind es Wärmestrahlen, die
ihn treffen, so wird der, der weniger zurückwirft und mehr
verschluckt, wärmer als der andere. Das spezifische Re-
flexionsvermögen gegenüber dem sichtbaren Teil des Spektrums heißt man Albedo, sie ist zum Beispiel für gemisch-
tes Licht größer für weißes Papier und Kreide als für gewöhnlichen Erdboden, ist am geringsten beim Ruß. Beim
Sonnenlicht, das ebenso gut Wärmestrahlen enthält wie
Lichtstrahlen, sogar über das rote Ende des Spektrums hinaus als dunkle Wärmestrahlen, geht die Reflexionsfähigkeit
für Licht- und Wärmestrahlen so ziemlich Hand in Hand.
Davon kann man sich durch einen sehr einfachen Versuch
überzeugen. Man vergleiche nur einmal den Stand zweier
Thermometer, die man nebeneinander in den Sonnenschein
bringt, das eine mit blanker, das andere mit rußgeschwärz-
ter Birne. Sehr bald wird man bemerken, daß das berußte
Thermometer rascher steigt und einen höheren Stand erreicht als das blanke. Wirklich ist dies auch die Methode,
um die Stärke der Wärmestrahlung der Sonne zu bestimmen. Auf den Stand eines frei aufgestellten Thermometers

wirkt nicht nur die Stärke der allenfalls vorhandenen Sonnenstrahlung ein, sondern auch noch andere Einflüsse aus
der nächsten Umgebung. Was dem Thermometer zunächst
liegt, übermittelt ihm durch Leitung Wärme oder entzieht
ihm solche, je nachdem sie wärmer ist als das Thermometer oder kälter. Dieser Einfluſs macht sich bei den zwei
Thermometern, die man zum Vergleich nebeneinander auf-
stellt, in gleicher Weise bemerkbar; die Wärme, die ihnen
aber durch Strahlung aus der Ferne übermittelt wird (es
braucht nicht die Sonne zu sein, die die Wärmestrahlen
aussendet, es kann auch eine andere Wärmequelle, auch
ein dunkle, wie ein schwarzer Ofen sein), wirkt auf eine
geschwärzte Oberfläche ungleich stärker erwärmend, und
so gibt der Unterschied im Stande des blanken und des be-
ruſsten Instrumentes ein Maſs für die Stärke der Strahlung.

Umgekehrt strahlt aber eine schwarze Fläche mehr
Wärme in der Zeiteinheit aus als beispielsweise eine weiſse,
auch gegen die ganz gleich temperierte Umgebung, wenn
sie beide die gleiche Temperatur besitzen. Bringt man in
einer kalten Nacht seine zwei Thermometer aus dem warmen Zimmer nebeneinander ins Freie, so sinkt das beruſste
schneller als das blanke.

Es soll nun aber in der Bestrahlung gar kein Unterschied
sein, auch die Reflexion den gleichen Teil der Wärme zu-
rückweisen, es soll die nämliche Wärme in die Tiefe des
bestrahlten Körpers dringen, dann stellt sich doch noch ein
Unterschied in der Temperaturerhöhung, in der Zeiteinheit
bei verschieden beschaffenen Körpern heraus. Zur gleichen Temperaturerhöhung braucht Wasser ein gröſsere
Wärmemenge als jeder andere uns bis jetzt bekannte Stoff.
Wasser hat die gröſste Wärmekapazität von allen.
Wie mehr Wärme bei ihm dazu gehört, um die Masseneinheit um einen Grad wärmer zu machen, so gibt die

Masseneinheit auch wieder beim Erkalten um einen Grad mehr Wärme ab als jeder andere Stoff, eben wieder die nämliche Wärmemenge, die es gebraucht hat, damit sich die Temperatur um einen Grad erhöhte. Bekanntlich nennt man die Wärmemenge, die dazu gehört, um 1 Gramm Wasser von 0^0 um einen Grad zu erwärmen, eine kleine oder Grammkalorie. Die tausendmal so grofse Wärmemenge, die genügt, um die Temperatur von 1 kg Wasser von 0^0 auf 1^0 zu bringen, heifst die grofse oder Kilogrammkalorie.

Je nach der Beschaffenheit der bestrahlten Bodenteile, vor allem nach ihrem Wassergehalt, wird es einer gröfseren oder kleineren Wärmemenge bedürfen, um die gleiche Temperaturerhöhung zu erzielen, oder umgekehrt, die gleiche zugeführte Wärmemenge bringt beim einen Körper in jedem Massenteil eine kleinere oder gröfsere Erhöhung der Temperatur zustande.

Hiermit haben wir nicht nur die Wärmequellen für die Erde und für die meteorologischen Vorgänge kennen gelernt und sie ihrer Gröfse nach wenigstens abgeschätzt, wir haben auch genug Ursachen gefunden, durch die die Wärme auf der Erde örtlich und zeitlich sehr ungleich verteilt wird, ferner dafs noch dazu die Zustandsänderung, die durch die Wärme herbeigeführt wird, örtlich sehr ungleich ausfallen mufs. Damit ist aber die Möglichkeit gegeben, dafs der Zustand der Atmosphäre sich überhaupt ändern kann und dafs es überhaupt ein Wetter, also auch eine Wetterkunde und einen Einflufs des Wetters auf die belebte Natur und auf den Menschen im besonderen gibt. Vor allem die ungleiche Bodenbeschaffenheit bringt in die Wetterbildung eine ungemein grofse, gar nicht zu übersehende Mannigfaltigkeit. Sonst wären die Verhältnisse ziemlich einfach. Nicht Temperatur, wie hoch oder wie niedrig sie sein mag, gibt die Möglichkeit ab, dafs

Arbeit geleistet wird, nur der Übergang von Wärme von einem Körper auf den andern kann mit Leistung von mechanischer Arbeit verknüpft sein. Dieser Übergang geht aber ohne äußeren Zwang, von selbst, nur vom wärmeren Körper auf den kälteren vonstatten.

Nehmen wir nun an, der Erdball sei nur vom Meer bedeckt, so wäre die Verteilung der von den Sonnenstrahlen gebrachten Wärme sehr einfach und für jeden Breitengrad zu berechnen. In der Hydrosphäre und ebenso auch in der Atmosphäre würden Strömungen sich einstellen je nach der herrschenden Temperatur, die sich eben überall berechnen ließe. Auch die Massenbewegungen in Meer und Luft ließen sich leicht vorausbestimmen, um so mehr, als sie im Lauf der Jahrhunderte nicht den kleinsten Wechsel erfahrungsgemäß hätten erkennen lassen.

Welch ein Unterschied demgegenüber in der Wirklichkeit! Das kommt aber nur daher, daß im Weltenraum nach unserer Einsicht alles nach verhältnismäßig einfachen Gesetzen (vernünftigen, möchte man sagen) geregelt ist, während auf unserem Planeten für unser Fassungsvermögen die größte Verwirrung aller Verhältnisse in tausendfacher Verschlingung offenkundig zutage liegt — hoffnungslos, möchte man hier sagen.

Nicht nur die verschiedene Wärmekapazität verwickelt hier alles, was die Verteilung der Wärme anbetrifft, sondern auch die Vielgestaltigkeit der Oberfläche ihrer Form nach. Die Erde ist ja gar keine vollkommene Kugel, wie wir bisher zur Vereinfachung angenommen haben. Der Einfallswinkel, in dem der Sonnenstrahl in einer gewissen Jahreszeit zu einer bestimmten Tagesstunde den Erdboden trifft, kann nicht für jeden Breitegrad angegeben werden, es gehörte dazu auch noch der Geländewinkel, die Angabe, welchen Winkel die zu betrachtende Stelle des Bodens mit dem Meridian und der Horizontalen bildet. Mit diesem Winkel ändert sich auch die Wirkung der Sonnenstrahlen und damit kommt ein neuer Faktor, der durch die Beeinflussung der zufliefsenden Sonnenwärme auch bei der Gestaltung des Wetters wirksam werden mufs. Die Gestaltung des Bodens bildet also auch, wenngleich nur mittelbar, einen Faktor, der auf ein Element des Wetters, auf die Temperatur, aber auf noch mehr Einflufs hat. Das gilt nicht nur beschränkt auf kleine Räume, man denke an die Sonnenseite und den Schatten eines Hauses, sondern auch für grofse, ganze Länder. Die Alpen, die sich zwischen das sonnige Italien und das frostige Deutschland schieben, wären ein Beispiel, das aber zugleich darlegt, wie solche Bodenverhältnisse hauptsächlich in der Lehre vom Klima von grofser Wichtigkeit sein müssen. Aber auch bei der Wetterbildung sind sie von grofser Wichtigkeit, wie wir sogleich sehen werden, wenn wir die Bewegungen des Luftmeers ins Auge fassen. Bevor wir das können, müssen wir uns nach einer Ursache umsehen, die eine solche Bewegung überhaupt herbeiführen kann.

Der Luftdruck.

Die Ursache für irgendeine Bewegung heifsen wir Kraft. Also nur eine Kraft kann nach unserem Sprachgebrauch für eine Bewegung in der Atmosphäre in Betracht kommen. Eine solche Kraft ist der Druck.

Druck ist die Kraft, die auf die Oberflächeneinheit wirkt. Es ist eine Gröfse von der zweiten Dimension. Der Druck ist eine richtungslose Kraft. Er ist nur durch seine Gröfse bestimmt, nicht auch noch nach seiner Richtung. Er ist, wie man sich ausdrückt, eine skalare Gröfse, kein vektorielle, gerade wie die Temperatur auch. Wie diese ist auch der Druck höher oder niedriger, er ist eben eine Gröfse, aber sonst kann man gar nichts von ihm aussagen.

Vor allem ist bei allen Betrachtungen daran festzuhalten, daſs der Druck in Gasen wie in Flüssigkeiten nach allen Seiten ganz gleichmäſsig wirkt. Bei festen Körpern ist dies nur anscheinend anders, worauf wir hier nicht einzugehen brauchen.

Der Luftdruck wird durch die Schwerkraft erzeugt. Das Gewicht der Luftsäule drückt mit dem Gewicht von rund 1 kg auf einen Quadratzentimeter der Unterlage und hält so einer Säule Quecksilber von 760 mm Höhe das Gleichgewicht. Das gilt für die Meeresoberfläche. Je mehr man sich von dieser Höhe nach oben entfernt, desto weniger Luft hat man über sich und desto kleiner ist der Druck, den diese noch ausüben kann. Man kann daher die Erhebung eines Ortes über die Meeresfläche durch Messung der Quecksilbersäule, die dem Luftdruck das Gleichgewicht hält, durch Ablesen des Barometerstandes also, bestimmen. Der „normale Barometerstand für Meereshöhe“, gleich 760 mm, ist aber durch Ursachen, die wir noch kennen lernen werden, zahlreichen Schwankungen unterworfen. Innerhalb kurzer Zeiträume sind sie gewöhnlich nicht sehr bedeutend, so daſs man wenigstens durch den Vergleich des Barometerstandes an zwei Orten innerhalb weniger Stunden den Höhenunterschied der beiden Orte mit hinreichender Genauigkeit bestimmen kann. Dazu kann man sich der Formel bedienen:

$$h = 18432 \ (\log \ b_1 - \log \ b_2),$$

worin h den Höhenunterschied zwischen den Orten in Metern, b_1 und b_2 den Barometerstand an den zwei Orten bedeutet. Auf Temperatur und Gehalt an Wasserdampf ist in dieser einfachen Formel keine Rücksicht genommen, sie genügt aber für Höhenmessungen, bei denen auf eine groſse Genauigkeit verzichtet werden kann, vollkommen.

Ganz genau sind die Annahmen, von denen wir hier ausgegangen sind, ohnedies nicht. Sie gelten zunächst nur für den 45. Breitegrad. Die Schwerkraft ist nicht an allen Stellen der Erde gleich grofs, auch nicht an der Meeresoberfläche. Denn auch die Oberfläche der Hydrosphäre ist nicht überall gleich weit vom Erdmittelpunkt entfernt, weil die Erde keine vollkommene Kugel, sondern ein Sphäroid ist, dessen Achsen nicht unbeträchtlich, voneinander abweichen. Bekanntlich ist die Erde „an den Polen abgeplattet", die Erdachse ist kürzer als der Durchmesser am Äquator. Daher nimmt die Beschleunigung durch die Anziehungskraft der Erde tatsächlich mit der Entfernung vom Äquator, also mit der geographischen Breite des Beobachtungsortes zu. Will man diesen Fehler berücksichtigen, so mufs man zur Korrektion den Barometerstand b unter der geographischen Breite noch mit 0,00259 cos 2φ multiplizieren. Aufserdem ist in grofsen Höhen der wahre Luftdruck immer um ein geringes niedriger, als ihn der Barometerstand angibt, weil die beschleunigende Kraft der Erdanziehung, die bekannte Gröfse g, mit zunehmender Entfernung vom Erdmittelpunkt abnimmt. Die Zwecke, die wir hier verfolgen, zwingen uns nicht, auf diese Dinge einzugehen. Ebenso können wir die Frage unerörtert lassen, wie hoch der Barometerstand an der Meeresoberfläche im Mittel wirklich ist. Die Festsetzung von 760 mm ist eine ziemlich willkürliche. Manche nehmen nach vieljähriger Berechnung den Wert von 758 an. Vom Barometerstand = 760 mm als dem normalen an, zu rechnen, hat sich dergestalt eingebürgert, dafs wohl keiner daran rütteln möchte, wir am allerwenigsten. Genug, uns gilt der Barometerstand von 760 mm unter Berücksichtigung der Temperatur und der Korrektion, die diese erfordert, als der normale. Etwas anderes ist es, ob dieser Barometerstand auch den Luftdruck angibt, der für den Beobachtungsort als der normale gelten darf. Das trifft natürlich nur für die Orte zu, die selbst in Meereshöhe liegen. Nach dem, was wir über die Druckabnahme mit Erhebung über den Meeresspiegel schon gesagt haben, muſs in der Höhe, etwa auf einem Berg, ein niedrigerer Druck als normal gelten. Beruht doch die ganze barometrische Höhenmessung auf der Abnahme des Luftdrucks in geometrischer Progression mit zunehmender Höhe. Wie aus dem Barometerstand an zwei Orten der Höhenunterschied berechnet werden kann, so natürlich kann man umgekehrt bei bekanntem Höhenunterschied berechnen, wie hoch das Barometer stehen müſste, wenn man sich damit augenblicklich an einen Ort von bekannter Höhenlage begeben würde. So ist es üblich, auf den Wetterkarten alle Barometerstände als auf den Meeresspiegel reduziert anzugeben. Damit ist die einzige Möglichkeit gegeben, die Zahlen miteinander zu vergleichen, die Gegenden hohen und niederen Luftdrucks, die Maxima und Minima abzugrenzen und aus ihrer Verteilung Schlüsse, die augenblickliche Wetterlage zu beurteilen und Schlüsse auf die voraussichtlich sich neu entwickelnde zu ziehen.

Man sagt gewöhnlich: die Luft flieſst von den Stellen hohen Drucks zu denen niedrigeren Drucks, oder auch der höhere Druck verdrängt den niederen und dergleichen. Schon recht, aber recht ungenau oder vielmehr falsch ausgedrückt! Auf dem Erdboden herrscht ein höherer Druck als in der Spitze des Turms, neben dem wir stehen. Soll deswegen die Luft vom Boden aus in die Turmspitze flieſsen? Soll der höhere Druck unten den niedrigern oben verdrängen, vielleicht bis beide gleich geworden sind? Wer sich ausdrückt, wie oben mehr scherzhaft angenommen, weiſs oder fühlt gewöhnlich recht gut, was er damit meint. Zur Angabe des gerade herrschenden Luftdrucks gehört unumgänglich die Angabe des Höhenunterschieds gegenüber der Meereshöhe oder „über Normalnull", wie jetzt gewöhnlicher gesagt wird, um den Vergleich mit der Normalmarke, in Hamburg etwa, zu ermöglichen. Wenn auf unserem Turm wirklich auch in der Spitze der gleiche Druck herrschte wie unten am Fuſs, dann wäre die Atmosphäre nicht im Gleichgewicht, oben wäre sie zu schwer oder unten zu leicht, und es gäbe keine Ruhe, bis der Unterschied durch vertikale Verschiebung der Luftteile ausgeglichen wäre, entweder dadurch, daſs die dichtere Luft nach unten fällt oder die leichtere in die Höhe steigt. Was von beidem geschieht, hängt dann noch von den näheren Umständen ab. Beides geschieht, wenn es sich nur um eine örtlich ganz umschriebene Störung des Luftgleichgewichts handelt und wenn die Luft unten im Vergleich auch zur weiteren Umgebung zu leicht ist und zugleich die oben zu schwer. Ist die Luft oben einseitig zu dicht, so sinkt sie, ist die unten für sich zu dünn, so steigt sie. Hätten wir den Barometerstand an der Turmspitze auf die Höhe der Basis reduziert, oder meinetwegen auch beide auf die Meereshöhe, was jedenfalls unbequemer gewesen wäre, dann hätte es sich sofort herausgestellt, ob ein Druckgefälle überhaupt bestände und ob demgemäſs ein Bewegungsvorgang, eine Massenverschiebung von Luft zu erwarten war.

Es ist doch vielleicht gut, auf den Begriff des Luftdrucks wenigstens mit ein paar Worten einzugehen.

Nach der kinetischen Gastheorie bewegen sich in Gasen beständig ihre Molekule mit groſser Schnelligkeit und in ganz unregelmäſsigen Bahnen umeinander und durcheinander. Jeden Augenblick können sie mit anderen zusammenstoſsen und tun es in einer Zahl, die nach der Dichte und der Temperatur verschieden ist. Ist eine Gasmasse durch eine Wand von der Umgebung abgeschlossen, so üben die bewegten Molekule auch auf diese Wand zahlreiche Stöſse aus und dadurch wird auf die Wand zusammen eine Kraft wirksam, die die Wand fortbewegen will und die man den Druck heiſst. Wenn an einem Gefäſs, das mit Luft gefüllt ist, an der Gefäſswand gar keine Wirkung dieses Druckes bemerkt wird, so kommt das nur daher, daſs der gleiche Druck nicht nur von innen nach auſsen, sondern als Atmosphärendruck ebenso auch von auſsen nach innen wirkt. Nimmt man den Auſsendruck fort, zum Beispiel durch Auspumpen eines luftdichten Behälters, in den man das Ganze gebracht hat, so gewinnt der Innendruck die Überhand, und wenn seine Wand dehnbar, etwa eine Gummihaut ist, so wird sie aufgeblasen, bis ihre Spannung der Druckdifferenz Innen — Auſsen die Wage hält. Eine dünne Wand kann auch vom Innendruck gesprengt und zertrümmert werden. Von Anfang an war das Gefäſs mit Luft von Atmosphärendruck gefüllt gewesen, ganz der gleiche Druck herrschte in der freien Luft auch, daher auch keine Wirkung auf die Wand. Setzten wir jetzt den Behälter, die Flasche, den Ballon oder was es sei, in den gröſseren Behälter, den wir luftleer pumpen, und verschlieſsen unsern Ballon nicht, so bleibt die Wand wieder ganz unbelästigt, denn der Druck nimmt wieder innen und auſsen ganz in gleichem Maſse ab. Woher kommt nun aber der Atmosphärendruck? Die Luft in unserem Ballon will sich offenbar ausdehnen und nur die Wand hindert sie daran, wenn sie starr und fest genug ist, auſserdem eben der äuſsere Atmosphärendruck. Sobald der kleiner wird, benützt das die Luft innen, um sich in der Tat auszudehnen und erweitert ihr Volumen so sehr sie nur kann, bis diesem Bestreben die Spannung der Wand Einhalt gebietet. Das hängt eben mit der molekularen Bewegung innerhalb des Gases zusammen. Alle Teilchen wollen möglichst weit und immer fortfliegen, immer wieder werden sie aus ihrer Bahn abgelenkt, so oft sie in den Wirkungskreis von Nachbarn kommen, die ihre Bahn ändern, sie beim Stoſse auf die Seite oder zurückschleudern. An der Grenze gegen den luftleeren Raum kann das offenbar nicht stattfinden. Da setzen sich der geradlinigen Bewegung keine andern Moleküle entgegen, da gibt es keine Zusammenstöſse mehr. Warum fliegen dann aus der Atmosphäre nicht alle Teilchen in den luftleeren Weltraum fort, an den die Atmosphäre angrenzt? Offenbar wirkt dem die Anziehungskraft der Erde entgegen, die es verhindert, sodaſs in der Tat unser Planet seine Lufthülle dauernd behält. Die Luftteilchen werden wie alle anderen Massenteilchen gegen den Erdmittelpunkt angezogen, was nicht frei folgen und den Mittelpunkt wirklich erreichen kann, weil sich andere Körper ihm in den Weg stellen und ihm eine Kraft entgegensetzen, die das Fallen verhindert; das drückt auf sie nach dem Gesetz der gleichen Wirkung und Gegenwirkung mit ganz der gleichen Kraft wieder, eben in dem Bestreben, das Fallen trotz des erfahrenen Widerstandes fortzusetzen. Von den Luftteilchen erreicht keines jemals den Erdmittelpunkt, fallen wollen sie alle bis dorthin, so üben sie wenigstens auf alles, was sich ihnen entgegensetzt, einen Druck aus. Jedes Luftteilchen wird von allen über ihm gedrückt und der Boden unter der Luftsäule von allen. Hoch oben hat keines viele über sich, da ist der Druck gering, unten am gröſsten, der Boden wird von der ganzen Höhe der Lufthülle gedrückt, die dem Boden anliegende nächste Schicht, wo wir den Druck erst messen können, schon um die Spur weniger, um das Gewicht der alleruntersten Schicht weniger, ein Unterschied, der für die Messung zu klein ist, um ins Gewicht zu fallen. Nun ist aber, wie wir schon betont haben, der Druck keine gerichtete Kraft, kein Vektor. Wenn auch die Schwere als Vektor alle Teilchen genau nach unten bewegen will, so trifft dies bei dem dadurch erzeugten Druck nicht mehr zu, der wirkt nach allen Seiten hin ganz gleich. In einer Luftschicht von bestimmter Höhe über dem Meer herrscht — keine Störungen vorausgesetzt — überall der gleiche Druck. Der wirkt nicht nur nach unten, sondern auch nach den Seiten und nach oben auch. Und wenn sich das durch nichts bemerkbar macht, so hat dies den Grund in der ebenso grofsen Gegenwirkung, die von allen Seiten her, wieder von unten, oben und seitwärts sich geltend macht. Durch Störungen irgendwelcher Art können die Kugelschalen mit gleichem Druck, die „Äquipotentialflächen", gekrümmt, verlängert werden, wodurch dann Druckunterschiede auftreten, die deswegen zum Ausgleich drängen und Bewegungen in der Luft hervorrufen, weil nicht mehr von allen Seiten her die gleiche Gegenwirkung vorliegt. Der Druck hat ein Gefälle, ein Potential. Die Äquipotentialflächen sind durch die Schwerkraft hergestellt und annähernd Kugelschalen. Einer Deformierung der Äquipotentialflächen tritt die Schwerkraft sofort entgegen und sucht sie durch Massenverschiebung wieder herzustellen. Das führt zu Luftströmen. So entstehen die Winde. Sie werden offenbar durch Druckunterschiede hervorgerufen, diese Druckunterschiede wieder durch Druckunterschiede, die sich in der Wirkung der Schwerkraft gegenüber dem geordneten Zustand und der gewöhnlichen Lagerung der Äquipotentialflächen geltend macht. Diese neuen Druckdifferenzen können demgemäfs ganz regellos gelagert sein, je nach der Störung der normalen Druckdifferenz, die sich selbst nur nach dem Höhenunterschied richtet. Schon ungleichmäfsige Erwärmung kann so wirken, da sich die Gase mit höherer Temperatur ausdehnen, also spezifisch leichter werden. Dann hat sich die Schwerkraft zwar nicht geändert, aber die Wirkung auf das angezogene Gas. Das gleiche Volumen enthält jetzt weniger Gas und wird also mit geringerer Kraft von der Erde angezogen. Eine gleich hohe, spezifisch leichtere

Luftsäule lastet mit kleinerem Gewicht auf der Unterlage und allem, was unter ihr liegt, als es eine dichtere tut. So entstehen bald hier bald dort Druckunterschiede, die des Ausgleichs harren, immer bewegen sich die Teilchen nach der Seite, von der her sie weniger gedrückt werden, der Druckunterschied liefert die beschleunigende Kraft für die Massenbewegung. So unregelmäfsig diese Vorgänge Platz greifen können, so unregelmäfsig sind erfahrungsgemäfs die Folgen. Auch hier hat aber natürlich der Druck ein Gefälle, es ist aber nach den verschiedenen Richtungen nicht gleich. Verbindet man die Orte mit gleichem Luftdruck auf der Erdoberfläche durch Linien, so entstehen Kurven der mannigfachsten Form, die sogenannten „Isobaren". Wählt man ein bestimmtes Intervall der Druckwerte, zum Beispiel von 5 mm Quecksilberdruck, so stehen die Kurven an manchen Stellen sich näher, an anderen ist ein gröfserer Zwischenraum zwischen der einen Kurve, die einem bestimmten Druck entspricht, und der nächsten, die einen um 5 mm höheren oder niedrigeren angibt. Der Druck hat einen G r a d i e n t e n, wie man die kürzeste Entfernung zweier Kurven voneinander heifst. Die Gröfse des Gradienten gibt an, wie schnell sich die Höhe des Drucks ändert, wenn man sich von Ort zu Ort bewegt, oder wie grofs das Druckgefälle ist. Aber nicht nur auf die Gröfse des Gradienten kommt es an, sondern auch auf seine Richtung, der Gradient ist eine gerichtete, eine vektorielle Gröfse. Hiemit ist die Grundlage für die Massenbewegung der Luft, für die Entstehung der Winde gegeben. Für die Stärke des Windes ist die Gröfse des Gradienten mafsgebend. Je dichter auf der Wetterkarte die Isobaren aneinander liegen, desto heftigere Winde entstehen hier. Denn da ist das Druckgefälle am bedeutendsten. Der nämliche Druckunterschied, also die gleiche beschleunigende Kraft, nämlich der Druckunterschied von 5 mm Quecksilber, wirkt hier auf eine kleinere Masse beschleunigender ein als an den Stellen, wo die beiden um 5 mm verschiedenen Druckwerte weiter auseinander liegen. Außerdem kommt aber noch die Richtung des Gradienten in Betracht. Aber die Richtung des Windes fällt mit dieser Richtung keineswegs zusammen. Obgleich der Anstoß am stärksten in der Richtung des Gradienten erfolgt, so wirken auf die Richtung des erzeugten Windes auch noch andere Dinge ein, die eine gewöhnlich sehr bedeutende Ablenkung des Windes von seiner ursprünglichen Richtung herbeiführen. Davon werden wir noch Näheres zu besprechen haben.

Zunächst wollen wir die Ursachen für ungleiche Verteilung des Drucks ins Auge fassen. Die Hauptursache ist unstreitig in ungleichmäßiger Erwärmung der Luftschichten zu suchen. Hier wäre alles zu wiederholen, was schon im Kapitel über die Wärme gesagt wurde. Ungleichmäßige Bestrahlung und bei gleicher oder ungleicher Bestrahlung verschiedene Wärmekapazität, also ungleiche Erwärmung i. e. Erhöhung der Temperatur usw. Durch Erwärmung der Luft wird sie dünner, dehnt sich aus, wodurch der Druck sinkt. Durch Erkaltung, zum Beispiel bei starker nächtlicher Ausstrahlung, zieht sich die Luft zusammen, wird schwerer und der Druck steigt. Weil die Erwärmung der Luft hauptsächlich, wenn auch nicht ausschließlich, vom Boden aus geschieht, so ist nicht nur die Beschaffenheit der Luft selbst, sondern auch die des Bodens von ganz wesentlicher Bedeutung für diese Dinge. Und die Beschaffenheit von beiden, dem Luftmeer und seiner Unterlage, ist nicht nur örtlich verschieden, sondern kann auch am gleichen Ort erheblich und in kurzer Zeit sich ändern. So erklärt sich von selbst der fast stete Wechsel der Luftbewegungen nach Stärke und Richtung, und da die Gestaltung des Wetters und namentlich der Wechsel des Wetters vornehmlich das Werk des Windes ist, so ist damit die Grundlage für den ewigen Wechsel des Wetters und der Wetterlage gegeben. In der Tat, selbst beim beständigsten Wetter gleicht doch kein Tag dem andern immer in allen Stücken, ja kaum eine Stunde der andern, wenn man nur auf die kleinsten Änderungen in den sechs Wetterelementen achten will und nicht nur auf das, was ohne besondere Aufmerksamkeit sich ohne oder wider unser Wollen sich geradezu uns aufdrängt.

Der Wind.

Die Richtung des Windes wird in allbekannter Weise mittels der Windfahne bestimmt, nur muſs diese nach den Himmelsrichtungen genau eingestellt sein. Ganz leise Luftbewegung, von der eine schwere Windfahne nicht bewegt werden würde, machen sich noch an der Ablenkung von Rauchsäulen gegen die Senkrechte leicht bemerklich. Bekannt ist auch das Hilfsmittel, dessen man sich bedient, wenn gar kein anderes zur Verfügung steht, um die Richtung zu erkennen, aus der der Wind weht. Man befeuchtet einen Finger und hält ihn in die Höhe. Die Verdunstungskälte, die dort eintritt, wo der Wind die nasse Haut trifft, macht sich dem Gefühl gut bemerkbar.

Daſs mit der Beobachtung am Boden oder in der Höhe unserer Baulichkeiten über die Windrichtung in gröſserer, etwa Wolkenhöhe, gar nichts ausgesagt ist, lehrt die tägliche Beobachtung. Die Windrichtung hoch oben weicht regelmäſsig von der weiter unten um einen bedeutenden Winkel ab, und eine entgegengesetzte Windrichtung unten und oben ist auch keine groſse Seltenheit bei unbeständiger Wetterlage und wenn der Wind auch unten seine Richtung rasch, vielleicht mehrmals in kürzerer Zeit ändert, „umspringt‟. Der Zug der Wolken gibt natürlich die Richtung des in Wolkenhöhe gerade herrschenden Windes genau an, der Beobachter kann aber, wenn der Wolkenzug nicht gerade scheitelrecht über ihn hinzieht, die Richtung nach der Bussole nicht ebenso genau bestimmen oder einschätzen. Der Gebrauch des „Wolkenspiegels" erleichtert ihm diese Aufgabe wesentlich. Oft wird es leicht sein, an Wolkenzügen, die sich in verschiedener Höhe bewegen, auch eine verschiedene Richtung derselben festzustellen. Die Federwolken (Cirri) befinden sich in viel gröfserer Höhe als die geballten Haufenwolken (Cumuli). Beide Arten bewegen sich oft nicht nur in ungleicher Richtung, sondern auch mit ungleicher Geschwindigkeit. Dann ist an beiden beides nur schwer auf den ersten Blick festzustellen. Die Winkelverschiebung ist bei der gleichen Geschwindigkeit, mit der sich die beiden Systeme bewegen, bei dem unteren Wolkenzug natürlich gröfser und er scheint sich bedeutend schneller zu bewegen. Unwillkürlich, da ein Vergleich mit dem Erdboden zunächst fehlt, nimmt man denn e i n e Wolkenbildung als das punctum fixum an und nun kommt es darauf an, welche, ob die Cumuli oder die Cirri. Bei der gröfseren Winkelgeschwindigkeit der ersteren könnte man an eine entgegengesetzte Richtung der letzteren glauben usf. Anders ist die Sache, wenn Sonne oder Mond sichtbar sind. Dann gelingt nicht nur die Bestimmung der Richtung, sondern auch die Abschätzung der Geschwindigkeit in der Bewegung, wenn auch nicht nach Zahlen, so doch im allgemeinen, sofern man die verschiedene Höhe der Wolken mit in Betracht zieht. Fehlt jede Wolkenbildung, so kann man zu wissenschaftlichen Zwecken der Versuchsballone sich bedienen und ihre Bewegung mit dem Fernrohr verfolgen. Ein gutes Mittel ist die Beobachtung des Schattens, den eine Wolke auf eine horizontale Ebene, einen grofsen Wasserspiegel beispielsweise wirft. Richtung und Geschwindigkeit der Wolke und damit des Windes in ihrer Höhe wird dadurch leicht und sicher erkannt.

Zur Bestimmung der Stärke des Windes in der Nähe des Bodens dienen die Windstärkemesser, die Anemometer, von denen das Schalenkreuzanemometer das gebräuchlichste ist. Für Luftbewegungen bis zu einer nicht zu grofsen Geschwindigkeit reicht auch die Windstärketafel von Wild hin. Aus der Ablenkung der Tafel von der Senkrechten, die am Stand der Tafel an einem Gradbogen direkt abgesehen wird, ergibt sich die Geschwindigkeit ohne weiteres. Die Geschwindigkeit wird immer in Metern in der Sekunde angegeben, wenn sie überhaupt gemessen werden kann; wenn aber alle Hilfsmittel und Mefsapparate fehlen, mufs man sich mit Schätzungen begnügen. Zu diesem Zweck sind „Windstärketafeln" im Gebrauch, von denen die zehn- oder auch zwölfteilige nach Beaufort die gebräuchlichste ist. Sie wird vornehmlich auf See und an den Küsten gebraucht. Im Inlande verwendet man öfter eine sechsteilige, kommt es ja doch hier auch nicht so genau darauf an wie bei der Seefahrt, und hier nicht nur bei den Segelschiffen. Die Windstärketafeln sind mehr für den Menschen in seinem täglichen Leben angelegt als für wissenschaftliche Zwecke, obwohl sie auch für diese dienen müssen, wo genauere Untersuchungen nicht angestellt werden können. Es ist immer nicht unwichtig, die Stufen der Skala zu der Luftgeschwindigkeit in Beziehung zu bringen, die bei der gleichen Stufe vermutlich angenommen werden kann. Leider gehen hier die Schätzungen ziemlich weit auseinander. Null der Skala bedeutet Windstille, doch ist zu bedenken, dafs auch ein sehr leiser Luftzug oft nicht wahrgenommen, demgemäfs mit zur Windstille gerechnet wird. Die Grenze gegen die erste Stufe der Windgeschwindigkeit wird verschieden festgestezt, von 1 bis 2 m/sek werden noch mit zur Windstille gerechnet.

Als höchste Stufe wird allgemein der Orkan angenommen, dem nichts widerstehen kann, der demgemäfs zerstörende Wirkungen an Baulichkeiten anrichtet, die nach menschlichen Verhältnissen noch viele Jahre hätten bestehen können, die also durchaus nicht etwa als baufällig zu bezeichnen waren. Dabei werden auch die gesündesten und stärksten Bäume entwurzelt oder abgebrochen. In unseren Breiten ist dies sehr selten der Fall.

Die nachstehende Skala habe ich M o h n , Grundzüge der Meteorologie, Berlin 1879, entnommen, nachfolgende Angaben H a n n vom Jahre 1901. Für Beobachtungen auf dem Lande können die Stufen der Windstärke etwa so bezeichnet werden: 0 Windstille, 1 leiser Zug, Rauch steigt nicht mehr senkrecht auf, 2 leichter Wind, der blofs Blätter bewegt, 3 frischer Wind, der kleine Äste bewegt, 4 kräftiger Wind, der Staub aufwirbelt, stärkere Äste bewegt, 5 starker Wind, der die Bäume selbst bewegt, 6 stürmischer Wind, die gröfsten Bäume werden bewegt, 7 Sturm, der Äste bricht usw., 8 starker Sturm, der kleine Bäume bricht, Dächer beschädigt, 9 Orkan, der grofse Bäume bricht, Dächer abträgt usw., 10 Wirbelsturm, dem nichts widersteht.

Für die zehnteilige Skala, wie sie jetzt vielfach üblich ist, wäre zu setzen die Windgeschwindigkeit für Skalennummer

Skalennummer	1	2	3	4	5	6	7	8	9
m/sek	2	3,5	5,5	8	10,5	13,5	16,5	22,5	28

Für die höchsten Geschwindigkeiten sind die Schätzungen ganz unsicher und auch die Messungen verdienen nicht allzuviel Vertrauen, da die Ereignisse erstens selten und die Korrekturen der Instrumente bei so überaus gewaltigen Windstärken nicht sehr zuverlässig sind. Aufserdem gehen sie meistens bei einer solchen Gelegenheit in Stücke. Für Skalennummer 11 und 12 schlägt H a n n vor, die Werte 30 und 50 einzusetzen. In Deutschland gehören

Landskala

Windstärke	Geschwindigkeit m/sek	Winddruck kg/qm	Wirkungen des Windes
0 Stille	0 bis 0,5	0 bis 0,15	Der Rauch steigt gerade oder fast gerade auf.
1 Schwach	0,5 „ 4	0,15 „ 1,87	Für das Gefühl bemerkbar, bewegt einen Wimpel.
2 Mäfsig	4 „ 7	1,87 „ 5,96	Streckt einen Wimpel, bewegt die Blätter der Bäume.
3 Frisch	7 „ 11	5,96 „ 15,27	Bewegt die Zweige der Bäume.
4 Stark	11 „ 17	15,27 „ 34,35	Bewegt grofse Zweige und schwächere Stämme.
5 Sturm	17 „ 28	34,35 „ 95,4	Die ganzen Bäume werden bewegt.
6 Orkan	über 28	über 95,4	Zerstörende Wirkungen.

solche Geschwindigkeiten sicher zu den gröfsten Seltenheiten, in den Tropen werden fast alljährlich Wirbelstürme mit zerstörender Wirkung beobachtet. Geschwindigkeiten bis zu 54 m/sek wurden gemessen, doch erforderten so hohe Zahlen bei Nachprüfung zum Teil eine Reduktion bis etwa 40. Der verstorbene Botaniker K r a u s hat mir erzählt, dafs er selber auf dem Brocken mit einem Schalenanemometer von F u e s die Windgeschwindigkeit von über 50 m/sek gemessen habe, wobei wieder die Frage entsteht, ob die Eichung des Instrumentes bis zu dieser Höhe reichte und sicher war. Als sichere Angaben für Deutschland können nach H a n n angeführt werden: Mittlere Geschwindigkeit in einer Stunde in Hamburg 20 bis 26 m/sek, bei einzelnen Stöfsen 30—35 m/sek. Einen Wind mit einzelnen heftigeren Stöfsen heifst man böig. Die Böen können nicht unerheblich stärker ausfallen, als die mittlere Geschwindigkeit etwa in einer Stunde beträgt. So berechnet sich die mittlere Geschwindigkeit für einen Sturm in Wien zu 32,5 m/sek, während die heftigsten Stöfse den Wert 40 sicher erreicht und überschritten haben. Es ist klar, dafs gerade solche Extremwerte, auch wenn sie nur kurz dauern, für den Menschen und seine Habe von verhängnisvoller Bedeutung werden können. Übrigens ist die Windstärke in der Höhe immer bedeutender als in der Nähe des Erdbodens wegen der gröfseren Reibung hierselbst. Durchgängig weht der Wind auf Bergen stärker als in der Ebene, auch über dem glatten Wasser gegenüber hügeligem Gelände. Neuere Untersuchungen haben gelehrt, dafs der Unterschied zwischen den oberen Stockwerken eines Hauses gegenüber dem Erdgeschofs schon merklich ist. Bei Bergtouren mufs man darauf gefafst sein, droben einen stärkeren Wind anzutreffen, als man beim Beginn des Steigens hätte vermuten sollen, und weil jetzt der Mensch gelernt hat, auch sehr hohe Luftschichten mit dem Flugzeug zu erreichen und längere Zeit sich darin zu bewegen, kommt dieses Verhalten für ihn erst recht zur Geltung. Für seine Person zunächst freilich nur im Fesselballon, wie wir sehen werden. Man muſs damit rechnen, daſs ein starker Gegenwind den Flug des Fahrzeugs verlangsamt, der mit genügender Geschwindigkeit überwunden werden muſs, wer aber im Flugzeug sitzt, für den ist der Gegenwind selbst vollkommen belanglos. Nur die Eigengeschwindigkeit des Flugzeugs kommt für ihn als Gegenwind in Betracht. Das scheint auf den ersten Blick paradox, ist aber, wie man leicht einsehen kann, doch wahr. In einem Eisenbahnwagen ist der Luftwiderstand verschieden groſs, je nachdem der Wind dem Zuge entgegen oder in der Fahrtrichtung weht, wie jeder weiſs und wie man es in einem offenen Wagen sehr gut spürt. Hier ist in der Tat der Gegenwind nahezu die algebraische Summe von Wind- und Fahrtgeschwindigkeit. Das kommt davon, daſs der Wind die Geschwindigkeit des Wagens im Vergleich zu seiner eigenen kaum merkbar beeinfluſst, bei Gegenwind wird die Fahrt wohl etwas verlangsamt, bei Wind vom Rücken her beschleunigt, aber gegenüber einer Windgeschwindigkeit von vielleicht 10 oder 20 m/sek fällt das kaum ins Gewicht, die relative Geschwindigkeit des Windes gegen den Wagen bleibt merklich unverändert. Beim Flugzeug ist das anders, es schwebt frei in der Luft und nimmt, wenn sein Motor nicht arbeitet, die Geschwindigkeit an, mit der sich die Luft ringsum bewegt. Arbeitet der Motor und hat er Gegenwind, dann wird eben seine absolute Geschwindigkeit um die Windgeschwindigkeit verlangsamt, die relative Geschwindigkeit gegen die Luft bleibt die gleiche wie vorher. Und ebenso ist es beim Wind vom Rücken her, die Eigengeschwindigkeit und die des Windes addieren sich, das Flugzeug durcheilt aber jetzt nicht ruhende Luft, sondern diese bewegt sich mit ihm und die Geschwindigkeit, mit der es an den Luftteilchen sich vorbeibewegt, ist wieder die gleiche wie die bei ruhiger Luft. Weht der Wind mit der Geschwindigkeit v schief gegen die Fahrtrichtung unter dem Winkel φ, so gilt für die Komponente v cos φ, wodurch die Fahrt beschleunigt oder verlangsamt wird, wieder das gleiche. Nur bei raschen Wendungen oder bei Böen kann der Gegenwind für kurze Zeit stärker oder auch schwächer werden, sonst gilt aber im allgemeinen der Satz: Schaut ein Flieger gerade nach vorn, so trifft ihn die Luft mit einer Geschwindigkeit, die das Flugzeug selbst bei ruhiger Luft aufweisen würde. Wir werden später auf diese Dinge noch eingehen müssen, wenn wir über das Verhältnis des Menschen zum Wetter und den Wetterelementen reden werden. Genug, daſs es auch einen Wind gibt, der gar nicht natürlichen Ursachen seine Entstehung verdankt, sondern menschlichen Einrichtungen. Sonst ist wohl ein Druckunterschied die einzige Ursache dafür, aber umgekehrt kann auch eine Luftströmung, ein Wind zu Druckänderung Veranlassung geben. Wo Luftströmungen auf einen Widerstand stoſsen, zum Beispiel der Wind gegen ein Gebirge weht, verdichtet sich hier die Luft und steigt der Druck. Das bleibt gelegentlich nicht ohne Einfluſs auf die Stärke des Windes, fernerhin auf seine Richtung und auf das Wetter. Umgekehrt vermindert jeder Wind an und für sich den Luftdruck. Wie bei Bewegungen tropfbar flüssiger Körper der hydrostatische Druck unterschieden werden muſs vom hydrodynamischen, so auch hier. Wenn sich Flüssigkeit in einem Röhrensystem bewegt, so vermindert sich allemal ihr Druck, unter dem sie vorher gestanden hatte, und zwar ist der Unterschied gleich der kinetischen Energie der bewegten Flüssigkeit. Ist v die Geschwindigkeit, δ die Masse der Volumseinheit, so beträgt die Verminderung des hydrostatischen Drucks

$\dfrac{\delta \mathrm{v}^2}{2}$. Ganz das gleiche gilt auch in der Aerodynamik, und bei Luftwirbeln mit grofser Geschwindigkeit tritt dies sehr auffallend hervor. Luftwirbel werden häufig durch eine lokale Luftverdünnung, durch ein „Minimum" hervorgebracht. Damit wird eine neue Druckabnahme der bewegten Luft erzeugt, wozu noch die Zentrifugalkraft der sich in Kreisen mit grofser Geschwindigkeit bewegenden Luftteilchen hinzutritt. So entsteht oft im Innern des Luftwirbels eine ganz gewaltige Luftverdünnung, die ganz erstaunliche mechanische Folgen haben kann. Sträucher und kleine Bäume werden auch in unseren Breiten von einer solchen Windhose aus dem Boden herausgerissen und hoch in die Luft geführt, aus Seen und Meeren emporgezogene Wassermassen bilden die „Wasserhosen", die auf ihrer Wanderung mit dem Luftwirbel weite Strecken zurücklegen und dort, wo sie vergehen, „platzen", erhebliche Zerstörungen und Überflutungen nach sich ziehen können. Wenn man liest, wie ein heftiger Wirbelsturm in den Tropen, ein „Tornado", Dächer mit sich in die Höhe gerissen hat, gerade als wenn das Haus explodiert wäre, so handelt es sich hierbei wirklich um eine explosionsartige Wirkung durch die plötzliche Luftverdünnung aufsen am Haus, der die Luft in seinem Innern nicht schnell genug folgen konnte.

Man darf nicht vergessen, dafs dem Wind auch eine Stofswirkung zukommt, wie jedem bewegten Körper. Sie ist immer proportional der Masse mal dem halben Quadrat der Geschwindigkeit, und ist auch die Masse der dünnen Luft nicht grofs, 1 cbm trockene Luft wiegt bei 20° nur 1205 g gegen 1000 kg Wasser, so ist die Geschwindigkeit derselben bei Stürmen, wie wir gesehen haben, gegenüber der in Flufsläufen oder auch Sturzbächen doch andererseits eine gewaltige.

Die Hauptbedeutung, die den Winden bei der Wetterbildung zukommt, besteht darin, daſs sie groſse Luftmassen von Ort zu Ort bewegen mit allen ihren besonderen Eigenschaften, vor allem ihrer Temperatur und ihrem Wassergehalt. Die Wärmekapazität der Luft ist freilich keine groſse, aber die bewegten Massen sind es oft, und die Massen Luft, mit denen sie in Berührung kommen, haben auch keine gröſsere. So wirken sie auf die Änderung der Temperatur ganz unabhängig von ihrer Wärmekapazität ein. Wenn 10 Liter Wasser von 10⁰ sich mit 10 Liter von 20⁰ mischen, so haben die 20 Liter zusammen 15⁰ und geradeso ist es bei der Mischung von Luftmassen miteinander.

Die Bewegung der Luftströme geht im allgemeinen von den Stellen hohen Druckes zu den niedrigen, aber nicht auf dem kürzesten Weg, der Geraden. Vielmehr erfahren die Winde, ganz abgesehen von Ablenkungen durch örtliche Hindernisse, die sich ihnen in den Weg stellen, eine regelmäſsig eintretende und ungemein wichtige infolge der Umdrehung der Erde.

Wäre sonst gar keine Ursache für Bewegung von Luftteilchen vorhanden, so würde das ganze Luftmeer einfach der Erdumdrehung folgen, und wie die Punkte der Erdoberfläche selbst am Äquator eine gröſsere Geschwindigkeit haben als in höheren Breiten. Die lineare Luftsäule, senkrecht über dem Pol, hätte gar keine Geschwindigkeit, und würde sich nur, an Ort und Stelle bleibend, in 24 Stunden einmal um sich selbst drehen. Die Luftteilchen über dem Äquator hätten in Geschwindigkeit von 40 Millionen Kilometer in 24 Stunden, die höher oben gelegenen natürlich mehr, weil der Kreis ihrer Bahn einen gröſseren Radius hat. Das gäbe für die Sekunde rund 463 Meter. Was zwischen Pol und Äquator liegt, hat eine Geschwindigkeit von 0 bis zu dieser Zahl, und um so kleiner ist die

Winkelgeschwindigkeit, je näher man den Polen kommt, also mit zunehmender geographischer Breite. Die Bewegung erfolgt von West über Süd nach Ost. Wird jetzt ein Luftteilchen am Äquator durch irgendeine Ursache, zum Beispiel durch einen Temperaturunterschied, durch einen Druckunterschied veranlaßt, sich in nördlicher Richtung zu entfernen, so trifft sie auf einen Erdboden, dessen Teile sich nicht so schnell von West nach Ost bewegen, wie die Geschwindigkeit war, die das Teilchen am Äquator hatte. Diese behält es aber wie jeder Körper in seiner Bewegung bei, bis nicht äußere Kräfte, zum Beispiel Reibung, eine Änderung herbeiführen. Das Luftteilchen, das vom Äquator kam, überholt demnach in größerer nördlicher Breite den Erdboden in seiner Bewegung von West nach Ost, und den Beobachter, der dort auf dem Boden steht, ebenso. Es kommt also nicht mehr rein aus Süden und geht rein nach Norden, sondern sein Lauf ist abgelenkt, es kommt aus Südwest und bewegt sich nach Nordost. Es hat eine Ablenkung nach rechts erfahren. Umgekehrt hätte es eine Ablenkung nach links erfahren, wenn es vom Äquator sich in südlicher Richtung in höhere südlichere Breiten begeben hätte. Die Größe dieser Ablenkung ist an verschiedenen Orten verschieden, geschieht aber immer im gleichen Sinn. Umgekehrt wird jeder Körper, jedes Luftteilchen, jedes Geschoß, das sich aus höheren Breiten gegen den Äquator zu bewegt, dort in seiner west-östlichen Bewegung von seiner Umgebung überholt, denn es hat sich in der höheren Breite ja langsamer in dieser Richtung bewegt. Und wieder ist es in seiner Richtung nach rechts auf der nördlichen Halbkugel, nach links auf der südlichen abgelenkt worden. Ob das bemerkbar wird, hängt von der Schnelligkeit ab, mit der höhere oder niedrigere Breiten erreicht werden. Für Geschosse ist es, obwohl die Änderung der geographischen Breite im Vergleich zu Winden nur gering ist, doch schon so erheblich, dafs mit der „Seitenverschiebung" darauf Rücksicht genommen werden mufs. Wenn nur überhaupt in der geographischen Lage eine Änderung eintritt, auf welchem Wege, ob genau in nördlicher oder südlicher Richtung, oder in irgendeinem anderen Winkel mit der West-Ostrichtung, das ist nur auf die Gröfse der Ablenkung von Einflufs, aber keineswegs auf den Sinn, in dem sie erfolgt.

Winde werden durch Druckunterschiede hervorgerufen. Orte mit niederem Luftdruck werden als M i n i m a, solche mie hohem als M a x i m a bezeichnet. Im allgemeinen bewegen sich die Luftströmungen vom Maximum zum Minimum, um diese auszufüllen und Gleichgewicht in der Atmosphäre wieder herzustellen. Im Vergleich zu einem Minimum ist die ganze Umgebung ein relatives Maximum. Von allen Seiten her werden Winde gegen das Minimum zu sich in Bewegung setzen. Sie streben ihm aber nicht radienförmig zu, um auf dem kürzesten Wege ihr Ziel zu erreichen, von diesem Weg werden sie abgelenkt, sobald sie in eine andere geographische Breite gelangen. Die Ablenkung erfolgt auf der nördlichen Halbkugel nach rechts, ob der Wind aus Norden, Süden oder aus anderer Richtung bläst, und so wird das Minimum von einem Luftwirbel umkreist, den man Z y k l o n heifst. Von oben gesehen, hat dieser Luftwirbel die Bewegung im Sinne gegen den Uhrzeiger.

Umgekehrt, fliefst aus einem Maximum Luft gegen das nächste Minimum, den Ort des niedersten Luftdrucks, weit und breit nicht nur ab, sondern auch gegen die ganze Umgebung, die niedrigere Druckwerte aufzuweisen hat als das Maximum. Und die Winde, die so a u s dem Maximum blasen, erfahren wieder die Ablenkung nach rechts auf der nördlichen Halbkugel, nach links auf der südlichen, und betrachtet man diesen Luftwirbel, den A n t i z y k l o n von oben, so umkreist er das Maximum im Sinne mit der Uhr. Das ist das berühmte Drehungsgesetz von D o v e.

Maxima und Minima sind die Ursachen für Störungen des Zustandes, in dem sich die Atmosphäre befindet. Diese Störungen sind aber das Wetter.

Winde vermitteln die Übertragung des Zustandes, in dem sich ein Teil des Luftmeers befindet, auf andere Orte und andere Teile desselben, wobei sich ein Ausgleich des ortständigen mit dem neu angekommenen vollzieht. Der Wind kann kälterm Orte Wärme bringen, an warmen Abkühlung, er kann auch, was wieder besonders wichtig ist, grofse Massen von Wasser mit sich bringen oder wegführen.

Der Wassergehalt der Luft.

Die Luft ist auf Erden nirgends absolut trocken, überall enthält sie, für das Auge unsichtbar, eine gröfsere oder kleinere Menge Wasserdampf. Dampf heifst man ein Gas in der Nähe seines Sättigungsgrades, in der Nähe des Punktes also, an dem es aus der gasförmigen Formart in die flüssige übergehen würde.

Das spezifische Gewicht der Luft $= 1$ gesetzt, hat gasförmiges Wasser ein spezifisches Gewicht gleich 0,625, trockene Luft ist also schwerer als feuchte.

Der Luftdruck ist die Summe der Druckwerte, die jeder einzelne Bestandteil, aus denen die Luft zusammengesetzt ist, ausübt. Der Gesamtdruck ist die Summe der P a r - t i a l d r u c k e. Öffnet man ein Gefäfs, das mit Luft gefüllt ist, in einen luftleeren Raum, so strömt sie mit einer gewissen Geschwindigkeit in den leeren Raum aus. Diese Geschwindigkeit ist vom Druckunterschied abhängig, wie wir schon gesehen haben. Aus einem Gefäfs, das unter Atmosphärendruck gefüllt war, strömt die Luft in den leeren Raum, bei einem Druckunterschied von 1 Atmosphäre, also mit sehr großer Geschwindigkeit aus, mit einer kleineren in einen Raum, in dem schon ein positiver Druck herrscht, wegen des geringeren Gefälles. Öffnet man ein Gefäß mit atmosphärischer Luft gegen einen Behälter, der alle anderen Bestandteile der Luft, nur keinen Sauerstoff enthält, übrigens unter dem gleichen Gesamtdruck steht wie das vollständige Gasgemenge, so strömt der Sauerstoff aus diesem mit der gleichen Geschwindigkeit in den sauerstoffreichen Raum aus, wie wenn dieser überhaupt luftleer wäre. Maßgebend ist hier nur der Partialdruck, hier des Sauerstoffs, der im sauerstoffberaubten Raum gleich Null war, von diesem Wert sich mit Einströmen der sauerstoffhaltigen Luft aber sofort erhöht, womit auch das Einströmen von Sauerstoff sich verlangsamt. Dem Ausströmen von Sauerstoff in der einen Richtung hält natürlich das Gegenströmen von Stickstoff und den übrigen Bestandteilen atmosphärischer Luft die Wage. Das nämliche Volumen Sauerstoff, das ausströmt, wird durch zufließenden Stickstoff usw. ergänzt. Denn wenn im zweiten Gefäß kein Sauerstoff gewesen, aber doch der gleiche Gesamtdruck geherrscht haben soll wie im ersten Gefäß, so muß der Partialdruck des Stickstoffs usw. im zweiten Gefäß desto größer gewesen sein, und das bewirkt die entsprechende Gegenströmung ins erste Gefäß hinein. Es ist vielleicht ganz nützlich, einmal auch solche Betrachtungen anzustellen, denn die Verhältnisse von Beimengung oder Auflösung von Wasserdampf in der atmosphärischen Luft sind keineswegs auf den ersten Blick so einfach und klar zu durchschauen, und haben doch für Wetter und Klima eine Bedeutung, die mit dem Einfluß der Temperatur den Vergleich aushält.

Ein bestimmtes Volumen Luft kann bei gegebener Temperatur nur eine bestimmte Menge Wasser in Dampfform aufnehmen, dann ist die Luft „mit Wasserdampf gesättigt" und der Dampf hat dann seine „Maximalspannung" erreicht. Bei allen Dämpfen nimmt die Maximalspannung mit steigender Temperatur zu. Die Zunahme geschieht keineswegs gleichmäfsig. Bei 10^0 kann die doppelte Wassermenge aufgenommen werden wie bei Null Grad, bei 100^0 kann die Wasseraufnahme um 3,6 % für jeden Grad steigen. Ist E der Dampfdruck bei Sättigung, e der augenblicklich festgestellte Dampfdruck, so ist der Quotient e/E der Ausdruck für die relative Feuchtigkeit. Die Differenz E—e gibt an, wieviel Wasser die Luft unter den gegebenen Verhältnissen noch aufnehmen könnte, um gesättigt zu werden, sie heifst das „Sättigungsdefizit". Dieser Wert kommt in Betracht, wo die austrocknende Kraft der Luft in Frage steht, die sie auf Körper ausüben kann, mit denen sie in Berührung kommt. Wenn die Luft einem feuchten Körper Wasser entzieht, so geschieht dies also um so stärker, je weiter die Luft von ihrem Sättigungspunkt entfernt ist. Je mehr sie sich dabei mit Wasserdampf belädt, desto näher kommt sie damit dem Sättigungspunkt, und so ist die austrocknende Kraft der Luft um so stärker und wirksamer, je schneller die mit dem feuchten Körper in Berührung kommenden Luftschichten sich erneuern und immer wieder frische, nur wenig gesättigte an die Stelle der alten, schon feuchter gewordenen treten. So erklärt sich die stark austrocknende Wirkung der Winde und um so stärker ist sie, je trockener die Luft ist und je wärmer. Der Dampfdruck E darf übrigens nicht nach der Temperatur der Luft, sondern der verdunstenden Wasserfläche berechnet werden.

Das Wasseraufnahmevermögen der Luft bei verschiedenen Temperaturen wird am sichersten dadurch bestimmt, dafs man das Wasser einem gemessenen Luftraum durch konzentrierte Schwefelsäure, Chlorkalzium, Phosphorpentoxyd oder ähnliche Stoffe, die Wasser begierig anziehen, entzieht und wägt. So erfährt man den augenblicklichen Wassergehalt eines abgemessenen Volums Luft, und wenn man die Luft lang genug mit grofsen mit Wasser befeuchteten Flächen in Berührung gelassen hat, so dafs sie voraussichtlich alles aufgenommen hat, was sie bei der herrschenden Temperatur überhaupt aufnehmen kann, auch den Sättigungsdruck.

Nach dem Gesetz von D a l t o n ist der in einem Gefäfs herrschende Druck gleich der Summe der Partialdrucke der Luft und des Dampfes, d. h. der Drucke, die die Luft- und Dampfteilchen jede für sich ausüben würden, wenn ihm allein der ganze Raum zur Verfügung stände. Je gröfser der Raum ist, der einer gegebenen Masse Wasserdampf zur Verfügung steht, desto dünner ist der Dampf, desto mehr neuer Wasserdampf kann zutreten, bis Sättigung erreicht wird. Wären nicht schon Stickstoff, Sauerstoff usw. da, so könnte die ganze Atmosphäre aus reinem Wasserdampf bestehen, wozu vielmehr gehörte, als sich in der atmosphärischen Luft sonst auflösen kann. So ergibt sich auch, dafs jede Luftverdünnung die Aufnahmefähigkeit für Wasserdampf steigert, dafs dünne Luft austrocknend wirkt und die Verdunstung befördert. Die „Evaporation" der Luft wächst mit der Erhebung über die Erdoberfläche bedeutend. Die Geschwindigkeit der Verdampfung ist in erster Annäherung proportional dem Unterschied zwischen dem Sättigungsdruck, der der Temperatur der verdampfenden Flüssigkeit entspricht, und dem Partialdruck, der in unmittelbarer Nähe der verdampfenden Oberfläche gerade herrscht.

Ist Luft bei einer bestimmten Temperatur mit Wasserdampf gesättigt und erkaltet, so sinkt damit der Sättigungsdruck, und entweder, es mufs sich eine bestimmte Menge Wasser ohne weiteres flüssig ausscheiden, oder der Überschufs wird trotz der Überschreitung des Sättigungs-

druckes noch eine Zeitlang in Dampfform behalten. Ein
solcher „übersättigter Dampf" bleibt nicht lang bestehen,
jede Verunreinigung, durch Staub zum Beispiel, läfst zunächst kleinere, dann gröfsere Tröpfchen entstehen. So
kommen die Niederschläge zustande, denen wir einen besonderen Abschnitt widmen.

Wie der Luftdruck überhaupt, so nimmt auch der Dampfdruck in der Höhe ab, aber viel rascher. Während der
Luftdruck in einer Höhe von 5000 bis 6000 m auf die
Hälfte sinkt, tut dies der Wasserdampfdruck schon in
einer Höhe von 2000 m, er sinkt in einer Höhe von 4000
um $^3/_4$, in einer Höhe von 6500 auf $^9/_{10}$ seiner Höhe am
Erdboden.

Sobald der Sättigungspunkt überschritten wird, oder
umgekehrt die Temperatur so weit sinkt, dafs für die
dann herrschende Temperatur die Luft mit Wasserdampf
gesättigt ist, so scheidet sich, sobald die Luft nicht ganz
staubfrei und rein ist, Wasser in tropfbarflüssiger Form
aus. Die Temperatur, bei der das geschieht, heifst der
T a u p u n k t. Die Bestimmung des Taupunktes ist ein
Mittel, den Wassergehalt der Luft festzustellen, da man
für jede Temperatur den Dampfgehalt bei der Sättigung
kennt. So ist das D a n i e l l sche Hygrometer, mit dem man
den Taupunkt bestimmt, auch ein Instrument zum Messen
der Feuchtigkeit der Luft. Auf einem anderen Prinzip
beruht das Psychrometer nach A u g u s t. Zwei Thermometer werden nebeneinandergestellt, die Kugel des einen
wird mit Musselin umhüllt, das immer durch Wasser feucht
gehalten ist. Das andere, ohne eine solche Hülle, dient
einfach zur Messung der gerade herrschenden Lufttemperatur. Das Wasser am feuchten Thermometer verdunstet,
und durch die Bindung von Wärme, die mit der Verdunstung verknüpft ist, sinkt die Temperatur des Thermometers. Die Verdunstung findet so lange statt, wie der

Dampfdruck an der feuchten Hülle größer ist als in der Luft. Sobald er nicht mehr größer ist, hört die Verdunstung auf und das Thermometer sinkt nicht weiter. Stehen die beiden Thermometer dauernd nebeneinander, so gibt also das feuchte die Temperatur an, bei der die Luft jetzt gerade mit Wasserdampf gesättigt wäre. Wenn der Unterschied im Stande der beiden Thermometer groß ist, so zeigt dies an, daß der Dampfdruck der Luft weit unter dem liegt, der bei Sättigung gegeben wäre und umgekehrt. Der Unterschied im Stande beider Thermometer zeigt die relative Feuchtigkeit an. Er wird kleiner, wenn es nicht weit bis Sättigung fehlt, wohlbemerkt, immer gültig für die jeweils abgelesene Lufttemperatur, bei Sättigung beträgt der Unterschied Null, beide Thermometer stehen gleich hoch. Es gebe das trockene Thermometer die Temperatur τ und das feuchte die Temperatur τ_1 an. Dann ist die Temperaturdifferenz $(\tau - \tau_1)$ annähernd proportional der Differenz $(E - e)$, worin E der Dampfdruck der Sättigung, e der gesuchte augenblickliche Dampfdruck ist, und umgekehrt proportional dem Luftdruck b. Daraus berechnet sich der Dampfdruck e

$$e = E - A\,b\,(\tau - \tau_1).$$

Die Konstante A beträgt für Temperaturen über Null Grad A = 0,00067, und für Temperaturen unter Null A = 0,000526.

Die Bestimmungen unter Null sind nicht ganz zuverlässig, denn es kann Überkühlung eintreten, und wenn dann das Wasser am feuchten Thermometer gefriert, so kann damit eine solche Steigerung der Temperatur eintreten, daß das „feuchte" Thermometer sogar eine höhere Temperatur zeigt als das trockene. Immerhin ist die Methode im ganzen vorzüglich und der Apparat kann auch mit verhältnismäßig geringen Kosten hergestellt werden.

Auch heutigentags kann sich ein Privatmann zwei Thermometer verschaffen, die wenigstens bis auf ganze Grade genau zusammengehen. Sie werden nebeneinander, vor Strahlung geschützt, ins Freie gehängt, die Birne des einen wird mit einer einfachen Schicht von Musselin umhüllt, und dieses mit einem Gläschen Wasser durch einen angelegten Docht, oder einfach durch einen Zipfel des Musselins selber, der ins Wasser hängt, beständig feucht gehalten. Es muſs das destilliertes oder Regenwasser sein, denn kalkhaltiges hat, wie jede Salzlösung, einen höheren Siedepunkt als ganz reines Wasser. Die Haarhygrometer sind freilich noch bequemer, aber heutzutage sehr teuer. Deswegen wollte ich auf das Augustsche Instrument etwas näher eingehen, denn die Kenntnis der Feuchtigkeit der Luft ist von groſsem Interesse bei Beobachtung des Wetters, und die relative Feuchtigkeit überhaupt vom gröſsten Belang, namentlich was den Einfluſs des Wetters auf den Menschen anlangt, worauf wir noch oft zu sprechen kommen werden. Daher will ich auch die Psychrometertafel aus Mohr hieher setzen, die die umständliche Berechnung der relativen Feuchtigkeit erspart. (Siehe nebenstehende Tabelle.)

Der Dampfdruck, in Millimetern Quecksilber ausgedrückt, stimmt zufällig so ziemlich mit der Zahl der Gramme Wasser überein, die im Kubikmeter Luft enthalten sind. Das gilt im Freien für die meisten Temperaturen. Nach Hann braucht man den Dampfdruck e nur mit folgenden Faktoren zu multiplizieren, um die Gramme Wasser im Kubikmeter zu erhalten:

Temp. — 10⁰   0⁰   5⁰   10⁰   15⁰   20⁰   25⁰   30⁰
Faktor   1,100   1,060   1,040   1,022   1,005   0,987   0,971   0,955

Ist das Wasser einmal gasförmig in der Luft enthalten, so teilt es mit dieser natürlich die leichte Beweglichkeit, und so werden von Wetter und Wind ganz erstaunliche Massen

Wasser von Ort zu Ort und in sehr kurzer Zeit fortgeschafft. Was dem Meere in Strömen und Bächen zufliefst,
geht durch Verdunstung wieder in die Atmosphäre und
wird von ihr auf das feste Land getragen, um in Form

Feuchtes Thermometer	Differenz der beiden Thermometer											
	0°	1°	2°	3°	4°	5°	6°	7°	8°	9°	10°	11°
30°	100	93	86	79								
29°	100	92	85	79	73							
28°	100	92	85	79	72	67						
27°	100	92	85	78	72	66	61					
26°	100	92	85	78	71	65	60	55				
25°	100	92	84	77	71	65	59	54	50			
24°	100	92	84	77	70	64	59	53	49	44		
23°	100	91	83	76	69	63	58	53	48	43	39	
22°	100	91	83	76	69	63	57	52	47	42	38	34
21°	100	91	83	75	68	62	56	51	46	41	37	33
20°	100	91	82	74	67	61	55	49	44	40	36	32
19°	100	91	82	74	66	60	54	48	43	39	34	30
18°	100	90	81	73	66	59	53	47	42	37	33	29
17°	100	90	81	72	65	58	52	46	40	36	31	27
16°	100	90	80	72	64	57	50	44	39	34	30	26
15°	100	89	80	71	63	55	49	43	37	33	28	24
14°	100	89	79	70	62	54	47	41	36	31	26	22
13°	100	89	78	69	61	53	46	40	34	29	25	20
12°	100	88	78	68	59	52	44	38	32	27	22	18
11°	100	88	77	67	58	50	43	36	30	25	20	16
10°	100	87	76	66	57	48	41	34	28	23	18	14
9°	100	86	75	65	55	47	39	32	26	20	16	11
8°	100	86	74	63	54	45	37	30	24	18	13	9
7°	100	86	73	62	52	43	35	28	21	15	10	6
6°	100	85	72	61	50	41	33	25	18	13	7	3
5°	100	85	71	59	48	39	30	22	16	10	4	
4°	100	84	70	57	46	36	28	19	13			
3°	100	83	69	56	44	34	25	16	9			
2°	100	83	67	54	42	31	22	13	6			
1°	100	82	66	52	39	28	18	10	2			
0°	100	81	64	50	36	25	15	6				

der Niederschläge zu Boden zu fallen und in Vollendung des Kreislaufs wieder das Meer zu erreichen. Nicht ohne mittlerweile von der gröfsten Bedeutung für alle Lebewesen zu werden und nicht, ohne wieder durch die Luftströmungen auch über dem festen Lande vielleicht sehr oft seinen Ort durch Vermittlung der Winde gewechselt zu haben. Ein verhältnismäfsig kleiner Teil mischt sich fortdauernd der Atmosphäre neu bei durch heifse Tiefenquellen, die aus der Tiefe kommen und verdunsten, sowie durch Ausbrüche von Vulkanen, da diese oft gewaltige Dampfmassen in die Höhe schleudern. Anderseits ist die Unterlage der Wasserbecken wohl nicht überall völlig wasserundurchlässig, und ein Teil wird wohl immer in gröfsere Tiefen sinken und so zunächst der Hydrosphäre verloren gehen, um vielleicht gelegentlich in einer der erwähnten Formen wieder an die Oberfläche emporzusteigen. Ein Teil von Wasser wird auch ohne Zweifel im Erdinnern aus den Elementen Wasserstoff und Sauerstoff ganz neu gebildet, und ein Teil der „juvenilen Quellen" ist gewifs so entstanden. Ausgeschlossen ist es anderseits auch nicht, dafs versickertes Wasser in grofser Tiefe im Feuerflufs des Erdinnern nicht nur vergast, sondern wieder in seine Elemente zerlegt wird. Ob in diesen Vorgängen gegenwärtig Gleichgewicht besteht, ob die Einnahmen und Abgaben der Hydrosphäre sich die Wage halten, dafür fehlen uns die Anhaltspunkte. Immer hat ein solches Gleichgewicht sicher nicht bestanden. Wenn man unwidersprochen annehmen mufs, dafs der ganze Erdball seinerzeit in Gluthitze verharrte, so mufste erst bei allmählicher Erkaltung der erste Wasserdampfgehalt der Lufthülle, dann Neubildung von Wasser in der Geosphäre, ohne Zweifel in grofsen Massen kommen. Und mit der Fortdauer der Entgasung des Erdinnern Hand in Hand hat sich die Abgabe von Wasser von innen nach aufsen vollzogen und dauert wohl jetzt noch an. So hat sich die Hydrosphäre gebildet, und sie ist wieder die anscheinend unversiegliche Quelle für den Dampfgehalt der Atmosphäre. Kleinere und gröfsere Wasserbecken innerhalb der Kontinente können dabei örtlich nicht unwichtig sein, spielen aber im grofsen ganzen keine Rolle, nur die Meere kommen für den ganzen Wasserhaushalt der Erde in Betracht.

Frei in der Sonne bedeutet ein Temperaturunterschied von 1 Grad die Verdunstung von 0,038 mm Wasser in der Stunde, 2 mm Wasser im Tag. Daraus ergibt sich, welch riesige Wassermengen täglich über den Meeren mit ihrer ungeheuren Oberfläche gasförmig in die Luft gehen müssen. Und diese Wassermassen werden wohlbemerkt nicht an andere Orte geschafft, ohne zugleich Wärme von Ort zu Ort zu bewegen. Die Verdampfungswärme des Wassers beträgt für jedes Gramm 540 kleine Kalorien. Wenn das Wasser wieder flüssig wird, beträgt die Kondensationswärme ebensoviel, d. h., im ersten Fall wird so viel Wärme der Umgebung entzogen, „wird latent“, wie dazu gehören würde, um 540 g Wasser um 1 Grad zu erhöhen, und da, wo das Wasser kondensiert, wieder flüssig wird, wird auch die gleiche Wärme wieder frei und kann die Temperatur von 540 g Wasser um 1 Grad erhöhen. So nimmt die Luft unter den Wendekreisen nicht nur aus den Sonnenstrahlen durch Absorption Wärme auf, sondern auch aus den warmen Meeren die Wärme, die von diesen absorbiert worden, bei der Verdunstung des Wassers als latente Wärme auf und führt sie auf die weitesten Strecken mit sich fort. Wo sie in kältere Umgebung kommt, wirkt sie erwärmend durch Leitung und Strahlung, am meisten aber dort, wo die herrschende Temperatur es dem Wasser nicht mehr gestattet, gasförmig zu bleiben, wo der Taupunkt unterschritten wird, das Wasser sich kondensiert und die latente Wärme wieder frei wird. Dazu kommt noch ein weiterer Umstand, der für die Wärmeverteilung in der Atmosphäre selbst von Bedeutung ist. Nicht nur bei Kondensation steigt die Temperatur der Luft, sondern auch dann, wenn die Wassertröpfchen gefrieren. Bei jedem Übergang aus der tropfbar flüssigen Formart in die feste wird Wärme frei, umgekehrt Wärme gebunden (latent) beim Schmelzen. Die Schmelzwärme für Wasser beträgt 80 Kalorien, d. h., wenn ein Gewichtsteil Wasser gefriert, so wird so viel Wärme frei, wie dazu gehört, um 80 Gewichtsteile Wasser um 1 Grad zu erwärmen. Bei der Bildung des Wetters ist dies von großer Bedeutung, wie man fast in jedem Winter leicht feststellen kann. Gewiß weiß jeder aus eigener Erfahrung, wie der starke Frost sich bricht, wenn es zu schneien anfängt.

Noch in einer anderen Hinsicht ist der Wassergehalt der Luft von Bedeutung. Feuchte Luft absorbiert Wärmestrahlen stärker als trockene. Dieser Unterschied ist nicht ganz zu vernachlässigen, mehr noch fällt in dieser Hinsicht der Gehalt der Luft an Kohlensäure ins Gewicht.

Von bedeutenderem Einfluß auf Durchlässigkeit von Wärme- und von Lichtstrahlen wird der Wassergehalt der Luft, wenn die Folge für die Temperatur zu großer Feuchtigkeit eintritt, wenn Trübung der Luft durch kleine Wasserbläschen oder Niederschläge sich einstellen.

Die Bewölkung.

Wolken entstehen, wenn ein aufsteigender Luftstrom die Luft und das in ihr vorhandene Wasser in höhere Schichten bringt, wo entsprechend der niedrigeren Temperatur der Dampfdruck den Sättigungsdruck überschreitet. Die treibende Kraft für diesen Vorgang ist die Erwärmung des Bodens, wodurch die untersten Luftschichten wärmer wer-

den und mehr von dem verdunstenden Wasser an der Erdoberfläche aufnehmen, als sie bei niedrigerer Temperatur
festhalten können. Die erwärmte Luft steigt auf und dehnt
sich, weil oben ein niedrigerer Luftdruck herrscht als unten, aus. Die Ausdehnung der Luft erfordert den Aufwand
von Arbeit, und diese Arbeit kann nur aus dem vorhandenen Vorrat von Wärme gewonnen werden. So wird bei
der Ausdehnung der Luft Wärme verbraucht, und die Luft
erkaltet, wie sie sich umgekehrt erwärmen würde, wenn
sie sich zusammenziehen oder zusammengepreſst werden würde. Das ist der wesentlichste Grund dafür, daſs
aufsteigende Luftströme sich dabei abkühlen und deshalb
auch für die Wolkenbildung. Daneben spielt auch der Umstand eine Rolle, daſs die aufsteigenden Luftteile in Höhen kommen, wo schon vorher eine niedrigere Temperatur herrschte, und in Berührung mit den kalten Oberschich-
ten kühlen sich die aufgestiegenen ebenfalls ab. Zur Wolkenbildung wird das aber wohl kaum viel beitragen, weil
die oberen Schichten zwar kalt, aber zugleich auch absolut trockener sind als die Luft in geringer Höhe über dem
Erdboden.

Man heiſst die Zone des Luftmeers, in der dieser Vorgang der Wolkenbildung abläuft, die „Wolkenzone". Sie
umfaſst etwa $^3/_4$ der ganzen Atmosphäre und reicht am
Äquator 17 km, in unseren Breiten 11 km, am Pol vielleicht 9 km weit in die Höhe. Oberhalb dieser Atmosphäre
ist von einer Wolkenbildung keine Rede mehr, die Luft
erfährt weiter keine Mischung durch aufsteigende Ströme,
die Temperatur in dieser „Stratosphäre" steigt anfangs
noch ein wenig, um dann nach oben zu gleichmäſsig ab-
zufallen. In dieser Höhe ist vom „Wetter" überhaupt
keine Rede mehr.

Die Wolkenformen werden vom Volk kurzweg unterschieden als Federwolken, Haufenwolken und

Regenwolken, allenfalls noch Gewitterwolken, womit seinen Bedürfnissen einstweilen Rechnung getragen ist. Aber eine nähere Bestimmung der Wolkenform ist schon um deswillen notwendig, weil die verschiedenen Formen auch gewöhnlich in verschiedenen Höhen liegen und in bezug auf das Wetter von ganz verschiedener Bedeutung sind.

Die Federwolke heißt Cirrus, die Haufenwolke Cumulus, die Schichtenwolke Stratus, die Regenwolke Nimbus, und die Zwischenformen werden durch die Doppelnamen Cirrocumulus usw. bezeichnet.

Je nach der Höhe, in der sie durchschnittlich angetroffen werden, unterscheidet man nach internationaler Vereinbarung:

A. Obere Wolken von durchschnittlich 9000 m Höhe,
   Cirrus, zart, weiß, faserig.
   Cirrostratus, feiner, weißlicher Schleier.

B. Mittelhohe Wolken 3000 bis 7000 m.
   Cirrocumulus, zarte Schäfchen.
   Altocomulus, derber aussehende Schäfchen.
   Altostratus, dichter Schleier, grau oder blau, Höfe
       um Mond und Sonne erzeugend.

C. Untere Wolken 2000 m.
   Stratocumulus, dicke Balken oder Wülste.
   Nimbus, dichte Regenwolke mit unbestimmten Konturen.

D. Wolken aus den unter Tags aufsteigenden Strömen.
   Cumulus, dicke Haufenwolken, unten gleich, oben
       kuppelförmig, 1400 bis 1800 m.
   Cumulonimbus, Gewitterwolken, massige, Türmen
       ähnliche Gestalten, oben meistens ausgekämmt
       (falscher Cirrus) von 1400 m bis zu 3000, ja bis
       8000 m emporragend.

E. Gehobene Nebel unter 1000 m.

Stratus, wagerecht geschichtet.

Wogenwolken, parallele Wolkenstreifen oft perspektivisch verschoben wie die Baumreihe einer Allee, fast täglich zu sehen, entstehen nach Helmholtz an der Grenze zweier Luftströme, die übereinander hinfließen und an Dichte, Temperatur und Bewegung verschieden sind. Die obere, leichtere Schicht ruft auf der unteren schwerere Wellen hervor, wie auf dem Wasser.

van Bebber erwähnt eine besondere Wolkenform, die Clement Ley seinen Liebling nennt und die öfters an unserem Himmel gesehen wird. Es ist eine sehr hohe Stratuswolke, aus deren oberen Fläche zahlreiche Erhöhungen und Türmchen entspringen. Diese Wolkenform ist deswegen von Interesse, weil sie nicht selten der Vorbote eines Gewitters ist, insbesonders dann, wenn sie mit großer Geschwindigkeit von einem östlichen oder südlichen Punkt des Horizonts herzieht, während etwas tiefere Wolken aus Nordost oder Ost sich bewegen. Es ist gut, wenn man auch diese Vorzeichen eines Gewitters kennt.

Die Anwesenheit von Wolken und ihre Ausdehnung am Himmel heißt man die Bewölkung. Die Ausdehnung wird nach Bruchteilen der sichtbaren Himmelshalbkugel abgeschätzt. Das ist natürlich nicht sehr genau zu machen, muß auch für statistische Zwecke wenigstens dreimal im Tag ausgeführt werden, da die Bewölkung oft schon im Verlauf des Tages sehr merklich wechselt, am Morgen, Mittag und Abend ganz verschieden sein kann. Teilt man die Bewölkung in zehn Stufen, so nennt man 0—2 heiter, 2—8 bewölkt, über 8 trüb. Die Bewölkung vermindert die Einstrahlung der Sonnenwärme, aber auch die Ausstrahlung von Wärme in der Nacht, doch wird diese Wirkung, namentlich was auch die Dämpfung der Lichtstrahlen anlangt, schon um deswillen oft zu hoch angenommen, weil die Abschätzung der Bewölkung naturgemäfs sich nur auf die Ausdehnung der gerade sichtbaren Wolkengebilde erstreckt. Im gewöhnlichen Leben gebraucht man ja wohl auch gelegentlich die Ausdrücke „ein dicker Wolkenschleier", oder „dicke, schwarze Wolken", „ein dünner Wolkenschleier" und dergl. Bei völlig bedecktem Himmel gehen von den Sonnenstrahlen noch 40% durch, und ein wesentlicher Ausgleich vollzieht sich durch das zerstreute Licht. Schon das vom blauen Himmel diffus reflektierte Licht ist nicht ohne Bedeutung, sowohl was das Licht, wie auch was die Wärmestrahlen anlangt, und ein Wolkenschleier kann diesen Teil der Strahlung sogar vervierfachen. Auch die von Wolken, die der Sonne gegenüberstehen, reflektierte Licht- und Wärmemenge kann sehr bedeutend ausfallen, und so kann bei solchem Stand der Wolken die Strahlung sofort stärker werden als bei ganz heiterem Himmel. Das Verhältnis der diffusen Strahlung zur direkten ist nicht überall gleich, unter dem Äquator beträgt erstere kaum die Hälfte der letzteren, in höheren Breiten kommt sie mehr zur Geltung. Hier ist die Absorption bei tiefem Stand der Sonne und meist bedecktem oder umwölktem Himmel grofs, aber auch die Zerstreuung, die auch noch in der langen Dämmerung anhält, von sehr grofsem Einflufs auf die Menge von Licht und Wärme, die der Erde zugute kommt. Schon in Heidelberg ist die Strahlung durch diffuses Licht bedeutender als die direkte.

Die Bewölkung soll auf der ganzen Erde im Durchschnitt 52% betragen. Sie wechselt natürlich mit den Jahreszeiten sehr, aber auch mit der geographischen Breite und mit dem Verhältnis, in dem Wasser und trockenes Land als Erdbedeckung zueinander stehen. Im Zusammenhang mit der Bewölkung steht die Dauer des Sonnenscheins überhaupt; ein Verhältnis, das für das Wohlbefinden des Menschen von der gröfsten Bedeutung ist. „Erfahrungsgemäfs ist die durchschnittlich von Wolken freie Himmelshalbkugel nahezu der gleiche Bruchteil der ganzen sichtbaren Himmelshalbkugel, wie die Stunden mit Sonnenschein zur Summe aller Tagesstunden."

Indem die Bewölkung auf der einen Seite die Einstrahlung, auf der andern die Ausstrahlung von Wärme verhindert, wirkt sie zu verschiedenen Jahreszeiten und auch in verschiedenen geographischen Breiten ganz entgegengesetzt. Bei uns ist ein nahezu wolkenloser Sommer immer auch heifs, und in niederen Breiten sinkt mit zunehmender Bewölkung die mittlere Jahrestemperatur. In höheren Breiten sinkt aber die mittlere Jahrestemperatur bei im ganzen geringer Bewölkung, denn die Wintertemperatur sinkt bei gesteigerter Ausstrahlung bedeutend, und dem steht nur eine geringe Steigerung der Wärme im kurzen Sommer gegenüber.

Die Niederschläge.

Nicht jede Wolke „läfst fallen". Aber es ist doch eine Seltenheit, dafs es aus heiterem Himmel regnet. Wenn man eine dicke Wolke, zum Beispiel einen Kumulus, betrachtet, so mufs man sich wundern, wie ein solches Ding, das ja schwerer ist als Luft, doch schweben kann. Die Entstehung der Wolke gibt darüber Aufschlufs. Die Wolkenform stellt eigentlich nur den örtlichen Zustand dar, in dem die Wolkenbildung möglich ist. Aufsteigende Luftströme führen Wasserdampf in die Höhe; wo das Wasser nicht mehr gasförmig bleiben kann, scheidet es sich zunächst als ganz feine Tröpfchen aus, die natürlich, wenn auch anfangs sehr langsam, zu fallen beginnen. Sobald sie aber in die unteren Schichten kommen, wo Wasser noch gasförmig bleiben kann, lösen sie sich sofort wieder auf, und der Wasserdampf steigt, vom aufwärts gerichteten Luftstrom ergriffen, wieder auf. So bildet sich die Grenze zwischen den beiden Zuständen, von denen der eine die Gasform des Wassers zuläfst, der andere eine Kondensation desselben veranlafst. Die Grenze sehen wir in der unteren Begrenzung der Wolke. Oberhalb der Wolke hört die Aufwärtsbewegung des Luftstromes entweder durch Reibung auf, oder die Luft hat ihren Wassergehalt durch Kondensation schon in dem Mafse eingebüfst, dafs sie nach weiter oben nichts mehr herzugeben hat. Das gibt dann die obere Grenze der Wolke.

Im luftleeren Raum fallen bekanntlich alle Körper gleich schnell. In der Luft fallen sie um so schneller, je gröfser ihre Masse, ihr Gewicht, also die Kraft, mit der sie angezogen werden, im Verhältnis zum Luftwiderstand ist, den der Körper beim Fallen überwinden mufs. Dieser Widerstand ist aber nicht abhängig von der Masse, sondern von der Gröfse der Oberfläche, auch ihrer Gestalt. In freier Luft scheidet sich Wasser, bei seiner Verdichtung in Form von Tropfen und Tröpfchen, alle in Kugelform, aus, was sich aus den Gesetzen über die Oberflächenspannung ergibt. Der Widerstand, den eine Kugel bei ihrer Bewegung durch die Luft erfährt, ist im allgemeinen abhängig von ihrem gröfsten Querschnitt, einem Kreis, der den Radius der Kugel zum Durchmesser hat. Diese Fläche wächst mit dem Quadrat des Radius. Die Masse der Kugel wächst aber mit der dritten Potenz des Radius

$$F = r^2\,\pi, \quad V = \frac{4}{3}\,r^3\,\pi.$$

Der Luftwiderstand wird also von einer kleinen Kugel mit Wassertröpfchen schwerer überwunden, als von einer grofsen mit schweren Tropfen. Wenn wir von den Staubbeimengungen in der Luft reden, müssen wir noch ein-

mal darauf zurückkommen. Ein grofser Teil der ausge-
schiedenen Wassertröpfchen bleibt also schon einmal aus
diesem Grund, wegen ihrer kleinen Ausdehnung schweben oder sinkt in kaum bemerkbarem Mafse. Dazu kommt
noch die Bewegung der Luft, denn wir werden sehen, wie
diese das Schweben fester Körperchen erleichtert und sogar ihre Erhebung herbeiführen kann. Eine gewisse Gröfse
der Wassertropfen gehört also allemal schon dazu, dafs
sie merklich anfangen zu fallen. Die Vergröfserung der
kleinsten Wassertröpfchen, die nur den allerfeinsten Nebel darstellen, erfolgt in der Wolke zum kleinsten Teil dadurch, dafs sich neues Wassergas an der Oberfläche niederschlägt, zum gröfsten Teil aber wohl durch Zusammenfliefsen der kleinen. Dafs die Regentropfen erst beim Fallen zwischen Regenwolke und Erdboden sich vergröfsern,
ist sogar unwahrscheinlich, oder kann nur sehr wenig ausmachen. Wohl sind die Tropfen kälter als die Luftschicht,
wo sie unterhalb der Wolke durchfallen, und eine Spur
von Wasserdampf könnte sich also wohl darauf niederschlagen, allein durch die Kondensationswärme wird die
Temperatur sofort in dem Mafse erhöht, dafs die Kondensation und die Vergröfserung des Tropfens gleich aufhören mufs. Wahrscheinlich wird das Zusammenfliefsen
der feinsten Tröpfchen durch gleichzeitige elektrische Ladung zeitweilig verhindert, und erst eine Änderung des
elektrischen Zustands führt zu einer leichteren Vereinigung der Tröpfchen untereinander. Bei Gewittern beobachtet man sehr häufig, wie nach einem Blitz der Regen
plötzlich viel stärker fällt. Das würde mit der erwähnten
Anschauung namhafter Meteorologen sehr gut stimmen.
In einer dicken und dichten Wolke finden die Tröpfchen
mehr Gelegenheit zusammenzufliefsen, sie läfst demgemäfs gewöhnlich gröfsere Tropfen fallen als leichtes Ge-
wölk. Dafs die ersten Tropfen meist die gröfsten sind,

hängt wohl damit zusammen, daſs die groſsen Tropfen rascher fallen als die kleinen. Auch die gröſsten Regentropfen überschreiten übrigens nicht das Gewicht von 0,2 g, noch gröſsere zerspringen schon im Fallen. Das entspricht einem Durchmesser von etwa 7 mm.

Der Wassergehalt der Wolken in flüssiger Form ist nicht sehr groſs. Für eine dicke Kumuluswolke kann er zu 10 g in jedem Kubikmeter angenommen werden. Die Luft zwischen den Tröpfchen ist immer mit Wasserdampf gesättigt und das Gewicht des gasförmigen Wassers ist auch in einer dichten Wolke immer gröſser als das des tropfbar flüssigen.

Im lufterfüllten Raum fallen alle Körper stets langsamer als im luftleeren. Der Unterschied nimmt vom Anfang an, wo er kaum bemerkbar ist, immer mehr zu und von einer gewissen Zeit, oder besser gesagt, von einer gewissen erreichten Schnelligkeit an wird sie nicht weiter beschleunigt, und der Körper fällt von da an mit gleichförmiger Geschwindigkeit weiter. Regentropfen fallen dann meistens mit einer Geschwindigkeit von etwa 7 m/sek, und die Gröſse der Tropfen scheint merkwürdigerweise dabei nicht von groſsem Einfluſs zu sein.

Einen „warmen Regen‟ gibt es nicht. Ausnahmsweise kann sich seine Temperatur um eine Spur über die gerade herrschende Lufttemperatur erheben, dann aber eben nur um eine Spur, die für unser Empfinden nicht in Betracht kommt. Meistens hat der Regen die gleiche Temperatur wie die Luft, oft ist er aber auch kälter und manchmal empfindlich kälter, namentlich wenn er mit Hagel gemischt fällt.

Man unterscheidet „Landregen‟, schwache Regen, die viele Stunden und Tage anhalten; sie sind gewöhnlich sehr verbreitet. Dann: „Platz-, Sturz- oder Gewitter-Regen‟. Fast immer sind diese auf einen verhältnismäſsig kleinen Raum beschränkt, und oft schliefsen sich an solche Gewitterregen die leichteren Landregen an. Für die Anschwellung der Flufsläufe sind gleichwohl die Landregen von gröfserer Bedeutung als die eigentlichen Platzregen. Auch bei einem Wolkenbruch, der freilich sehr rasch grofse Mengen herabschickt, ist das Anschwellen der Wasserläufe, das Hervorbrechen der Giefsbäche mehr auf den Regen, der dem ersten Wasserfallen sich noch anschliefst, von gröfserer Bedeutung als die Katastrophe, die sich in Minuten oder einer halben Stunde abzuspielen schien. Noch mehr gilt das für das Hochwasser, das nach heftigen Niederschlägen sich oft in weniger als einer Stunde mit allen seinen Schrecken zu entwickeln pflegt. Die Hauptsache ist dabei, dafs durch den ersten heftigen Gufs der Boden schon mit Wasser vollgesaugt ist und kein weiteres mehr aufnehmen kann. Was dann noch weiter fällt, speist die Flüsse und Bäche, obwohl es gar nicht mehr so arg aussieht. Allerdings spielen dabei auch die Beschaffenheit des Bodens und seine Neigung eine wichtige Rolle. Wo nur nacktes Gestein zutage tritt und wo das Gelände geneigt ist, da fliefst das Wasser rasch ab. Schon die Dammerde, wie man das Verwitterungsprodukt aller Gesteine heifst, insoweit es durch menschliche Tätigkeit oder Pflanzenwuchs verändert ist, vermag viel Wasser aufzunehmen, und so weit sie reicht, in die Tiefe zu führen. Jetzt kommt es darauf an, in welcher Tiefe sich eine wasserundurchlässige Schicht findet. In Gegenden, wo Trümmergesteine vorherrschen, im Alluvium, oder wo z. B. der Buntsandstein ansteht, sind solche undurchlässige Schichten, sind es an Stelle primärer, kristallinischer Gesteine Ton, Letten, Mergel, Flinz usw., die das Wasser aufhalten. Wo sie oberflächlich liegen, können die Schichten darüber nur wenig, wo sie in gröfserer Tiefe aufliegen, mehr aufnehmen. Darnach richtet es sich, ob heftige Regengüsse zu grofsen

Überschwemmungen führen oder nicht, aber auch nach der Bodengestaltung, ob schlimmen Falls die herabstürzenden Wassermassen sich in engen Tälern sammeln oder in großen Wasserbecken, Seen, was gegen Überschwemmungsgefahr immer das beste ist.

Gefrorenes Wasser in der Luft ist entweder Schnee, oder es sind Graupeln und Hagelkörner. Letztere sind für das Wetter von Bedeutung durch die Abkühlung, die sie allemal im Gefolge haben. Selten, daß sie dabei länger liegen bleiben, um dann beim Schmelzen von neuem durch Bindung der Schmelzwärme andauernde kühle Temperaturen zu erzeugen. Wasser kristallisiert nach dem hexagonalen System, auch Graupeln und Hagelkörner haben zwar eine rundliche Form, sind aber im Innern kristallinisch. Graupeln haben einen Durchmesser von etwa 3—5 mm, sind ungefähr von Erbsengröße, Hagelkörner sind größer, können die Ausdehnung wie ein Tauben- oder Hühnerei, ja einer Faust erreichen, und es sind Fälle beobachtet, wo das Gewicht 1 kg und mehr betrug, während es gewöhnlich kaum über 50 g hinausgeht. Auch in starken Hagelwettern sind meist nur einzelne Körner von ganz ungewöhnlichen Dimensionen. Das Geräusch ist, wenn Hagel fällt, bedeutend, vom Donner hört man nichts mehr; Hagelwetter sind gemeiniglich von elektrischen Entladungen begleitet, kommen auch fast nur zur Sommerszeit vor. Der Hagel betrifft meist nur einen schmalen, eng begrenzten Streifen, der aber in seiner Begrenzung weite Strecken zurücklegen und, was er betrifft, zerstören kann. Ich habe es erlebt, daß armsdicke Äste von den Bäumen und gußeiserne Tische in Gartenwirtschaften durchgeschlagen wurden. Über die Entstehung des Hagels sind die Meinungen noch geteilt. Die Körner müssen sich sehr rasch gebildet haben, denn bei ihrer Schwere können sie nicht lang schwebend bleiben, wahrscheinlicher ist aber die Annahme, dafs sie in einem kalten Luftwirbel entstehen und durch diesen in rasch rotierender Bewegung doch einige Zeit schwebend erhalten werden, bis sie entweder zu grofs geworden sind oder aus dem Wirbel hinauskommen. Die Schneeflocken sind nicht gefrorene Wassertröpfchen, sondern das Wasser kondensiert sich bei Temperaturen unter 0^0, ohne flüssig zu werden, direkt in fester Form. Die gebildeten Eisnadeln frieren dann zusammen und erzeugen die jedem wohlbekannten zierlichen Gebilde, im allgemeinen sechsseitige Sterne, die zwischen sich viel Luft enthalten. Am Boden schmilzt der Schnee entweder ohne weiteres, wenn Boden und Luft warm genug sind, oder, wenn er liegen bleibt, bildet er, frisch gefallen, eine lockere Schicht, von der schwer zu sagen ist, wie viel Wasser zu ihrer Bildung gehört hat, denn die „spezifische Schneetiefe" ist nicht überall die gleiche. Der reziproke Wert der Schneetiefe wird „Schneedichte" genannt. Man mufs sie kennen, um aus der gemessenen Schneehöhe die Niederschlagsmenge, in Wasser ausgedrückt, angeben zu können. Im grofsen ganzen entspricht bei frisch gefallenem Schnee jedem Zentimeter eine Wasserhöhe von 1 mm.

Bei uns fällt der Schnee am öftesten bei Temperaturen, die dem Gefrierpunkt naheliegen, zwischen -1^0 und $+1^0$, doch ist Schneefall schon bei Temperaturen zwischen 40^0 unter Null, wie in Ostsibirien, und bei 10 über Null beobachtet worden. Je kälter der Schnee ist, desto körniger und feiner ist er und desto trockener sind die Nadeln, aus denen er besteht. Durch Druck kann man die Oberfläche der Nadeln zum Schmelzen bringen und den Schnee „ballen", worauf von neuem Gefrieren und Festhaften erfolgt, wie jeder aus seiner Knabenzeit wohl weifs, wie ebenso, dafs dies nicht bei grofser Kälte, sondern bei Temperaturen um den Taupunkt herum gut gelingen will. Für Bewohner polarer Gegenden ist dies sogar von grofser Bedeutung, wo die Wohnstätten oft aus Schnee hergestellt werden müssen. Dort ist der Schnee aber trocken und fein. Nach einer Bemerkung von S c h w a t k a , die ich H a n n entnehme, sind mit dem Schnee, wie er im Norden der Vereinigten Staaten fällt, Schneehäuser der Eskimos nicht herzustellen. Bei uns würden die Schneehäuser nicht halten und infolge der Wärmebildung durch die Insassen wohl sehr bald schmelzen. Doch kommen in sehr strengen Wintern wohl auch bei uns Fälle vor, wo der Schnee zu solchen Zwecken nicht ohne Vorteil Verwendung finden kann, zumal der Schnee wegen seines großen Gehaltes an Luft, die sich nur sehr schwer bewegen kann, die Wärme sehr schlecht leitet. Auch Tiere haben es, bei strengem Frost unter der Schneedecke eingegraben, oft besser als wie in freier Luft. Diese schlechte Wärmeleitung ist auch für das Wetter von großer Bedeutung. Einerseits schützt eine Schneedecke den Boden vor zu starker und vor allem zu tief eindringender Erkältung, anderseits erhöht sie die Ausstrahlung nach oben ganz erheblich. Wenn im Herbst frühzeitig sich eine ausgebreitete Schneedecke einstellt, so ist dies einerseits gut für die Saaten, die vor dem Erfrieren geschützt werden, anderseits ist, wenn das Barometer steigt, sich ein Maximum ausbildet, das dann gewöhnlich von Bestand ist, Eintritt und Fortdauer strenger Kälte zu erwarten. Aus doppeltem Grund: weil die Wärmestrahlung von der glänzend weißen Schneefläche gering und weil die Wärmezufuhr von unten durch den schlecht leitenden Schnee herabgesetzt ist. Die Wärme wird vom Schnee um so schlechter geleitet, je lockerer er ist, der Boden wird durch Schnee vor Wärmeverlust so gut geschützt wie durch eine doppelt so dicke Sandschicht. Umgekehrt wird im Frühjahr die Erwärmung des Bodens hinausgeschoben, erst muß der Schnee geschmolzen sein, bevor das in ausgiebiger Weise geschehen kann;

das Schmelzen des Schnees ist aber selber mit viel Wärmeverbrauch verknüpft, und so ist der Frühling kälter im Vergleich zu Tagen des Herbstes, wo die Sonne gleich hoch steht und die Tageslänge die gleiche ist. Auch ohne daſs vorher die flüssige Formart durchschritten wurde, kann gefrorenes Wasser, namentlich der Schnee, in die gasförmige Form übergehen, also einfach verdunsten, ohne geschmolzen zu sein. Das beobachtet man im Frühjahr an warmen klaren Tagen nicht selten, wie die Sonne den Schnee geradezu „wegleckt". Den raschesten Rückgang erfährt die Schneedecke, wenn ein warmer Regen — warm im Verhältnis zur Bodentemperatur — den Schnee zum Schmelzen bringt und meist rasch mit sich zu Tal führt. Das ist die Zeit der gewöhnlichen Frühjahrsüberschwemmungen. Dabei wird viel Schmelzwärme gebunden, und die Temperatur des Schmelzwassers ist, solange sich noch ungeschmolzener Schnee darin befindet, gleich Null, später nicht weit darüber. Beim einfachen Verdunsten des Schnees wird die Schmelzwärme plus der Verdampfungswärme gebunden. In bezug auf die Temperaturbeeinflussung im Frühjahr, auf die Verzögerung der allgemeinen Erwärmung, spielt die Eisdecke der Wasserbecken natürlich die gleiche Rolle wie die Schneedecke des festen Landes.

Nächst den eigentlichen Niederschlägen, die von oben kommen, dürfen die nicht vergessen werden, die zum Teil direkt der Bodenfeuchtigkeit entstammen, zum Teil ohne Beteiligung der höheren Schichten, nur in der alleruntersten, dem Erdboden zunächst gelegenen ihre Entstehung verdanken. Hierher gehört zuerst der Tau.

Der Tau stellt sich ein, wenn dicht am Boden, oder besser gesagt, an der Oberfläche der festen Teile, gegen die Luft hin der Taupunkt unterschritten wird. In klaren Nächten kann die Ausstrahlung so groſs werden, daſs die

Temperatur um mehrere Grade unter die der allernächsten Luftschichten sinkt. Dem wirkt zunächst die Wärme entgegen, die aus den tieferen Erdschichten zugeleitet wird. Die Erkaltung muſs also am bedeutendsten ausfallen an den Teilen und Gegenständen, die einerseits ein groſses Strahlungsvermögen, anderseits ein kleines Wärmeleitungsvermögen besitzen. Das trifft zum Beispiel bei Blättern, Gräsern zu. Solche Gebilde oder andere, die durch besondere Verhältnisse der Zufuhr von Erdwärme entzogen sind, können bis zu 6, ja 8⁰ unter die Lufttemperatur erkalten. Zur Taubildung gehört aber noch mehr als nur Temperatursenkung, auch ein entsprechender Wassergehalt der untersten Luftschichten gehört dazu. Dieser wird vom Erdboden geliefert; wenn der Boden feucht ist — und ganz trocken ist er nie —, so führt die warme, aufsteigende Luft des Erdbodens die Menge Wasserdampf mit nach oben, die bei ihrem Austritt durch die erkaltete Oberflächenschicht den Tau liefert. So ist denn der Tau eigentlich kein Niederschlag, nicht Wassergehalt der Luft wird an der Erde tropfbar flüssig; ein Vorteil, nebenbei bemerkt, für die Pflanzenwelt, könnte dabei keineswegs herauskommen. Mit dieser jetzt fast allgemein angenommenen Erklärung der Taubildung wird viel durchsichtig, was dabei beobachtet wird und was wohl jedem aus eigener Erfahrung bekannt und in Erinnerung geblieben ist. Doch sind mit Recht auch Einwendungen dagegen erhoben worden, daſs das Wasser des Taus a u s s c h l i eſs - l i c h dem Boden entstammt. Schon die Tatsache, daſs auch Fahnenstangen, Dächer sich mit Tau bedecken, hoch oben, während tiefere Teile trocken bleiben und die Dächer vielleicht sogar tropfen, spricht dagegen. Ein Teil des Wassers, das den Tau bildet, stammt gewiſs aus der Luft. Wenn die Oberfläche fester Körper erkaltet, so schlägt sich an dieser Oberfläche bei entsprechender Feuchtigkeit der Luft Wasser in kleinen Tröpfchen nieder, und an die Beispiele aus dem täglichen Leben braucht nicht erinnert zu werden. So auch hier. Die der kalten Oberfläche zum Beispiel eines Grashalms unmittelbar anliegende Luftschicht nimmt die niedere Temperatur von jenem an, und wenn sie unter dem Taupunkt liegt, dann taut es eben hier. Der Tau ist im Sommer deswegen ungleich häufiger als in der kalten Jahreszeit, weil im Sommer der Wassergehalt der Atmosphäre viel gröfser ist als im Winter. In klaren Nächten ist die Ausstrahlung von Wärme viel bedeutender als bei bedecktem Himmel. Bei Windstille erkaltet die der Oberfläche anliegende Luft viel stärker, als wenn sie immer durch neue ersetzt würde, und so erklären sich viele Erscheinungen, die bei der Taubildung erfahrungsgemäfs ihre Rolle spielen.

Genau kennt man die Menge Wasser, die der Tau liefert, nicht und die Messungen und Schätzungen gehen weit auseinander. Es mögen in einer Taunacht Bruchteile eines Millimeters bis zu 2 und 3 mm fallen, im Jahr vielleicht 20 oder 30 mm, jedenfalls ist es nur ein kleiner Teil von dem, was dem Boden nur von oben als Regen und Schnee zugesandt wird, blofs ein paar Prozente davon im besten Fall. Die Stärke des Taus wechselt freilich örtlich und von Fall zu Fall sehr. Das Wasser bleibt bald in einzelnen, bekanntlich in wundervollem Farbenspiel glänzenden Tropfen stehen, bald fliefsen sie bei reichlicherer Bildung zusammen und durchnässen alles. Mit der Bildung des Taus und Freiwerden der Kondensationswärme hört die Erkaltung auf. Tau, der einer Wasserhöhe von 0,1 bis 0,2 mm entspricht, liefert pro Quadratmeter 60 bis 120 Kalorien, und dadurch wird auch bei erheblicher Erkaltung am Boden oft das Gefrieren des Wassers verhindert und es bildet sich kein Reif. Denn gewöhnlich bleibt der Tau nicht lang liegen da, wo die Sonne hinscheint, nur

an schattigen Stellen und da fällt der Tau, anderseits über-
dauert er überhaupt selten den Sonnenaufgang um Stunden. Unter den Tropen ist die Taumenge viel bedeutender
als bei uns, und kann bei der sonst spärlichen Niederschlagsmenge in gewissen Gegenden sogar für die Pflanzenwelt eine nicht unwichtige Rolle spielen.

Wenn die Tautröpfchen gefrieren, so entsteht der Reif.
Er liefert gelegentlich viel gröfsere Wassermengen. An der
Oberfläche von Eis ist der Dampfdruck viel geringer als
an einer Wasseroberfläche. So kann sich am Reif noch
Wasser aus der Luft, auch wenn diese nicht mit Wasser
gesättigt ist, niederschlagen, der Reif kann noch nachträglich wachsen, der Tau nicht. Die zierlichen Formen, die
der Reif bildet, sind nebenbei bemerkt, wie Afsmann
festgestellt hat, keine kristallinischen Bildungen, sondern
bestehen aus Reihen von gefrorenen Tröpfchen. Wohl zu
unterscheiden vom Reif ist der Rauhreif. Er entsteht
schon ganz anders: der Reif in klaren Nächten, der Rauhreif oder Rauhfrost bei nebeligem Wetter. Es sind feine
flüssige Nebeltröpfchen, die unterkältet sind und deswegen sogleich frieren, wenn sie mit einem rauhen Körper,
zum Beispiel Baumästen und dergleichen, in Berührung
kommen. Bedingung ist niedere Lufttemperatur, die in
den Tropen nie erreicht wird; hier kann wohl Tau und
Reif fallen, aber kein Rauhfrost. Selbst bei — 10⁰ bleiben
in ruhiger reiner Luft die Nebelteilchen tropfbarflüssig,
und wenn sie an rauhen Körpern gefrieren, spielt dabei
die Wärmeleitung dieser keine Rolle. Der Rauhreif setzt
sich an Holz und Metallen in gleicher Weise fest. Jeder
Luftzug, der neuen unterkühlten Nebel heranbringt, verstärkt den Niederschlag somit, indem sich gröfsere, läng-
liche, spiefsförmige Gestalten ansetzen. Der „Rauhreif‟
wächst dem Wind entgegen. Die Last wird für die Äste
der Bäume, auch für Telegraphendrähte, zu schwer und

sie brechen. Wenn im Frühjahr im Westen schon das Wetter milder ist, in Mitteleuropa die Temperatur unter Null liegt und bei Nebel leichte Südostwinde wehen, und wenn dazu auf dem Osten ein Maximum mit großer Kälte liegt, so sind die Bedingungen für den Rauhfrost sehr günstig, und da diese Wetterlage wochenlang anhalten kann und der Rauhreif solange immer noch weiter wächst, so kann durch ihn großer Schaden angerichtet werden.

In ähnlicher Weise wie der Rauhfrost kann auch Glatteis sich bilden. Überkaltete Regentropfen erstarren bei ihrer Berührung mit dem Boden sofort und überziehen ihn, auch Baumäste, mit einer dicken Schicht von Eis, die den Bäumen gefährlich werden kann. Eine andere Entstehungsart von Glatteis tritt ein, wenn der Boden sehr stark erkaltet und die Luft sehr feucht ist. Es überzieht sich dann der Boden, auf dem sich das Wasser aus der Luft niederschlägt, sogleich mit einer zusammenhängenden glatten Eisschicht. Wenn bei strenger Kälte, die lange genug auf den Boden eingewirkt hat, eine warme und wasserreiche Luftströmung zur Geltung kommt, so ist die Bedingung dafür gegeben. Die Beschaffenheit des Bodens spielt bei dieser Form keine Rolle, nur seine besonders niedere Temperatur. Inwieweit diese Formen auch für das Wohlbefinden und die Gesundheit des Menschen in Betracht kommt, wird noch zu erörtern sein. Es bleibt uns noch eine Erscheinung zu besprechen, bei der es zwar zur Ausscheidung von flüssigem Wasser in der Luft, aber zu keinem Niederschlag kommt.

Der Nebel ist im Sinne der Kolloidchemie ein disperses System, das Dispersionsmittel ist die Luft und die dispersive Phase ist entweder flüssig oder fest. Es sind entweder kleine Eisnadeln oder Tröpfchen von etwa 0,2 mm Durchmesser, die den Nebel bilden. Es gibt demnach, wenn die Temperatur nur tief genug ist, auch Eisnebel.

In einer Luft, in der Kondensationskerne mit großer Anziehungskraft für Wasser vorliegen, können sich nur kleinere Tröpfchen bilden und erhalten. Das trifft für die Luft
in großen Städten zu, wo aus unzähligen Feuerherden und
anderen Einrichtungen menschlicher Tätigkeit Ruß, Ammoniak, Säuren usw. sich der Luft beimengen. Daraus zusammen ergibt sich ein verhältnismäßig hoch disperses System,
das sich unter anderem durch seine große Undurchlässigkeit für Lichtstrahlen auszeichnet. Londons berüchtigte
Winternebel sind ein bekanntes Beispiel dafür. Umgekehrt
fließen in Nebeln, die sich in der reineren Landluft bilden,
die Tröpfchen leichter zusammen und der Nebel bildet
dann ein gröber disperses System, das wohl auch die
Durchsichtigkeit der Luft stark beeinträchtigen kann, aber
namentlich bei auffallendem Licht nicht so dunkel, braun
oder fast schwarz gefärbt aussieht.

Nebel ist eigentlich auch nichts anderes als eine Wolke.
Nur sehen wir diese gewöhnlich bloß von unten und aus
der Ferne, und haben nur bei Bergbesteigungen oder in
Luftschiffen Gelegenheit, sie aus der größten Nähe und
von innen zu beobachten. Es ist übrigens festgestellt worden, daß Bergsteiger oder Flieger, von unten gesehen, in einer Wolkenschicht verschwanden, als sie selbst in einen
Nebel einzutauchen glaubten. An der Gleichwertigkeit von
Wolke und Nebel ist also nicht zu zweifeln. Der Nebel
entsteht, ähnlich wie der Tau, wenn die untersten Luftschichten im Vergleich zu den höheren an Wasserdampf
reichen stark erkalten. Am häufigsten ist bei uns im Vorfrühling und im Herbst dazu Gelegenheit gegeben. An der
Meeresküste, an Seen und Flußläufen bilden sich Nebel öfter als in wasserarmen Gegenden, weil in diesen die Feuchtigkeit der Luft zu klein ist. Solche Nebel sind oft nur von
geringer Ausdehnung und auf die Küste oder einen Fluß-
lauf und dergleichen beschränkt. Die Nebelbläschen sind

oft so klein, dafs sie gar keine Neigung haben, feste Körper zu benetzen, zudem ist auch im Nebel zwischen den
Bläschen die Luft keineswegs immer mit Wasserdampf
vollkommen gesättigt, wenn sie auch dem Sättigungspunkt
immer nahekommt. Man heifst das „trockene Nebel";
man ist darin in der Aussicht beschränkt, man riecht auch
den Nebel, die feuchte Luft, während die Bläschen manche
Riechstoffe aus der freien Atmosphäre mit sich niedergeris-
sen haben, allein man bleibt mit samt seiner rauhen Kleidung trocken darin. „Nebelkörperchen" sagt man übrigens besser als Nebelbläschen, denn es kann sich aus bestimmten physikalischen Gründen nicht um Hohlgebilde,
sondern nur um solide Wasserteilchen handeln.

Wenn diese gröfsere Ausdehnung annehmen, so können
sie, immer noch klein genug, sich doch an festen Körpern
ansetzen und sie benetzen. Das sind dann die nassen Nebel. Die Gröfse kann so zunehmen, dafs der Nebel in
allerfeinsten Regen übergeht, wobei das Fallen zunächst
wegen der grofsen Langsamkeit ganz unbemerkt bleiben
kann. Das gibt dann das „Nebelreifsen". Einen Schutz
gegen dasselbe gewährt auch kein Regenschirm. Es regnet überall, auch unter dem Schirm. Wahrscheinlich würde
das Nebelreifsen in richtigen Regen übergehen, wenn nur
unten noch Platz zum weiteren Fallen wäre. Weil aber
der Nebel gemeiniglich sehr nahe dem Boden entsteht, so
bildet sich der Regen nicht mehr aus. Viele Nebel erheben
sich überhaupt kaum oder nur wenig über den Boden,
seltener heben sie sich in gröfsere Höhen von Hunderten
von Metern.

In neuerer Zeit sind die elektrischen Vorgänge in der
Atmosphäre mit viel Vorteil zur Erklärung, auch der Ne-
belbildung, wie mancher anderer Erscheinungen, herangezogen worden. Demnach sollen die Ionen der Luft, ähnlich wie Staubteilchen, auch als Kondensationskerne für

den Wasserdampf wirken können. Die Ionisation soll namentlich durch die stark brechbaren Strahlen des Sonnenlichts erzielt werden, also durch die violetten und ultravioletten Strahlen. Solcher Kerne bedarf es aber, wenn sich auch aus übersättigter Luft das Wasser überhaupt tropfbarflüssig ausscheiden soll. Leider verbietet die Knappheit an Raum, auf diese Dinge, die auch für die Theorie der Luftelektrizität, der Gewitterbildung sehr wichtig sind, näher einzugehen. Hier, wo wir doch nur die einleitenden Bemerkungen über die Elemente des Wetters machen, soll nur noch erwähnt werden, daß diese Art von Niederschlägen unmittelbar am Erdboden auch eine gewisse prognostisch wichtige Bedeutung für das in nächster Zeit zu erwartende Wetter hat.

Wenn an einem Sommer- oder Herbsttag früh ein starker Tau gefallen ist, kann der Tag zunächst für sicher gelten. Niederschläge, ein Gewitter werden nicht oder jedenfalls nicht vor Nacht kommen. Ebenso gilt das für einen Nebel, der „heruntergeht“, d. h. bei dem, wenn er sich mit höherem Stand der Sonne allmählich lichtet, zuerst die Spitzen der Berge hell und frei sichtbar werden, wenn unten zunächst noch eine recht dichte Nebelbank bestehen bleibt, nicht ohne dann zunächst das Gelände, das Gras usw. mit Tau benetzt zu hinterlassen. Umgekehrt: bleiben die Spitzen der Berge noch bedeckt, während unten schon alles klar ist, und hellt es sich erst später auch oben auf, indem noch eine Zeit lang Nebelschwaden und Cumuli am Himmel zu sehen sind, der Erdboden spantrocken bleibt, dann ist der Nebel „hinaufgegangen“ und schlechtes Wetter ist in Aussicht. Wohl kann der Tag noch halten, auch am nächsten Morgen kann ein neuer Nebel „den Tag noch retten“, wenn er nämlich heruntergeht. Das tut er aber gewöhnlich nicht, auch am übernächsten Tag nicht und spätestens dann, manchmal früher tritt der Umschlag

des Wetters ein, Niederschläge kommen, und meistens ist
das Wetter für Wochen verdorben und es wird erst besser, wenn es zugleich kalt wird.

Luftelektrizität.

Hiemit wären die sechs Elemente des Wetters besprochen, soweit dies für unsere Zwecke notwendig erscheint,
und wir behalten uns vor, auf diesen oder jenen Punkt
noch einmal nach Bedarf zurückzukommen. Noch möchte
ich aber mit ein paar Worten auf den elektrischen Zustand eingehen, denn er ist auch gelegentlich für den Menschen von Bedeutung.

Gewitter bilden sich, wenn in feuchter Luft der Wasserdampf verdichtet wird, nicht selten. Ihre Erscheinung
ist daher meistens an das Auftreten von Niederschlägen
geknüpft, wo aber, wie in den Tropen manchmal, das kondensierte Wasser beim Fallen wieder zu Dampf wird, kann
es auch zu Blitzen aus heiterem Himmel kommen. In jeder Art von Wolken können sich elektrische Entladungen
entwickeln, am häufigsten aber in den sogenannten Gewitterwolken, auf die wir schon kurz zu sprechen kamen.
Die Niederschläge sind bei der Gewitterbildung wohl meistens stark, aber Niederschlag und Entwicklung elektrischer Spannung und Entladungen gehen in ihrer Stärke
nicht immer Hand in Hand. Ein Wechsel in der Menge
der Niederschläge, der Beginn des Niederschlags und sein
Ende scheint noch mehr für die Häufigkeit und Stärke der
Entladungen wichtig zu sein.

Nun kann man wohl sagen, unter welchen Bedingungen
elektrische Spannungen besonders leicht und stark in der
Atmosphäre auftreten, das lehrt ja die auf lange Zeiten
ausgedehnte Beobachtung. Es sind die gleichen wie die
für das Entstehen der Niederschläge überhaupt, vielleicht

was Raschheit der Wirkung und Stärke anlangt, das gewöhnliche Verhalten übertreffend. Warum aber das eine Mal jede bemerkbare elektrische Spannung und Wirkung ausbleibt, das andere Mal auftritt, ist noch nicht in befriedigender Weise erklärt worden. In der neueren Zeit hat man dazu die Ionisation der Luft vielleicht mit Recht herangezogen. Eine gewisse nachgewiesene Abhängigkeit von der Einwirkung der Sonnenstrahlen auf die Atmosphäre, auch der Wechsel der Sonnentätigkeit, des Auftretens der Sonnenflecken und Fackeln würde sich wohl damit vereinbaren lassen.

Am leichtesten entsteht ein Gewitter, wenn die Temperatur hoch ist bei Sonnenschein. Bei hoher Temperatur vermag die Luft viel Wasser aufzunehmen und die Sonnenstrahlen erzeugen Erwärmung des Bodens und einen aufsteigenden Luftstrom. Dieser erkaltet in der Höhe, weil er sich, dem niederen Druck entsprechend, ausdehnt, und wenn das alles in genügendem Maße, und rasch genug sich vollzieht, so sind, wie man weiß, die Bedingungen gegeben, unter denen sich ein Gewitter am leichtesten bildet. Demgemäß sind die Gewitter unter den Tropen häufiger als bei uns, und hier im Sommer viel häufiger als im Winter. Hier geht in 70 Prozent aller Fälle die Gewitterbildung mit dem täglichen Gang der Temperatur Hand in Hand und die meisten entstehen in den ersten Stunden des Nachmittags. Mittlerer oder selbst leicht erhöhter Luftdruck, Windstille oder leichte Luftströmungen gehen vorher, die Luft ist feucht, oft schwül. Wenn sich zwischen zwei Orten hohen Luftdrucks eine leichte Senkung, zwischen zwei Maxima ein seichtes Minimum gebildet hat, so gilt das für besonders „bedenklich“. Solche Gewitter dauern meist nicht lang, oft schon gegen Abend lösen sie sich auf, haben auch nur eine örtliche Bedeutung, sind nie über weite Strecken verbreitet und endlich, „sie verderben das Wetter nicht". Wohl bringen sie Abkühlung mit sich, die auch lang anhalten kann, aber eine Serie von schlechten Tagen, von Kälte und Regenwetter folgt ihnen nicht. Man hat diese Gruppe unter dem Namen „Wärmegewitter" zusammengefaßt.

Im Gegensatz dazu stehen die „Wirbelgewitter". Sie treten am Rand von barometrischen Minima auf, sind dabei an die Tageszeit gar nicht gebunden, auch viel weniger als die andern an die Jahreszeiten. Die an und für sich ja viel selteneren Wintergewitter gehören meistens hierher. Die Front eines solchen Gewitters ist viel länger als bei einem Wärmegewitter, sie hat sich zuweilen von Nord nach Süd über ganz Deutschland erstreckt. Die Breite beträgt aber für jeden Ort, über den das Gewitter hinzieht, nur etwa 40 bis 80 km. Das Gewitterband bewegt sich bei uns meist von West nach Ost, und wenn es vorüber ist, so bleibt allemal schlechtes Wetter für wenigstens Wochen zurück. Das sind die Gewitter, die im Frühling und Vorsommer den Wärmerückfall herbeiführen und im Herbst den Sommer mitnehmen. Wegen des nahenden Zyklons ist vorher das Barometer gefallen, oft sehr erheblich. Bevor der eigentliche Gewitterwind einsetzt, der immer senkrecht von seiner Front herweht, geht häufig Ost- oder Südostwind dem aufziehenden Gewitter entgegen: „das Gewitter zieht gegen den Wind".

Es ist Zeit, sich zu erkundigen, wie sich der Mensch zu den einzelnen Elementen des Wetters verhält.

Das Wetter und der Mensch.

Die Gesundheit und das Wohlbefinden des Menschen und aller Warmblüter ist an die Aufrechterhaltung der Innentemperatur innerhalb recht enger Grenzen geknüpft. Der menschliche Körper gibt aus physikalischen Gründen, weil er meist von einer kälteren Welt umgeben ist, beständig an diese Wärme ab. Es sind dies für den Erwachsenen an jedem Tag rund 300000 Kalorien; zum überwiegenden Teil vollzieht sich diese Wärmeabgabe an der Haut, und zwar durch Leitung, Strahlung und Verdunstung von Wasser, das zumeist von den Schweißsdrüsen geliefert wird. Für gewöhnlich ist der Wärmeverlust durch Strahlung am bedeutendsten, gelegentlich, bei schwitzendem Körper, durch Verdunstung noch viel größer. Wenn die Wärmeabgabe aus irgendeinem Grund wächst, so kann dem der Organismus durch die „Wärmeregulation" auf zwei Weisen entgegenwirken. Er kann die Haut blutleer und damit kälter machen, wodurch das Temperaturgefälle an der Haut kleiner und der Wärmeverlust herabgesetzt wird (physikalische Wärmeregulation), und die Verbrennungsvorgänge im Innern können gesteigert werden, womit mehr Wärme in der Zeiteinheit erzeugt wird (physiologische Regulation). Bei der letzteren ist also ein stärkerer Verbrauch von namentlich stickstoffreien Stoffen nötig, die der Körper entweder in vermehrter Menge von außen her durch Speise und Trank zuführen oder durch Einschmelzen eigener Gewebsbestandteile zuschießen muß. Beide Vorgänge sind eingehend untersucht und bekannt, und nur auf die wichtigsten Ergebnisse soll hier aufmerksam gemacht und an sie erinnert werden.

Das Temperaturgefälle an der Haut hängt, da die Innentemperatur stets ungefähr gleich hoch ist und an der Oberfläche, solange nicht die Regulation eintritt, sich auch nur wenig ändert, zunächst bloß von der Umgebung des Menschen ab, in erster Linie von der Lufttemperatur. Denn mit etwas anderem kommt der Mensch nur seltener oder an verhältnismäßig kleinen Stellen seiner Oberfläche in Wärmeaustausch. Ob das Temperaturgefälle groß oder

klein ist, das merkt der Mensch ohne weiteres von selbst.
Seine temperaturempfindlichen Nervenfasern, die „Kälte-
und Wärmefasern", werden allerdings nicht vom Wärmeübergang durch die Haut, sondern ausschließlich durch
die Temperatur erregt, der ihre Endpunkte, die Kälte und
Wärmepunkte, ausgesetzt sind. Aber die oberflächlichste
Schicht der Haut und mit ihr die Kältepunkte erkalten bei
niedriger Außentemperatur, sie erwärmen sich bei hoher,
und das wird empfunden und nicht der stärkere Wärmeverlust im ersten, der geringere im zweiten Fall.

Die Kältepunkte stehen viel dichter und es sind ihrer
viel mehr als Wärmepunkte. Im ganzen sind sie unre-
gelmäßig verteilt, die 250000 Kältepunkte und die 30000
Wärmepunnkte, es gibt aber Stellen, an denen nur Kältepunkte gefunden wurden und keine Wärmepunkte, wie
an der Kornea, der Konjunktiva, der glans penis. An diesen Stellen können wir nur Kälte, aber keine Wärme empfinden. Ein Kältenerv kann auch durch Wärme erregt werden, der Fokus eines Brennglases erzeugt hier das Gefühl von Kälte, aber umgekehrt reagiert ein Wärmenerv
auf den Kältereiz nicht.

Die Hauttemperatur ist schwer zu messen, wenn es
darauf ankommt, die Temperatur der äußersten Schicht,
der wirklichen Oberfläche festzustellen. Die besten Untersuchungen hierüber liegen von K u n k e l vor, der die
Messung mit besonders hergerichteten Thermoelementen
vornahm. Hiernach ist die Temperatur der Haut an verschiedenen Stellen recht ungleich, und das richtet sich
vornehmlich danach, ob die betreffende Stelle für gewöhnlich bekleidet oder unbekleidet dem Einfluß der Umgebung ausgesetzt ist. Die Untersuchungen K u n k e l s wurden an einem 39 jährigen Mann von 170 cm Körperlänge,
84 kg Körpergewicht, mit starken Knochen und Muskeln,
aber fettarm und von blasser Gesichtsfarbe, angestellt.

Wenn das Gefühl behaglicher Wärme bestand, so betrug
in Ruhe und Bewegung, auch mit der Bekleidung wechselnd, die Hauttemperatur zwischen 32,0 und 35,0°. Dieser Spielraum war viel enger in der Ruhe (im Sitzen) und
bei gleichmäfsiger Bekleidung, und erstreckte sich nur von
34,2 bis 34,6°; nur am Gesäfs, das ja im Sitzen einem wechselnden Druck ausgesetzt ist, auch anderen Bedingungen
für die Ableitung der Wärme aus demselben Grund, waren die Schwankungen gröfser. Die Oberflächentemperatur war über dicken Muskeln etwas höher als über Sehnen und Knochen, ausgenommen die Stirne, was K u n k e l
auf die Dünnheit des Knochens und die Nähe des blut-
reichen Gehirns an dieser Stelle zurückführt. Von der
Achse abliegende Teile sind kühler, die Unterschenkel
mehr als die Oberschenkel, die Vorderarme kühler als
die Oberarme, auch Nasenspitze und Ohren sind kühler,
die Hand bietet besondere Verhältnisse dar. Das Gefühl
„der kalten Füfse" kam, wenn bei einer Hauttemperatur
von 34,2° die Fufshaut eine von 30° aufwies. Darnach
täuscht man sich oft über den Grad der Abkühlung an der
Hautoberfläche, wenn wir das Gefühl der Kälte empfinden. Dafür sprechen die Beobachtungen K u n k e l s an den
Händen. Die letzteren zeigen ein nicht so gleichmäfsiges
Verhalten wie der Kopf; einmal bestehen individuelle Verschiedenheiten, sodann ändert sich aber auch der Wärme-
vorrat mit dem Gebrauche der Hand. Wer schwer arbeitet, hat natürlich warme Hände. In der Ruhe und bei solchen, die die Hand zu schweren Arbeiten selten oder nie
gebrauchen, zeigt die vola manus die gleiche Temperatur wie die bedeckte Haut. Die Teile, unter denen Muskeln
liegen: Daumenballen, sind etwas wärmer als die über
Knochen. Die distalen Teile sind kühler, die dritte Pha-
lanx mehr als die erste. Am Handrücken und am Hand-
gelenk liegt die Oberflächentemperatur meist unter der

„Normaltemperatur". Auffallend kühle Hände, wie sie manche Personen in voller Gesundheit „habituell" haben, hält K u n k e l allermeist doch für pathologisch und führt sie auf frühere Erfrierungen oder Hyperidrosis zurück. Natürlich spielt auch Marasmus, Blutarmut eine Rolle. Die Haut der Hand wird durch kaltes Wasser oder Berührunng kalter Gegenstände oft abgekühlt, und diese Abkühlung kann lang anhalten. Die Haut der Hand zeigt wohl die gröfsten Temperaturschwankungen, die aber der Organismus oder der Mensch willkürlich durch Schutzmafsregeln bestrebt ist, auf die Normaltemperatur zurückzuführen, die von den übrigen Teilen sich nicht unterscheidet. Das Gesicht folgt durchaus der Temperatur der bedeckten Teile, meist ist es einige Zehntelgrade wärmer. Bei einer Aufsentemperatur, die bei völliger Ruhe behaglich gefunden wird, und die etwa 20° beträgt, kann die Hauttemperatur zu 34,0° bis 34,8° angeschlagen werden und ist nach K u n k e l s Versuchen recht konstant. Auch bei sehr ungünstigen äufseren Bedingungen, wenn schon körperliches Unbehagen auftritt, ist die Senkung der Hauttemperatur nur unbedeutend. Umgekehrt kann man aber auch sagen, dafs die Hauttemperatur gar nicht tief, nicht viel unter 32° heruntergehen darf, ohne dafs recht unbehagliches Kältegefühl eintritt.

Die Füfse haben meist die niedrigste Hauttemperatur. An den Fersen mit ihrer dicken Hornhaut, wo sie in der Ruhe 28,0° betragen mag, sinkt sie beim Gehen auf kaltem Boden, durch kalte Fufsbekleidung, durchdringendes Wasser noch tiefer, auf 24,8 bis 24,5°, die der Mitte des Fufses auf 28, auch 27,8°, am Fufsrücken auch auf 28,0°. Am kältesten sind ohne Zweifel die Zehen, doch liegen hierüber noch keine mir zugänglichen Untersuchungen vor.

Bemerkenswert ist bei allem diesem vor allem die Konstanz, die auch an der Hauttemperatur, also nicht allein an der Innentemperatur des Warmblüters auferchterhalten wird. Die Senkung der Temperatur an der Haut ist immer nur verhältnismäfsig gering und entspricht durchaus nicht der, die man nach dem Gefühl erwarten sollte. Allerdings ist es zur Einwirkung besonders tiefer Aufsentemperatur nicht gekommen, doch war immerhin in einem Versuch Schneewasser durch die im ganzen guten Schuhe eingedrungen, weswegen dabei die Temperatur der noch nassen Zehen nicht festgestellt werden konnte. Umgekehrt geht die Erhöhung der Hauttemperatur beim Einwirken äufserer Wärme oder bei verstärkter Wärmeproduktion im Innern des Körpers, bei Leistung äufserer Arbeit, soweit man das feststellen konnte, auch nicht weit. Nur 35,5^0 wurde als höchster Wert beobachtet, dann trat Schweifsbildung auf und die Hauttemperatur stieg wegen der Verdunstungskälte nicht weiter. In der Regel lag sie zwischen 33,8 und 34,5^0. Temperaturen im Gesicht von 34,8 bis 35,0^0 wurden, wenn nicht Schweifsbildung kam, unangenehm empfunden. Nicht immer begann diese bei der gleichen Hauttemperatur, und bei kranken Personen im Fieber verhält sich die Sache überhaupt anders. Schon K u n k e l hat darüber eine Beobachtung gemacht, wo ein an Angina erkrankter Mann, der deutlich fieberte, im Gesicht eine Temperatur von 36^0 hatte und kein Schweifs kam. Ich habe selbst die Hauttemperatur im Fieber, namentlich auch bei Anwendung von Antipyreticis nach der Methode von K u n k e l untersucht, und einige Ergebnisse sollen, soweit sie uns hier von Wichtigkeit sein können, mitgeteilt werden.

Das Spiel der Vasomotoren scheint bei verschiedenen Personen durchaus nicht gleich zu sein, wenigstens bei geringfügigen äufseren Reizen. Die Entblöfsung vorher bedeckter Teile erzeugt bald Sinken, bald Steigen der Hauttemperatur, wie man Ähnliches auch für die Innentemperaturen beobachtet hat. Im Fieberfrost steigt die Innentemperatur, die Hauttemperatur fällt aber zugleich; so war in einem Fall von Typhus abdominalis mit Parotitis pyämica am Vormittag nach Antifebrin die Innentemperatur in 1 Stunde und 40 Minuten von 40^0 auf $38,3^0$ gefallen, die Hauttemperaturen lagen etwa 5^0 tiefer. Nachmittags zeigte sich die Innentemperatur weiterhin bis auf $37,7^0$ gefallen, die Hauttemperaturen lagen nur $3^1/_2{}^0$ tiefer, an der Brust $35,0^0$, am Kopf $34,9^0$, am Bein $34,4^0$, am Arm $33,6^0$, 10 Minuten später begann die Kranke leicht zu frösteln, und zwar fror sie zuerst nur an den Händen und Armen. Bald aber verbreitete sich das Gefühl des Frierens über den ganzen Körper und steigerte sich zu heftigem Schüttelfrost. Dieser dauerte den ganzen Versuch hindurch und legte sich erst am Ende desselben. Während dieser Zeit, innerhalb 1 Stunde und 20 Minuten, war die Körpertemperatur auf $40,5^0$, also um fast 3^0 gestiegen. Die Hauttemperatur dagegen war allgemein und sehr stark gefallen; zuerst am meisten an den Extremitäten, doch auch an Kopf und Brust um 2^0. Dieser Temperaturabfall ist ein so jäher, dafs er stellenweise in jeder Minute $1/_{10}{}^0$ und mehr beträgt. In den letzten 10 Minuten des Versuchs erfolgte im ganzen (mit Ausnahme des Kopfs) Anstieg der Hauttemperaturen, sehr erheblich an den Extremitäten. Während des tiefen Abfalls der Hauttemperatur, sowie am Ende des Versuchs, liegen die Hauttemperaturen zirka 8^0 unter der Innentemperatur, gegen eine Differenz von 3^0 zu Anfang desselben. Die gröfste Differenz von $10^1/_2{}^0$ zeigte mit ihrem niedrigsten Stand ($29,5^0$) die Temperatur des Arms.

Im Hitzestadium des Fiebers sind die Hauttemperaturen erhöht, die höchsten Werte, die ich erhalten habe, betrugen $37^1/_2{}^0$. Der rasche Wechsel derselben scheint gegenüber dem Verhalten des Gesunden, dessen Hauttemperaturen wohl auch, aber langsam, sich ändern und meist für längere Zeit in gleichem Sinn, für das Fieber bezeichnend zu sein. Die Wärmeregulation ist im Fieber offenbar sehr empfindlich und labil geworden. Immer deuten Senkungen der Hauttemperatur im Fieber an, daſs die Innentemperatur steigen wird und umgekehrt. Auffallend ist die Höhe der Hauttemperatur, die im Fieber erreicht werden kann, ohne daſs Schweiſs eintritt. Tritt er aber bei warmer Haut ein, so wird die Wärmeabgabe derart gesteigert, daſs die Innentemperatur baldigst und ausgiebigst fällt, oft, wie bekannt, bis unter die normale Höhe. Das gilt namentlich auch für Schweiſsausbrüche, die künstlich durch die Darreichung von Fiebermitteln herbeigeführt werden. Die erwähnte hohe Hauttemperatur von $37\frac{1}{2}^0$ beobachtete ich an einem Kranken mit Typhus abdom. und Lungenspitzenkatarrh. Die Innentemperatur betrug $39,9^0$, Temperatur am Bein $36,6^0$, am Kopf $36,5^0$, an der Brust $36,5^0$ und am Arm $35,4^0$. Diese Temperaturen sind gegenüber der Innentemperatur auffallend hoch, sie liegen nur nicht ganz 4^0 tiefer, sie blieben in diesem Fall bis zur Darreichung von Antipyrin ziemlich konstant, aber schon 5 Minuten darnach wird Feuchtwerden der Haut bemerkt, die Hauttemperaturen fallen, um aber schon nach 10 Minuten stark in die Höhe zu gehen und den schon erwähnten sehr hohen Stand zu erreichen. Währenddessen ist die Innentemperatur um $0,8^0$ auf $39,1^0$ gesunken und jetzt liegen die Hauttemperaturen nur mehr $2\frac{1}{2}^0$ tiefer als jene. Es wurde noch 1 g Antipyrin gegeben, worauf die Innentemperatur weiterhin abfallend nach im ganzen 2 Stunden um 2^0 gesunken war. Auch die Hauttemperaturen fallen jetzt sogar über ihre Anfangshöhe hinaus, liegen aber am Ende des Versuchs der Innentemperatur sehr nahe, zirka 3^0 unter derselben. Die Bedeutung und Wirkung der Antipyretika übergehe ich hier, da sie an dieser Stelle keine unmittelbare Wichtigkeit haben. Dagegen möchte ich noch mit ein paar Worten über Versuche berichten, die an Gesunden angestellt wurden, deren Haut man künstlich zum Schwitzen brachte, und zwar durch Einspritzung von Pilocarpin. Zimmertemperatur 14 bis gegen 15^0, Körper völlig entkleidet und in Ruhe. Nach Pilocarpineinspritzung allemal starker Schweißsausbruch, wobei die Hauttemperaturen sämtlich stark abfielen, jäh, in einer Minute schon um 0,2^0, im ganzen um 4 bis 5^0, einmal an den Extremitäten bis zu 25^0, an Kopf und Brust zu 27$^1/_2$^{0}. Bemerkenswerterweise blieb auch die Innentemperatur nicht unbeeinflußt, sie sank um $^1/_2$ bis etwa 1^0. Diese Herabsetzung der Innentemperatur beim Schweißsausbruch ist natürlich auch für das Verhalten des Menschen, wenn er bei stärkerer Erhitzung von außen oder erhöhter körperlicher Arbeit in Schweiß gerät, von großer Bedeutung. Wir werden später noch darauf zurückkommen, jetzt wollen wir uns wieder mit dem Einfluß niederer Temperaturen auf den Menschen beschäftigen und einstweilen nur festhalten, daß im Frost, bei Abkühlung der Haut die Innentemperatur steigen kann. Freilich darf man hier das Verhalten des Menschen im Fieber und in gesunden Tagen nicht einfach zusammenwerfen. Im Fieber, das ist aus vielen Untersuchungen bekannt, sind die Verbrennungsvorgänge im Körper gesteigert, es werden mehr Kalorien Wärme erzeugt, und die Erhöhung der Körpertemperatur im Fieberfrost ist gewiß nicht allein durch Verminderung der Wärmeabgabe, sondern auch durch vermehrte Wärmeerzeugung herbeigeführt. Man kann sich aber wohl denken, daß die Ersparnis an der Wärmeabgabe und die dadurch erzielte Fieberhitze den Boden für die Steigerung der Verbrennug vorbereitet, da ja alle chemischen Vorgänge allgemein bei erhöhter Temperatur rascher verlaufen, bei einem Unterschied von 10^0 bekanntlich rund doppelt so schnell.

Bevor wir auf diese Dinge und den Einfluſs des meteorologischen Elements, der Temperatur, eingehen, wollen wir nur einmal feststellen, daſs die nämliche Einrichtung, die dem ganzen Körper zugute kommt, der Haut unmittelbar schaden kann; denn wir müssen zwei Formen unterscheiden, unter denen die Einwirkung äuſserer Kälte für den Menschen bezüglich seiner Gesundheit und sein Wohlbefinden sich bemerbkar machen kann. Die schädliche Einwirkung kann ö r t l i c h auf die Stelle beschränkt bleiben, wo sie stattgefunden hat, und erzeugt so die F r o s t - s c h ä d e n. Oder die Innenwärme des ganzen Körpers wird herabgesetzt und daraus erwachsen dem Organismus gewisse Gefahren; das kann im höchsten Grad zur E r f r i e r u n g führen. Dabei handelt es sich in letzter Linie um einen Kampf, den die Wärmeregulation gegen die Kälteeinwirkung zu bestehen hat, und bei dem es nur darauf ankommt, wer Herr bleibt. Aus diesem Grund und da wir uns mit dieser Gruppe von Schädlichkeiten zunächst beschäftigen wollen, müssen wir auf die Frage des ganzen Wärmehaushalts des Menschen näher eingehen, wobei ich die Zahlenangaben nicht nur den Lehrbüchern der Physiologie, sondern auch in ausgiebiger Weise dem einschlägigen Artikel in dem groſsen „Handwörterbuch der Naturwissenschaften" entnehme. Ganz zuletzt soll noch die Gruppe der „Erkältungskrankheiten" zur Sprache kommen.

Wärme und Wärmeumsatz beim Menschen.

Von allen uns bekannten Körpern hat das Wasser die gröſste spezifische Wärme, d. h. um eine Masseneinheit um 1^0 zu erhöhen, muſs mehr Wärme zugeführt werden als bei jedem andern Körper. Schon das Blut hat eine geringere spezifische Wärme, und wenn die Zahl der Kalorien, die dazu gehört, die Temperatur einer Masse Was-

ser um 1⁰ zu erhöhen, gleich Eins gesetzt wird, so beträgt
sie für die gleiche Masse Blut nur 0,9, wenn auch sie eine
Temperatursteigerung von 0 auf 1⁰ erleiden soll. Das Blut
hat also die spezifische Wärme 0,9. Die der Knochen ist
viel kleiner und beträgt für kompakte Knochensubstanz
0,3, für die Spongiosa 0,71 und im Mittel kann man für
den menschlichen Körper eine spezifische Wärme von 0,83
annehmen. Wenn also ein Mensch ein Gewicht von 50 kg
hat, so gehört eine Wärmemenge von fünfzigmal 0,83 grofsen Kalorien dazu, um seine Temperatur, d. h. aller Teile zusammen und gleichmäfsig um 1⁰ zu erhöhen, und umgekehrt müssen ihm ebensoviel Kalorien, d. h. 41$^1/_2$ Kalorien entzogen werden, um die gleiche Senkung seiner Eigentemperatur herbeizuführen. Das ist nun freilich ein an-
genommener Fall, der sich nie verwirklichen wird. Niemals wird sich Zufuhr oder Wegfuhr von Wärme immer
auf den ganzen Körper gleichmäfsig verteilen und immer
werden die Teile zunächst und immer auch für längere
Zeiten im höchsten Mafs daran beteiligt sein, die mit der
Aufsenwelt in naher Beziehung stehen, die Oberfläche also im allgemeinen; wozu man auch die Schleimhaut der
Atmungsorgane und des Verdauungsschlauches rechnen
mufs. Denn an die erstere tritt auch die Atmungsluft
heran und die letztere kommt mit den Speisen und Ge-
tränken in Berührung, die im allgemeinen nicht dieselbe
Temperatur haben wie die Schleimhäute und das Kör-
perinnere. In der Wärmeökonomie treten diese Stellen bei
weitem in den Hintergrund gegenüber der Haut, von der
aus der Körper immer den bei weitem gröfsten Teil der
in ihm fortwährend gebildeten Wärme abgibt. Auf drei
Wegen, wie wir schon gehört haben: durch Strahlung, Leitung und Verdunstung. Demgegenüber sind die anderen
Stellen für den Wärmeaustausch von viel geringerer Bedeutung und werden demgemäfs auch vollkommen ver-

nachlässigt, besonders auch, wenn vom Einfluſs des Wetters und vom Klima die Rede ist; wir werden aber sehen, daſs sie doch gelegentlich auch eine Rolle hier spielen.

Der Wärmeverlust durch Leitung ist abhängig vom Gefälle, vom Temperaturunterschied also zwischen Haut und den anliegenden Körpern: der Luft, des Wassers, der festen Gegenstände, mit denen die Hautoberfläche in Berührung ist. Für den Wärmeverlust durch Strahlung kommt die Hauttemperatur in Frage, sowie anderseits die Temperatur der Körper, die der Hautausstrahlung entgegen, der Haut ihrerseits Wärme zustrahlen. Im Freien sind es vornehmlich die Sonnenstrahlen, das diffus zerstreute Himmelslicht, Wolken und namentlich auch der Boden. Im Zimmer kommen die sechs Wände, in kaum nennenswertem Maſse die anderen Gegenstände in Betracht. Der Wärmeverlust ist durch verschiedene Versuche genauer bestimmt worden. Die Wärmekapazität der Luft beträgt nur 0.2 gegen 1 für Wasser und dabei ist die Luft viel leichter. Die Verdunstung von 1 g Wasser entzieht der Haut 0,540 Kalorien. Der ruhende Mensch verliert bei Zimmertemperatur durchschnittlich durch Verdunstung von der Haut aus 300 Kalorien, von der Lunge aus 240 Kalorien. Im ganzen beträgt der Wärmeverlust von der Haut aus 80% durch Leitung und Strahlung, 12% im ganzen durch Verdunstung. gegen 8% durch Erwärmung der Nahrung. Auch bei niederer Lufttemperatur ist der Wärmeverlust durch Verdunstung nicht zu unterschätzen, bei 12º können zum Beispiel 20,5 g Wasser in der Stunde verdunsten.

Awater und Benedickt geben folgende Zahlen für den Wärmeverlust:

	ruhend	bei Arbeit
durch Leitung u. Strahlung	1683 Kal.	3340 Kal.
mit Harn und Kot	30 „	26 „
durch Wasserverlust	548 „	859 „
Sa.	2262 Kal.	1676 Kal.

Der Verlust durch Leitung wird wahrscheinlich von dem durch Strahlung überwogen, doch sind die Angaben unsicher.

Nach R u b n e r verliert die Haut in feuchter Luft mehr Wärme durch Leitung und Strahlung (feuchte Luft leitet die Wärme besser) als in trockener. Der Wärmeverlust durch Verdunstung geht proportional der relativen Feuchtigkeit (nimmt mit zunehmender Feuchtigkeit ab), jedenfalls geht in mäfsig warmer, wasserreicher Luft mehr Wärme durch Leitung und Strahlung verloren, als durch Verdunstung in gleich warmer, aber trockener Luft.

Die Wärme wird vorzugsweise in den Muskeln entwikkelt und wird dann im Kreislauf durch die Wirkung des Herzens, das als Motor angestellt ist, wie in einer Warmwasserleitung an alle anderen Orte im Körper hingebracht. Das Blut ist mit seiner hohen Wärmekapazität, fast so grofs wie beim Wasser, was wir schon erwähnt haben, wohl geeignet als Transportmittel für die Wärme. Auch bei vorzüglichster Leistung, auch bei ganz Gesunden, wird der Temperaturausgleich zwischen den Stellen, wo vorzugsweise Wärme entwickelt wird, und denen, wo die Wärmeabgabe überwiegt oder allein vorkommt, nicht restlos vollzogen. Noch andere Stellen, wenn auch in geringerem Mafse, sind Feuerstätten im Körper, so die grofsen Drüsen. Die Umsetzungen in der Leber bewirken es, dafs das Blut dort in der vena hepatica höher temperiert ist als in der vena portarum, die Temperatur der Leber übertrifft die des Rectum um 0,15 bis 0,63°. In der Lunge ist die Wärmeabgabe einerseits grofs durch Verdunstung von Wasser und Abgabe von Kohlensäure, anderseits die Wärmeentwicklung durch Oxydationen im Gewebe und Oxydation des Hämoglobins kaum bemerkbar; die erstere überwiegt bei weitem. Die Temperatur im Rectum pflegt man ziemlich allgemein als Innentemperatur oder als „Blutwärme" anzusprechen. Schon die Temperatur des frisch gelassenen Urins, also wohl auch annähernd die in der Blase, ist um 0,34° tiefer. Und je weiter ein Teil gegen die Oberfläche hin liegt, eine desto tiefere Temperatur pflegt er im allgemeinen zu haben. In den Arterien ist mit zunehmender Entfernung vom Herzen das Blut immer kühler, an der Körperoberfläche ist es in den Venen kühler als in den Arterien. Über die Oberflächentemperaturen haben wir schon das Notwendigste gesagt. Hier ist unstreitig der Ort, wo der größte Teil der im Körper gebildeten Wärme nach außen abfließt. Diese Abgabe wächst mit dem Wärmegefälle an der Haut, bei gleicher Außentemperatur also mit der Höhe der Hauttemperatur. Und Sache der „physikalischen Wärmeregulation" ist es, die Wärmeabgabe in dem Maße aufrechtzuerhalten und abzustufen, wie es den Bedürfnissen des Körpers gerade entspricht. Nebenher geht die „physiologische Regulation", die sich nicht auf dem Gebiet der Wärmeabgabe wie die physikalische, sondern auf dem der Wärmerzeugung abspielt.

Dabei gilt das Isodynamiegesetz von R u b n e r , wonach sich der Brennwert von Eiweiß auf 4,1, der von Fett auf 9,3, der der Kohlehydrate auf 4,1 und der des Alkohols auf 7,07 Kalorien für 1 g verbrannter Substanz berechnet.

Es lassen sich nun Verhältnisse denken und sogar herstellen, bei denen gar keine Wärme abgegeben wird, wenn zum Beispiel der Körper sich in einer Umgebung befindet, die überall mit Wasserdampf gesättigt und außerdem wärmer ist als der Körper. Dann hört aber der Verbrennungsvorgang auch bei der größten Ruhe und wenn gar keine äußere Arbeit geleistet wird, keineswegs auf. Es gibt Organe, die auch bei völliger Körperruhe ihre Arbeit nicht einstellen können, ohne daß das Leben unmittelbar gefährdet ist. In den Atmungsmuskeln, in Herz, Nieren, Leber, Milz geht die Tätigkeit: Verbrennung, Stoffwechsel, dieser auch an den anderen Stellen, weiter und dieser „Grundumsatz", wie ihn M a g n u s L e v y, „Erhaltungsumsatz", wie ihn L ö w y genannnt hat, wird unter allen Umständen, solang das Leben währt, aufrechterhalten.

Die Wärmeerzeugung beträgt beim bewegungslos ruhenden Menschen für 1 kg und 1 Stunde rund 1 Kalorie, für einen Mann von 70 kg Gewicht in 24 Stunden also 1680 Kalorien; davon treffen auf die Arbeit des Herzens 70 Kalorien, der Atmungsmuskeln 150, der Leber 368, der Nieren 74, in Summa 662 Kalorien. Der Rest fällt auf die Arbeit der quergestreiften Muskeln, die auch bei anscheinend gröfster Ruhe niemals ganz und gar aufhört; sie beträgt hiernach rund 1000 Kalorien. Soviel erzeugen die Muskeln, die etwa 40% des Körpergewichts ausmachen, auch in der Ruhe. Nur durch besondere Vorsichtsmafsregeln kann man diesen Teil der Arbeit auch noch ausschalten und dann die Versuchsperson zu einer völlig regungslosen (mit Ausnahme der lebenswichtigen Arbeit) machen. „In Ruhe" und „bewegungslos" ist also keineswegs dasselbe.

Da die Wärmebildung der Abgabe entsprechen mufs, diese aber von der Gröfse der abgebenden Oberfläche abhängig ist, so mufs die Wärmeproduktion, die 1 kg Tier leistet, um so gröfser sein, je kleiner das Tier ist und das Produkt Wärmemenge mal Oberfläche liefert einheitlichere Werte als das Produkt Wärmemenge mal Gewicht. Dieser „Oberflächenzusatz" von R u b n e r wird heute wohl allgemein anerkannt. Kinder haben für ihr Körpergewicht eine verhältnismäfsig grofse Körperoberfläche, denn diese wächst ungefähr mit dem Quadrat, das Gewicht mit dem Kubus. Kinder verlieren also verhältnismäfsig mehr Wärme in der Zeiteinheit als Erwachsene und ihre Verbrennungsvorgänge müssen also auch rascher und ausgiebiger ablaufen. Ein

Maß für die Verbrennung gibt die Menge des verbrauchten
Sauerstoffs ab. Im ganzen geht der Verbrauch der Oberfläche parallel und man hat eine Wärmemenge von rund
0,55 Kal. auf 1 qm Oberfläche und 1 Minute berechnet.
Doch sind auch noch andere Dinge nebenbei von Einfluß
auf die Wärmeerzeugung, nicht ganz allein die Oberflächenausdehnung. Auch auf die Einheit der Oberfläche bezogen,
ist die Wärmebildung und der Stoffumsatz in der Jugend
größer als später. Er verhält sich bei Kind, Erwachsenem,
Greis wie 110:100:78. Die Beschaffenheit der Haut spielt
natürlich auch eine Rolle bei der Wärmeabgabe und somit
auch bei der notwendigen Wärmebildung, und, daß die zarte
Haut in der Jugend anders beschaffen ist als die runzelige,
derbere im Alter, braucht nicht hervorgehoben zu werden,
ebenso wie bekanntlich auch ohne Wollen der Bewegungsdrang und ohne Zweifel die unbeachteten Bewegungen bei
Kindern gewiß von erheblichem Einfluß auf Arbeit und
Wärmeverbrauch sein werden. Kinder frieren unter normalen Verhältnissen fast nie oder nur bei großer Kälte und
unter besonderen Verhältnissen, nicht wenn sie sich frei
bewegen können und nicht etwa zu müde dazu sind. Anderseits frösteln die Greise oft und suchen, um dem abzu-
helfen, die Sonne auf an Tagen, die ein anderer mindestens
recht behaglich finden würde. Auch das Fettpolster kommt
in Betracht, das von Fall zu Fall stark wechselnd im ganzen
bei gut genährten Kindern reichlicher ausgebildet ist, als
im Greisenalter. Nach Untersuchungen von M a g n u s L e -
v y ist der Sauerstoffverbrauch, bezogen auf das Körpergewicht, um rund 25% geringer, weil ein guter Teil ihres
Protoplasma kaum altert.

Sinkt die Temperatur des Protoplasma, so vermindert
sich der Sauerstoffverbrauch zunächst nicht, er fällt aber
stark, sobald die Körpertemperatur unter 26⁰ sinkt. Durch
vermehrte Sauerstoffzufuhr wird weder der Stoffumsatz

noch die Wärmebildung erhöht. Nach jeder Nahrungsaufnahme zeigt sich die Wärmeerzeugung vermehrt, indem sie durch die gesteigerte Arbeit der Drüsen und der Peristaltik während der Verdauung erhöht wird, wodurch bis zu 10 und 15 % der zugeführten Kalorien verbraucht werden. Ist die Nahrung sehr leicht resorbierbar, so fällt dieser Betrag kleiner aus. Die Bestandteile der Nahrung scheinen dabei einen spezifischen Reiz auszuüben, wobei von der Umsatzsteigerung auf Eiweifs 17%, auf Kohlehydrate 9% und auf Fett 25 % kommen. Die Wirkung scheint durch Zwischenprodukte (Albumosen) zustande zu kommen, wohl auch mittelbar durch gehobene Stimmung und verstärkten Muskeltonus. Auf den Wärmeumsatz haben sich Belichtung, Ionisation und Feuchtigkeitsgehalt der Luft ohne Einflufs erwiesen. Dagegen können Hautreize, Senfteige, CO_2-Bäder, Seebäder den Stoffumsatz erhöhen.

Die Erfrierung.

In unseren Gegenden gehört die allgemeine Erfrierung mit Todesfolge zu den seltenen Erscheinungen. In Feldzügen oder bei besonderen Notlagen weitverbreiteter Art häufen sie sich. In dichter bevölkerten Gegenden ereignen sie sich seltener als in dünnbesiedelten, wo oft lange Strecken von einem Wohnsitz zum nächsten zurückzulegen sind. Der Befund an der Leiche besteht in bedeutender Starre, Blässe der Haut, die erst beim Auftauen in die blaue Farbe übergeht. Hervorstehende Teile, Zehen, Nase, Ohren, brechen leicht ab. In den Gefäfsen sind manchmal Eisstückchen zu fühlen. Das Blut hat eine hellrote Farbe, die inneren Organe enthalten viel davon. Wenn die Schädelnähte gefroren waren, sind sie mitunter gelockert, wahrscheinlich von der Ausdehnung des Eises gesprengt.

Über die Erscheinungen, die dem Ende vorangehen, liegen begreiflicherweise aus Rufsland die meisten Beobachtungen vor. Auch L a r r e y hat gerade im Napoleonischen Feldzug in Rufsland ausgiebige Beobachtungen anstellen können. Auf die Wirkung der niederen Temperatur allein ist das starke Frostgefühl zu beziehen; die grofse Mattigkeit, die sich daran anschliefst, ist vielleicht ebensosehr durch die Muskelanstrengung wie durch Kältewirkung zu erklären. Begreiflicherweise gehen dem letzten Stadium gewöhnlich noch die verzweifeltsten Versuche voran, durch eine übermäfsige, letzte Anstrengung dem Erfrierungstod zu entgehen. Mit Ausnahme der Kinder, die bald und ahnungslos nicht mehr weiter wollen, weifs ja doch jedermann, was ihm droht, wenn er zur Winterszeit schutzlos am Wege liegen bleibt. Trotzdem erliegt auch ein erwachsener und willensstarker Mann schliefslich dem unüberwindlichen Drang nach Ruhe. Der Marsch war erschöpfend, oft genug die Nahrungsaufnahme schon lang ungenügend, dazu jetzt auch noch unter der Anstrengung beim Waten durch tiefen Schnee die Einwirkung der Kälte, da kommt es dazu, dafs sich die Betroffenen endlich legen, eben da, wo sie sich gerade befinden und nicht ohne den Gedanken, nur ganz kurz zu ruhen, um nach einiger Erholung den Marsch ganz gewifs wieder anzutreten. Ist nicht noch ein Gefährte dabei, der das Wecken übernehmen kann, so kommt er sicher nicht mehr zum Erwachen. In der Ruhe, die augenblicklich sehr wohltuend empfunden wird, nimmt die Schlafsucht zu, die Wirkung der Kälte steigt, da die Wärmeproduktion durch die Bewegung auch noch in Wegfall kommt. Die Atmung wird seltener, seichter, die Pulsschläge werden ebenfalls seltener und schwächer. Die Haut wird ganz kalt und blafs. Die Verbrennungsvorgänge im Körper vermindern sich aus allen diesen Gründen, die Kälte dringt immer tiefer ins Innere des Körpers ein, die Muskeln werden starr.

Dieser Zustand von S c h e i n t o d , in dem kaum mehr eine Spur von Atmung und Herzschlag, auch bei Auskultation des Herzens, nachgewiesen werden kann, geht dann allmählich und ohne bemerkbare Grenze in den E r f r i e r u n g s t o d über.

Es wurden schon viel Wundergeschichten von der langen Zeit erzählt, nach der es noch gelungen sein soll, einen Scheintoten wieder zum Leben zu erwecken. Das wenigste davon ist beglaubigt, doch scheint es sicher zu sein, daſs ein im Schnee verschütteter Mann erst am sechsten Tag gefunden, ausgegraben und gerettet wurde. Um den Mann hatte sich im Schnee eine Höhle gebildet, das Pferd am Wagen war tot. Die Nachricht stammt von K r a j e w s k i , der auch die Anzahl der in einem Winter in Ruſsland Erfrorenen zu 694 angibt (zit. n. B i l l r o t h).

Man hat angenommen, daſs etwa bei 20⁰ unter Null die Erfrierungsgefahr angeht. Das trifft aber wohl nur bei Gesunden und Kräftigen zu, wenn sie in der beschriebenen Weise durch Übermüdung und Abkühlung gefährdet werden. Wer schon vorher durch Mangel, Krankheit oder Erschöpfung heruntergekommen war, der kann auch durch sehr viel geringere Kältegrade getötet werden. Wahrscheinlich dauert dann die Zeitspanne des Scheintodes länger und die Wiederbelebungsversuche gelingen noch nach längerer Frist als bei sehr starker Kälte. Auf die gleichzeitig einwirkende Übermüdung ist ohne Zweifel ein sehr groſses Gewicht zu legen. Schon aus dem einfachen Grund, daſs die Muskeln nicht mehr im gehörigen Maſse arbeiten und Wärme erzeugen können, ferner kommt dieser Umstand gewiſs auch für das Herz in Betracht. Mit Sinken der Herzkraft wird der Blutkreislauf verschlechtert und damit die Tätigkeit aller Körperteile, was von neuem die Wärmeerzeugung herabsetzt. Daſs die Haut blaſs und blutleer wird, ist für die Wärmesparung ja ein Vorteil, denn von einer warmen Haut fließt gegen die kalte Umgebung mehr Wärme ab und das Gefälle an der Haut ist, wenn diese kühler ist, kleiner. Darin besteht auch die Gefahr, im letzten Zeitraum noch Alkohol zu genießen. Der Alkohol erweitert die Hautgefäße und bringt dadurch das Gefühl der Wärme hervor, steigert aber zugleich die Wärmeabgabe und führt so den Erfrierungstod früher herbei. Wie aber, wenn der Branntwein zu guterletzt noch für kurze Zeit das Herz aufpeitscht, „die Lebensgeister wachruft", den schon Erliegenwollenden befähigt zu einer kurzen, der letzten Anstrengung und damit das schützende, rettende Obdach zu erreichen?

Auch wenn das Bewußtsein wiedergekehrt ist, kann der Tod immer noch eintreten, und wie viel man dann auf die Erfrierung unmittelbar oder auf die Erschöpfung und Herzschwäche schieben will, das wird Ansichtssache sein. Dauernde Schwäche, Kopfweh, Besinnungslosigkeit bei schon besserer Atmung und Kreislauf, Delirien bleiben mitunter noch einige Zeit bestehen.

Man sollte meinen, daß die schleunigste Erwärmung des Körpers das wichtigste sein muß, was alsobald zu geschehen hat. Allein, damit sind zu große Gefahren für die erfrorenen äußeren Teile verknüpft. Man sagt — ich selbst habe keine Erfrorenen gesehen —, daß dünne, hervorstehende Teile, Finger und Zehen zum Beispiel, bei unvorsichtiger Bewegung abspringen wie Glas. Es scheint dabei zu gehen wie bei den Blüten in einem Frühjahrsfrost. Die Erfrierung der Pistillen, die jede Hoffnung auf Frucht im Herbst in einer schönen Frühlingsnacht zuschanden macht, ist ja eigentlich ein Austrocknungsvorgang. Die Erfrierung des Parenchyms schließt die Nachfuhr von Wasser aus den tieferen Teilen aus, und wenn das Auftauen recht langsam geschieht, so mag, wenn Wasser wieder zugeleitet werden kann, sich

die Pistille auch wieder erholen. Scheint aber am Morgen, der der klaren Nacht folgt, die Sonne auf die Pistille, so taut zuerst die Spitze und Oberfläche auf, die
Verdunstung in der Sonne beginnt sofort, Wasser kann
in den tieferen Teilen noch nicht nachgeführt werden, und
so wird die Pistille welk, ist ausgetrocknet, für die Be-
fruchtung untauglich. So hat es mir mein Lehrer J u l i u s
S a c h s seinerzeit gesagt. Ich bilde mir ein, daſs die Frostschäden in der Haut, die auf eine schwere Erfrierung ausnahmslos folgen, vielleicht in ähnlicher Weise herbeigeführt werden. Ich weiſs es nicht, aber jedenfalls wird allgemein der Rat gegeben und befolgt, das Auftauen und
die Erwärmung nicht nur schonend wegen der Gefahr
des Abbrechens, sondern auch langsam zu vollziehen.
Schnee ist meistens zur Hand. In diesen wird der entkleidete Verunglückte eingegraben, nur Mund und Nase läſst
man frei, und jetzt wird die Haut mit Schonung der dünnen, abstehenden Teile kräftig mit dem Schnee gerieben.
Der mechanische Reiz ist für die Wiederkehr des Kreislaufs in der Haut ohne Zweifel sehr wichtig. Wir haben gehört, daſs Nahrungszufuhr die Wärmebildung steigert. Davon macht man jetzt Gebrauch; sobald die Verunglückten wieder etwas zu sich nehmen können, reicht man
ihnen heiſse Getränke, deren Temperatur an und für sich
schon dem Körper eine nicht zu verachtende Wärmemenge
zuführt. In diesem Zeitpunkt ist der Alkohol gewiſs nicht
mehr zu fürchten. Im Gegenteil, da er leicht verbrennlich
ist, kann er nur viel nützen. Man wird also am liebsten
Glühwein reichen und damit auch den Kreislauf durch
Anregung der Herzkraft verbessern, ebenso die Erregbar-
keit des Nervensystems erhöhen, die Wiederherstellung
voller Besinnung fördern. Wie man später mit dem Verunglückten verfährt, das richtet sich nach allgemeinen
Grundsätzen und braucht hier nicht erörtert zu werden.

Während der Wiedergenesung wird man kaum viel Kör-
perarbeit verlangen können, und damit fällt die Hauptquelle für die Wärmebildung von selbst gröfstenteils weg.
Um so mehr mufs auf reichliche Ernährung Gewicht gelegt werden. Nach dem Essen kann auch bei Gesunden
die Temperatur um 0,1 bis 0,4⁰ steigen. Dazu kommt auch
das den Kranken sehr willkommene Wärmegefühl an der
Haut, indem die Hautgefäfse weit werden. Dann kommt
noch die Behandlung der Frostschäden, ohne die es bei
allgemeiner Erfrierung, d. h. bei allgemeiner Temperatursenkung des Körpers, wohl nie abgeht.

Die örtlichen F r o s t s c h ä d e n können sich aber auch
ohne allgemeine Abkühlung einstellen, tun es sogar sehr
oft und bei viel höheren Temperaturen, bei denen von
einer allgemeinen Schädigung noch gar keine Rede sein
kann. Bei Temperaturen um den Gefrierpunkt herum, sogar etwas über ihm, kann einer seine Fingerspitzen oder
seine Ohren erfrieren. Begünstigt wird auch hier die Erfrierung durch Blutleere der Haut. Der Stoffwechsel ist
in der Haut sehr unbedeutend, die Wärme wird ihr fast
ganz ausschliefslich von den inneren Teilen her, namentlich von den nicht weit davon gelegenen Muskeln durch
das Blut zugetragen. Die bei Kälteeinwirkung hervortre-
tende Zyanose der Haut kündigt schon an, dafs auch die
tieferen, aber der Haut noch naheliegenden Venen zusam-
mengezogen sind. Die Einwirkung der Kälte bewirkt von
vornherein Blutleere und Erkaltung der Haut zwecks allgemeiner Wärmesparung. Für die Haut selbst ist das
aber kein Vorteil, um so eher wird sie durch die Kälte geschädigt. Selbstverständlich sind den Frostschäden wieder die Teile besonders ausgesetzt, die einerseits mit Blut
schlecht versorgt, anderseits dem Einflufs der Kälte um
so stärker ausgesetzt sind, weil sie mit verhältnismäfsig
grofser Oberfläche dem Einflufs der Aufsenwelt, in erster

Linie der kalten Luft ausgesetzt sind. Meistens ist es kalte
Luft, was die Erfrierung der oberflächlichen Teile herbeiführt, doch kommt auch ausnahmsweise eine Erfrierung
durch Wärmeverlust gegen feste oder, noch seltener, gegen flüssige Körper zustande. Die Wärmeentziehung durch
Flüssigkeiten und feste Körper erfolgt viel schneller als
durch Luft. Je rascher sie sich vollzieht, desto stärker werden die schmerzempfindenden Nervenfasern gereizt und
der Schmerz veranlaßt den Menschen, an der schmerzen-
den Stelle wenn möglich Abhilfe zu schaffen. Wo nicht
eine Zwangslage vorliegt, ist Unachtsamkeit nicht selten
eine begünstigende Ursache für die örtliche Erfrierung.
Die erste Wirkung starker örtlicher Kälteeinwirkung ist
der Schmerz. Er ist um so lebhafter, je rascher die Wärmeentziehung vonstatten geht, wahrscheinlich weil jetzt
die Empfindlichkeit der Schmerzfasern noch nicht gesunken ist. Denn der Kälte- und auch der Wärmeschmerz
wird nicht durch übermäßig starken Reiz der tempera-
turempfindenden Nerven, sondern durch die gleichzeitige
Reizung der schmerzleitenden Fasern herbeigeführt. Daher kommt es, daß die Berührung von Metallen mit un-
bekleideter Hand in der Winterkälte so ungemein schmerzhaft empfunden wird. Ich erinnere mich noch sehr wohl
des schrecklichen Winters 1879/80, als ich bei der Feld-
artillerie mit der Waffe diente, und an das Geschützexer-
zieren im Freien. Damals waren die Frostschäden ungemein häufig, von meiner Batterie meldeten sich an einem Tag deswegen 30 Mann, nach und nach über 60
zum Arzt. Bei fortdauernder Kälteeinwirkung vergeht der
Schmerz. Das ist das erste, was auffällt, und ist die nämliche Sache wie bei der örtlichen Empfindungslosigkeit, die
man bei kleinen Eingriffen an der Haut durch zerstäub-
tes Chloräthyl, also durch Verdunstungskälte herbeiführt.
Die vom Strahl getroffene Stelle wird blutleer, ganz weiß,

hart und kalt, offenbar oberflächlich gefroren, aber der Gewebstod ist noch nicht eingetreten, die Haut kann sich wieder erholen, die Abkühlung und Empfindungslosigkeit der Nerven ist früher als der Gewebstod eingetreten. Ein Schaden bleibt nicht zurück, wenn nur rasch die gestörte Zirkulation sich wieder mit der Wiedererwärmung einstellt. Das geschieht beim Frostschaden, wenn der Betroffene das Taubwerden des Fingers, der Nase bemerkt, wenn dann ihm oder seiner Umgebung die Leichenblässe der erkalteten Teile auffällt und er sofort mit starken Hautreizen, am besten bekanntlich durch starkes Reiben mit Schnee, die blutleere und eiskalte Stelle wieder warm, rot und blutreich machen kann. Je nach der Dauer, während der die Kälte eingewirkt hatte, braucht gar kein Schaden zurückzubleiben oder nur ein Frostschaden ersten Grades, d. h. die Haut bleibt nachher noch eine Zeitlang blaurot. Auch eine leichte Anschwellung, also eine ödematöse Durchtränkung kann da sein und verschieden lang bleiben. Damit ist das Gefühl von Brennen und Jucken verbunden. Nach Tagen, Wochen, Monaten kann das alles vergehen, war es aber ärger und dauerte es länger, dann vergeht die Sache im Sommer, um im nächsten Winter regelmäfsig wiederzukehren. Leute, die gar nicht mehr daran gedacht hatten und an deren Haut auch gar nichts mehr zu sehen gewesen, werden mit Eintritt der kalten Witterung darauf aufmerksam. Schmerzen, oft auch fast unerträgliches Jukken erinnert sie an ihren früheren Frostschaden. Die Gewebsschädigung entzieht sich zwar unserer Kenntnis, man kann sie auch nach dem Tod bei geringfügiger Entwicklung mikroskopisch nicht nachweisen, aber sie hält oft erstaunlich lang an, das zeigen eben die immer wiederkehrenden Empfindungen, oft auch wieder mit Hyperämie und Schwellung verknüpft, die bei erneuter Einwirkung von Kälte hervortreten. Die „erfrorene Haut" ist gegen

Kälte empfindlicher geworden als die gesunde. Auch hier kann ich aus eigener Erfahrung berichten. Ein einziges Mal mußte sich beim Postenstehen der hoch hinaufgeschlagene Kragen des Mantels ein wenig verschoben und die Spitze des linken Ohrs in die furchtbar kalte Nacht herausgeschaut haben. Es wurde nicht bemerkt, oder, besser gesagt, im Wachzimmer nach der Ablösung nicht beachtet als gleichgültig und blieb es auch, die Ohrspitze war und blieb aber erfroren. Gewiß ein gleichgültiges Vorkommnis, der Beachtung nicht wert, interessant aber insofern, als nachher in jedem Winter, ganz genau beschränkt auf die Spitze des linken Ohrs, sich die gleichen Schmerzen wie bei der Erfrierung einstellten und bis vor wenigen Jahren, mehrere Jahrzehnte hindurch, immer wieder. Ob die Schädigung des Gewebes in dieser Dauer auf eine Veränderung des kolloidalen Zustandes zu beziehen ist, weiß ich nicht, das Wahrscheinlichste ist es aber für mich. Noch bemerkenswerter ist vielleicht die auch von mir am eigenen Körper festgestellte Tatsache, daß es nicht einmal einer Erfrierung bedarf, sondern nur öfter wiederholter, stärkerer Kälteeinwirkung, aber ohne eigentlichen Frostschaden, um die Haut gegen Kälte dauernd überempfindlich zu machen. Wer gelernt hat, den langen Säbel vorschriftsmäßig zu halten, weiß, mit welchen Stellen die Finger die Säbelscheide berühren. Bekommt einer, der gedient hat, nach Jahren wieder eine Plempe in die Hand, so faßt er sie ganz gewiß und unweigerlich geradeso an, wie er sie „beim Haufen" gehalten hatte. Auch ohne diese Gelegenheit wurde ich jeden Winter wie durch meine Ohrspitze so auch durch die Stellen an Hand und Fingern mit leisem Schmerz an den Winter 1879/80 erinnert.

Höhere Grade von Frostschäden sind aber nicht mehr zum Lachen und können nicht nur sehr hartnäckig, sondern auch für den Betroffenen äußerst beschwerlich, schmerzhaft und sogar gefährlich werden. (Wir folgen hier der Beschreibung von B i l l r o t h.) Im zweiten Grad der Erfrierung kommt es zur Blasenbildung, wie beim zweiten Grad der Verbrennung auch. Die Blasen sitzen auf blauroter Haut, ihr Inhalt ist meist schmutzig bräunlich oder blutig, während Brandblasen klares Serum enthalten. Die Schmerzen sind, wenn die Blasen sich ablösen und platzen, sehr bedeutend. Bei den Brandblasen ist der Kreislauf darunter gewöhnlich nicht besonders gestört, unter den Frostblasen wohl. Die Lederhaut war oder ist mit Blut äußerst schlecht durchflutet und die Neigung zu Gangrän ist sehr groß. Wie weit sich der Zerfall in der Tiefe fortsetzen wird, wie weit sich ausbreiten, das ändert sich von Fall zu Fall und läßt sich nicht von vornherein sagen. Unter der abgezogenen Hornhaut ist die Cutis dunkelkirschblaurot, die Farbe geht aber an der Luft in Karmoisin über, wie es scheint nicht durch Neuzufuhr arteriellen Blutes aus der Tiefe, sondern durch unmittelbare Sauerstoffaufnahme aus der Luft an Ort und Stelle. Über die Lebensfähigkeit der geschädigten Teile sagt das gar nichts aus. Aus tiefen Nadelstichen fließt Blut, was für eine Zirkulation in der Tiefe noch nicht spricht, ist das Blut aber nicht dunkel, sondern hellrot, so kann dies auf die Lebensfähigkeit der tieferen Teile schließen lassen. Dagegen sind die Aussichten auf eine Wiedererholung der Gewebe ungünstig, wenn auch tiefe Nadelstiche nicht empfunden werden.

Der dritte und höchste Grad ist bei der Erfrierung wie bei der Verbrennung der Gewebstod, die Gangrän. Anfangs läßt sie sich manchmal noch nicht erkennen, mitunter ist sie schon 24 Stunden nach dem Unfall deutlich. Gewöhnlich grenzt sich nach zwei bis drei Tagen die gesunde Haut gegen die kranke, blaue oder blaurote mit einem rosenroten Wall ab. Jetzt kommt es darauf an, ob damit der Gangrän ein endgültiger Einhalt getan ist oder ob sie weitergeht. Frühzeitiger Zerfall und Verflüssigung der Gewebe unter starkem Gestank, Fieber, septische Infektion kann nach verschieden langer Dauer zum Tod führen, und wo die Erhaltung der erfrorenen Teile aussichtslos ist oder für den Verunglückten keinen Vorteil mehr bedeuten würde, ist die Frühoperation im Gesunden dringend angezeigt. Wieweit die Gangrän in die Tiefe reicht, inwieweit auch Knochen und Faszien abgestoſsen werden, ist von Fall zu Fall natürlich sehr verschieden, leider sind die Fälle aber häufig, in denen eine einzige Nacht, vielleicht obdachlos in strenger Kälte zugebracht, den Verlust von Gliedmaſsen oder Lebensgefahr nicht durch Erfrieren, sondern durch Frostschäden mit Gangrän und Sepsis bedeutet. Kann man ja doch auch bei uns fast in jedem Winter einen Bericht lesen, wie ein halbverhungerter Stromer auf der Wanderschaft oder ein Kind, das aus Furcht vor Strafe sich nicht nach Haus traute, einem solchen Unglück zum Opfer fiel oder für das ganze Leben verstümmelt blieb. Ich weiſs nicht, warum mich auf einmal wieder ein längst entwöhntes Gefühl von Mitleid anwandelt. Seit dem Herbst 1918 glaubte ich es doch gründlich angebracht zu haben.

Die meisten Frostschäden, die ich im Krieg zu sehen bekam, stammten aus dem Osten und viele vom Balkan, wo das Verweilen ohne jeden Schutz und in der gröſsten Kälte den Schaden brachte den vielen Braven, die sich dort den bekannten heiſsen Dank des Vaterlandes verdienten, und den sie ja später schon bei ihrer Rückkehr meistens geerntet haben, oft unter den sonderbarsten Begleiterscheinungen. Auch Schädigungen des Auges kommen vor, bis zur Erblindung. Eine Schädigung des N. opticus bei tiefdringender Kälte ist möglich, ich habe dergleichen schon gesehen, und auch bei schwerer Amblyopie und Einschränkung des Gesichtsfeldes ist Wiederherstellung noch nach monatelanger Frist möglich. Viel bekannter ist die Erfrierung der Hornhaut. Die Hornhaut ist bekanntlich gefäßlos und im Schlaf nur vom oberen, recht dünnen Lid bedeckt. Im Wachen sorgt der häufige Lidschlag dafür, daß der Kreislauf im Lid unterhalten und die erkaltete Tränenflüssigkeit immer durch neue, warme ersetzt wird. Im Schlaf aber besteht die dringende Gefahr, daß die Kornea erfriert und damit das Augenlicht erlischt, fast immer auf beiden Seiten. Das wußte ich aus der Geschichte des russischen Feldzuges, aus den Erfahrungen der napoleonischen Ärzte, befürchtete aber, daß die meisten, auch Ärzte, keine Kenntnis davon hätten oder nicht daran dächten. Deshalb habe ich mit Beginn des zweiten Winterfeldzugs, als der Winter streng zu werden versprach, ein großes Blatt, das weite Verbreitung genoß, die „Kölnische Zeitung", brieflich gebeten, warnend bei den Truppen und Truppenärzten durch eine Aufklärung aus meiner Feder vorzubeugen: Nie soll man sich im Freien bei niederer Temperatur schlafen legen, auch in Eisenbahnwägen und dergleichen, wo allgemeine Erfrierung nicht zu befürchten ist, nicht, ohne über beide Augen ein Tuch zu binden. Eine Vorsichtsmaßregel, die schon den französischen Ärzten im Jahre 1812 geläufig war. Das Unglück ist, wenn es eintrifft, so schrecklich und ist so leicht zu verhüten. Ob die „Kölnische Zeitung" anderer Meinung war, das weiß ich nicht, jedenfalls ist der Druck meiner Aufklärung, oder auch nur Antwort darauf, nicht in meine Hand gekommen.

Die Behandlung der Frostschäden, der alten wie der frischen, das geht uns hier nichts an. Das lehrt die Chirurgie und Dermatologie. Auch hier ist vor rascher Erwärmung zu warnen, bei einfacheren Fällen genügt eine reizende Salbe, auch mit Jodtinktur bin ich in frischen

Fällen und bei Rückfällen recht zufrieden gewesen. Vorsicht im Winter bei Beschäftigung im kalten Wasser, dementsprechend, wenn es sein muſs, Umstellen des Berufs kämen hier auch in Betracht.

Wäre noch kurz zu berühren der Einfluſs der Kälte auf Wohlbefinden des Menschen im allgemeinen und die Wirkung auf die Empfindung. Je nach dem, was vorausgegangen ist, zum Beispiel nach Einwirkung lebhafter und erschlaffender Hitze, wird Abkühlung der Haut bekanntlich mit einem gewissen Gefühl der Befriedigung und Lust begrüſst. Das Gefühl der Kälte oder Kühle wird anderseits durch obwaltenden Gegensatz verschärft. Ein Gesunder kann an Flüssigkeiten Temperaturunterschiede herab bis zu $1/2^0$ noch unterscheiden, und auch er täuscht sich, wenn er mit der prüfenden Hand das eine Mal aus einem kalten, das andere Mal aus einem warmen Bad kommt. Der Versuch mit den drei Gläsern, die nebeneinander stehen, von denen das eine mit kaltem, das mittlere mit lauwarmem und das dritte mit gut warmem Wasser gefüllt sind, zeigt das klar und ist bekannt genug. Man taucht den linken Finger in das erste Glas, den rechten ins dritte und nach einiger Zeit beide zugleich ins zweite. Der Finger, der aus der Kälte kam, empfindet hier Wärme, der aus der Wärme kam, empfindet das gleiche Wasser als kalt. Was einer als kalt anspricht, der Grad, wo bei ihm die Kälteempfindung angeht, das wechselt je nach der Person, namentlich auch je nach der Gewohnheit, der Lebenslage, der Beschäftigung des einzelnen, und Unterschiede bis zu 10^0 sollen hier vorkommen. Im allgemeinen kann man sagen, daſs von 15^0 abwärts das Gefühl von Kälte oder Kühle schon deutlich wird, von Temperaturen um Null an gesellt sich dazu noch der Schmerz. Ob bei langer Einwirkung auch mäſsig niedrigerer Temperaturen die Kälte tiefer dringt, ist zum wenigsten zweifelhaft.

Meinen möchte man es allerdings. Man unterscheidet sehr wohl das Gefühl, das durch Kälteeinwirkung auf die Hautoberfläche ausgelöst wird, von dem „Frieren von innen heraus“, das doch wohl von der Abkühlung etwas tiefer gelegener Teile herkommen muſs. Untersuchungen am Tier haben ergeben, daſs die Abkühlung der Teile schon in sehr geringer Entfernung von der Oberfläche mit dem Thermometer nicht mehr nachweisbar ist. Jedenfalls gibt es noch ein Unlustgefühl, das mit allgemeiner Abkühlung verknüpft ist. Es veranlaſst den Menschen unzählige Male, den Ort zu verlassen, an dem ihn friert und die Wärme aufzusuchen. Da geht es denn, wie es mit allen Lust- und Unlustgefühlen überhaupt geht. Der eine empfindet jede Störung der Lustgefühle, der Behaglichkeit, der Gemütlichkeit auſserordentlich übel und ist bestrebt, nach Möglichkeit und so bald als nur irgend möglich einen Wechsel seiner Lage herbeizuführen, den andern läſst das alles gleichgültig, er empfindet es, aber schwächer als der andere, und so gibt es für ihn auch kein Motiv für seine Handlungsweise ab. Nicht nur Naturanlage spielt in diesen Dingen eine Rolle, sondern auch Erziehung und Gewohnheit. Das, was wir Abhärtung gegen die Witterung heiſsen und was meistens nur Abhärtung gegen Kälteeinflüsse bedeutet, ist in vielen Fällen und bis zu einer gewissen Grenze nicht anders zu deuten, als Unempfindlichkeit des Gesamtnervensystems gegen Sinneseindrücke, hier des Temperatursinns. Wenn es nichts anderes wäre, so wäre damit bei der Erziehung schon viel durch regelrecht fortgesetzte, langsam gesteigerte Abhärtung gewonnen. Es scheint aber, daſs das, was wir Abhärtung nennen, doch noch etwas mehr ist, ein gar nicht unwichtiger Schutz gegen weit verbreitete und häufige Krankheiten, die man E r k ä l t u n g s k r a n k h e i t e n geheiſsen hat und auch heutigentags noch vielfach so heiſst.

Die Erkältung.

Der Einfluſs besonders niederer Temperaturgrade auf die Haut liegt bei der allgemeinen Erfrierung und bei den Frostschäden sonnenklar zutage. Wenn aber von jenen dunklen, rätselhaften Störungen der Gesundheit die Rede ist, die nach einer Kälteeinwirkung auf die Haut nicht an dieser selbst, vielmehr sehr oft weit davon beobachtet werden, sehr häufig den ganzen Körper in Mitleidenschaft ziehen, ganz nach Art einer Infektionskrankheit, wenn davon die Rede ist, so begegnen wir besonders groſsen Schwierigkeiten. Man heiſst das eine Erkältung des Menschen. Das Volk nannte es so, lange bevor es im Jahre 1918 den letzten Rest seines offenbar nicht sehr groſsen Verstandes eingebüſst hatte. Ich will versuchen, in kurzem das, was man davon weiſs und was ich selbst davon halte, darzulegen.

Als eines der ersten Beispiele von Erkältung wird ja wohl die schwere Krankheit angeführt, die sich Alexander der Groſse zuzog, als er an einem glühend heiſsen Tag im Kydnosfluſs ein kaltes Bad nahm. Das ist nun freilich nicht richtig, wenn man den Worten von Curtius folgt. Curtius ist zwar kein unbedingt zuverlässiger Berichterstatter in seinem „Leben Alexanders des Groſsen“, er liebt wie auch ein anderer Biograph Alexandes, Plutarch, Anekdoten aufzunehmen und weiſs sie hübsch darzustellen. Gegen die Glaubwürdigkeit der uns hier angehenden Stelle ist aber kaum viel vorzubringen: „... tunc aestas erat, cuius calor non aliam magis, quam Ciliciae oram vapore solis accendit, et diei fervidissimum tempus coeperat. Pulvere simul ac sudore perfusum regem invitavit liquor fluminis .... Itaque veste deposita in conspectu agminis descendit in flumen. Vixque ingressi subito horrore artus rigere coeperunt, pallor deinde suffusus est et totum prope modum corpus vitalis calor reliquit. Exspiranti similem ministri manu excipiunt, nec satis compotem mentis in tabernaculum deferunt.“

Ein Anfall plötzlicher Herzschwäche, ein schwerer Kollaps muſs das gewesen sein, aber nimmermehr das, was wir eine Erkältung heiſsen würden. Dazu hat sich die Sache schon zu rasch abgespielt, wenn auch die Erholung des Königs längere Zeit brauchte und bekanntlich zuletzt dem Mittel seines unerschrockenen Leibarztes Philippus zu danken war.

Im 10. Jahrhundert scheute man Kälteschaden offenbar als etwas gut Bekanntes. Kudrun und Hildeburc fürchten ihn, als sie im rauhen März und bei Schneefall barfuſs am Meer waschen muſsten. Aber auch hier besorgten sie offenbar mehr Kälteschaden und den Tod durch allgemeine Erfrierung als eine Erkältung mit nachfolgendem Schaden an ihrer Gesundheit. „Sul wir hiute waschen, vor äbéndes stunden, álsô barfüeze, wir werden vil lihte tôte funden.... gên wir dar bárfüeze, so müezé wir úf den tôt erfriesen.“ „Wir müezen hiute sterben, tragen wir niht schúohe an den füezen.“ In diesen Gesprächen der Kudrun und der Hildeburc untereinander und mit der wülspine Gerlind ist eigentlich nur von einer unmittelbaren Gefahr, nicht von einer gefährlichen Nachwirkung, die Rede, die auf den Kälteschaden folgen dürfte.

Auffallend ist es, wie die Mädchen dringend gerade um Schuhe bitten, da ihre sonstige Kleidung ebenfalls durchaus keinen Schutz gegen die Einwirkung von Kälte und Nässe bot. „Si gingen in ir hemeden, diu wâren beidiu naz in schéin durch diu hemede wîz alsam dr snê ir lîp der minnicliche.“ Von Regen, Schnee und Seewasser durchnäſst, vom eisigen Wind ausgeblasen, konnten die minnecliche frouwen, auch wenn die Füſse geschützt waren, eine

schwere Erkältung mit Recht befürchten. Der Kälte-
schmerz freilich mußte sich besonders an den ungeschützten Füßen bemerkbar machen.

Man soll nicht einwenden, daß es wohl eine Kudrun-
sage, aber keine Geschichte der Kudrun gibt. Der Sänger
der Sage mußte notwendig in solchen Dingen wie bei der
Möglichkeit einer lebensgefährlichen Erkältung ganz der
allgemeinen Volksanschauung folgen.

Sollte es also wirklich so sein, daß die Erkältung nur
eine Errungenschaft und Folge der Kultur und Überkultur
wäre, herbeigeführt durch Verweichlichung und Verzärte-
lung der modernen Menschen? Alexander war nicht verweichlicht, gar nicht so lang vorher hatte er den Granicus
mitten im heftigsten Treffen und ohne Schaden zu nehmen
durchschwommen, und Kudrun mit ihrer getreuen Hildeburc, im rauhen Norden aufgewachsen, die waren es gewiß
auch nicht. Und die fürchten eigentlich nur den Kälteschaden, wie wir sagen würden, und nicht die Erkältung
in ihren dünnen, nassen Hemden.

Oder gibt es gar keine Erkältung? Die Erfahrungen im
letzten Krieg möchten dafür sprechen. Was da ausgehalten
wurde an Erkältungen der schwersten Art, verbunden mit
den größten Anstrengungen, was ja nach weitverbreiteter
Annahme besonders schädlich sein soll, was da alles von
der Art ausgehalten und augenscheinlich ohne Schaden ertragen wurde, man sollte es nicht glauben, und kein Arzt
aus der Friedenszeit hätte es je gewagt, einem seiner Kranken oder sich selbst auch nur ein Bruchteil davon zuzumu-
ten, auch wenn er, auf ganz modernem Standpunkt stehend,
das Vorkommen von Erkältung und Erkältungskrankheiten
rundweg geleugnet hätte. Und auf diesem Standpunkt standen und stehen wirklich viele Ärzte aus voller Überzeugung, wenn auch hier und da die Mode, auch in wissen-
schaftlicher Beziehung, ein Wort mitsprechen mag — wie

in der Frauenrechtsfrage und der Bekämpfung des Alkohols auch.

Mag dem allen sein, wie ihm wolle, wer leider Gottes sein eigenes, so heißgeliebtes Volk für das allerdümmste halten muß, muß sich eben mit solchen Teilerscheinungen auch abfinden und sie hinnehmen. Aber mit der Erkältung und den Erkältungskrankheiten möchte ich mich doch etwas beschäftigen. Zwar ist noch während des Krieges ein ganzes Buch von Sticker „Erkältungskrankheiten" in der Enzyklopädie der Klinischen Medizin, Berlin, Springer 1916, erschienen, und wer von den vielen und mannigfachen Erklärungen der Erkältung sich unterrichten will, kann dort auf seine Rechnung kommen.

Hauptsächlich auf zwei Umstände ist es zurückzuführen, daß der Begriff und schon der Name „Erkältung" bei den Ärzten mehr oder weniger in Verruf gekommen ist. Zuerst mußte man erkennen, daß bis jetzt alle Versuche, einen näheren Einblick in das Wesen der Erkältung zu erlangen, fehlgeschlagen sind. Darüber kann man sich nicht täuschen. In den verschiedensten Richtungen bewegte man sich hier, je nach dem jeweiligen Stand der medizinischen und der Naturwissenschaften. Bei längerer Einwirkung der Kälte sollte sie sich an den unter der Haut gelegenen Teilen, den Muskeln, Nerven, geltend machen und so die Rheumatismen und die Nervenschmerzen herbeiführen. Das wurde durch bestimmte Versuche widerlegt, die zeigten, daß die Abkühlung sich schon in geringer Tiefe kaum mehr bemerkbar machte. Die Blutverteilung in der Haut sollte sich unter dem Einfluß der Nerven auch an entfernten Bezirken ändern. Das ist wohl, wie die Untersuchungen namentlich von Winternitz lehrten, richtig, aber noch wußte man nicht, wie das zur Krankheitsursache werden sollte. Umstimmung der Säfte bei veränderter oder geschädigter Tätigkeit der Haut — lauter Worte —, aber keine Erklärung der doch nicht zu leugnenden Tatsache, daß eine Erkältung den Menschen krank machen kann. Sogar elektrische und galvanische Wirkungen der Atmosphäre hat man herangezogen — man lächle nicht, ein Alexander von Humboldt hat diese Ansicht vertreten —. Während von außerordentlich vielen Krankheiten behauptet wurde, daß wenigstens ihr Ausbruch durch Erkältung begünstigt werde, wenn sie auch eigentlich auf anderer Ursache beruhten, waren es vornehmlich zwei Krankheitsgruppen, die man der fast täglichen Erfahrung nach immer und immer wieder auf eine Erkältung als wirklicher Ursache zurückführen zu müssen meinte, die Katarrhe und die Rheumatismen, die „Flüsse" nach der alten Bezeichnungsweise. Auch bei anderen Krankheiten, namentlich der Atmungsorgane, galt der Einfluß der Erkältung den älteren Klinikern als unzweifelhaft feststehend. Die croupöse Pneumonie wird sogar als der Typus einer Erkältungskrankheit angesprochen. So äußert sich zum Beispiel im Jahre 1855 Canstatt in seinem weitverbreiteten „Handbuch der medizinischen Klinik" II. Bd. (II. Aufl., bearbeitet von Henoch) auf Seite 556 hierüber: Erkältung des Hautorganes wird am gewöhnlichsten als der veranlassende Grund auch dieser wie so vieler anderer Krankheiten angegeben. Plötzliche Abkühlung des erhitzten Körpers, Durchnässung, Einatmung kalter Luft nach Erhitzung veranlassen oft Pneumonie.

Hierzu ist zunächst noch zu bemerken, daß die Einatmung kalter Luft zwar oft als Krankheitsursache für die Lungenentzündung angesehen wurde (Hippokrates schon betonte den Zusammenhang von rauhen Nord- und Nordostwinden mit Brustleiden), im Winter und in kälteren Gegenden sind Pneumonien häufiger als im Sommer und im warmen Klima, allein gerade weil man sich die Sache gewissermaßen als eine Erkältung der Lunge durch die kalte

eingeatmete Luft vorstellte, kann hier nicht von einer eigentlichen Erkältung die Rede sein, nur von einem Kälteschaden, der hier nur einmal ausnahmsweise nicht die äußeren Decken, sondern die Lunge selbst und unmittelbar
betroffen hätte. Das wäre auf die gleiche Stufe zu setzen
wie die Pneumonie, die durch das Einatmen von Brandgasen oder Thomasphosphatmehl oder ähnliches hervorgerufen würde. Noch im Krieg 1870/71 nannte man die Pneumonie die „Adjutantenkrankheit" und nahm an, daß sie
beim raschen Ritt gegen kalte, rauhe Luft leicht erworben
würde. Wunderlich sagt hierüber: „Die Feuchtigkeit
einer kalten Luft erhöht noch diese nachteilige Wirkung. Die
Gefahr ist am größten, wenn eine solche Luft in schnellen
Zügen eingeatmet wird (beim scharfen Reiten und Laufen
gegen den Wind)." Dann aber weiter: „Rasche Abkühlun-
gen oder anhaltende Erkältungen, besonders auch Durchnässungen der Körperoberfläche rufen bei Disponierten
Katarrhe und Pneumonie hervor, und zwar scheint es, daß
die Durchnässung und Erkältung der Füße zwar am schäd-
lichsten, doch auch häufig auf die Brusthaut, auf Bronchien
und Lungen nachteilig wirke."
Diese beiden Beispiele aus zwei der verbreitetsten
Handbücher der speziellen Pathologie und Therapie, aus
der Feder sehr berühmter Kliniker zeigen deutlich, wie hoch
noch um die Mitte des vorigen Jahrhunderts die Erkältung
als Krankheitsursache eingeschätzt wurde und sie ließen
sich leicht noch sehr vermehren.
Die Zeiten änderten sich. Im großen Handbuch der speziellen Pathologie und Therapie von Ziemssen behandelte
der Gießener Kliniker Seitz die leichten Erkältungskrankheiten im II. Band auf 17 Seiten und rechnete dazu Febris
ephemera, herpetica, catarrhalis, rheumatica usw., wobei
zur Erklärung der Einfluß der Erkältung auf das Nervensystem, erst das periphere, dann auch die Zentralorgane

herangezogen wird. Zwei Krankheitsgruppen aber haben vornehmlich von jeher als Erkältungsfolgen gegolten, die Rheumatismen und die Katarrhe der oberen Luftwege, dergestalt, daſs für sie der Name der Erkältung oft ohne weiteres gesetzt und namentlich im Volk vielfach gebraucht wurde. Meist galt dies für den Schnupfen. Wieland läſst in seinem „Urteil des Paris" die Juno klagen: „Daſs wir uns hier den Schnupfen holen sollen. Es ist hier kühl." Tagtäglich kann man bei uns im Winter hören, daſs dieser oder jener sich „erkältet" habe, und jeder weiſs dann schon, was das zu bedeuten hat. Auch euphemistisch wird dieser Ausdruck wohl gebraucht, wenn man von einem, der offensichtlich ein ernstes Lungenleiden hat, sagt, er sei den ganzen Winter über erkältet. Wie denn auch in Frankreich namentlich Erkältung mit Husten zusammengeworfen wurde, so zum Beispiel sagte man zur Zeit des Rokoko, wenn es galt, eines schönen Weibes Ruf in den Kot zu ziehen, mitleidig „elle a la toux". Jeder verstand das schon: Natürlich hat sie sehr gefroren und sich erkältet, als sie nackt am Pranger zur Schau stand als die Dirne, die sie ist.

Eine ganz entscheidende Wendung nahm die Lehre von der Erkältung, als die Erkenntnis sich Bahn gebrochen hatte: Was man Erkältungskrankheiten genannt habe, seien nichts anderes als Infektionskrankheiten, deren Erzeuger sich zum Teil als niedere Organismen direkt darstellen lieſsen. Penzoldt hat im Jahr 1880 in seiner Rektoratsrede diesen Gesichtspunkt mit Recht in den Vordergrund gerückt. Ganz folgerichtig kam er zum Schluſs, daſs die Erkältung als eigentliche Ursache von Krankheiten abzulehnen sei, nur dadurch könne sie eine gewisse Rolle spielen, daſs durch sie die Widerstandskraft des Organismus gegen das Eindringen von Krankheitskeimen mehr oder weniger herabgesetzt werde. Das war denn auch so ziemlich der Standpunkt aller Späteren. Ganz leugnen lieſs sich der Einfluſs der Erkältung freilich nicht, besonders wo es sich um die erwähnten Krankheitsformen handelt, die ihren Ruf als Erkältungskrankheiten eigentlich nie ganz eingebüſst haben, im Volksleben, ganz im Stillen wohl auch bei manchem Jünger oder Meister der Zunft, ihren alten Nimbus noch nicht ganz verloren hatten. Vielleicht eine alteingewurzelte Gewohnheit, wie der Brauch, die Haare nur bei zunehmendem Mond zu schneiden, damit sie wieder gut wachsen? Hier und da könnte man ja auch wohl von einem solchen Eigenbrötler eine spitze Bemerkung hören, etwa die Frage, ob der Verächter solcher veralteter Anschauungen sein kostbares Rassepferd nach scharfem Ritt, schweiſsbedeckt nach Haus gekommen, nicht sorgfältig trocken reiben und auch noch eine Zeitlang zu langsamerer Abkühlung bewegen lasse, da doch „exakte Versuche an Kaninchen keinerlei Hindeutung auf Erkältung als Krankheitsursache ergeben hätten". Und ein besorgter Vater oder gar eine liebevolle Mutter hat sich auch oft von ihrer „besseren Einsicht" nicht abhalten lassen, ihre Kleinen vor Erkältung nach Möglichkeit zu bewahren, das heiſst vor den Einflüssen der Witterung, nach denen, wenn man nicht sagen will durch die, so oft Krankheiten ausbrechen, namentlich bei Kindern. In der Tat, man kann sagen, was man will und so klug sein, wie man will, nicht bei allen, aber bei vielen stellt sich nach einer, oft wieder ganz bestimmten Gelegenheit, nach der Einwirkung von Kälte, oft zugleich von Nässe, der Ausbruch der Krankheit, meist ein Katarrh, mit solcher Regelmäſsigkeit ein, daſs die besorgten Eltern es mit Sicherheit voraussagen, wenn sie von der Unvorsichtigkeit oder dem Ungehorsam der Kinder Kenntnis bekommen haben. Das geht oft so, aber durchaus nicht immer. Statistisch ist die Frage nur wenig und unzureichend behandelt worden. A. E. Fick hat leider nur über 96 Fälle verfügen können und in so wenig Fällen trat nach einer Erkältung eine krankhafte

Störung der Gesundheit ein, daſs man daraus auf einen ursächlichen Zusammenhang keinen Schluſs ziehen kann. Jedenfalls gewinnt man die Anschauung und auch die tägliche Erfahrung spricht im allgemeinen dafür, daſs Erkältung allein nicht ausreicht, krank im erwähnten Sinn zu
machen und daſs es richtige Erkältungskrankheiten eigentlich nicht gibt, womit aber die andere Frage, ob Erkältung bei dem Ausbruch mancher, vielleicht vieler Krankheiten einen äuſserst wichtigen Einfluſs ausübt, keineswegs schon entschieden ist. Das wäre ja so ziemlich der
Standpunkt, den viele Ärzte offen oder verstohlen für sich
einnehmen. Aber es fehlt, soviel ich sehe, immer noch
eine klare Anschauung, wie solches geschehen könne und
damit auch die Berechtigung, den eingenommenen Standpunkt festzuhalten. Darf man denn zu den vielen Versuchen einen neuen machen, solang ein richtiger Beweis
noch nicht zu erbringen ist?

Immerhin neigt man sich in der neueren Zeit der Anschauung zu, daſs in der Haut, nach Ponndorf in der
Stachelschicht, Antikörper gebildet werden, die gegen die
verschiedensten Krankheitsgifte wirken. Ponndorf sagt
selbst hierüber: „Befinden sich die Kokken selbst in der
Blutbahn, so bietet zu der Zeit, wo der Körper eine gewisse Überempfindlichkeit bekommen hat, den letzten Anlaſs zum Ausbruch des akuten Gelenkrheumatismus nach
vielfachen Berichten die Erkältung, d. h. Abkühlung der
Haut (kalte Füſse, nasse Strümpfe, Liegen auf der Erde, lang einwirkende Zugluft usw.). Weil hierdurch die
Schutzwirkung der in den Hautzellen befindlichen Antikörper allgemeiner und spezifischer Natur zeitweise ausgeschaltet wird und weil das Sich-die-Wage-halten zwischen
Toxin und Antitoxin zugunsten der Kokken unterbrochen
wird, kommen infolge der Abkühlung die in den Man-
deln, Schleimhäuten, Blutbahnen befindlichen Pilze zu

massenhafter Vermehrung. Man braucht Ponndorf in seiner Schrift nicht in allen Teilen zuzustimmen und kann doch die erwähnte Stelle für richtig und bedeutungsvoll halten.

In der Tat geht auch meine Meinung dahin, daſs zur Entstehung einer sogenannten Erkältungskrankheit immer zweierlei gehört: Eine Infektion und eine Kälteschädigung der Haut, wodurch deren immunisierender, Antikörper bildender Einfluſs zeitweise aufgehoben oder in wirksamer Weise herabgesetzt wird. Die in der Haut gebildeten Antikörper können allgemein und spezifisch wirkende sein, die letzteren wirken vorzugsweise gegen das Gift der Katarrhe, der Grippe, der Anginen, gegen das Gift, das den Rheumatismen zugrunde liegt, kurz alles das, was man unter dem Namen der Erkältungskrankheiten zusammenfassen kann. Man weiſs, daſs viele Menschen, mit Ausnahme der Neugeborenen vielleicht alle, nahezu immer entwicklungsfähige Krankheitskeime irgendwo in ihrem Körper bergen. Streptokokken, Staphylokokken, der Diplokokkus der Pneumonie, der Meningskokkus, der Diphteriebazillus und wie viele andere noch sind gelegentlich oder recht häufig angetroffen worden. „Bazillenträger“ heiſst man bekanntlich solche Leute. Man sieht in ihnen eine Gefahr für ihre Umgebung, aber man sucht nach ihnen begreiflicherweise nur bei Rekonvaleszenten nach akuten Infektionskrankheiten, sonst hätte man viel zu tun, und vielleicht müſste schlieſslich jeder menschliche Verkehr rücksichtslos unterbunden werden, wollte man wahllos und ganz allgemein jede Person auf Beherbergung virulenter Krankheitskeime untersuchen und nach dem Befund ebenso rücksichtslos mit Absperrungsmaſsregeln vorgehen.

Macht man sich diese Anschauungen zu eigen, so ververliert die Lehre von der Erkältung manches Rätselhafte.

Freilich noch nicht alles ist damit verständlich. Die alte Erfahrung ist begreiflich geworden, daſs Krankheiten, die wir gegenwärtig als infektiös anzusehen das Recht haben, doch augenscheinlich mit einer Erkältung in ursächlichem Zusammenhang stehen. Diese braucht gar nicht das Organ, das dann krank wird, selbst betroffen zu haben. Wenn einmal die Haut ihre Bildung von Antikörpern mehr oder weniger eingestellt hat, vermögen die Krankheitskeime sich an den Stellen, die für ihre Ansiedelung und ihr Fortkommen günstig sind, festzusetzen und so erfolgt neben der Allgemeininfektion die Organerkrankung. Die Anwesenheit der Keime, die bei genügender Immunisation von seiten der Haut ruhig und harmlos bleiben, wer weiſs wie lang schon ohne Schaden herumgetragen wurden, machen den Organismus auf einmal krank, weil eine Erkältung die Tätigkeit der Haut geschädigt hat, und ohne die Erkältung wäre der Organismus gesund geblieben, wieder wer weiſs wie lang. So erklären sich die Fälle, daſs Krankheiten entstehen können, auch wo von einer direkten Ansteckung beim genauesten Nachforschen sich gar nichts ergibt und der Widerspruch der Ärzte in der Auffassung mancher und sehr häufiger Krankheitsformen, wie des Schnupfens, ob sie als kontagiös zu betrachten sind oder nicht: er ist auf einfache Weise zu verstehen, denn für das Eindringen der Krankheitskeime ist auch ihre Menge und Giftigkeit nicht gleichgültig, und das wechselt begreiflicherweise von Fall zu Fall. Für sicher kann es oft gelten, daſs ohne gleichzeitige Erkältung bei richtig tätiger Haut der Organismus eben nicht erkrankt wäre, und es ist dabei in letzter Linie Ansichtssache, ob man die Erkältung als Krankheitsursache schlechtweg, fast als gleichwertig mit der Übertragung des Infektionsstoffes oder nur als unterstützende, mithelfende Ursache ansprechen will. Da, wo, wie so oft, es sich um Bazillenträger von vornherein handelt, tritt jedenfalls die Erkältung als Krankheitsursache klinisch sehr deutlich in den Vordergrund.

Nach den vorliegenden Erfahrungen wird die immunisierende Tätigkeit der Haut mehr durch eine länger dauernde Abkühlung, sei sie auch milder Art, geschädigt, als durch eine starke aber nur kurz dauernde. Das begreift sich wieder leicht, denn wenn die Haut die Bildung der Antikörper bald wieder aufnehmen kann, gewinnen die Bakterien nicht die nötige Zeit, sich festzusetzen und ihren schädlichen Einfluſs zu entfalten. Daher mag es kommen, daſs geringe, aber längere Erkältung schädlicher ist, als viel schwerere, der sich der Mensch möglichst bald zu entziehen sucht. Damit mag es auch zusammenhängen, daſs die Erkältung erfahrungsgemäſs besonders zu fürchten ist, wenn sie zugleich mit Durchnässung der Haut einhergeht. Dann ist der Wärmeverlust der Haut durch fortdauernde Verdunstung in die Länge gezogen, und umgekehrt, wenn es gelingt, die Haut nach der Kälteeinwirkung auf irgend eine Weise wieder warm und blutreich zu machen, durch Reiben, Anregung der Zirkulation, heiſse Getränke, ein Schwitzverfahren oder ähnliches, so wird die schlimme Wirkung einer offensichtlichen Erkältung in vielen Fällen abgewendet. Beim einen antwortet die Haut auf solche Eingriffe rascher und sicherer als beim andern, die eine Haut nimmt ihre immunisatorische Tätigkeit eher und vollkommener auf als die andere, und so werden viele Fälle verständlich, wo der eine mit vollem Vertrauen eines der genannten Verfahren aufnimmt, das dem andern nie etwas hat helfen wollen. Erklärlich ist ferner, daſs auch die schwerste Erkältung den Körper nicht krank macht, wenn die andere Ursache, die Infektion, gerade fehlt.

Es wäre noch die Frage zu untersuchen, wo denn die

immunisatorische Tätigkeit der Haut eigentlich stattfindet. Was ist überhaupt „Tätigkeit der Haut", von der so viel die Rede ist? „Anregung der Tätigkeit der Haut", „Schädigung der Hauttätigkeit", das sind die Schlagwörter, die in aller Mund, namentlich auch bei der Besprechung physikalischer Heilmethoden, der Kälte und Wärme, der Bäder, allgemein gebraucht werden und bei denen eines zweifelhaft bleiben mag, ob sich dabei jemand schon etwas Klares gedacht hat. Der Wärmeschutz von seiten der Haut ist keine Tätigkeit. Die Epidermis leitet die Wärme äußerst schlecht, sie isoliert den Körper wie gegen elektrische, so auch gegen thermische Einflüsse von seiten der Außenwelt aufs vortrefflichste; das ist auch ganz gewiß wichtig, aber es ist keine Tätigkeit. Die Hauttätigkeit besteht nur in der Hervorbringung von Horngebilden, deren Folge allerdings die isolierende Wirkung der Haut darstellt, in der Bildung von Talg und Schweiß, in dem Spiel der Vasomotoren, sowie der Bildung von Antikörpern, wenn die vorgetragenen Anschauungen richtig sind. Daß diese, wie P o n n d o r f annimmt, in der Stachelschicht gebildet werden, wäre noch näher zu begründen. Möglich muß es auch erscheinen, daß wie an anderen Stellen so auch hier die Sekretion der Drüsen eine Rolle spielt. Hierüber kann man natürlich noch keine Angaben machen, nur Fragen stellen. Die Meinung, daß mit dem Schweiß schädliche Stoffe ausgeschieden werden, ist oft vertreten, aber wieder fallen gelassen worden. Man konnte die schädlichen Stoffe, die Krankheitsgifte nicht nachweisen. Daß der Geruch des Schweißes in gesunden und kranken Tagen oft recht verschieden ist, ist allerdings richtig und der Geruch ist ein sehr feines Reagens. Auffallend ist jedenfalls die immer wiederkehrende Feststellung, daß der Körper gerade bei schwitzender Haut sich besonders leicht erkältet. Auch die Stellen, an denen die Schweißdrüsen beson-

ders zahlreich und stark entwickelt sind, wie an den Fufs-
sohlen, stehen, wie es scheint, mit der Erkältung in naher
Beziehung. Kalte Füfse werden von Personen, die zu Erkältungen überhaupt geneigt sind, sehr gefürchtet. Die
Lehre vom „zurückgetretenen Schweifs", der als Krankheitsursache so häufig angeschuldigt wird, bedeutet wohl
nichts anderes als die einfach feststellbare Tatsache, dafs
an der Haut, wenn sie kühl wird, auch die Schweifsbildung
aufhört. Die nicht seltene Angabe, dafs mit dem Verlust
habituellen Fufsschweifses die frühere Gesundheit vergan-
gen und dafür die Neigung zu Erkältungen getreten sei,
liefse sich vielleicht so deuten, dafs die Haut der Füfse
blutärmer und kälter geworden ist und dort die Antikörper nicht mehr im früheren Mafse gebildet werden. Es
scheint so und es ist nicht unmöglich, dafs diese Bildung
nicht an allen Stellen die gleiche und gleichausgiebige
ist, dafs in dieser Hinsicht manche Stellen und Gegenden bevorzugt sind. Das wären die Stellen, deren Abkühlung erfahrungsgemäfs am leichtesten zu Erkältungskrankheiten führt. In alten Lehrbüchern der Nasenkrankheiten
kann man lesen, dafs die Nasenschleimhaut in einer merk-
würdigen, aber unleugbaren Beziehung zu der Haut der
Füfse stehen mufs, wonach auf eine Erkältung dieser mit
grofser Sicherheit ein Katarrh jener zu erwarten ist.

Wie die Bildung der Antikörper in der Haut aber bei
der Abkühlung geschädigt wird, ob direkt durch Senken
der Temperatur oder indirekt durch Blutarmut infolge der
Wirkung der Vasokonstriktoren, darüber weifs man natürlich noch gar nichts. Beides ist möglich. Es ist bekannt,
dafs auch bei eng umschriebener Hautabkühlung sich der
Gefäfskrampf auf weite Bezirke verbreiten kann, und so
wäre es wohl verständlich, dafs eine Abkühlung, die nur
einen Teil der Hautoberfläche trifft, dennoch einen recht
erheblichen Anteil der Schutzwirkung zum Ausfall brin-

gen kann. Krankheiten der Haut selbst, die nicht mit Anämie, sondern gerade mit größerem Blutreichtum einhergehen, wie die Ekzeme, lassen eine besondere Neigung zu Erkältungskrankheiten nicht erkennen. Nur beim Gift der Vakzine liegt meines Wissens das recht merkwürdige Verhältnis vor, daß Impflinge, die ein Ekzem haben, schwer durch die Impfung erkranken können, weshalb man bekanntlich Kinder mit einem Hautausschlag nicht impfen darf. Nebenbei ein deutlicher Hinweis auf die Bildung von Antikörpern und zwar von spezifischen in der Haut. Diese Art wird aber offenbar nicht durch Abkühlung, sondern im Gegenteil durch Entzündung und Hyperämie gestört.

Wie gesagt, können wir die Bildung der Antikörper nicht mit Sicherheit an eine bestimmte Stelle verlegen. Nicht unmöglich ist es, daß die Drüsen damit zu tun haben. Daß auch die Bildung des Hauttalgs als eine echte Sekretion aufgefaßt werden muß, nicht nur als Abstoßung von Epithelien, die nachher verfetten, geht schon aus der Beobachtung hervor, daß bei Versuchen Nahrungsfett sich dem Hauttalg beigemischt hat und wird heutigentags wohl kaum mehr bezweifelt. Daß auch bei nichtschwitzender Haut in manchen Krankheiten die Hautausdünstung einen anderen, oft sehr bezeichnenden Geruch annehmen kann, das steht fest, wenn auch nicht alle Ärzte eine Nase dafür haben. Ich gehöre zu denen, die den Geruch des Scharlach recht wohl wahrnehmen und erkennen. Bezüglich der Talgabsonderung nimmt man bekanntlich an, daß der Talg durch Zusammenziehung der glatten Muskeln, die den Ausführungsgang ringförmig umschließen und die mit dem Arrectores pilorum zusammenhängen, geradezu ausgepreßt wird. Bei allen Drüsen versiegt die Sekretion mit Füllung der Drüse und wird mit Ausstoßung des Sekrets dessen Neubildung angeregt. So wird es wohl auch bei den Talgdrüsen sein. Damit wäre eine neue, wahrscheinlich gar nicht bedeutungslose Wirkung der Arrectores pilorum gegeben. Die Bildung der Gänsehaut im Frost hat man immer so gedeutet, daſs die Gefäſse eng, die Haut blutleer und damit die Wärmeabgabe von seiten der Haut geringer wird. In der Tatsache, daſs sich im Frost die ringförmigen Muskeln, Ausläufer der Arrectores, zusammenziehen, den Talg auspressen und so für die Bildung von neuem Raum schaffen, möchte ich den vornehmsten Wert erblicken, den der Organismus von der Bildung der Gänsehaut im Frost hat. Sehr bemerkenswert und wichtig wäre dieser Vorteil, wenn die Bildung von Antikörpern mit eine Aufgabe der Talgdrüsen wäre, was aber noch niemand behaupten kann. An diese Möglichkeit darf man aber doch in aller Bescheidenheit denken.

Hier wäre noch einiges über die Verhütung der Erkältung und über A b h ä r t u n g zu sagen.

Das Schädliche bei der Erkältung ist offenbar nicht der Wärmeverlust im allgemeinen, sondern vielmehr die Temperatursenkung an der Haut. Je rascher und vollkommener diese ausgeglichen wird und die gestörte Bildung der Antikörper wieder aufgenommen, desto leichter und sicherer wird die schlimme Folge: die Infektion, die unter dem Bilde der Erkältungskrankheit erscheint, vermieden. Die Mittel dazu sind schon erwähnt und allbekannt.

Eine allgemeine Eigenschaft lebender Materie ist die Reizbarkeit, aber auch die G e w ö h n u n g. Diese kann in doppelter Beziehung sich geltend machen. Einmal kann der Reiz durch öftere Wiederholung und namentlich, wenn er oft und stark oder zu stark angreift, an Wirksamkeit verlieren. Er wirkt dann nicht mehr, oder selbst lähmend. Oder eine Gegenwirkung, die der Organismus auf den Reiz hin leistet, wird mit öfterer Wiederholung immer stärker, die Gegenwirkung wird immer glatter und besser ausgelöst. Die Verteilung des Blutstromes erfolgt durch die Vasomotoren vielfach derart, daſs zu den Stellen, wo die gröſste Leistung stattfindet und demgemäſs der gröſste Bedarf an Nährmaterial besteht, auch die gröſste Blutmenge in der Zeiteinheit hingeleitet wird. Ein wichtiges Hilfsmittel für die Gewöhnung tätiger Teile bei dauernder Beanspruchung ihrer Arbeit. So ist es sicher bei den Muskeln, den willkürlichen und den glatten, aber wohl auch bei den anderen Verrichtungen des Körpers, der Sekretion von seiten der Drüsen bis in die feinsten Vorgänge des Stoffwechsels der Gewebe und Zellen. Ja auch auf dem Gebiete der Psyche begegnet man Erscheinungen, die gar nicht anders gedeutet werden können: die vermehrte Reizbarkeit einerseits und die Abstumpfung gegen Reiz anderseits, die bei gehäufter Reizung je nach Stärke und Schnelligkeitsfolge sich einstellen. Das, was wir im allgemeinen Abhärtung nennen, beruht zum Teil darauf, daſs namentlich Reize, die Unlustgefühle erwecken, an ihrer Wirksamkeit auf die Psyche einbüſsen, wenn sie nur oft genug eingewirkt haben und der Geplagte oder Miſshandelte sich daran gewöhnt hat. Das gilt auch für die Abhärtung gegen Kälte, die allgemein Unlustgefühle zu erwecken pflegt. Wer sich der Kälte öfters aussetzt oder aussetzen muſs, macht sich später nicht mehr so viel daraus wie im Anfang und ist in diesem Ding schon „abgehärtet". Bleibt er dabei gesund, so kann er es schon weit bringen. Damit er aber dabei gesund bleibt, dazu ist noch mehr nötig, vor allem jene andere Art von Gewöhnung, die in einer Gegenwirkung des Organismus besteht.

Ob man die Bildungsstätten von Antikörpern auch zu einer Mehrleistung gewöhnen kann, das mag dahingestellt sein, so weit wollen wir unsere Hirngespinste nicht ausdehnen. Darüber, daſs dies bei Muskeln gelingt, kann gar kein Zweifel bestehen. Und zwar bei den quergestreiften Muskeln und auch bei den glatten. Die Hypertrophie glatter Eingeweidemuskeln vor einer chronischen Verengerung spricht eine deutliche Sprache. Und so muſs es wohl auch eine Einübung der glatten Muskeln an den Gefäſsen, ferner in der Haut selbst geben. Daſs die Haut und ihre Gefäſse sich in dieser Hinsicht nicht bei jedem gleich verhalten, ist bekannt genug. Beim einen bleibt die Reaktion nach Einfluſs der Kältereize lang aus und ist unvollkommen, beim andern meldet sie sich rasch und ausgiebig. Unter R e a k t i o n schlechtweg bezeichnet man den Umschlag von Blutarmut und Kälte in Blutfülle und Wärme; eigentlich wäre es, wenn die Kältewirkung mit Blutleere beantwortet wird und die Haut auf den Kältereiz mit Blutleere reagiert, nur die Umkehr der Reaktion, die Überspannung, das Versagen der Reaktion, beruhend auf der Lähmung der Vasokonstriktoren nach ihrer Reizung, was wir mit dem Namen der „Hautreaktion" bezeichnen. Aber der Name ist so eingebürgert und jeder weiſs auch, was er darunter verstehen soll, so daſs man ihn beibehalten mag.

Beim Warmblüter ist die Leistung aller Teile im höchsten Grad von der Durchflutung mit warmem Blut abhängig. Wenn in der abgekühlten Haut die Reaktion eintritt, so bedeutet das auch für ihre Fähigkeit, Antistoffe zu bilden, einen Vorteil, und wenn man die Vasomotoren daran gewöhnen kann, die Reaktion rasch und ausgiebig einzuleiten, so hat man die Haut im ganzen daran gewöhnt, die Erkältung zu ertragen, ohne daſs der Organismus Schaden leidet, mit andern Worten: dieser ist gegen Erkältung abgehärtet.

Über die Methoden der Abhärtung ist noch einiges zu sagen, was von allgemeiner Bedeutung ist. Auf alles einzelne kann dabei natürlich nicht eingegangen werden.

Der Gedanke der Abhärtung fußt unzweifelhaft auf der tagtäglichen Beobachtung, daß Menschen, alte und junge, sich den Unbilden der Witterung aussetzen, noch dazu in dürftiger Kleidung, die keinen genügenden Schutz gewähren kann, ohne daß man davon hört, es habe ihnen geschadet. Das tut diese Klasse der Bevölkerung, weil sie muß, nicht weil sie will, und daß es ihnen angenehm wäre, das hat auch noch keiner behauptet, wenn man einzelne Fälle, die namentlich Kinder aus den schon angeführten Gründen betreffen, etwa ausnehmen will. Nun ist ebenso auch die Naturanlage der Menschen verschieden, insbesondere auch, was die Widerstandsfähigkeit anlangt, die sie Krankheiten mannigfacher Art entgegensetzen. Da darf vor allem eins nicht vergessen werden. Ist das, was wir Abhärtung nennen, vielleicht nichts anderes als Auslese der Widerstandsfähigen? Das wäre sehr gut denkbar. Bei der sogenannten Abhärtung gehen einfach die Schwachen zugrunde und die Widerstandsfähigen bleiben übrig, und wir heißen sie abgehärtet, weil ihnen nichts schaden zu können scheint; es schadet ihnen nichts, weil ihnen ihrer ganzen Anlage nach überhaupt nichts von den alltäglichen Anfechtungen etwas anhaben kann. Achtet man nur einmal darauf, so kann man manches beobachten, was sehr für diese Auffassung spricht. Ich erinnere mich einer Fischerfrau vom Starnberger-See. Ihre Kinder waren Bilder der Gesundheit, rauh aufgewachsen und erzogen, bis tief in den Spätherbst hinein mit Hemd und dünner Hose bekleidet, barfuß selbstverständlich, wie oft auch bei recht kaltem Wetter halb oder ganz im Wasser. Sie sind gesund geblieben, groß und stark geworden, der eine davon der stärkste Mann am See mit Abstand. Und diese Frau hatte 23 Kinder geboren und von den 23 nur die fünf durchgebracht. Das Beispiel ist lehrreich und klar genug. In der Tat, wenn es nur darauf ankommt, blofs die widerstandsfähigsten durchzubringen und zu erhalten, wie es manche Rasseverbesserer anstreben wollen scheinen, der kann dann leicht Prachtexemplare züchten. Es sind dann halt weniger und das Recht aufs Leben der anderen, die mit den gleichen Ansprüchen ans Leben geboren wurden, ist leichten Herzens geopfert. Was übrig bleibt, ist nicht durch Abhärtung erhalten geblieben, sondern trotz derselben.

So kann man auch schliefsen und nicht nur was die Abhärtung gegen Kälte und Nässe anlangt, sondern auch in anderen Dingen, zum Beispiel der Nahrung. Auch davon habe ich Beispiele, an denen es einem grausen könnte. Ich will nicht von der erschreckenden Kindersterblichkeit reden, dort, wo aus Gewohnheit, allgemeinem Brauch oder was für anderen Gründen den Kindern die Mutterbrust nicht gereicht wird. Jetzt, wo dank fremder Gemeinheit und deutscher Dummheit den deutschen Säuglingen nicht einmal Milch in genügender Menge und Beschaffenheit gereicht werden kann, werden nicht viel übrig bleiben, und aus der Widerstandskraft des Restes könnte man auch den Schlufs konstruieren, dafs die erzwungene schlechte Säuglingsernährung eigentlich ganz günstig für die Rasse gewesen ist. Ich habe selbst gesehen, wie ebendort, auch am Starnberger-See, ganz kleine Kinder unreife Zwetschgen, noch ganz grüne, verzehrten und gesund blieben, selbst gesehen, wie ein Knabe, der noch nicht laufen konnte, nur herumrutschen, irgendwo einen Fisch gefunden hatte und sich über ihn hermachte. Da konnte ich mich doch nicht enthalten, die Pflegeeltern darauf aufmerksam zu machen und erhielt die Antwort: Das tut ihm nichts, das macht er immer so.

Um von einem Nutzen der Abhärtung reden zu dürfen, dazu gehört mehr als die tagtägliche Erfahrung als Beweismittel anzuführen. Die Abhärtung aus Not und äufserem

Zwang reicht hier nicht hin. Viel schwerer wiegen Fälle, wo seit langem eine geringe Widerstandskraft gegen Witterungseinflüsse schon feststand und wo nach vernünftiger, maßvoller und längerer Abhärtung eine Umstimmung und größere Widerstandskraft sich herausstellte. Solche Fälle gibt es unzweifelhaft und sie können sich sogar zeigen, wo nicht freier Wille, nicht der Rat von Ärzten oder Naturheilkundigen, eines Pfarrer Kneipp zum Beispiel, sondern die Verschlechterung der äußeren Lebenslage, der Wechsel des Berufs und ähnliches Veranlassung zur Abhärtung wurde. Auch hier wird freilich im ganzen lieber über die günstig ausgegangenen Fälle berichtet als über die schlechten Erfahrungen, die dabei gemacht wurden. Beobachtet man vorurteilslos das Ergebnis, so stellt es sich heraus, daß in der Tat in geeigneten Fällen eine vernünftig durchgeführte Abhärtung recht gute Erfolge zeitigen kann. Die Hauptsache ist offenbar die richtige Auswahl in erster Linie und gleichwertig damit auch Art und Weise, wie die Abhärtung durchgeführt wird. Zwei Mahnsprüche dienen hier als Anweisung: Si duo faciunt idem, non est idem und ne nimis!

Auf die Art und Weise, wie man vorgehen soll, werden wir noch mit ein paar Worten zu sprechen kommen. Die Regeln der kunstgemäßen Abhärtung werden in den Lehren der physikalischen Heilmethoden, im besonderen bei der Kaltwasserbehandlung, der Bäderlehre vorgetragen. Als allgemein gültig kann der Grundsatz gelten, mit Abhärtungsmethoden immer nur in der warmen Jahreszeit zu beginnen. Nur ganz ausnahmsweise kann man und dann nur unter besonders günstigen Umständen und sehr vorsichtig und schonend eine Ausnahme machen.

Die einfachste Art von Abhärtung kann man darin suchen — und wie viele tun dies nur aus Not — daß der Schutz gegen die Witterung verringert wird. Also dürftige, nach

Umständen eine Kleidung, wie sie nach Ansicht und Gewohnheit der meisten nicht oder nicht entfernten Schutz
namentlich gegen Kälte gewährleisten kann; diese Art wird
in der jüngsten Zeit ja bekanntlich sehr oft geübt. Schon
vor dem Krieg war es geradezu Modesache geworden, besonders die Kinder in dieser Weise abzuhärten, womit man
ihnen oft nur einen Gefallen tat. Jedem konnte es auffallen,
auch im Winter Schulkinder in dünnen Röckchen, mit weit
entblöſsten Beinen, die Mädchen oben ausgeschnitten, zur
Schule oder Sonntags mit ihrer eitlen Mama spazieren
gehen zu sehen. Manchmal ist die Natur klüger als die
Mama und die entblöſsten Teile bedecken sich allmählich
mit dichten Flaumhaaren. Ein Zeichen von Miſsbehagen
habe ich dabei nie an den Kindern gesehen, auch kein Zeichen von Frostgefühl konnte ich bemerken. Entweder es
macht den Kindern Spaſs oder es war eben einmal so, so
machten es die anderen auch. Weniger fiel es auf, wie es
üblich geworden war, daſs keine Rücksicht auf das Wetter,
namentlich darauf, ob es regnete, schneite oder trocken
war, genommen wurde. Das ist ja eine andere, aber sehr
nah verwandte Art der Abhärtung. Vielleicht kam hier aber
noch ein weiterer Gesichtspunkt in Betracht, nicht sowohl
die Schonung der Kinder als die der Kleider, die durch das
schlechte Wetter leiden, namentlich durch die Nässe. Diese
Rücksicht spielte in der Kriegszeit und spielt jetzt noch bekanntlich eine wichtige Rolle.

Wenn am Schuhwerk gespart werden soll und muſs,
dann geht das schon aus sozialen Gründen noch am ehesten
am Schuhwerk der Kinder und also müssen sie barfuſs
gehen, was sie noch dazu alle sehr gerne tun. Auch daſs so
viel Herren, sobald es die Witterung nur irgend erlauben
will, ohne Kopfbedeckung gehen, was ja gar nicht mehr
auffällt, daſs Mädchen und Frauen keinen Hut mehr tragen, sowohl in der stärksten Sommerhitze als wenn es recht

kühl ist, auf diesen Schutz verzichten, ist durchaus nicht mehr auffällig. Schon früher konnte man je nach Umständen das weibliche Geschlecht unter Verhältnissen barhaupt gehen sehen, unter denen es die Männer nicht oder nicht gern ausgehalten hätten. Meist nur bei der dienenden Klasse war das zu sehen. Der Umstand, daſs Mädchen und Frauen ihr Haar lang tragen und so am Kopf besser gegen Kälte geschützt sind, mag das erklären. Manch einer, der auch einst ein Jüngling mit lockigem Haar gewesen, jetzt aber keines mehr hat, mag die jungen Leute im Stillen beneiden, die ihren dichten Haarwall leichter der Kälte aussetzen können als er mit seiner Glatze. Doch tut er es, weil ihn seine äuſsere Lage dazu zwingt und weil er nicht weiſs, wie lang er noch den einzigen Hut, den er noch aufweisen kann, wird brauchen müssen. Ähnlich ist es mit dem Schutz gegen die Hitze auch, wovon wir nachher reden werden. Ich erwähne diese Dinge nur, weil so, unbeabsichtigt in den meisten Fällen, dennoch tatsächlich eine Abhärtung gegen die Unbilden der Witterung herauskommt. Da müssen wir zuerst fragen, ob damit irgendeine Störung der Gesundheit zutage trat. Ich glaube nicht, daſs dies in erheblichem Maſse der Fall war. Namentlich von einer Häufung der sogenannten Erkältungskrankeiten, der Katarrhe und der Rheumatismen, war kaum etwas oder nichts zu berichten. Es mag sein, daſs der eine oder andere hier eine schlimme Erfahrung gemacht hat, sehr oft ist das aber wohl nicht eingetreten. Ebensowenig wird man behaupten können, daſs die weitverbreitete erzwungene, aber nicht gerade systematisch durchgeführte Abhärtung irgendeinen Vorteil hat erkennen lassen, der sich an so vielen hätte zeigen müssen wie kaum jemals vorher. Allerdings liegen gegenwärtig die Verhältnisse zum Sammeln von Erfahrungen ganz besonders ungünstig. Die Sterblichkeit ist gestiegen, namentlich ist auch die Tuberkulose einer größeren Zahl von Menschen verderblich geworden. Ohne Zweifel trägt aber hieran die schlechte Ernährung die Hauptschuld. Auch die Syphilis ist in weitere Kreise gedrungen und hat eine erschreckende Verbreitung in allen Schichten der Gesellschaft angenommen. Daran ist aber nicht Wetter und Klima schuld. Ich habe es erlebt, wie mit Ausbruch der Revolution den Ärzten der Lazarette das Heft aus den Händen gewunden worden ist, wie Lausbuben als Vorgesetzte sogleich für die Freiheit, die ungebundene Freiheit der Verpflegten sorgten, dergestalt, daß die mit Tripper und Syphilis Behafteten gehen konnten, wohin sie wollten, und das Gift, das sie trugen, verbreiten, wohin immer sie kamen. Da hat jetzt das Volk die ersehnte Freiheit, sich venerische Krankheiten zu erwerben, wo und wann es will. Aber auch wenn es nicht will, denn in ganz schuldlosen und reinen Familien ist, wie man hört, das Gift auch eingedrungen, wohl, weil neben der absoluten Freiheit auch die absolute Gleichheit ihren Platz finden mußte.

Die Natur der Sache bringt es mit sich, daß sie statistisch nur äußerst schwer zu fassen ist. Und jeder ist hier mehr oder weniger auf das angewiesen, was er selbst erlebt oder was ihm von vertrauenswürdigen Ärzten oder anderen Personen übermittelt wird. Und so kommt es ganz von selbst, daß die Meinungen über die Erfolge der Abhärtung so weit auseinandergehen, noch weiter wohl als die Ansichten über den Einfluß des Wetters auf die Gesundheit überhaupt. Mit der Frage des Klimas ist die Sache schon besser. Die Frage nach dem Einfluß des Klimas auf den Menschen kann statistisch bearbeitet werden und ist es vielfach und mit dem besten Erfolg geworden.

Für mich unterliegt es keinem Zweifel, daß die berührte, unregelmäßige und ungewollte Art der Abhärtung in vielen Fällen Schaden stiftet. Meistens keinen, der unmittelbare Gefahren mit sich bringt, das kann man zugestehen. Was liegt an so einem bald vorübergehendem Katarrh der Luftwege. Die können sich freilich wiederholen und doch durch Infektion an den Lungen etwas festsetzen, was man nicht und lange Zeit nicht merkt, aber da ist und sich eines Tages bemerkbar machen kann. Wenn schon eine Phthise angeht oder gar festgestellt ist, wer denkt da noch an die zeitlich so weitabliegenden Erkältungen und ihre Folge, die Katarrhe. Die Abhärtung, wie sie gegenwärtig fast dem gröfsten Teil der Bevölkerung aufgezwungen ist, erschwert die Beobachtung von seiten der Angehörigen, und selbst wenn sich eine schädliche Wirkung bemerkbar machen wollte oder offenbar zu befürchten ist, dann kann mit der Abhärtung nicht oder nicht völlig abgebrochen werden, da sie ja gar nicht freiwillig begonnen und unter äufserem Zwang nur durchgeführt wird. Es wird halt so gehen, wie bei der erwähnten Frau des Fischers. Es wird keine Abhärtung werden, sondern eine Auswahl. Und vielleicht findet sich dann später eine Statistiker, der mit Zahlen nachweist, dafs die Periode der Entbehrung, der Not — der Schande, könnte man hinzufügen — dem Volk — dem dümmsten, dem deutschen — im ganzen recht gut bekommen ist. Wundern sollte mich das nicht. Die Statistik hat schon zum Beweis anderer Irrtümer geführt, weil nur selten einer sich findet, der davon etwas versteht, viele aber, die diese Methoden, die statistischen, mifsbrauchen. Damit soll nicht durchwegs geleugnet werden, dafs der eine oder andere von dieser Art der Abhärtung auch einmal einen Vorteil haben kann. Auf der andern Seite kann auch eine übermäfsige Vorsicht und Verweichlichung des Körpers nicht ohne alle Gefahr für den Menschen, vor allem für den heranwachsenden sein. Diese Gefahr liegt nicht nur auf dem psychischen, dem erziehe-

rischen Gebiet — über diesen Punkt dürften wohl alle
übereinstimmen —, sondern auch für die Entwicklung und
Gesunderhaltung des Körpers vor. Es ist doch recht bemerkenswert, was A. Geigel über die Verbreitung der
Krankheiten der Atmungsorgane einerseits, der Verdauungsorgane anderseits, bei den Kindern der „Reichen“
und der „Armen“, um ein Wort zu gebrauchen, festgestellt hat. Der Untersuchung lag schon ein so umfangrei-
ches Beobachtungsmaterial zugrunde, daſs darauf eine Statistik aufgebaut werden konnte. Das Ergebnis war, daſs
die Kinder der Armen in viel gröſserer Anzahl von Krankheiten der Verdauungsorgane ergriffen wurden und daran
starben als die Kinder der Reichen. Das war nicht auffallend, aber daſs die Kinder der Armen im gleichen Maſse
in bezug auf die Krankheiten der Atmungsorgane den Kindern der Reichen gegenüber im Vorteil seien, das haben
die Untersuchungen von A. Geigel ergeben; das war
aber nicht von vornherein zu erwarten. Wenn man denkt,
in wie gesunden, lüftigen Wohnungen die einen, in welch
ungesunden, dumpfen, lichtlosen, rauchigen, schlecht gelüfteten die anderen leben, so hätte mancher das Gegenteil erwarten sollen. A. Geigel findet den Grund für das gefun-
dene Zahlenverhältnis in dem Umstand, daſs die Kinder
der Armen zuhause zwar die schlechtere Luft, dafür die
bessere im Freien und auf der Straſse viel öfter und länger genieſsen als die anderen. Vielleicht könnte man hinzufügen, daſs auch die Abhärtung hier eine gewisse Rolle
mitspielen mag.

Wir wollen gleich hier bei der Frage stehen bleiben, ob
und wie man schon die kleinen Kinder abhärten kann und
darf. A. Geigel sagte: „Ein kleines Kind kann man nicht
abhärten“, ein Urteil, das volle Beachtung verdient, denn
er war ein Menschenalter hindurch der Vorstand der Po-
liklinik und ambulanten Kinderklinik, hatte viel und mit

offenen Sinnen gesehen. Im allgemeinen war er überhaupt dafür, die Kinder warm zu halten, und muſs nach gelegentlichen Äuſserungen seinen guten Grund dazu gehabt haben. Nicht als wenn er seine Knaben irgend verzärtelt hätte. Vom schulpflichtigen Alter an konnten sie aushalten, was die andern auch aushielten. Sie konnten jedem Wetter sich aussetzen, wenn es sein muſste; auch dem Streben nach den Freuden der Jugend, und sei es bei Frost und Nässe, war er nicht entgegen, hielt aber darauf, daſs dann die Knaben wieder warm und trocken wurden, und ich höre es noch, wenn wir patschnaſs nachhause kamen und zur Arbeit oder neuem Spiel drängten: So, jetzt zieht euch erst einmal anders an und werdet erst einmal warm. Sich nicht dem Wetter nach kleiden, hätte er für unvernünftig gehalten, doch litt er es wohl, dem Drängen nach freier Beweglichkeit nachzugeben; „wenn sie in Bewegung bleiben, schadet es ihnen nichts."

Ich bin nun weit davon entfernt, und das wird man verstehen, in diesen Dingen eine gröſsere Erfahrung zu beanspruchen oder eine bessere Einsicht. Namentlich möchte auch ich dem Versuch, ein ganz kleines Kind, einen Säugling abhärten zu wollen, dringend widerraten. Im Alter der Spielkinder kann man schon auch anderer Meinung sein. Bei meinem eigenen und einzigen habe ich bald Abhärtung angefangen und nur gute Erfahrungen damit gemacht. So geschah es auch in manchen mir befreundeten Familien und ich habe eigentlich nie etwas ungünstiges über die Wirkung gehört. Eine gröſsere ärztliche Erfahrung hierüber geht mir allerdings ab, da ich immer nur Konsiliar- und Konsultativpraxis ausgeübt habe, und so die einfacheren Fälle, die Erkältungskrankheiten, nur selten zu Gesicht bekam. Doch hätte ich bei der Erhebung der Anamnese hie und da doch etwas davon hören müssen, wenn viel bemerkenswertes vorgekommen wäre.

Die gewöhnlichste Form, die Kinder abzuhärten, besteht nicht darin, daſs man sie zu leicht und dünn gekleidet ins Freie läſst, oder sie absichtlich der Kälte und Nässe preisgibt. Man will vielmehr als Schluſserfolg erreichen, daſs man solches den Kindern schlieſslich ungestraft zumuten kann. Zu abhärtenden Maſsnahmen wird zu allermeist die Anwendung des kalten Wassers herangezogen. Das Wasser hat von allen Körpern das gröſste Wärmebindungsvermögen und es gelingt leicht, damit einen, wenn man will, sehr starken thermischen Eingriff in die Wärmeökonomie des Körpers und eine sehr mächtige Beeinflussung der Hauttemperatur herbeizuführen. Dabei hat man es in der Hand, eine beliebige Abstufung der Eingriffe durch ihre Zahl, die Dauer und die Wassertemperatur zu bewerkstelligen. Die Lehren der Hydrotherapie geben darüber Aufschluſs.

Ein viel milderes Verfahren verwendet verschieden temperierte Luft. Die Kinder werden nicht ins Wasser geboren, sondern in die Luft, habe ich einmal sagen hören. Das ist auch richtig und das Luftbad, das man ja auch nach der Lufttemperatur und nach seiner Dauer abstufen kann, ist wohl das Verfahren, das schon bei kleinen Kindern, sagen wir bei den Spielkindern, wie ein ganz zutreffender Ausdruck lautet, in den meisten Fällen zuerst am Platz ist. Will und darf man später bei bereits stattgehabter Gewöhnung und eingeleiteter Abhärtung weiter und bis zur Anwendung des kalten Wassers gehen, so empfiehlt es sich daneben, doch auch noch das Luftbad beizubehalten. In vielen Familien ist heute bereits eingeführt, daſs die Kinder entweder am Abend, unmittelbar vor dem Zubettgehen, noch ein paar Minuten im Zimmer nackt laufen dürfen, denn sie tun es alle ungemein gern — oder früh gleich, nachdem sie das warme Bett verlassen haben. Die erstere Methode möchte ich im allgemeinen vorziehen.

Wählt man die Morgenstunde, so muſs wenigstens noch
Zeit und dafür gesorgt sein, daſs die Kinder unmittelbar
nach dem Nacktlaufen sich noch Bewegung machen, bevor
sie sich zum Spielen hinsetzen oder gar sich ins Freie begeben. Überhaupt ist Bewegung, auch entkleidet, der Ruhe
vorzuziehen, wovon bei Sommerwärme jedoch Abstand genommen werden kann. Im Winter darf das Nacktlaufen
nicht im ungeheizten, eiskalten Zimmer stattfinden, und
wenn das Bett recht kalt ist, so kann man es mit einem
heiſsen Krug oder der Wärmflasche überfahren. Es ist
wichtig, daſs die Kinder nach dem Luftbad sehr bald das
Gefühl angenehmer Wärme bekommen. Hat man, was zu
empfehlen ist, im Sommer begonnen, so kann man den
ganzen Winter über so fortfahren, beim geringsten Un-
wohlsein ist aber auszusetzen. Nach einer Infektionskrankheit, einem Schnupfen, Husten, einer Angina muſs
das Fieber mindestens 3 Wochen vorüber sein, dann darf
man, wenn sonst nichts dagegen spricht, wieder anfangen
und immer so, als wenn das Kind noch nicht daran gewöhnt gewesen wäre; nur etwas rascher kann man dann
mit der Zeitdauer vorgehen. Wenn das Kind sich nicht
aufgelegt dazu zeigt, oder gar Widerwillen darlegt, soll
man nichts erzwingen und lieber in warmer Jahreszeit
erst anfangen. Das Luftbad soll den Kleinen eher ein Vergnügen vorstellen. Wenn so ein kleines Geschöpf nachher fröstelnd in sich zusammengekauert dasitzt, vielleicht
mit blauen Lippen, so ist kein Nutzen geschaffen und das
Ganze war eher eine gutgemeinte Miſshandlung als etwas anderes.

Mit dem dritten oder vierten Lebensjahr kann man schon
mit der Anwendung des kalten Wassers beginnen, was für
die beabsichtigte Abhärtung noch wirksamer ist als das
Luftbad. Die mildeste Anwendung, mit der immer begonnen
werden soll, ist die Abwaschung. Zuerst mit abgestan-

denem Wasser, später mit kühlerem überfährt man das ganz entkleidete Kind, das in einer leeren Wanne steht, den Körper von oben bis unten einmal kurz und läfst sofort eine Abreibung mit einem trockenen Tuch folgen, das um das Kind geschlagen wird. Das Gesicht, das herausschaut, kann man dann noch kurz mit Brunnenwasser abwaschen und dann trocknen. Allmählich kann die Temperatur mäfsiger und die Abwaschung auf zweimal erhöht werden, mehr nicht. So aber kann das Ganze, sobald das Kind einmal daran gewöhnt ist, den ganzen Winter über fortgesetzt werden. Im eiskalten Zimmer oder im frischgeheizten, dessen Wände noch kalt sind, darf die Abwaschung nicht vorgenommen werden. Gegen kalte Wände verliert der Körper ganz gewaltige Mengen Wärme.

Es ist menschlich und ganz begreiflich, wenn die Eltern dabei einen gewissen Stolz bekommen, was ihr Kleines alles aushalten kann, und etwas darin suchen, möglichst weit zu gehen. Davor mufs man sich hüten. In richtiger Weise durchgeführt, ist die Methode gut, und man kann, wenn keine Kinderkrankheit dazwischen kommt, das durchführen bis ins Schulalter hinein. Denn darüber kann man sich nicht täuschen, mit dem ersten Schuljahr hat die elterliche Herrschaft über das Kind ein Loch bekommen. Von nun an geschieht nicht nur, was Eltern erlauben und anordnen, sondern auch das, was die Schule fordert. Und das mufs eben, wenn nicht ganz zwingende Gründe dagegen sprechen, schon vom Kind als Pflicht erfüllt werden. Aus erziehlichen Gründen ist es dann geboten, nicht um nichtiger Vorwände willen ein Versäumnis zu begutachten. Dazu kommt noch, dafs das Kind eine Anzahl neuer Freunde gewinnt, und auch danach drängt, mit diesen ein Spiel im Freien zu machen, ohne besondere Rücksicht aufs Wetter. Das ist sein gutes Recht, wenn es seine Pflicht vorher getan hat und sie immer tut, und eine grundlose Einschränkung hierin ist sehr zu widerraten. Eine neue und fast unvermeidliche Quelle der Erkältung. Wenn es so scheint, daſs wir fast der schrankenlosen Willkür des Kindes das Wort reden und die Gefahren, die die Abhärtung auch mit sich bringen kann, ganz leicht nehmen, so müssen wir später ausdrücklich auf einige wichtige Punkte aufmerksam machen, die bei der Erziehung und Behütung des Kindes im Auge behalten werden müssen.

Wir haben schon früher darauf aufmerksam gemacht, daſs viele Menschen gerade auf die Abkühlung der Füſse in der Frage der Erkältung ein groſses Gewicht legen, und daſs besonders die Katarrhe der Luftwege auf kalte und nasse Füſse gern zurückgeführt werden. Dazu kommt, daſs eine groſse Zahl von Menschen im Winter an kalten Füſsen leiden und die Schmerzen, die sie hier spüren, auſserordentlich unangenehm empfinden. Besonders Blutarme, oft aber auch Leute, die gewiſs nicht blutarm genannt werden können, klagen immer wieder über kalte Füſse, die im Winter weh tun, oft auch im Bett sich nicht erwärmen und so das Einschlafen verhindern. Gewöhnlich wird Hilfe in recht warmer Fuſsbekleidung gesucht, dickwollene Strümpfe, zwei übereinander, Überschuhe werden getragen und es stellt sich heraus, daſs das, was anfangs geholfen hat, später nichts mehr nützt, im Gegenteil, die Sache ist nur schlimmer geworden und die „Eiseskälte" der Füſse vergeht nur mehr im Sommer und auch da nicht mehr, wenn die Auſsentemperatur nur einigermaſsen sinkt. Man hat den Eindruck, daſs man mit seinem wohlgemeinten Schutz der Füſse sie nur verwöhnt und überempfindlich macht. Demgegenüber wird immer wieder die Erfahrung gemacht, daſs eine dünne Fuſsbekleidung besser ist, nicht im Anfang, aber später stellt es sich heraus, daſs im stärksten Winter die dünnsten Strümpfe getragen werden können, nicht nur ohne besonderes Frostgefühl, sondern dafs behaglichere Wärme an den Füfsen empfunden wird als nur jemals früher bei der wärmsten Bekleidung. Die systematischen Bemühungen, die Füfse gegen die Empfindungen und Schäden der Kälte abzuhärten, stammen nicht erst aus der Zeit des Pfarrer Kneipp, wenngleich dieser in der neueren Zeit die Sache in ein System gebracht hat und aufser dem Barfufsgehen auch kalte Übergiefsungen und dergleichen vielfach verwendet hat. Das einfachste ist natürlich das Gehen mit blofsen Füfsen. Es ist auch das billigste, was in der Jetztzeit auch nicht gleichgültig ist. Von den meisten Menschen wird das Barfufsgehen als unangenehm empfunden, wozu man sich höchstens in Notfällen entschliefsen kann, und zwar ist nicht nur die Kälte unangenehm, sondern namentlich der Schmerz an den Sohlen, den das Gehen auf rauhem Boden, auf harten spitzen Steinen allerdings hervorzurufen pflegt. Ist ja doch das Barfufsgehen eine bestimmte Zeitlang oder bei einer Wallfahrt oder dergleichen ein Teil verbreiteter Bufsübungen und Kasteiungen immer gewesen, und spielt diese Rolle auch heutigentags noch in allerdings vereinzelten Fällen, namentlich beim weiblichen Geschlecht.

„Und sollst melden zu höchsteigenen Ohren, dafs — weil ich nicht barfufs nach Loretto könne“, sagt Lady Milford dem „Mann des Erbarmens“. Es hat zu allen Zeiten Sonderlinge gegeben, die ohne allen Zwang, mit Vorliebe oder immer barfufs gegangen sind, darunter waren sogar recht bedeutende Menschen. In den „Wolken“ läfst Aristophanes den Phidippides ergrimmt ausrufen: „O pfui, die Schufte kenn ich! Er meint die Faseljans, die sauberen Barfufsgänger, die blassen Hängebarts, so ’nen gotterbärmlichen Sokrates und Chairephon.“ In China ist es im höchsten Grad unschicklich, von den Füfsen einer Frau zu sprechen oder nur zu vermuten, dafs sie dergleichen überhaupt habe. Bei den Longobarden war es für eine Frau der gröfste Schimpf, wenn ihre blofsen Füfse von einem fremden Mann erblickt wurden. Aus diesem Anlafs verlor ein Longobardenkönig sein Leben. Engländer erblicken, wie Walter Scott versichert, in einem barfüfsigen Reisenden das Bild des gröfsten Elends. In weiten Bezirken von Deutschland dagegen ist der Gebrauch von Schuhen und Strümpfen fast nur auf Festtage beschränkt und nicht nur bei der Jugend. Junge Damen bieten, wenn es sein mufs, oft lieber alles andere zur Schau als den Fufs. Und auch darin hat sich manches geändert, wie in so vielen Dingen. Es ist unbestreitbar ein Zug im Menschengeschlecht, besonders beim weiblichen Geschlecht tritt er hervor, dafs eine gewisse Überwindung von dem, was bisher die Sitte und das Herkommen gebot, sobald es einmal unter einem äufseren Zwang, also ganz schuldlos geschieht und geschehen mufs, gar nicht so ungern getan wird. Zu diesem Zwang gehört auch die Mode. Hat nur eine einmal angefangen, dann machen es die andern schon nach und enthüllen nicht ungern, was sie vorher sorgfältig verborgen hatten. Welcher Art die Eine, die Erste war, und ob ihr Beispiel gerade besonders nachahmungswert war, das wird von den anderen nicht geprüft und kann es nicht werden. Ich weifs es noch aus meiner Jugend, wie auf einem Ball ein hübsches Mädchen auffiel, das durchbrochene Strümpfe trug. Die anderen aber fanden es hübsch und taten es bald auch, und wer hat heute noch ein Auge dafür, für die kurzen Kleidchen und alles, was bald nicht nur unter der allgemeinen Not des Vaterlandes seine Berechtigung fand und noch als lobenswert erscheinen mufste. Ohne Zweifel wirkt die Mode in gewissem Mafse abhärtend, was wieder für das weibliche Geschlecht und namentlich für die heranwachsende Jugend ins Gewicht fällt, wo so lang für die Körperpflege kaum das allermindeste geschah. Wenn auch die junge Städterin in der rauhen Jahreszeit mit durchbrochenen Strümpfen geht, im Sommer mit bloſsen Füſsen in ausgeschnittenen Schuhen, in der Sommerfrische wohl auch ganz barfuſs, anscheinend mit groſsem Vergnügen, so tut sie es, weil es die andern auch so machen, in den seltensten Fällen aber, um sich abzuhärten, auſser auf ärztliche Anordnung. Nebenbei kann man auch die Bemerkung machen, daſs das, was hübsch ist, lieber gezeigt wird als das andere. Warum wir auch davon sprechen, ist klar. Es zeigt, daſs das, was zur Abhärtung dienen kann, keineswegs immer in seiner Anwendung diesen Zweck verfolgt und anderseits der Abhärtung gewisse Hindernisse, oft unüberwindliche, in den Weg treten.

Die Abhärtung des Körpers gegen Kälte ist nun allerdings nicht vollständig, so lang sie sich nicht auch auf die Füſse erstreckt. Nicht nur, weil sie bei vielleicht den meisten Menschen die frostempfindlichsten Teile darstellen, sondern weil nach weitverbreiteter Überzeugung gerade ihre Verkältung den Ausbruch der Erkältungskrankheiten am allermeisten begünstigt. Mit dem Tragen dünner, leichter Fuſsbekleidung wird, was den ersten Punkt anlangt, schon viel genützt. Frauen und Mädchen von ruhigem, auch von der Mode nicht blind abhängigem Urteil haben mir versichert, daſs sie, früher im Winter sehr empfindlich, seit sie nur ein paar dünne baumwollene Strümpfe tragen, in der Kälte nicht mehr die Schmerzen auszustehen haben, wie sonst mit zwei Paar wollenen übereinander. Die Beobachtung ist zweifellos richtig und hat auch einen einfachen Grund. Bei der Bekleidung der Füſse und auch der Hände, wie wir schon bemerkt haben, ist die Hauptsache, daſs für die ungehinderte freie Bewegung Platz genug gelassen ist. Wenn sie die Hände und die Füſse, die Finger und Zehen bewegen können, so ist das für den Kreislauf hier von der gröſsten Bedeutung und das Schlimmste ist es, wenn durch die Umhüllung die Haut zusammengepreſst und künstlich blutleer gemacht ist. In dieser Beziehung ist der Fuſs von allen Körperteilen entschieden am ungünstigsten gestellt. Hand und Finger werden ausgiebig bewegt, weil das für fast alle notwendigen Verrichtungen des Menschen unumgänglich ist. Von den Füſsen aber glaubt man, daſs sie nur als steife Stützen zu wirken brauchen, um beim Stehen, Gehen zu dienen. Und so werden sie in das Schuhwerk eingeschlossen, leider gar oft gepreſst, wo sie auch wirklich nichts anderes leisten können. Das ganze Gangwerk besteht dann darin, daſs die Bewegung des Beins im Knie- und Hüftgelenk ausgeführt wird, von einer Tätigkeit der kleinen Fuſsmuskeln ist keine Rede, kaum daſs beim Heben des Rumpfes noch die Wadenmuskeln mitwirken und die Ferse gehoben, der Fuſs auf die Spitze gestellt wird. Diese Bewegung vollzieht sich beim eingeschnürten Fuſs mit seiner ganz unnachgiebigen Ledersohle, die fast starr ist, nur sehr unvollkommen, und von der regelrechten Abwicklung des Fuſses beim Gehen ist fast keine Rede, und sie kann es schlieſslich nicht mehr sein auch zu den seltenen Zeiten, zu denen mit bloſsem Fuſs oder in Strümpfen gegangen wird. Denn jetzt sind durch jahrelangen Nichtgebrauch die kleinen Muskeln atrophisch, die Zehen durch ungeeignete, dafür aber elegante Bekleidung verbogen, verkrümmt worden und wieder wird mit der ganzen Sohle aufgetreten und diese steif gehoben. Auf diese Dinge will ich hier nur insoweit eingehen, als sie für die Frage der Kältewirkung und der Abhärtung wichtig sind. Die ganz kleinen Kinder laufen auch noch von Knie- und Hüftgelenk aus, wie sie auch die Bewegungen der oberen Extremität fast nur aus dem Armgelenk vollziehen, was den bekannten reizenden „Flügelschlag" der Kleinen ausmacht. Wenn man aber den richtigen Gebrauch der Füſse betrachten will, so kann man den am schönsten sehen bei schulpflichtigen oder älteren Kindern, wenn sie barfuſs gehen. Dieses Strecken der Zehen, dieses Beugen aus dem Grundgelenk der Phalangen, so daſs eine richtige Abrollung des Fuſses ermöglicht wird, wird später immer seltener, allenfalls noch bei Barfuſstänzerinnen sichtbar. Wie gern ein Fuſs sich bewegen möchte, wenn er nur dürfte, das kann man immer wieder sehen. Oft habe ich die Beobachtung gemacht, wie der Fuſs und die Zehen, wenn sie aus irgendeinem Grund entkleidet werden und wenn sie frei hängen wie beim Sitzen, alsobald anfangen, sich zu bewegen und zu spielen. Schon aus diesem Grund ist bei der Abhärtung der Füſse das Barfuſsgehen dem nur in Schuhen ohne Strümpfe vorzuziehen, aber aus noch einem Grund. Der Reiz, der mechanisch beim Gehen auf rauhem Boden namentlich ausgelöst wird und der sich beim Nichtdarangewöhnten bekanntlich meist zu lebhaftem Schmerz steigert, löst eine Lähmung der Vasokonstriktoren aus, wodurch die Haut blutreich wird. Das will man aber gerade beim Abhärten erzielen. Wenn man etwas auch in dieser Hinsicht auf sich nehmen und ertragen mag, im Sommer anfängt und das fortsetzt, kann man schon eine derartige Unempfindlichkeit erreichen, daſs im Herbst und Winter sich die guten Ergebnisse im Wohlbefinden und Gesundheit zeigen. Ich kann versichern, daſs im strengsten Winter der bloſse Fuſs nur im Stiefel ganz warm bleibt, nicht friert — als die vielleicht einzige Stelle des Körpers —, daſs die vorher ganz gewohnten Frühjahrs- und Herbstkatarrhe ausbleiben oder sich auf ein bis zwei Tage beschränken, wenn sich die Abhärtung der Haut im allgemeinen, die kalten Waschungen noch ergänzen durch die beschriebene Abhärtung der Füſse. Nur muſs man, wenn man auch zur Winterszeit im Haus keine Strümpfe anzieht und sich dabei behaglich fühlt, die Sohlen doch unbedingt vor Wärmeentziehung durch den kalten Fuſsboden schützen

durch, wenn auch leichte, Schuhe, weil sonst recht schmerzhafte Rhagaden besonders an den Fersen sich einstellen.

In der neueren Zeit hat man es aus bestimmten Gründen
dahin gebracht, die Abhärtung des Körpers gegen Kälte
aufserordentlich weit zu treiben. Man hat sich von der
günstigen Wirkung der Sonnenstrahlen auf verschiedene,
zum Teil sehr ernste und gefährliche Krankheiten überzeugt und die Heliotherapie spielt heutzutage eine wichtige
Rolle in der Heilkunde. Es gibt wohl einen Ersatz dafür in
der künstlichen Höhensonne in der Quarzlampe, dem Bogenlicht in UV-Gläsern, aber weit mächtiger als diese Vorrichtungen, die auch unter Dach und Fach, im wohlgeheiz-
ten Zimmer angewendet werden können, ist immer noch
das direkte Sonnenlicht und zwar deswegen, weil es an den
brechbarsten Strahlen, den violetten und ultravioletten, weit
gröfsere Mengen enthält als jede irdische Lichtquelle, die
wir herstellen können, und weil der ganze Heilerfolg gerade
auf diesen kurzwelligen Strahlen beruht. Damit sie aber
wirksam werden können, mufs der unbekleidete Körper den
Sonnenstrahlen unmittelbar ausgesetzt werden, und zwar
dürfen die Sonnenstrahlen nicht erst durch ein Glas gegangen sein, weil darin die ultravioletten Strahlen, auf die es bei
der Heilwirkung vorzugsweise ankommt, eine sehr bedeutende Abschwächung erfahren. Nun weifs man schon, seit
von Brehmer die Freiluftbehandlung in die Therapie der
Lungenkrankheiten eingeführt wurde — sehr zum Vorteil
der Kranken —, dafs diese viel mehr der freien und kalten
Luft ausgesetzt werden dürfen, als man vordem geglaubt
hatte. Nicht ohne Staunen konnte man hören und lesen,
dafs Menschen, Kranke und auch noch Lungenkranke sogar
im Winter Tag und Nacht sich im Freien aufhalten sollten,
nicht nur in warmen Ländern, nicht nur an der Riviera, sondern selbst im Hochgebirge, in Davos beispielsweise. Freilich blieb der Kranke bei der Freiliegekur im Bett gut ein-

gehüllt und war so mit Ausnahme des Gesichts vor der Einwirkung der Kälte doch geschützt. Und jetzt erfährt man wieder eine ähnliche Überraschung. Die Kranken und wieder vorzugsweise Tuberkulöse setzen ihren unbekleideten Körper, um den Vorteil unbehinderter Sonnenbestrahlung zu haben, der Winterkälte aus. Denn die Heliotherapie wird mit Vorteil das ganze Jahr fortgesetzt und auch im Winter betrieben. Es scheint, dafs die Ärzte im Gebirg, die Heliotherapie treiben, nicht nur sehr vorsichtig die Kranken eingewöhnen, sondern dafs sie dabei ängstlicher sind in der Gewöhnung an die Sonnenstrahlen als an die Winterkälte. Vermutlich ist es auch hier, wenn nicht geboten, so doch gewifs vorteilhaft, mit der Kur in der warmen Jahreszeit zu beginnen, damit man den schon gewöhnten Körper niedrigeren Temperaturen aussetzen kann. Kranke, die die Kur selbst durchgemacht haben, versichern, dafs die Gewöhnung, also die Abhärtung gegen Kälte nicht so gar schwer sei. Schrecklich genug sieht das aus, was man in den Abbildungen zu sehen bekommt, oder hört es sich an, was berichtet wird, wie stundenlang, mit Unterbrechungen sogar den ganzen Tag über, solang nur die Sonne scheint, der ganze Körper nackt der Winterkälte von unter 20⁰ ausgesetzt ist. Es wird aber übereinstimmend berichtet, man ertrage das ganz leicht. Aber wer davon nichts näheres weifs, der erblickt doch wie gesagt nicht ohne ein gewisses Schaudern die nackten Körper junger Leute und Kinder beim Betreiben des Skisports. Die Füfse stecken natürlich, wie es scheint ohne Strümpfe, in Stiefeln, und die lebhafte Bewegung wird zur Erhaltung der Wärme sicher viel beitragen. Ferner ist während der eigentlichen Kur, wo die Kranken in Veranden und Liegehallen den nackten Körper den Sonnenstrahlen aussetzen, durch Schutzwände jeder Wind sorgfältig abgehalten. Und das macht schon sehr viel aus; wir werden auf diesen Punkt noch zurückkommen. Eine Hauptsache ist daneben sicher die thermische Wirkung der Sonnenstrahlen, enthalten sie ja doch neben den kurzwelligen, auf deren Wirkung man hofft, auch noch langwellige Wärmestrahlen, die ohne Zweifel sehr dazu beitragen, daſs die auf den ersten Blick sehr heroische Kur doch wirklich gut und nicht einmal unter gröſseren Beschwerden ertragen wird. Obwohl der Wärmeverlust des unbekleideten Körpers bei sehr tiefer Lufttemperatur sehr groſs ist, so liegt die Hauttemperatur wahrscheinlich gar nicht so sehr niedrig und davon hängt ja, wie wir gesehen haben, das Gefühl von Behagen oder Miſsbehagen wesentlich ab. Wie die Einwirkung niederer Temperaturen auf die Haut im Fall guter Reaktion das Verlangen nach Speise steigert, so scheint dies auch bei Luftbädern und tiefer Lufttemperatur der Fall zu sein, und die Steigerung des Appetits wird von den Ärzten mit Freuden vermerkt. Nebenbei ein Zeichen dafür, daſs durch das Luftbad kein Schaden angerichtet wurde. Denn man könnte auch daran denken, daſs durch die Gewöhnung der Kranken an das, was jetzt von ihnen verlangt wird, sich nur ihr Gefühl gegen den Eingriff abgestumpft hätte, dem nichtsdestoweniger eines Tages der Schaden folgen würde, der durch ihn angerichtet sein könnte. Soweit man bis jetzt die Sache übersieht, ist davon nicht die Rede. In der Nacht bleiben solche Kranke oft auch noch im Freien, aber wohl verwahrt und geschützt, eingehüllt in ihre Betten. Insoweit besteht also kein Unterschied gegen die Freiliegekur nach Brehmer. Beim Sonnenbad spielt vielleicht auch noch die Veränderung der Haut, das Abbrennen, die starke Bildung von Hautpigment eine Rolle. Die starke Bräunung soll so ungefähr im gleichen Zeitpunkt sich einstellen, zu dem auch die Gewöhnung des Kranken bemerkbar wird. Auf diesen Punkt werden wir auch später eingehen, wenn wir über den Einfluſs der Strahlung auf den

Menschen reden werden. Bei schlechter Witterung, bei Regen und Wind, wird die Kur nicht ausgeübt; vor beidem werden die Kranken vielmehr sorgfältig bewahrt, auch vor nebeliger Luft, wie denn schon der mangelnde Sonnenschein den eigentlichen Zweck der Kur vereitelt und deshalb die Unterbrechung des Nacktliegens es als doch unwirksam aufgeben heifst. Man würde da, ohne Nutzen hoffen zu dürfen, nur gröfsere Nachteile in Kauf nehmen müssen.

Die Hitzschäden.

Das Leben des Menschen ist, wie schon erwähnt, an eine Temperatur des Blutes geknüpft, die nur innerhalb sehr mäfsiger Grenzen schwanken darf, ohne dafs ernstliche Störungen der Gesundheit und selbst der Tod eintritt. Die höchste Innentemperatur, bei der noch Genesung beobachtet wurde, betrug 43,9 Grad, aber auch bei wesentlich geringerer Erhöhung der Innentemperatur kann schon der Tod durch einfache Überhitzung eintreten. Man heifst das den Hitzschlag. Durch Übermüdung, Mangel an Schlaf, Anstrengung aller Art, auch durch Ausschweifungen in venere et in baccho geschwächte Personen erliegen unter sonst gleichen Bedingungen dem Hitzschlag leichter, junge leichter als ältere, die wie an anderes so auch an das Ertragen der Hitze schon gewöhnt sind. Die Erfahrungen in grofsen Heeren sprechen hier eine deutliche Sprache und zeigen, dafs man sich in der Tat auch an das Ertragen grofser Hitze mehr oder weniger anpassen kann und dafs es also auch hier eine richtige Abhärtung gibt, so gut wie bei der Erkältung. So hatte nach Hiller die preufsische Armee in den Jahren 1875 bis 1880, also in sechs Sommern, 501 Fälle von Hitzschlag, wovon 102 tödlich endeten, im heifsen Sommer 1886 allein 272 mit 14 Todesfällen. Von

70 Verstorbenen standen 35 im ersten Dienstjahr, 22 im zweiten, 10 im dritten, 3 in höherem Dienstalter. In dieser Beziehung ist die Landwehr jedenfalls besser daran als wenigstens die ersten Jahrgänge der Linie, ohne Zweifel der gediente Mann im Vorteil vor dem ungedienten. Beim Landsturm kommt es leichter zum Schlappwerden als bei Linie und Reserve und mit dem Schlappwerden gehen die Erscheinungen des Hitzschlags an. Zu den höheren Graden, zum eigentlichen Hitzschlag, gar mit tödlichem Ausgang, kommt es bei Landstürmern nur selten, schon aus dem Grunde, weil ihre Kräfte früher versagen, sie aus der Reihe austreten, zurückbleiben und so der weiteren Entwicklung bis zum Tod, der dann nicht mehr abgewendet werden kann, entgehen. Doch habe ich selbst im Krieg bei einer nicht einmal grofsen Hitze und bei einer nicht besonders anstrengenden Übung einen Landstürmer mit Hitzschlag, völliger Bewufstlosigkeit, einer Temperatur von $42^{1}/_{2}^{0}$ nach meiner Erinnerung, ins Lazarett bekommen und es bedurfte der gröfsten Anstrengung, ihn am Leben zu erhalten. Warum man beim Hitzschlag hauptsächlich an Soldaten denkt und seine Erfahrungen hauptsächlich vom Heeresdienst aus schöpft, hat seinen Grund darin, dafs der Hitzschlag freilich nicht ausschliefslich beim Militär, aber doch hier viel öfter beobachtet wird, als bei der bürgerlichen Bevölkerung. Und das hat wieder seinen Grund darin, dafs für die Überhitzung des Körpers nicht allein die Menge von Wärme in Betracht kommt, die dem Körper von aufsen zugetragen wird, als vielmehr das Verhältnis, in dem Wärmeeinnahme und Wärmeausgabe zueinander stehen. Wie der Körper erfriert, wenn er genügend lange Zeit mehr Wärme verliert, als er von innen oder aufsen erhält, so geht er an Überhitzung zugrunde, wenn seine Wärmeabgabe von der im Innern gebildeten Wärme plus der ihm von aufsen zufliefsenden übertroffen wird.

Und in dieser Lage ist der Soldat öfter als die meisten anderen Berufsklassen. (Man verzeihe, daſs ich noch aus alter Gewohnheit so spreche, als wenn wir noch ein Heer hätten oder jemals wieder bekämen, wenn es nach dem Willen der Roten geht!) Selten ereignet sich ein Hitzschlag, ohne daſs ein längerer Marsch oder sonst eine gröſsere Anstrengung mit starker Muskelarbeit vorangegangen ist, die meisten sogar noch während des Marsches, doch kann der Hitzschlag auch noch beim Appell, sogar im Quartier sich einstellen. Der Mann hat stark geschwitzt, Atmung und Herzschlag sind bedeutend vermehrt, das Gesicht ist rotblau und gedunsen. Er klagt nicht, sondern ist vielmehr dumpf und schläfrig geworden. Im günstigsten Fall tritt er jetzt aus der Kolonne und bleibt zurück. Er ist „schlapp geworden". So kann er sich, wenn die Überhitzung nicht weiter geht und gleich richtig bekämpft wird, nach einiger Zeit, manchmal nach Tagen, wieder erholen. Er hat eine mitunter jetzt schon recht beträchtliche Steigerung der Innentemperatur erlitten aus zwei Gründen: weil er von auſsen durch die hohe Lufttemperatur nicht sowohl, — die bleibt bei uns immer unter der Innentemperatur — aber weil ihm durch die Sonnenstrahlen sehr viel Wärme zugetragen worden ist. Dadurch kann die Temperatur der Kleidung, die im früheren preuſsischen Heer unzweckmäſsigerweise dunkle Farben hatte, leicht auf 45⁰, ja 50⁰ erhöht werden. Die Kleidung gibt dann an den Körper Wärme ab, statt den Wärmeausgleich nach auſsen zu ermöglichen. Alle Gegenstände auſsen, der bestrahlte Erdboden, die Wände eines Hohlwegs, die einzelnen glänzenden Wolken sogar, alles strahlt ihm Wärme zu, auch seine Kameraden in Reih und Glied, alles. In der Tat sind die Leute in der Mitte einer Kolonne am gefährdetsten, die Flügelmänner erheblich weniger. Die haben doch auf einer Seite wenigstens nicht einen Mann, der ebenso heiſs ist wie sie selber, sondern die Möglichkeit ins Freie ihre Wärme zum Teil durch Strahlung anzubringen, zum Teil auch noch durch Verdunstung, besonders wenn einmal eine Wolke kommen sollte und durch die gesetzte Temperaturdifferenz sich, wie es allemal geht, ein leiser Luftzug einstellt. Davon merken wieder die Flügelmänner mehr, als die Leute innen. Hiernach ist die Gefahr des Hitzschlags erhöht, wenn die Luft heifs und ruhig ist, wenn sie feucht ist, so dafs die Verdunstung vonseiten der Haut nicht ausgiebig Wärme abführen kann, wenn dies durch undurchlässige oder dicke Kleider verhindert wird und wenn dazu noch vermehrte Wärmebildung durch Muskelarbeit kommt. Aus dem Schlappwerden entwickeln sich dann die bezeichnenden Erscheinungen des Hitzschlags. Die Leute werden still, sie singen und sprechen nicht, schleppen sich nur noch fort. Die Schweifsbildung hört auf, die Haut wird zyanotisch, die Atmung wird beschleunigt und unregelmäfsig, die Pulsfrequenz geht enorm in die Höhe, Schwindel, Funkensehen, Klingen vor den Ohren stellt sich ein. Dann schwindet das Bewufstsein, der Mann liegt da, pulslos oder mit fadenförmigem Puls, Aussetzen der Atmung. So kann der Tod durch Herzlähmung unmittelbar eintreten oder nach einiger Zeit erholen sich die Leute, gewöhnlich aber sehr langsam und die Rekonvaleszenz kann durch manche Nachkrankheiten gestört werden. Schwäche und Lähmung an den Beinen, Neuralgien, Gehörstäuschungen, aber auch Taubheit und Blindheit, epileptische Anfälle, Geisteskrankheiten, in leichteren Fällen nervöse Beschwerden mancherlei Art, Nervenschwäche, namentlich auch Schwäche des Herzens bleiben noch kürzere oder längere Zeit zurück. Ob Erkrankungen der Atmungsorgane, Bronchitis, Lungen- oder Rippenfellentzündungen mit der Überhitzung unmittelbar zusammenhängen, möchte ich dahingestellt sein lassen. Die Leiche verfällt bald in Totenstarre, Totenflecke erscheinen rasch.

Das Blut ist dünnflüssig lackfarben, fast kein Gerinnsel, der linke Ventrikel ist leer, an den serösen Häuten finden sich viele kleine Blutaustritte, auch im Gehirn, dem Ependym der Ventrikel, in den Nieren Ecchymosen, trübe Schwellung der Nieren- und Leberzellen.

Begreiflicherweise werden diese traurigen Unfälle besonders in heißen Ländern beobachtet und die englischen Militärärzte sehen mehr davon als die deutschen. Um nur einen Begriff davon zu geben, daß der Hitzschlag Verluste herbeiführen kann, von denen nicht nur jeder tief bedauerlich ist, sondern die auch für den Bestand und die Schlagfertigkeit der Truppen geradezu ins Gewicht fallen können, entnehme ich dem Handbuch der Militär-Gesundheitspflege von R o t h und L e x II. Bd. S. 402 ff. folgende Angaben: Die preußische Armee verlor an Hitzschlag in dem heißen Sommer 1868 38 Mann, in den Jahren 1867 und 1869 je 6, im Sommer 1869 9 Mann. Wenngleich es in der Natur der Sache liegt, daß die meisten Fälle von Hitzschlag und Sonnenstich in den heißen Sommermonaten vorkommen, so wurden anderseits die Krankheitserscheinungen auch zu anderen Jahreszeiten beobachtet. Besonders gefährlich scheinen warme Tage in kühlen Jahreszeiten zu sein. So marschierte am 22. April 1873 das K. sächsische 2. Jägerbataillon Nr. 13 von Meißen nach Dresden. Während die Witterung vorher kühl gewesen war, wurde dieser Tag ausnahmsweise heiß und führte zu 10 schweren Sonnenstickerkrankungen mit 2 Todesfällen.

Während des österreichisch-italienischen Krieges verlor die französische Division d'Autemaare beim Übergang über den Mincio im Juli 1859 26 Mann an Sonnenstich.

Abgesehen von den Verlusten an Menschenleben kann die Affektion durch eine große Zahl von Erkrankungen die Schlagfertigkeit von Armeen beeinträchtigen. Von der eben genannten Division wurden an einem Tage durch den Einfluſs der Hitze 2000 Mann dienstunfähig. Ein belgisches Regiment, welches am 8. Juli 1853 von dem Beverlooer Lager abmarschierte, muſste so viele von leichten und schweren Formen des Hitzschlages betroffene Leute zurücklassen, daſs nur 150 nach Brüssel gelangten. Bemerkenswerterweise treten die allerschwersten Erscheinungen mitunter erst nach der Veranlassung, nach dem Marsch, im Quartier, manchmal erst Stunden danach hervor.

Hitzschlag und Sonnenstich hat man früher vielfach durcheinander geworfen, nicht mit Recht, denn der Sonnenstich unterscheidet sich vom Hitzschlag nicht nur durch die klinischen Erscheinungen, sondern auch durch seine Ursache ganz wesentlich. Wahrscheinlich sind bei den obigen Angaben auch manche Fälle von Sonnenstich mitgezählt. Wenn man die Bemerkung gemacht hat, daſs gediente Leute mit längerer Dienstzeit die Hitze besser vertragen als Neulinge, so wird diese Ansicht wohl von den meisten Militärärzten geteilt werden und auch Erfahrungen an Tieren stimmen damit überein. Meine eigenen Erfahrungen beziehen sich auf den berühmt heiſsen Herbst und Sommer des Jahres 1886. Ich war damals zu den Kavalleriemanövern eingezogen und weiſs also auch etwas von heiſsen Märschen in der Sonnenglut zu berichten. Die Reiterei ist dem Hitzeschaden bei weitem nicht so sehr ausgesetzt wie das Fuſsvolk. Zwei Gründe sind dafür vor allem maſsgebend. Die Kolonne ist nicht so dicht, das lange Reiten strengt auch an, aber bei weitem nicht so, wie das Marschieren den schwerbepackten Infanteristen. Dieser leistet unzweifelhaft mit seinen Muskeln mehr Arbeit und bildet deshalb auch mehr Wärme als der Reiter. Zu dem allen kommt aber noch, daſs die raschere Bewegung des Pferdes doch beständig einen Luftzug bringt, dessen abkühlende Wirkung eben gar nicht zu unterschätzen ist. Ich kann mich des Gefühls während eines langen Trabes und unmittelbar darauf entsinnen. Am ersten Tag, nun ja, das weiſs man wie es ist, wenn man zwei Jahre auf kein Pferd gekommen ist, da strengt ein langer Trab schon an, besonders wenn ein Gaul so hoch geht wie meine „Tulpe". Da macht man ohne Zweifel auch manche unnötige oder ungeschickte Bewegung und bildet mehr Wärme, als unumgänglich erforderlich gewesen wäre. Dann aber geht es schon besser und während des Trabes spürt man eigentlich trotz einer überaus hohen Lufttemperatur und der glühenden Sonnenstrahlen nicht viel. Im Augenblick aber, wo die Pferde in Schritt fallen, hat man das Gefühl, daſs vom eigenen Körper eine Gluthitze ausströme. Ohne Zweifel ist die Innentemperatur auch beträchtlich in die Höhe gegangen, das Gefühl der Hitze wurde aber an der Haut gedämpft durch den Luftzug beim raschen Ritt und vermehrter Verdunstung des Schweiſses. Damals erkrankte kein Mann an Hitzschlag oder Sonnenstich, aber das Regiment verlor 10 Pferde an Hitzschlag, lauter junge Pferde, die älteren, eingewöhnten litten keinen Schaden. Allerdings sind auch die ältesten Tiere bei einem Reiterregiment noch nicht wirklich alt zu nennen.

Es wird angegeben, daſs die meisten Hitzschläge bei einer Lufttemperatur von über 25°, einer Feuchtigkeit von 60 % und einer Luftbewegung unter 4 m/sek vorkommen. Bei einer Temperatur unter 24° und einer Windgeschwindigkeit von über 4 m/sek soll der Hitzschlag nur selten entstehen, selbst wenn die Luft feucht ist, ihr Wassergehalt bis zu 80% beträgt. Das alles kann man begreifen, auch daſs der eine gegen die Überhitzung widerstandskräftiger ist als der andere. Der Zustand des Herzens mag da viel ausmachen, auch die Beschaffenheit der Atmungsorgane. Man hat wenigstens wiederholt bei Leuten, die dem Hitzschlag erlegen waren, an den Lungen Verwachsungen gefunden oder andere Veränderungen, die augenscheinlich das freie Luftholen und den guten Gasaustausch immer schon und vor dem Hitzschlag beeinträchtigt hatten. Wie fangen es aber die an, die ihre Widerstandskraft noch weiter erhöhen, sodaſs sie der Wärme gegenüber mehr aushalten als vorher und mehr als andere Ungewöhnte? Daſs das vorkommt, kann man wohl nicht bezweifeln, aber der Vorgang ist noch rätselhafter als die Abhärtung gegen Kälte. Ich kann mir nicht denken, wie einer seine Wärmeregulation besser erziehen und einstellen kann, sodaſs ihm äuſsere Hitze nicht so viel schadet wie einem andern, aber ich kann mir vorstellen, daſs er kennt, wie man sich bei groſser Hitze zu benehmen hat. In mancher Beziehung ist ja der Soldat in einer gewissen Zwangslage gegenüber den bürgerlichen Berufen, und ein Teil seiner gröſseren Gefährdung durch Hitze ist unzweifelhaft auf die vorgeschriebene Kleidung zu beziehen, die nicht ausschlieſslich auf die gröſste Hitze zugeschnitten sein kann, weil sie auch im Winter getragen werden muſs. Doch hat man in dieser Beziehung durch besondere Maſsnahmen — Öffnen des Kragens und der oberen Knöpfe usw. — nach Möglichkeit helfen wollen. Aber auch unter dem Zwang der Mannszucht kann der einzelne immer noch manches machen, was ihm seine Lage erleichtert, besonders die Möglichkeit, ausgiebig Luft zu schöpfen, was bei der Gefahr des Hitzschlags auch eine Hauptsache ist. Schon die Art, wie der Mann die Kleider befestigt und schlieſst, den Leibriemen anzieht, was er unter der Uniform trägt, wie die Kopfbedeckung, ist nicht ohne Bedeutung. Der gediente Mann weiſs, daſs er zu Zeiten starker Anstrengung zur Sommerszeit alle Ausschreitungen meiden muſs, daſs er in den Pausen möglichst der Ruhe pflegen soll, sowie es nur geht, den Schatten aufsuchen und so tausend andere, gar nicht unwichtige Dinge. Im Bereich der Möglichkeit liegt es ferner, daſs durch Übung auch eine Erkräftigung des Herzens herbeigeführt werden kann, was zwar die Hitze nicht abwehrt, aber die Gefahr, ihr zu erliegen, ganz wesentlich herabsetzt. In solchen und ähnlichen Dingen erblicke ich die Möglichkeit, die Gefahr des Hitzschlages zu vermindern, nicht in einer eigentlichen Gewöhnung an die Hitze, und wahrscheinlich unterscheiden sich nur in diesen Dingen die gedienten Mannschaften von den Ungedienten.

Von grofser Bedeutung für die Abkühlung des Körpers ist ohne Zweifel die Schweifsbildung und die Verdunstungskälte. Während viele Leute die Belästigung durch starken Schweifs scheuen und absichtlich das Trinken bei hoher äufserer Temperatur einschränken, z. B. vor einem längeren Marsch in Sommersglut oder während desselben, so ist dieses Verfahren da, wo eine wirkliche Gefahr, die Gefahr des Hitzschlages droht, entschieden zu widerraten. Die Reisenden versichern, dafs die schwarzen Gepäckträger, die in raschem Lauf grofse Lasten durch die ärgste Sonnenglut tragen müssen und dabei sehr stark schwitzen, grofse Mengen Wasser trinken. Sehr mit Recht, sie gewinnen damit die Fähigkeit zu neuer Schweifsbildung und entgehen durch die Verdunstungskälte der gefährlichen Überhitzung. Ohne Zweifel ist bei uns in dieser Hinsicht früher viel gefehlt worden. Die Lehre vom „kalten Trunk" ist zwar keine blofse Fabel. Es gibt in der Tat Fälle, in denen ein Lungenödem hervorgerufen wird, weil bei erhitztem Körper grofse Mengen kalten Wasser auf einmal getrunken wurden. Mehrere Umstände müssen dabei zusamwirken. Der Mann mufs z. B. durch raschen Lauf augenblicklich schwach geworden sein, die Haut ist blutreich und schwitzt stark. Jetzt kommt nicht nur der kalte Trunk und macht die Unterleibsgefäfse blutarm, sondern gewöhnlich wird die schwitzende Haut zur Abkühlung der Luft, dem Wind ausgesetzt, der Körper ruht und der Reiz für das Herz, der in der Bewegung lag, fällt weg. Aus der Haut muſs mit ihrer Abkühlung das Blut auch fort, in den Unterleib kann es nicht wegen des kalten Inhalts, wohin soll es sonst als in die Lungen. Dazu ein Herz, das gerade jetzt nicht voll leistungsfähig ist, das ruhen möchte — das Lungenödem ist fertig — kann allerdings, kann man hinzufügen, durch einen Aderlaſs aufs wirksamste bekämpft werden. Das alles zugegeben, so sind diese Dinge doch im ganzen recht selten, und man hat ganz gewiſs aus übertriebener Furcht vor diesem kalten Trunk unendlich viel mehr geschadet. Mit groſsem Recht erlaubt man jetzt den Mannschaften, auf dem Marsch ihren Durst zu stillen, wo es nur angeht. Bleibt der Mann in Bewegung, so schadet ihm der Trunk gar nicht, ist aber sehr wesentlich, um die Schweiſsbildung im Gang zu erhalten und ist das wirksamste Mittel gegen den Hitzschlag. Wird zur Rast Halt gemacht und die Möglichkeit gegeben, durch Lüftung der Haut die Wärmeabgabe zu steigern, so mag man, wenn nicht gleich wieder fortmarschiert werden muſs, ein paar Minuten warten lassen, bis getrunken werden darf. Wirft man ja doch auch den Pferden, wenn sie erhitzt sind, Heu in den Tränkeimer, damit sie langsamer saufen, und so ist es auch für den Menschen besser, wenn er langsamer und zunächst mit kleinen Schlucken trinkt, als wenn er groſse Mengen namentlich sehr kalten Wassers in sich hineingieſst. Mit warmem Wasser mag das nicht so bedenklich sein. Die Erfahrungen von Reisenden in den Tropen sprechen dafür. Die Eintrocknung des Blutes bei starkem Wasserverlust durch die Haut erschwert dem Herzen seine Arbeit. In dieser Beziehung ist die Selbstbeobachtung S v e n H e d i n s von hohem Wert. Bekanntlich ist dieser ausgezeichnete Forschungsreisende bei seiner Durchquerung der Wüste von Takla-makan durch ein Versehen seiner Leute viele Tage lang fast ganz ohne Wasser gewesen und beinahe verdurstet. Zuletzt schlug sein matter, träger Puls 49 mal in der Minute und kaum, mit der äußersten Willenskraft nur vermochte sich Sven Hedin aufrechtzuerhalten und fortzuschleppen. Da, endlich das rettende Wasser, von dem Sven Hedin in 10 Minuten wohl 3 Liter trank! Unmittelbar darauf schlug der Puls kräftig 56 mal in der Minute, die pergamentartige Haut schwoll wieder an und wurde feucht, neues Leben, neue Kraft flutete durch die Adern. Aber erst nach einigen Tagen trat mit einer Pulsfrequenz von 82 vollständiges Wohlbefinden ein. Bei jedem Marsch und großer Hitze mit Wassermangel verarmt das Blut gewiß merklich an Wasser, und die größere Zähigkeit des Blutes ist wohl nicht förderlich für den Kreislauf, aber es ist bei der kurzen Dauer nicht wahrscheinlich, daß das beim Hitzschlag sonderlich ins Gewicht fällt. In den Geweben ist vielmehr genug Wasser angehäuft, was im Fall der Not ins Blut aufgenommen werden kann.

Einfluß der Strahlung.

Daß der Sonnenstich mit dem Hitzschlag vielfach zusammengeworfen und verwechselt wird, ist kein Wunder, und zu beiden ist oft genug zugleich Gelegenheit gegeben.

Auch irdisches Licht und Wärmequellen können an der Haut krankhafte Veränderungen herbeiführen, am stärksten wirkt in dieser Beziehung wieder die Sonne. Nicht jede Haut ist gleich empfänglich und empfindlich gegen die Sonnenstrahlen, Blondinen im ganzen mehr als Brünette. Je mehr eine Haut gegen Bestrahlung bisher geschützt war, desto leichter erkrankt sie, wenn einmal der Schutz der Kleidung wegfällt und die bisher bekleideten Teile von den Sonnenstrahlen getroffen werden. Demgemäß sieht man die leichtesten Zeichen von abbrennender Haut gewöhnlich bei Damen, deren Gesicht sorgfältig durch Schleier, Hut und Sonnenschirm geschützt war, da sieht man die Veränderungen oft schon nach einer Besonnung, die nur wenige Stunden angehalten hat, in einer Rötung und schmerzhaften Schwellung. Nach 3 bis 4 Tagen bräunt sich die Haut, kann auch Risse bekommen und sich abblättern. Bei sehr empfindlicher Haut kann sich eine wirkliche Entzündung, Bildung von Bläschen einstellen, die später abtrocknen und ohne Narben heilen. (Eczema solare.) Als Folgen bleiben entweder diffuse Bräunung oder Ephelide zurück, namentlich Blondinen sind zu Sommersprossen geneigt. Sind schon diese Veränderungen kaum eine Krankheit zu nennen, gerade ein gleichmäſsig schön braunes Kolorit ist nicht einmal ein kosmetischer Schaden, so führt die stärkere Bestrahlung zu einem Leiden, das die gröſste Lebensgefahr mit sich bringen kann. Der Sonnenstich entsteht hauptsächlich durch Bestrahlung von Kopf und Nacken. Daſs er etwas anderes ist als der Hitzschlag, ergibt sich aus mehreren Unterschieden. Der Hitzschlag kann auch bei bewölktem Himmel eintreten und um so leichter, je feuchter die Luft ist; maſsgebend ist die Höhe der Auſsentemperatur neben den Dingen, die wir soeben besprochen haben. Der Sonnenstich dagegen entsteht nur bei grellem Sonnenschein, sollte auch die Lufttemperatur nicht gar zu hoch sein, und die Feuchtigkeit der Luft ist dabei von gar keinem Einfluſs. Warme Kleidung befördert den Hitzschlag, die Kleidung schützt dagegen vor dem Sonnenstich. Bei diesem ist besonders und fast ausschlieſslich die Einwirkung auf Kopf und Nacken zu fürchten, beim Hitzschlag gibt es eine solche Lokalisation nicht. Dem Hitzschlag in seiner vollen Entwicklung gehen Vorläufer voran, der Sonnenstich befällt den Menschen sofort in seiner ganzen Stärke, oft fast blitzähnlich. Die Erscheinungen gehen beim Hitzschlag in geringer Stärke an und steigern sich allmählich, beim

Sonnenstich schliefst sich an den eigentlichen Anfall ein Krankheitsbild, das zwar schwer und langwierig genug sein kann, im allgemeinen aber doch gleich anfangs seinen Höhepunkt erreicht hat, um dann — in vielen Fällen wenigstens — abzuklingen.

In den ganz schweren Fällen brechen die Kranken bewufstlos zusammen und verscheiden in kurzer Zeit. Hat man noch Gelegenheit, einige Beobachtungen anzustellen, so findet man Zyanose, verhältnismäfsig kühle Haut, aussetzenden, kleinen, flatternden Puls, unregelmäfsige, aussetzende, oft seufzende Atmung, Zuckungen, starre Pupillen. Zieht sich der Anfall etwas länger hin, so folgt die Bewufstlosigkeit erst auf ein Stadium der Aufregung, Halluzinationen, Irrereden, Krämpfe und Delirien. Gehen diese Erscheinungen nicht bald in den Tod über, so entsteht ein Krankheitsbild wie bei einer Meningitis oder Enzephalitis: Nackenstarre, Erbrechen, rasende Kopfschmerzen, Opisthotonus, Hyperästhesien, Trismus, auch schlaffe Muskellähmungen, unwillkürlicher Abgang von Stuhl und Urin. Schliefslich setzt noch die Atmung aus und unter Lähmung der lebenswichtigen Zentren tritt der Tod ein. Die Prognose ist in den stürmischen Fällen immer ungünstig, in den meisten schweren sehr zweifelhaft.

Es gibt aber auch leichtere Formen, bei denen eine Genesung schon häufiger beobachtet wird. Da kommt es nur zu Kopfschmerzen, Schwindel, Zuckungen, Unruhe, Sinnestäuschungen, Delirien, Atembeschwerden. Genesen die Kranken, so bleiben manche Störungen noch lange Zeit zurück, namentlich auch auf psychischem Gebiet, und eine gröfsere Empfindlichkeit des Schädels gegen Bestrahlung. Daraus ergibt sich, wovor die Leute sich noch längere Zeit in acht nehmen müssen.

Die Sektion ergibt eine Entzündung der weichen Hirnhaut, die auch auf die oberflächliche Gehirnmasse übergreifen kann. Von der einfachen Hyperämie an kann sie sich bis zur Eiterbildung steigern. Das richtet sich, wie es scheint, nach der Dauer, während der Kopf und Nacken den Sonnenstrahlen ausgesetzt waren. Sogar Hirnabszeſs ist beobachtet worden. Ob man im Eiter Kokken gefunden hat, weiſs ich nicht; wenn sie sich darin finden, dann ist der Sonnenstich eben nichts anderes als eine akute Meningitis, die durch die Bestrahlung wachgerufen worden ist, und wahrscheinlich handelte es sich dabei um Bazillenträger, deren Kokken, die sie schon wer weiſs wie lang mit sich herumgetragen haben, in den Rachenorganen oder sonstwo, in der durch die Besonnung geschädigten pia mater einen günstigen Nährboden für ihre Entwicklung gefunden haben. Man könnte auch daran denken, daſs der Körper durch die physikalische Einwirkung der Strahlen seiner natürlichen Schutzkräfte beraubt worden ist, indem vielleicht die Bildung der Antikörper unterbrochen wurde, durch die der Bazillenträger bisher gegen das Gift, das er mit sich herumtrug, geschützt war. Daſs es sich beim Sonnenstich schlieſslich um eine Infektionskrankheit handelt, dafür spricht schon die Erhöhung der Körpertemperatur, die nach ihrem ganzen Verlauf nicht auf dem thermischen Einfluſs bei der Bestrahlung beruht, sondern nichts anderes ist als Fieberhitze. Ganz anders als wie beim Hitzschlag, wo viel höhere Temperatuern beobachtet werden als beim Sonnenstich, wo aber, nachdem der Kranke einmal abgekühlt ist, wenn nicht besondere Komplikationen eintreten, eine weitere Temperatursteigerung nicht mehr vorkommt.

Man glaubt, daſs die schädliche Wirkung beim Sonnenstich nicht sowohl durch die Wärmestrahlen, als vielmehr durch die chemisch wirksamen, kurzwelligen bewirkt wird. Manches spricht dafür. Auch mit irdischen Lichtquellen läſst sich die Haut schädigen, und geringere Grade von

Hautverbrennung, an den Sonnenstich mahnend, werden nicht selten beobachtet. Namentlich ist das beim elektrischen Bogenlicht, auch bei der Quecksilberlampe zu bemerken, und hier hat es sich gezeigt, daſs der beste Schutz gegen die gefährlichen Strahlen nicht etwa blaues Glas, sondern gelbgrün gefärbtes bietet, durch das ganz besonders die kurzwelligen Strahlen abgehalten werden — eine für das so sehr gefährdete Auge höchst bedeutungsvolle Sache. Anderseits möchte ich den schädlichen Einfluſs auch der langwelligen Strahlen nicht ganz von der Hand weisen, blofs deswegen, weil er für die kurzwelligen feststeht. Verbrennungen der Haut kommen wenigstens auch bei strahlender Hitze vor, wo von chemisch wirksamen Strahlen keine Rede sein kann. Heizer auf Schiffen, Köche, Feuerarbeiter aller Art können davon erzählen.

Was den Einfluſs der Berufsart bezüglich des Sonnenstichs anlangt, so sind die Soldaten nicht mehr gefährdet als die bürgerlichen Kreise. Wer sich im Freien ungeschützt den Sonnenstrahlen aussetzt oder aussetzen muſs, hat Aussicht, vom Sonnenstich befallen zu werden. Ob es nun ein Jäger oder Fischer ist, der seinem Beruf nachgeht, oder ein Bauer, der auf freiem Felde arbeitet, oder ein Kind, das mit blofsem Kopf stundenlang im Sande spielt oder dort schläft, einerlei, bei jedem kann der Sonnenstich sich einstellen. Eine nicht unwichtige Rolle scheint dabei auch die Unterstützung der unmittelbaren Bestrahlung durch reflektierte zu spielen. Bestrahlte heiſse Wände oder der Boden, der nach seiner Farbe und sonstigen Beschaffenheit von den anfallenden Strahlen einen beträchtlichen Anteil zurückwirft, sind in dieser Beziehung gefährlich. Daſs wenigstens die Wärmestrahlen nicht die Hauptsache sind, sondern die brechbareren, geht aus der Tatsache hervor, daſs, noch dazu sehr heftige, Verbrennungen der Haut sogar bei Winterskälte vorkommen, zum Beispiel auf hohen

Bergen, über Schnee und Gletschereis. Der Gletscherbrand ist auch nichts anderes als Folge von Strahlung, die
im Gesicht und namentlich an den Augen sehr bedenklich
werden kann, wo es zu vorübergehender Erblindung und
einer äußerst lästigen, schmerzhaften Bindehautentzün-
dung kommt, wenn die nötigen Schutzmaßregeln, Schleier,
Schneebrille verabsäumt wurden. Da ist es gewiß nicht
Wärme, was geschadet hat, sondern die Einwirkung der
Strahlen, von denen das Licht in der dünnen Luft des Hochgebirgs bekanntlich viel mehr enthält als die weiter unten,
und das sind, wie wir wissen, die chemisch wirksamen.
Dazu kommt freilich noch oft die dort oben starke Reflexion von Schnee und Eis.

Gegen diese brechbarsten Strahlen scheint es einen Schutz
zu geben, der erst allmählich erworben wird. Er ist wohl
eine Folge der Hautverbrennung selbst und des durch sie
gebildeten und in der Haut abgelagerten Pigments. Darauf
scheint es zu beruhen, daß einerseits die Leute, die lange
Zeit und immer und immer wieder sich den Sonnenstrahlen
ausgesetzt haben, schließlich eine Haut besitzen, die nicht
so leicht an einem Erythem oder Ekzem erkrankt, wie die
Haut, die sich der Schädlichkeit zum erstenmal aussetzt.
Die Haut der ersteren ist eben schon braun, und je öfter
die Bestrahlung stattfand, desto tiefer braun. Die wohl-
behütete Haut der Dame aber, die den Sonnenstrahlen aus
dem Wege ging, die ist weiß, „weißer als der Schnee“, wie
man vor nicht gar so langer Zeit sagte, um etwas Angeneh-
mes zu sagen und der Schönheit ein Lob zu spenden. Das
in der Haut abgelagerte Pigment gibt nun gar keinen
Schutz gegen Wärmestrahlen. Im Gegenteil, nach dem,
was wir früher besprochen haben, muß die dunkler ge-
färbte Haut von den Sonnenstrahlen mehr erhitzt werden
als die farblose, die weiße. Aus diesem Grund werden
zum Beispiel heutigentags schwarze Jagdhunde kaum mehr

nachgezogen, weil sie unter der Sonnenhitze viel mehr leiden als die heller gefärbten Rassen. Und so, sollte man meinen, sind farbige Menschenrassen, in erster Reihe die Neger, die doch ausschliefslich sehr heifse Länder bewohnen, sehr übel daran, weil sie zwar ohne Zweifel durch viele Generationen durch die Sonnenstrahlen schwarz gefärbt worden sind, damit aber eine höchst unzweckmäfsige Eigenschaft erworben haben. Man kann über das Mafs von Vernunft, das in der belebten Natur herrscht, seine eigene Meinung haben, aber der angeführte Punkt wäre schon, da es sich nicht um das Wohl und Wehe des einzelnen, sondern um das Bestehen der ganzen Rasse und um seine Aussicht auf Dauer und Fortpflanzung handelt, etwas auffallend. Nach dem, was man bis jetzt weifs, erstreckt sich der Schutz des Hautpigments in der Tat nur auf die brechbarsten Strahlen. Das Pigment verhindert das tiefere Eindringen von Strahlen, am meisten wohl der chemisch wirksamen, und wirkt so ähnlich wie ein gelbbraunes, unter Umständen recht tief gefärbtes Glas. Mag immerhin das Hautpigment von den auftreffenden Strahlen, besonders den roten, recht viel absorbieren und dabei durch Leitung Wärme an die Umgebung abgeben, also den ganzen Körper mehr erhitzen, noch wichtiger scheint es zu sein, dafs nicht allzuviel ultraviolette Strahlen in die Tiefe dringen. Das wird wohl auch einen guten Schutz gegen den Sonnenstich abgeben. Also auch in dieser Hinsicht mag man bei uns eine braune, sonnverbrannte Haut gern sehen, zeigt sie doch einen gewissen Grad — nicht von Gewöhnung oder Abhärtung — aber von Schutz gegen die schädliche Wirkung der Bestrahlung, die Dermatitis, das Eczema solare, und schliefslich den Sonnenstich an.

Von der Körperoberfläche sieht man nur einen Teil, die Haut und kleine Abmessungen der Schleimhäute, diese sind aber in ihrer ganzen Ausdehnung richtige Oberflächen und treten mit der Aufsenwelt in unmittelbare Berührung. Magen und Darm kommen hier nicht für uns in Betracht, das Wetter mit allen seinen Elementen kann auf sie höchstens ganz mittelbar einwirken. Dagegen ist der oberste Teil der Verdauungsorgane, Mundhöhle, Rachen, dem Einflufs des Wetters wohl ausgesetzt und er kann mit den Atmungsorganen zusammen abgehandelt werden, wo dieser Einflufs ganz zweifellos besteht. Ja, man könnte behaupten, dafs hier von Hitze und Kälte eine noch gröfsere Wirkung erwartet werden müfste als an der Haut, schon weil ein künstlicher Schutz durch die Kleidung natürlich in Wegfall kommt. Wir haben erfahren, wie niedrige und wie hohe äufsere Temperaturen der Mensch wirklich erträgt und ertragen mufs. Noch erstaunlicher ist es eigentlich, wie so grofse Temperaturunterschiede von der Schleimhaut der Luftwege und dem Alveolarepithel, den Lungen ertragen werden können, die doch mit jedem Atemzug damit in Berührung kommen und deren Temperatur sich von der des Blutes nach oben oder unten so sehr unterscheidet. Namentlich ist dies bei sehr hoher Aufsentemperatur der Fall. Wenn einer, worüber wir schon berichtet haben, es in einer Atmosphäre von solcher Hitze aushält, dafs Eier dabei hart gesotten werden, warum ist dann nicht auch das Blut in den Kapillaren der Lunge geronnen und warum ist vor allem das zarte Lungenepithel nicht mittlerweile rettungslos zerstört worden? Das kommt bei noch stärkeren Hitzeeinwirkungen in der Tat vor, und die Einatmung. von Brandgasen führt erfahrungsgemäfs recht oft zu Entzündungen, die noch [nach der „Rettung" zum Tode führen. Das ist eben ein Unglücksfall, gegen den die Einrichtungen der Natur nicht schützen können und auch nicht zu schützen brauchen. Mit dem Einflufs von Klima und Wetter ist das aber anders. Wenn es der Mensch überall auf der Erde in der Hitze und in der Kälte aushalten kann,

so verdankt er dies, wie seiner Haut und dem Wärmehaushalt, zum grofsen Teil wohl seiner eigenen Erfindungsgabe und den Hilfsmitteln, die er sich selber geschaffen
hat. Für den Schutz der Atmungsorgane versagt aber dies
alles, und wenn die Erfahrung gezeigt hat, dafs es sein
Respirationsapparat tatsächlich aushält und es ihm erlaubt,
hier die erstaunlichsten Schädlichkeiten zu ertragen, die
man auf den ersten Blick unbedingt für lebensgefährlich
ansehen mufs, so kann das seinen Grund nur in einem
Schutz haben, der dem Menschen von Haus aus mitge-
geben ist und schon in seinem Naturzustande von Anfang
an begleitet hat. Es kann sich dabei um keine Einrichtung
handeln, die der Wärmeregulation dient, nicht um Erhaltung der Eigenwärme handelt es sich hier, sondern um
die Abwehr von thermischen Verletzungen an Organen,
deren gute und ihre Wirksamkeit verbürgende Beschaffenheit allein die Fortdauer des Lebens ermöglicht. In der
Tat, an den Alveolen der Lunge vollzieht sich ein Gaswechsel, unbedingt notwendig für die Fortdauer des Lebens, den man sich nur denken kann, wenn die kolloid-
chemische Beschaffenheit der Epithelien, um es mit einem
Wort zu nennen, ganz und gar dem entspricht, wie er für
die Aufnahme von Sauerstoff, für die Abgabe von Kohlensäure und Wasserdampf unbedingt erforderlich ist. Namentlich auch die Feuchtigkeit der Teile kommt hier in
Betracht, sie ist aber wieder beeinflufst von der Temperatur der Luft, die mit den Epithelien in Berührung kommt.
Suchen wir nach solchen Einrichtungen, die genügen sollen
und offenbar auch wirklich genügen, um das Lungenepithel
zu schützen! Denn die Schleimhäute entbehren eines solchen Schutzes, der bis zu einer gewissen Grenze hilft, ja
durchaus nicht. Der stete Blutwechsel in der Schleimhaut
sorgt schon einigermafsen dafür, dafs beständig ein Temperaturausgleich zwischen äufserer, eingeatmeter Luft und

Blut sich vollzieht. Die Wärmekapazität des Blutwassers ist viel gröfser als die der Luft, was hier wesentlich mitspielt. Und die Schleimhaut ist in ihrer ganzen Dicke weiter ein Schutz für die daruntergelegenen Teile, und geringe Schädigung der Schleimhaut, so unangenehm sie sein mag, ist doch nicht zu vergleichen mit einer Verletzung und Lahmlegung des Alveolarepithels. Aufserdem wird die Oberfläche der Schleimhaut durch die Tätigkeit der Drüsen immer feucht gehalten, und die Verdunstungskälte spielt bei der Hilfe gegen Überhitzung gewifs eine wichtige Rolle. Ohne Zweifel kann man übrigens die Gefahr, die von der Hitze droht, für bedeutender halten als die, die von der Kälte aus entstehen kann. Den Schutz, den hier der Organismus besitzt, erblicke ich in der eigentümlichen Art, in der die Atmung und der Gaswechsel in den Lungen sich vollziehen.

Ein gewöhnlicher Atemzug fördert beim Erwachsenen mittlerer Gröfse etwa 500 ccm Luft. Nach der Ausatmung bleiben in den Lungen und in den Atemwegen noch etwa 2800 ccm zurück. Davon liefsen sich noch bei angestrengter Ausatmung 1600 ccm Luft (Reserveluft) entleeren, 1200 ccm aber blieben dann immer noch in den Lungen zurück, die sogenannte Residualluft. Ihre genaue Messung bietet bekanntlich grofse Schwierigkeiten, doch kann man jetzt den erwähnten Wert als annähernd richtig ansehen. Mit dieser Residualluft mufs sich die neu eingeatmete Luft erst mischen, bevor sie mit den Alveolarwänden in Berührung kommt, wo sich dann der Gasaustausch mit dem Blut durch die Tätigkeit der Alveolarepithelien vollzieht. Danach müfste es scheinen, dafs die Residualluft nur ein Hindernis für diesen Gasaustausch darstellen würde, und in der Tat mufs dieser durch die Anwesenheit der Residualluft eine beträchtliche Verlangsamung erfahren. Dabei will ich die Frage nicht erörtern, ob diese Verlangsamung für gewöhnlich immer schädlich sein muſs. Die Herabsetzung des Partialdrucks von Sauerstoff in den Alveolen könnte auch zwar etwas physiologisch Nützliches sein, aber gewiſs nicht mehr bei gesteigertem Sauerstoffbedürfnis, wie bei der Leistung von äuſserer Arbeit. Dagegen liegt der Nutzen der Residualluft auf einem ganz anderen Gebiet, und hier sogar auf der Hand.

Die Lunge mit ihren Luftwegen bildet, wie schon hervorgehoben wurde, einen Teil der Körperoberfläche und keinen so gar kleinen; sogar den gröſsten Teil der Gesamtoberfläche machen sie aus. Die Alveolen sind freilich sehr klein, jede mag einen Durchmesser von etwa 0,2 mm haben, aber es sind ihrer wohl 400 bis 500 Millionen, und daraus berechnet sich die Oberfläche des respiratorischen Parenchyms auf etwa 90 qm, während die gesamte Hautoberfläche eines 70 kg schweren Mannes nur auf 2 qm angeschlagen werden kann. Faſst man nur den Ausgleich von Wärmeenergie ins Auge, so müſste man schon deshalb den Lungen eine sehr wichtige Rolle für die Wärmeabgabe zuschreiben. Allein dem ist nicht so. Zunächst kommt für die Lunge der ganze Wärmeverlust durch Strahlung in Wegfall. Hier strahlt jeder Teil der Oberfläche gegen ganz gleich hoch temperierte Stellen aus und wird von ihnen in gleichem Maſse wieder bestrahlt. Es kommt also hier nur der Wärmeverlust durch Leitung, Konvektion und Verdunstung zur Geltung. Und auch dieser Verlust wird durch die Anwesenheit der Residualluft, meistens auch noch der Reserveluft, herabgesetzt. Stellen wir uns vor, daſs die eingeatmete Luft kühler ist als die Innentemperatur, und das trifft ja in den meisten Fällen zu, so wird das Wärmegefälle in den Lungen dadurch geringer, daſs sich die eingeatmete Luft erst mit der körperwarmen Residualluft mischen muſs, bevor sie mit der Alveolarwand in Berührung kommt. Ob es für den Wärmehaushalt viel ausmacht, wenn die Wärmeabgabe von der Lunge halbiert oder verdoppelt wird, mag dahingestellt sein. Bei einem Gesamtstoffwechsel von 2700 Kalorien beträgt der Wärmeverlust an den Lungen kaum 500 Kalorien durch Erwärmung der Atmungsluft und durch Wasserverdampfung. Aber die Wirkung der Temperatur und die sonstige Beschaffenheit der Luft auf die Alveolarwände ist ganz unabhängig davon. Man mag die schützende Wirkung der Nase recht hoch einschätzen. An ihrer Schleimhaut wird die eingeatmete Luft vorgewärmt, mit Wasserdampf ziemlich gesättigt und entstaubt. Die Vorwärmung hat aber bei sehr niedriger Lufttemperatur wohl ihre Grenzen, gegen Überhitzung wird überhaupt kaum etwas geholfen. Das Alveolarepithel wäre verloren, wenn nicht Residualluft und Reserveluft da wären und die Einwirkung der Atemluft nicht nur verlangsamten, sondern auch in sehr erheblichem Grad abschwächten. Überlegen wir uns, was geschieht, wenn frische Atmungsluft eingeatmet wird und dann in die Lungen einströmt!

Bei einem gewöhnlichen Atemzug von einer Menge von 500 ccm schiebt sie die Luft, die sie in den nicht respirierenden Teilen, der Trachea und den Bronchien, findet, vor sich her. Das ist der „schädliche Raum", mit dem man für den Gaswechsel bei der Atmung unweigerlich rechnen muſs. Von der neuen Atmungsluft mögen 300 ccm wirklich bis in die Lungen kommen. Dort sind aber schon 1200 ccm Residualluft und 1600 ccm Reserveluft, im ganzen 2800 ccm. Ein Ausgleich damit wird den Stickstoff so gut wie gar nicht betreffen, denn der Partialdruck des Stickstoffs ist in der Residualluft und in der Reserveluft geradeso hoch wie in der äuſseren Luft. Dagegen ist der Partialdruck des Sauerstoffs in der äuſseren, soeben eingeatmeten Luft gröſser, der Partialdruck der Kohlensäure und der Druck des Wasserdampfes geringer als in der im Brustkorb von dem vergangenen Atemzug zurückgebliebenen Luftmenge. Es soll aber, um auch die äufserste Möglichkeit zu erschöpfen, beim Eindringen der Atmungsluft in die Alveolen eine vollkommene innige Mischung mit der schon dort befindlichen Luft eingetreten sein. Dann ist die Alveolenwand immer erst mit einer Mischung von frischer und alter Luft in Berührung. Die Mischung vollzieht sich im Verhältnis von 2800 zu 300 oder rund von 8 zu 1. Der „Ventilationskoeffizient" beträgt also etwa ein Neuntel. Das ist für den Gasaustausch in den Lungen wichtig, ist es aber auch dafür, dafs alles, was an der Atmungsluft schädlich für das respirierende Lungengewebe ist, nur in ebendieser Verdünnung angreifen kann. Hierher gehören auch Trockenheit und Temperatur der eingeatmeten Luft.

Wenn die Innenluft eine Temperatur von 37⁰ hat und es wird Luft von 100⁰ eingeatmet, durch deren Berührung das Blut sofort gerinnen müfste, so bekommt die Mischung mit der Residualluft und Reserveluft die viel erträglichere Temperatur von etwa 50⁰. Dazu kommt dann noch der Temperaturausgleich durch frisch nachströmendes Blut. Während der nachfolgenden Ausatmung wird dies hinreichen, um den zurückbleibenden Rest auf Körpertemperatur zu bringen und mit Wasserdampf wieder zu sättigen.

Es ist selbstverständlich, dafs der gleiche Schutz der Verdünnung sich auch gegenüber giftigen Dämpfen oder Gasen geltend machen mufs, die vielleicht in der Atmungsluft enthalten sind. Diesen Schutz gewährt die Residualluft unter allen Umständen. Sie wird darin sehr wesentlich unterstützt durch die Anwesenheit der Reserveluft. Durch die Residualluft würden die 300 ccm neu eingetretener Atmungsluft nur auf etwa ein Viertel verdünnt werden. Ein tieferer Atemzug würde das Verhältnis noch weiter verschlechtern. Man kann bekanntlich willkürlich oder aus Atemnot auch tiefer einatmen als gewöhnlich.

Äußerstenfalls kann man dabei noch die ganze „Komplementärluft" in einer Menge von rund 1500 ccm einatmen. Dann strömen den Alveolen 2800 ccm neuer Luft zu, um dort mit den zurückgebliebenen 2800 ccm verdünnt zu werden im Verhältnis von 1:1, auf die Hälfte also. Dazu kommt aber jetzt der weitere ungünstige Umstand, daß bei angestrengter Atmung nie die Komplementärluft allein zur Hilfe herangezogen wird; die Einatmung allein wird nicht verstärkt, sondern allemal auch die Ausatmung. Die Lunge wird dabei möglichst entleert, auch die Reserveluft wird ausgeatmet und nur die Residualluft bleibt als letzter Schutz an der Lungenoberfläche in den Alveolen zurück. Das wären 1200 ccm gegen 3500 ccm. Die Verdünnung würde nur etwa 23/17 betragen, immerhin besser als gar nichts; die Residualluft bleibt eben immer auf ihrem Posten. Man sieht aber leicht, wie sehr sie in ihrer Wirkung von der Reserveluft unterstützt wird und wie wichtig es ist, nur möglichst seicht und oberflächlich zu atmen, wenn die äußere Luft sehr hoch oder sehr niedrig temperiert ist oder wenn sie schädliche Bestandteile enthält.

Dieser natürliche Schutz von seiten der Residualluft hat auch selbstverständlich seine Grenzen. Es ist schon gut, zu wissen, wie man der Qual des Feuertodes sich entziehen kann. Ein einziger tiefer Atemzug, der die Flamme mit offenem Munde einzieht, endet sofort und sicher alle Pein.

Vorübergehend kann man sich wohl einigermaßen gegen die Einatmung zu kalter oder zu heißer Luft schützen. Wichtig ist es schon, in der Kälte nur durch die Nase zu atmen und ihren Schutz möglichst auszunützen. Man kann sich ein Tuch vor Mund und Nase halten, das durch die ausgeatmete Luft von selbst warm und feucht gehalten bleibt. Weil die Luft da einigen Widerstand erfährt, so wird dadurch ihre Geschwindigkeit einigermaßen vermindert und sie gewinnt Zeit, sich mit der Residualluft gehörig zu mischen, und der Ausgleich der Temperatur in den Alveolen geschieht in längerer Zeit und so auf weniger schädliche Weise. Muſs man einen Raum mit sehr hoher Temperatur durcheilen, an einem Brandherd vorüber z. B., so pflegt man bekanntlich, wenn es geht, Mund und Nase durch ein nasses Tuch zu verwahren, ganz mit Recht, denn damit gelingt es, wenigstens für ein paar Augenblicke, die eingeatmete Luft abzukühlen, auſserdem verlangsamt man auch damit den eingeatmeten Luftstrom.

Von einer Abhärtung gegen solche Luftschäden weiſs man nichts, es kann auch keine Rede davon sein, nur von einer Gewöhnung könnte man vielleicht sprechen. Sie bestünde aber nur darin, zu Zeiten der Gefahr vernünftig, d. h. oberflächlich und dabei möglichst gleichmäſsig zu atmen. Das Gefühl der Atemnot soll dabei nicht aufkommen, weil es schlieſslich doch zu tiefen Atemzügen ganz unweigerlich zwingen würde, und die sollen unter allen Umständen verhütet werden. Wer im Krieg eine Gasmaske getragen hat, weiſs, daſs man in dieser Hinsicht viel leisten kann, viel mehr als man im Anfang geglaubt hätte. Ganz vernünftig und beherzigenswert ist der Rat, in strenger Kälte nicht zuviel zu sprechen, nicht zu laufen, besonders bei trockenen und kalten Ostwinden, Ratschläge, die den Kindern immer wieder eingeschärft und so wenig oder so kurze Zeit befolgt werden. Ein Glück, daſs auch die Kinder eine Residualluft haben!

Der Einfluß der Feuchtigkeit.

auf des Menschen Gesundheit und sein Wohlbefinden steht auſser Zweifel fest. Aber wir sind noch sehr weit davon entfernt, die festgestellten Tatsachen auch wirklich zu verstehen. Man kann sich wohl Rechenschaft davon geben, wie vermehrter oder verminderter Wassergehalt der Luft die physikalischen Bedingungen in der Umgebung des Men-

schen ändert, aber wie der Mensch darauf reagiert, das ist
uns zum gröfsten Teil noch ganz dunkel. Eines steht aber
fest: Von gröfstem Einflufs ist nicht sowohl der Wassergehalt der Luft an sich, nicht die Menge von Wasser, die augenblicklich in der Volumeinheit Luft enthalten ist, sondern
diese Menge im Verhältnis zu der, die die Luft bei der herrschenden Temperatur gerade aufnehmen könnte. Nicht die
absolute Feuchtigkeit der Luft ist für den Menschen wichtig,
sondern die relative. Nicht mit Unrecht hat man gesagt,
dafs für das Wohlbefinden des Menschen der Stand des
feuchten Thermometers viel wichtiger sei als der des
trockenen, um anzudeuten, dafs auch die Wirkung der Temperatur in hervorragendem Mafs vom Wassergehalt der
Luft abhängig ist. An der Tatsache ist nicht zu zweifeln. Ein
jeder kennt das Gefühl, das man bei schwülem Wetter
bekommt, d. h. wenn zugleich mit hoher Lufttemperatur
der Taupunkt hoch liegt, die relative Feuchtigkeit grofs
ist. Das Gefühl der Hitze, der lästigen Hitze, der Überhitzung macht sich um so mehr geltend, je gröfser die relative Feuchtigkeit dabei ist, dann werden Temperaturen un-
bequem, die nicht einmal sehr hoch liegen und die bei
trockener Luft sehr wohl mit Behagen empfunden werden
würden. Da ist man mit einem physikalischen, einleuchten-
den Grund gleich bei der Hand: Je feuchter die Luft ist,
desto geringer fällt die Verdunstung der Feuchtigkeit an
der Haut aus, und damit ist ein sehr wichtiger Weg, auf
dem vom Körper die von ihm gebildete Wärme angebracht
wird, mehr oder minder versperrt. Das zeigt sich ja, indem die Haut einen starken Schweifsausbruch darbietet,
der Schweifs bedeckt grofse Flächen der Haut, er fällt in
Tropfen herab, eben weil er nicht verdunsten kann, und
er kann es nicht, weil eben die Luft zu feucht ist. Nun ist
die Anwesenheit von Schweifströpfchen an und für sich
etwas Unangenehmes. Aber das ist es gewifs nicht allein,

was die Veränderung des Allgemeingefühls in solchen Fällen verschuldet. Diese Veränderung macht sich nicht nur im Gefühl der Hitze an der Haut geltend, was man ja wieder gut begreifen könnte, sondern auch in einer allgemeinen Schlaffheit und Ermüdung, geringer Lust zu irgendeiner Arbeit, zu körperlicher sowohl, die ja mehr Wärme erzeugt, wie auch zu geistiger, bei der das nicht zutrifft, um so unbegreiflicher bei dieser.

Die Nervensubstanz soll durch Wasseraufnahme schlechter leitend werden. Und dahin soll es bei schwüler Witterung kommen, wenn zugleich mit starker Schweißsbildung die Verdunstung geringer wird. Damit müßten dem Menschen weniger und schwächere Reize zugeleitet werden als sonst, und so soll sich die Müdigkeit, die Schlaffheit und Trägheit erklären. Näher läßt sich aber diese Annahme nicht begründen. Es läßt sich auch schwer begreifen, wie die Nerven, die sowieso in lauter feuchte Gewebe eingebettet sind, noch feuchter werden sollen. Vielleicht handelt es sich nur um eine Steigerung der Innentemperatur, wie sie dem Hitzschlag vorausgeht, nur geringeren Grades; die Erscheinungen bei diesem vor der Katastrophe sind mit ihrer Teilnahmslosigkeit und Schläfrigkeit auch nicht viel anders, als bei der Einwirkung von Hitze mit Schwüle zusammen. Und gerade die schwüle Hitze ist es ja, die bezüglich des Hitzschlags als besonders gefährlich angesehen wird. Zur Stütze dieser Ansicht fehlt nicht viel mehr als der Nachweis dieser geforderten Erhöhung der Eigentemperatur. Aber der fehlt eben. Und das gerade Gegenstück wäre auch noch nicht erklärt. Die Beobachtung besteht nämlich ebenso zu Recht, daß trockene Luft auf den ganzen Menschen einen erfrischenden, zur Tätigkeit anregenden Einfluß ausübt. Da kann es sich doch nicht gut um Erniedrigung der Körperwärme handeln. Hier ist eigentlich noch alles dunkel. Am ehesten könnte

man daran denken — aber auch das ist lediglich nur eine
noch nicht zu begründende Meinung —, daſs es sich um
Änderung der kolloidalen Beschaffenheit der Gewebe handeln möge, im Sinn einer Quellung. Damit wäre wieder
auf die gröſsere Feuchtigkeit der Nerven zurückgegriffen,
nur in etwas modernerem Gewand.

Aber auch bei niedrigen Temperaturen spielt der Stand
des feuchten Thermometers gegenüber der Lufttemperatur, wie sie das trockene Thermometer anzeigt, die wich-
tigere Rolle. Es ist allgemein bekannt, wieviel unangenehmer die Kälte an nassen Tagen empfunden, wieviel
leichter ein klarer Wintertag ertragen wird, wenn die Luft
recht trocken ist. Wir haben gesehen, daſs im Winter die
absolute Feuchtigkeit sehr gering ist, die relative aber ist
oft recht groſs. Die kalte Luft braucht nicht viel Wasser
bis zur Sättigung, und der Taupunkt liegt oft nicht weit
unter dem Stand des trockenen Thermometers. Freilich
spielt noch manches andere mit, dahinzielend, daſs die
Menschen an heiteren Wintertagen im ganzen auch heite-
rer Stimmung sind und vielleicht schon aus diesem Grund
den Einfluſs der Kälte leichter und williger ertragen. Der
Winter ist des Menschen Freund nicht, aber nichtsdestoweniger hat auch eine Winterlandschaft ihre Reize, mit
ihren in der Sonne glänzenden Schnee- und Eisflächen, mit
ihren wie überzuckerten, vom Rauhfrost überkleideten
Ästen und Zweigen. Dazu kommt noch die Sehnsucht des
Menschen nach Licht, das leider an so vielen Wintertagen entbehrt werden muſs. Das wären Gründe genug,
daſs sich die Menschen an klaren Frosttagen behaglicher
fühlen als an trüben mit ihrem drückend niederen Himmel. Ich glaube aber nicht, daſs sich die Sache so einfach
erklärt. Die gewöhnlichste Selbstbeobachtung lehrt doch zu
deutlich den Unterschied des Gefühls: dann wenn schar-
fer trockener Frost einwirkt und dann, wenn es naſskal-

tes Wetter ist. Zum Teil mag die Ursache darin zu finden sein, daſs mit gröſserer Feuchtigkeit die Leitungsfähigkeit der Luft für Wärme zunimmt. Aber noch mehr, auch die Leitungsfähigkeit der Kleider, was für den Europäer noch bedeutungsvoller ist, wird durch nasse Kälte entschieden gehoben. Gerade im Winter setzt sich die Feuchtigkeit in den Kleidern fest, in den Haaren der Gespinnste, dem Rauhwerk usw. Das Wasser bleibt dort lang haften, weil es entweder an Ort und Stelle gefriert, oder wenigstens nur sehr langsam verdunstet, da die Luft kalt ist und zudem mit Wasserdampf nahezu gesättigt. Das Sättigungsdefizit ist an Wintertagen sehr klein, was bekanntlich auch die Hausfrauen lebhaft beklagen, wenn ihre Wäsche nicht trocken werden will.

Zu Erkältungen führt naſskaltes Wetter erfahrungsgemäſs viel leichter als trockene, wenn auch stärkere Kälte. Zum Teil mag der Umstand dazu beitragen, daſs die Wiedererwärmung nach Einwirkung der Kälte schwerer gelingt, wenn der Körper oder die Kleidung naſs geworden sind, eben weil nichts rasch trocknen will, und wir sahen ja, daſs in der Frage der Erkältung es weniger auf den Grad der Abkühlung ankommt, als auf ihre Dauer. Es ist aber gar nicht ausgeschlossen, daſs die Häufung der Erkältungskrankheiten, namentlich der Katarrhe, auf etwas ganz anderem beruht, als auf dem Verhalten des Menschen. Denkbar ist es zum wenigsten, daſs die Erreger der Krankheit auſserhalb des Menschen bei feuchter Witterung ihr Fortkommen besser finden und sich schneller vermehren können als bei trockenem und scharfem Frost. Ich denke hier vornehmlich an die Influenza. In Petersburg schlug im Winter 1786 die starke Kälte in e i n e r Nacht in Tauwetter um, und mit e i n e m Schlag erkrankten 40000 Menschen zugleich an Influenza. Das läſst sich doch wohl nicht durch Ansteckung von Person zu Person erklären,

sondern nur begreifen, wenn man eine Krankheitsursache
annimmt, die sich außerhalb des menschlichen Körpers
entwickelt und höchst wahrscheinlich durch die Luft verbreitet wird.

Immer wieder wird, wie gesagt, und nicht nur im Volk,
die Meinung vertreten, daß Erkältungen ganz besonders
leicht zu krankhaften Störungen führen, wenn sie mit gleichzeitiger Durchnässung einhergehen. Und dabei werden
noch manche besondere Krankheiten hervorgehoben, bei
denen das zutreffen soll. Vornehmlich gilt auch die Nephritis als ein Beispiel, bei dem man die Erkältung als Krankheitsursache nicht ablehnen kann, und bei dem in erster
Reihe die Formen, die auf Erkältung und gleichzeitiger
Durchnässung beruhen, sich durch frühzeitige und starke
Wassersucht auszeichnen sollen. Die Richtigkeit der Beobachtungen vorausgesetzt, wäre dabei zweierlei möglich.
Die Nephritis könnte durch die Erkältung herbeigeführt
worden sein. Namentlich von der subchronischen Nephritis,
der breiten weißen Niere, wird dies vielfach angenommen. Dann wäre die Wassersucht einfach die Folge des
Nierenleidens, denn so ziemlich jede große weiße oder
große bunte Niere führt zu Hydrops. Und zu untersuchen wäre nur noch, ob die Erkältung als solche sich wirksamer und schädlicher erweist, wenn zugleich auch eine
Durchnässung des Körpers stattfindet. Undenkbar ist das
keineswegs. Wenn wir schon zu der Annahme gezwungen
sind, daß eine Erkältung um so schädlicher zu sein scheint,
je länger sie währt, und daß dies sogar mehr ins Gewicht
fällt als eine besonders tiefe Temperatur, so stimmt das
mit der Art, wie die Durchnässung angreift, recht wohl.
Die Temperatur kann nicht zu den allertiefsten gehören,
denn bei 0° gefriert ja das Wasser, und vom Schnee wird
man nicht naß, bevor er geschmolzen ist. Dafür dauert
die Kältewirkung so lang an, bis der Körper zuerst trocken

und dann erst wieder warm geworden ist. So wäre es
wohl verständlich, warum gerade die Durchnässung im
Verein mit Erkältung gefürchtet wird. Eine andere Meinung bezüglich der Nephritis geht dahin, daſs eine schon
bestehende Nierenentzündung, gleichviel wodurch sie hervorgerufen sein mag, zur Hautwassersucht ganz besonders geneigt mache, wenn zugleich die Kapillaren der
Haut geschädigt seien. Auch das läſst sich hören, und
man braucht nur an die Scharlachnephritis zu denken,
um gleich ein Beispiel dafür zu haben. Es ist richtig,
die akuten Nierenentzündungen, die bei jeder Infektionskrankheit auftreten können, führen bei keiner so oft zur
Wassersucht wie gerade beim Scharlach. Wie man annimmt, eben weil durch das Exanthem die Haut mehr
oder weniger geschädigt ist, wie ja schon die starke Abschuppung zeigt. Anderseits geht aber nicht jede Scharlachnephritis mit Wassersucht einher; bei einer nicht zu
kleinen Zahl von Glomerulonephritis bleibt sie aus, die
Krankheit endet unter urämischen Erscheinungen tödlich
oder heilt auch aus, ohne daſs es jemals zur wassersüch-
tigen Anschwellung gekommen wäre. Und noch eine Frage: Wie verhält es sich mit den serösen Häuten. Das Ana-
sarka wäre ja noch das wenigste, die Hauptsache, an der
so viel Kranke ja schlieſslich zugrundegehen, ist doch der
Höhlenhydrops, der Aszites, der Hydrothorax, das Hydro-
perikardium. Die serösen Häute mögen durch die Grund-
krankheit geschädigt sein, obwohl man darüber gar nichts
näheres weiſs, aber man kann sich doch nicht vorstellen,
daſs die serösen Häute durch eine Erkältung und Durchnässung einen noch weiteren örtlichen Eingriff erlitten
haben. Ignoramus! Aber deswegen geht es noch nicht an,
die aus der Erfahrung vorliegenden Tatsachen zu leugnen,
solang es nicht gelingt, die Beobachtungen als irrtümlich
zu erweisen oder darzulegen, daſs nach den Regeln der

Wahrscheinlichkeitsrechnung die Beobachtungen an Zahl und Sicherheit noch nicht genügen, um darauf bestimmte Schlüsse aufzubauen, an die man glauben soll. Leider hat es damit bei dem dermaligen Zustand der klinischen Medizin, in der es bezüglich der Wichtigkeit solcher Untersuchungen auf rechnerischem Weg noch nicht einmal gedämmert hat, gute Wege.

Einstweilen müssen wir eben bei dem stehen bleiben, was allenfalls noch verständlich erscheint oder selbst einleuchtend im besten Fall. Und da kann man nach dem, was wir soeben gehört haben, sich wohl damit abfinden, daſs in der Tat auch die Feuchtigkeit der Luft, und zwar wieder die r e l a t i v e, der Stand des feuchten Thermometers auch bei der Erkältung eine wichtige Rolle spielen mag. Namentlich für die Krankheitsgruppe der Rheumatismen möchte ich meine persönliche Meinung dahin aussprechen, daſs der Einfluſs von immer wiederkehrenden Durchnässungen, wenn er nicht die Krankheit zu allererst herbeiführt, dann sie doch in ihrem Verlauf sehr ungünstig beeinflussen kann, und namentlich, man kann fast sagen sicher, bei Rückfällen eine ungemein wichtige Rolle spielt. Ein Ding, das bei der Berufswahl, bei der Wahl des Aufenthaltsortes, der Wahl der Wohnung bei allen denen, die an Rheumatismen je litten oder noch leiden, von der allergröſsten Bedeutung ist. Im Abschnitt über das Klima müssen wir noch einmal davon sprechen.

In naher Verwandtschaft dazu, freilich viel harmloser, steht die Wirkung der Luftfeuchtigkeit auf Horngebilde der Haut, vielleicht auch auf etwas tieferliegende Teile des Bindegewebsapparats, wie namentlich des Narbengewebs. Das ist eine alte Erfahrung, über deren Wirklichkeit man nicht mehr streiten kann, daſs die Hühneraugen im Frühjahr weh tun, und zwar allgemein, möchte man sagen. Dank persönlicher Eitelkeit, dank auch der Notlage des einzel-

nen, der sich kein gut passendes Schuhwerk kaufen kann,
dank nicht in letzter Reihe der eigensinnigen oder unfä-
higen Schuster, sind die Hühneraugen und sonstigen
Schwielen und harten Stellen an den Füſsen offenbar sehr
häufig. Braucht man ja doch nur im Frühjahr durch ein
paar Straſsen zu gehen, so sieht man, wie namentlich ältere
Herren und Frauen sich langsam einherbewegen, wahrhaftig nicht ihrer Würde wegen, wie die Sorgfalt zeigt, mit
der sie jeden breiten glatten Stein im Pflaster und mit
Vorliebe den ebenen und glatten Bürgersteig aufsuchen.
Möglich, daſs es sich um Quellung der Horngebilde handelt, was die Schwellung und damit die oft sehr heftigen
Schmerzen an den Clavi herbeiführt. Wie hygroskopisch
Horngebilde sind, das ist bekannt, beruht ja die Verwendung des entfetteten Haares als Hygrometer eben darauf.
So einleuchtend diese Erklärung auch auf den ersten Blick
erscheint — sie wird wohl von allen geteilt — so kann
ich sie doch nicht ohne einige Bedenken hinnehmen. Wäre
sie richtig, so käme als einfachstes und ganz sicher wir-
kendes Hühneraugenmittel die Einfettung des Schadens
in Betracht. Dann könnte die Luft so feucht sein, wie sie
wollte, das Hühnerauge könnte kein Wasser anziehen und
könnte also auch nicht quellen und weh tun. Eine andere
Erklärung läge vielleicht ebenso nahe. Mit Eintritt der
nicht nur feuchtern, sondern doch auch wärmern Früh-
jahrswitterung werden die Füſse unzweifelhaft dicker;
wenn man auch nicht von einem Ödem sprechen kann,
gedunsen sind sie im Vergleich zur Winterszeit entschieden. Ist schon einmal eine Vorwölbung, eben die harte
Haut, der Clavus, da, so wird diese Stelle mehr gedrückt,
als die Umgebung und mehr als im Winter. Der Druck aber
ist es, der den Clavus erzeugt hat und unterhält, er steigert die Empfindlichkeit und veranlaſst weiteres Wachs-
tum. Oder sollte es doch wahr sein, daſs auch im Innern

die Feuchtigkeit zu- und abnehmen kann, je nachdem die Verdunstung an der Haut ab- oder zunimmt? Fast sollte man es meinen, wenn man die Angaben der Leute berücksichtigt, die an den Stellen einer alten Narbe einen sogenannten „Barometer" haben und aus den Schmerzen, die sich noch lang nach abgeschlossener Heilung ab und zu einstellen, den Umschlag des Wetters vorhersagen, meistens wenn es schlechter werden will. Eine gewisse Stütze finden diese Angaben darin, dafs dem Eintritt schlechten Wetters ein Steigen der relativen Feuchtigkeit schon voranzugehen pflegt. Damit wäre Einschränkung der Verdunstung, gröfsere Feuchtigkeit der Gewebe möglicherweise verknüpft, und das Quellen des Bindegewebes erzeugt dann die Schmerzen. Ist es dann mit der Synovia anders? Ich halte den Zusammenhang des Wetters, namentlich des nassen Wetters, mit den Beschwerden der Rheumatiker für zweifellos, aber ich vermag keine Erklärung dafür zu geben. Dafs es beim Gelenksapparat nicht mit einer Feuchtigkeitszunahme getan ist, kann wohl als sicher gelten, wie sollte die feuchte Synovia noch feuchter werden können? Wie man sieht, lassen sich wohl manche Schäden feststellen, die durch zu grofse Feuchtigkeit der Luft, auch durch unmittelbare Einwirkung der Nässe auf den Körper herbeigeführt werden können, wenn man nur die Ergebnisse von, man kann sagen, tausendfältiger Erfahrung berücksichtigt, aber mit einer Erklärung hat es noch gute Wege. Auch hier erhoffe ich mir Aufschlufs vom weiteren Ausbau der Kolloidchemie; aber ob er bald oder spät, oder ob er überhaupt kommen wird, das weifs der Himmel.

Wenn wir uns jetzt zum

Einfluß des Windes auf den Menschen

wenden, so liegen da die Sachen wesentlich einfacher. Es

kommen hier zunächst nur mechanische Verhältnisse in Betracht, die sich leicht übersehen lassen.

Die unmittelbarste Gefahr, die freilich in unsern Breiten nicht oft verwirklicht ist, besteht darin, daſs der Mensch vom Wind umgeworfen wird und so zu Schaden kommt. Damit dieses Ereignis eintritt, muſs bei gegebenem Körpergewicht und gegebener Gröſse der Basis, mit der der Mensch den Boden berührt, der Wind eine bestimmte Stärke haben. Sehen wir einstweilen von den Gegenmaſsregeln ab, die der Gefährdete treffen kann, und stellen uns vor, der Mensch stehe gerade mit geschlossenen Füſsen und starr gehaltenem Körper senkrecht da. Durch seinen Schwerpunkt denken wir uns eine senkrechte Gerade gezogen. Sie treffe den Fuſsboden in der Mitte zwischen den Füſsen. Dann steht ihr Fuſspunkt ungefähr 15 cm von der vorderen Kante, um die der Wind den Körper drehen will, und über welche hinaus der Fuſspunkt der Schwerlinie nicht fallen darf, ohne daſs der Körper nach vorn umfällt. Die hintere Kante befindet sich um 15 cm weiter hinten als der Mittelpunkt der Füſse, ihre Überschreitung bedeutet Umkippen des Körpers nach hinten. Wenn der Wind gerade von rückwärts kommt, so will er den Körper um die vordere Kante der Basis drehen und den Körper nach vorn umwerfen; wenn er von vorn kommt, dann ist es umgekehrt. Mit dem letzteren Fall wollen wir uns beschäftigen. Den Angriffspunkt der Schwerkraft können wir uns in den Schwerpunkt des Körpers verlegt denken. Er wird im Rumpf liegen, wohl ungefähr etwas über der Hälfte der Körperlänge. Diese liegt nicht, wie oft angegeben, in Nabelhöhe, sondern darunter, ungefähr am oberen Rand des Schambeins. Den Schwerpunkt kann man wohl ohne groſsen Fehler in Nabelhöhe verlegen, bei einer Körperlänge von 170 cm ungefähr in die Höhe von 90 cm. Die Schwerkraft zieht bei einem

Körpergewicht von 70 kg mit diesem Gewicht entsprechender Kraft in der Richtigkeit gerade nach unten, am Schwerpunkt angreifend, wirkt also mit einem Gewicht von 70 kg an einen Hebelarm von 15 cm an der Linie, die durch die vordere Kante der Basis gerade nach unten gezogen wird.

Es komme nun ein Wind gerade von hinten. Seine Wirkung greift nicht am Schwerpunkt des Körpers, sondern am Schwerpunkt der Oberfläche an, der wie bemerkt 90 cm über dem Boden liegen soll. Der Wind ist bestrebt, den ganzen Körper um die vordere Kante der Basis zu drehen. Seine Kraft wirkt dabei an dem Hebelarm von 90 cm Länge. Der Druck des Windes läfst sich berechnen, wenn man das Gewicht γ der Volumeinheit der Luft kennt, dann die Gröfse der Fläche a, auf die der Wind wirkt, und die Geschwindigkeit c des Windes.

$$P = \frac{\alpha\,\gamma}{g}\,c^2$$

Die Standfestigkeit des Körpers, der umgeworfen werden soll, berechnet sich aus dem Körpergewicht und dem Hebelarm, an dem die Schwere angreift, um die Drehung um die vordere Kante der Basis zu verhindern. Wenn beide Kräfte gleich stark wirken, das Gewicht mit seinem Hebelarm von 15 cm und der Druck des Windes mit seinem Hebelarm von 90 cm, dann steht der Körper gerade noch, er befindet sich im labilen Gleichgewicht insofern, als die geringste Erhöhung der Windgeschwindigkeit das Überkippen nach vorn bewirken mufs oder, sagen wir vorsichtigerweise, er mufs bewirken, dafs die Fersen gehoben werden, der Mensch nicht mehr mit ganzem Fufs dasteht und seine Schwerlinie schon um eine Spur nach vorn geneigt ist. Es müssen dann die Gleichungen erfüllt sein:

$$90\,P = 15\,G, \quad c^2 = \frac{Pg}{\alpha\gamma}$$

Hieraus ergibt sich der Eintritt des labilen Gleichge-

wichts, wenn der Wind eine Geschwindigkeit von 9,4 m/sek
hat. Für den Fall, daſs der Mensch auf diesen Wind
vorbereitet war, kann er durch Hintenüberneigen seinen
Schwerpunkt so weit nach hinten verlegen, daſs die durch
ihn gelegte Senkrechte gerade noch die hintere Kante seiner Basis trifft. Weiter geht es nicht, weil sonst der Körper nach hinten umkippen müſste, solang der Wind nicht
geht. Auch für diesen Fall soll die Rechnung durchgeführt
werden; sie ist kinderleicht, man braucht für den Hebelarm der Schwerkraft nur die Zahl 30 statt 15 in die
obige Formel einzuführen und erhält dann für die Windgeschwindigkeit die Zahl von 16,3 m/sek. Eine solche Geschwindigkeit genügt also, um ein Heben der Fersen zu
bewirken. Ob das weiter zum Umfallen hinreicht, ist
damit noch nicht gesagt. Je mehr der Körper durch den
Wind geneigt wird, unter einem um so spitzeren Winkel
greift er an der Körperoberfläche an, und damit sinkt seine Wirkung proportional dem Sinus des Einfallwinkels.
Man sollte meinen, daſs die kaum gehobenen Fersen gleich
wieder den Boden berühren müſsten, weil die Wirkung
des Windes mit ihrer Erhebung und der Neigung des Körpers nach vorn sofort abnimmt, und daſs eine weit gröſsere Windgeschwindigkeit dazu gehört, um mehr als ein
Wackeln zu bewirken und den Körper wirklich umzuwerfen. Aber mit der Neigung des Körpers geschieht noch
etwas. Die durch den Schwerpunkt gezogene Senkrechte
trifft den Boden nicht mehr in einer Entfernung von 15 cm
von der vorderen Kante dem Boden, sondern der Kante
näher. Also auch der Hebelarm, an dem die Schwerkraft
angreift, ist kleiner geworden, und es fragt sich nur, was
stärker wirkt: die Verkürzung des Hebelarms des Wind-
drucks oder die der Schwerkraft.

Auch ohne Differentialrechnung, mit der es eine Kleinigkeit ist, kann man sich Klarheit darüber verschaffen,

was geschehen wird, wenn der Körper sich nach vorne neigt. Zu diesem Zweck betrachten wir uns die Grenzfälle, die eintreten, wenn der Körper sich neigt. Die Wirkung des Windes, wie stark er sein mag, wird gleich Null, wenn er die Oberfläche nur tangiert, wenn der Körper also sich um 90⁰ geneigt hat, wenn er also horizontal daliegt. Der Hebelarm der Schwerkraft wird aber schon viel früher gleich Null, wenn der Schwerpunkt gerade senkrecht über der vorderen Kante der Basis liegt. Das geschieht offenbar viel früher, als die Wirkung des Windes aufhört, die der Schwerkraft muſs viel eher ins Hintertreffen kommen. Man kann also sagen, daſs mit Hebung der Fersen, oder richtiger hinteren Kante der Basis das Schicksal des Körpers entschieden ist, er muſs nach vorn umfallen bei einer Geschwindigkeit von 9,4, wenn er wie gewöhnlich auf der Mitte der Füſse steht, bei einer von 16,3 m/sek, falls er sich auf den Windstoſs vorbereiten konnte und seinen Schwerpunkt möglichst weit nach hinten verlegte. Mehr aber kann bis dahin kein Mensch tun. Vor allem ist seine Körperkraft ganz gleichgültig, der Stärkste und der Schwächste werden vom gleichen Wind umgeworfen, nur das Körpergewicht und die Gröſse der Basis kommt für die Standfestigkeit in Betracht. Die vom Wind getroffene Fläche ist bei seitlichem Wind kleiner, und deswegen allein muſs ein solcher Wind stärker sein, wenn er den Menschen umwerfen soll, als wenn er gerade von vorn oder hinten kommt. Wenn nun erfahrungsgemäſs ein Wind von immerhin nicht allzu groſser Geschwindigkeit, wie wir ihn wohl in jedem Jahr erleben, den Menschen nicht umzuwerfen pflegt, so hat das seinen Grund darin, daſs der Bedrohte durch lange Gewohnheit seine Gegenmaſsregeln ergreift, schlieſslich geradezu reflektorisch, die die Standfestigkeit erhöhen. Das geschieht durch Vergröſserung der Basis und Verlegung des Schwerpunkts, Vorstrecken des Beins, Neigung des Körpers sind diese Maßregeln. Das geschieht leichter nach vorn als nach hinten, und deswegen wirft der Wind, der von vorn kommt, leichter um als der von hinten. Immerhin kann auch der vom Rücken her blasende das Vorwärtsverlegen des Schwerpunkts immer und immer wieder verlangen, so daß der Mensch sich nur noch durch fortwährendes Vorwärtsfallen, also durch Laufen mit dem Wind, vor dem Sturz bewahren kann. Dieses Fortgewehtwerden durch den Wind kann auch zu Unglücksfällen führen, wenn der Weg an einen gefährlichen Ort, ans Wasser, einen Abgrund usw. führt. Daß der Mensch dabei an eine Wand geworfen wird und dort Schaden leidet, ist nicht zu fürchten, weil der Wind selber an der Wand eine Luftverdichtung herbeiführt, die seine Geschwindigkeit abschwächt, und so kommt der Mensch wohl allemal, bevor er an die Wand stößt, zum Einhalten. Stetige Winde wehen den Menschen leichter fort, böige werfen ihn leichter um.

Von den Unfällen, die durch Beschädigung von Baulichkeiten, fallenden Bäumen usw. herbeigeführt werden, von den Unglücksfällen zur See, aber auch gar nicht so selten auf Binnengewässern, braucht kein Wort geredet zu werden. Bekannt sind sie genug und besser wäre es bestellt, wenn die Menschen etwas mehr, nicht nur vom Segeln, wenn sie es doch einmal unternehmen wollen, sondern auch etwas mehr vom Wetter verstünden und von den Zeichen, die namentlich dem Ausbruch von Gewittern vorangehen. Denn die Unglücksfälle, die bei Vergnügungsfahrten entstehen, ereignen sich allermeist bei den ersten Böen, die einen Gewittersturm einleiten.

Die allerheftigsten Wirbelstürme, die den größten Schaden am Besitze des Menschen nicht nur, sondern auch an Menschenleben im Gefolge haben, die ins Große gehen, kommen bei uns kaum je, dafür in tropischen Gegenden gar nicht so sehr selten vor und fallen für die Sterblichkeit in manchen Jahren und Gegenden ins Gewicht. Ein ungefährlicher, immerhin heftiger Gegenwind macht sich schon recht bemerklich und erschwert nicht nur dem Fußgänger, sondern auch Fahrzeugen aller Art das Vorwärtskommen. Selbst Zugsverspätungen der Eisenbahnen durch starken Gegenwind sind nichts Unerhörtes. Wie schwer es ist, sich gegen den Wind, wenn er stark bläst, vorwärtszukämpfen, hat wohl jeder selbst schon verspürt. Ich erinnere mich wohl eines heftigen Schneesturms mit einem so außerordentlich starken Wind, daß ich mich der Mühe ordentlich schämte, die es mich kostete, ihm Herr zu werden, und wo ich es mir überlegte, ob ich nicht auf dem Heimweg in einem nahen Bahnwärterhäuschen Obdach und Schutz suchen sollte, da ich am Fortkommen schier verzweifelte, was ich aber doch für eine zu große Schande ansah. Denn gerade diente ich mein halbes Jahr mit der Waffe, traute mir was zu und durfte es auch. Und doch mußte ich alle paar Schritte haltmachen, das Gesicht vom Wind abkehren, um nur Luft zu bekommen. Zu Hause angekommen, sah ich durchs Fenster, wie Fabrikarbeiter in Reihen vom Wind in den Schnee gelegt wurden. Nicht ohne Grund erwähne ich dies doch an und für sich sehr gleichgültige Vorkommnis. Es leitet uns über zu einer Wirkung des Windes auf den Menschen, und zwar auf die Atmungsorgane, die in der Neuzeit eine gewisse Bedeutung gewonnen hat, seitdem der Mensch sich selbst künstlich einen Gegenwind erzeugt, der fast alles, was die Natur auf diesem Gebiet leistet, in den Schatten stellt. Wir meinen den Gegenwind, den der Flieger in seinem Flugzeug oder in seinem Luftschiff auszuhalten hat. Das ist um so wichtiger, als dort die freie Beherrschung der Sprache zum Verständnis zweier Leute, des Führers und des Beobachters, bekanntlich sehr notwendig ist.

Die Geschwindigkeit des Gegenwindes, den der Flieger auszuhalten hat, hängt nicht von dem gerade in der atmosphärischen Luft herrschenden Winde ab. Der kommt hier gar nicht in Betracht. Von welcher Richtung und mit welcher Stärke er weht, immer folgt ihm das Flugzeug in der kürzesten Frist und der Wind ist ihm dann kein Gegenwind mehr. Nur die zur Luft relative Geschwindigkeit macht den Gegenwind aus, nicht die absolute Geschwindigkeit, mit der das Flugzeug seine Bahn durcheilt. Man dürfte die Geschwindigkeit des Flugzeugs ohne weiteres gleich der des Gegenwindes setzen, wenn nicht die Geschwindigkeit der Luft hinzugenommen werden müfste, die vom Propeller gegen den Flieger zurückgeworfen wird. Diese Geschwindigkeit ist, wie durch besondere Versuche festgestellt wurde, gar keine so geringe und fällt in der Tat recht merklich ins Gewicht.

Der Flug wurde mit einer Albatros unternommen, deren Daimlermotor mit 100 PS und 1630 Touren dem Flugzeug eine Geschwindigkeit von etwa 90 bis 110 km in der Stunde verlieh, entsprechend einer Geschwindigkeit von rund 30,6 m/sek, also für ein Flugzeug eine nur mäfsige Geschwindigkeit. Der Führer bezeichnete es auch als schwer, mit dem Flugzeug in gewünschter Weise in die Höhe zu kommen. Die Geschwindigkeit im Flug wurde gemessen mit einem vorzüglichen Anemometer und ergab als Geschwindigkeit des Gegenwindes

beim Aufstieg	39,1 m/sek
oben	40,3 „
„	39,5 „
„	40,3 „
im Fallen (Gleitflug)	27,2 „

Nach dem Landen wurde noch bei feststehendem Flugzeug die Geschwindigkeit des Luftstroms, durch den schlagenden Propeller erzeugt, gemessen; es fand sich in 40 Sekunden 840 Meter, i. e. 21 m/sek.

Das Ergebnis lautet also: Der Gegenwind übertrifft merklich die Fahrtgeschwindigkeit und der Unterschied kommt von dem Luftzug her, den der Propeller erzeugt. Der Gegenwind bei einer Geschwindigkeit des Fahrzeugs von höchstens 110 km in der Sekunde beträgt rund 40 m/sek, also nicht ganz die Summe beider Geschwindigkeiten, der Fahrtgeschwindigkeit und des Propellerwindes, wie auch gar nicht anders zu erwarten war, denn der Propellerwind wurde bei stehendem Flugzeug gemessen, und wenn dieses sich bewegt, schraubt es sich nach vorn in die Luft ein und die zurückgeworfene Luft hat dann eine kleinere Geschwindigkeit als in der Ruhe. Vergleicht man die Geschwindigkeit des Gegenwindes mit den Windstärken der Beaufortschen Windstärkentafel, so muſs man sie enorm heiſsen. 20 m/sek geben starken Sturm, wobei Bäume umgeworfen werden, 30 m/sek „schweren Sturm mit zerstörender Wirkung schwerer Art" und 50 m/sek werden angenommen für „Orkan mit vernichtender Wirkung". Dabei war die Albatros, ein verhältnismäſsig älterer Typ, ein langsames Flugzeug, und man geht wohl sicher nicht zu weit, wenn man für die neuesten Flugzeuge mit Motoren von weit über 200 PS und einer Fahrtgeschwindigkeit von 220 km in der Stunde mindestens eine doppelt so groſse Geschwindigkeit des Gegenwindes wie bei der älteren Albatros annimmt, d. h. eine Sekundengeschwindigkeit von rund 80 m/sek. Erstaunlich!

Noch erstaunlicher vielleicht, als daſs man solches herstellen kann, ist es, daſs Flugzeuge und Flieger es aushalten. In einer Albatros von der erwähnten Art wird der Arm, den man seitwärts einmal herausstreckt, sofort vom Gegenwind unwiderstehlich nach hinten gerissen. Hinter der Glasscheibe spürt man allerdings nicht sehr viel von ihm. Es geht da ähnlich wie auch vor einer Wand, gegen die der Wind sich bewegt. Am Hindernis staut sich der Luftstrom, wird hier verdichtet und stemmt sich dem Wind entgegen. Die kleine Glasscheibe gewährt dem Flieger einen auffallend guten Schutz, und unmittelbar auf ihrer Seite ist der Wind auch noch nicht sehr arg. Das kommt jedenfalls ebenfalls daher, daſs die Scheibe die Luft vor sich her verdichtet und die verdichtete Luft natürlich auch nach den Seiten drängt und einen Kegel bildet mit gröſserer Öffnung, als sie den Ausmessungen der Glasscheibe selbst entspricht. Auſserhalb dieses Schutzes ist, wie gesagt, der Gegenwind von auſserordentlicher Stärke, und man muſs sich bloſs wundern, wie ein Mensch dabei noch atmen oder gar sprechen und dem andern im Flugzeug sich verständlich machen kann. Und es geht wirklich, noch dazu bei dem Höllenlärm, den der Propeller erzeugt, kann man noch durch lautes Schreien sich gegenseitig verständigen. Es ist klar, daſs man bei der Begutachtung von Fliegern auch auf die Kraft ihrer Exspirationsmuskeln Rücksicht nehmen muſs. Mindestens mehr als die gleiche Geschwindigkeit, die der Gegenwind besitzt, muſs der Flieger der Ausatmungsluft verleihen können oder er bringt, sobald er sich des Schutzes der Glasscheibe begibt — und wie oft muſs das geschehen — gegen den Wind überhaupt kein Wort heraus, ja er kann dann nicht einmal mehr atmen. Ähnlich ist es bei jedem Menschen, gegen dessen Vorderseite ein heftiger Wind anbläst. Die Empfindung ist dabei allerdings zunächst eine andere: man meint bei der Einatmung ersticken zu müssen. Das hat aber einen physiologischen Grund, keinen mechanischen. Sobald Luft mit groſser Gewalt in die Luftwege eindringt, wird reflektorisch die Ausatmung mächtig angeregt, offenbar um die Geschwindigkeit des Eindringens zu mäſsigen. So wird tatsächlich die Einatmung erschwert und das erzeugt das Gefühl der Beklemmung, des Erstickens. Die mechanische Erschwerung der Atmung besteht dagegen, wie oben geschildert, für die Ausatmung.

Über die Geschwindigkeit, die der Mensch der Ausatmungsluft äußersten Falles verleihen kann, gibt es trotz der Bedeutung, die dieser Frage schon für die lebenswichtige Expektration zukommt, meines Wissens nur eine einzige Untersuchung, die im Jahre 1900 angestellt wurde. Ich kann um so weniger genau auf sie eingehen, weil die experimentellen Hilfsmittel zur Wiederholung der Versuche sich selten finden werden und weil auch die Anwendung der Integralrechnung zum vollen Verständnis erforderlich ist. Leider muß ich mich hier auf das Schlußergebnis der Versuche und einige leichter verständliche Anwendungen derselben beschränken.

Die Geschwindigkeit, die einer der Ausatmungsluft verleihen kann, ist nicht von der Körpergröße, die für die vitale Kapazität in Betracht kommt, abhängig, sondern von der Kraft der Brustmuskeln, besser der Ausatmungsmuskeln. Es zeigte sich, daß ein Mann, der in seinem Brustkorb bei der stärksten Ausatmung einen Druck von 150 bis 160 mm Hg erzeugen kann, die Luft durch einen Querschnitt von 1 cm² — so weit wird im Mittel auch die Glottis sein — mit einer Geschwindigkeit von 100 m/sek treiben kann. Es wird also, genügende Kraft vorausgesetzt, der Mensch immer imstande sein, auch den stärksten Gegenwind mit seiner Atmung und Stimme zu überwinden, nicht nur der stärksten Windsbraut, die über ihn herfällt, sondern auch den künstlich erzeugten, noch furchtbareren Gegenwind im schnellsten Flugzeug. Die nötige Kraft vorausgesetzt! Deshalb mußte sich auch die Tauglichkeitsprüfung des Fliegers, wie auf so vieles andere, so auf die Probe erstrecken, ob er einen genügenden Exspirationsdruck, bei der größten Anstrengung wenigstens, erzeugen kann. Es

gibt in der Physik eine Formel, aus der man die Geschwindigkeit berechnen kann, mit der die Luft aus einem Gefäſs
ausströmt, in dem ein bestimmter Druck (h) herrscht, wenn
der Barometerdruck auſsen = b ist. Dann ist die Ausströ-
mungsgeschwindigkeit

$$v = 396{,}5 \sqrt{\frac{h}{b+h}}$$

Das ist der theoretische Wert und es muſs, wenn das
Gefäſs nur eine runde Öffnung ohne Ansatz hat, noch mit
dem Erfahrungsfaktor $\mu = 0{,}5$ multipliziert werden. Die
obenerwähnten Versuche haben nun ergeben, daſs eben
die nämliche Formel auch für die Ausatmungsluft gilt, daſs
während der kurzen Ausatmung der Druck im Brustkorb
so weit auf der Höhe gehalten wird, daſs man die oben-
stehende Formel nur mit 0,6 statt mit 0,5 zu multiplizieren
braucht, um aus dem jederzeit leicht zu messenden Exspirationsdruck auch die Geschwindigkeit zu berechnen, die
der Betreffende seiner Ausatmungsluft verleiht, wenn er
aus Leibeskräften durch ein Rohr von 1 cm² Querschnitt,
also auch durch die ebenso weite Stimmritze ausatmet.
Der Exspirationsdruck ist leicht zu messen, indem in ein
Quecksilbermanometer mit aller Kraft geblasen wird; der
Unterschied des Quecksilberstandes in den beiden Schen-
keln gibt den Druck unmittelbar an. Nebenbei gesagt,
wurde bei der wirklich ausgeführten Fliegeruntersuchung
noch ein „Sicherheitskoëffizient" zugelegt, und nur wer
mindestens 130 mm Hg Exspirationsdruck aufweisen konnte, für tauglich erklärt. Auch insofern eine wegen ihrer
Objektivität willkommene Ergänzung in einer Zeit, in der
jeder fliegen wollte und gern einen vorliegenden Mangel
verschwieg oder abschwächte!
Für uns hier ergibt sich die Schluſsfolgerung, daſs
schwächliche Menschen durch einen Wind, der sie von

vorn trifft, in ihrer Atmung nicht unerheblich behindert werden können. Sogar der Artilleriefreiwillige, von dem ich oben erzählte und dem man nicht gerade Schwächlichkeit nachreden kann, damals schon gar nicht, blieb von dieser Beschwerde nicht ganz frei. Das wirksame Mittel, gleich wieder Luft zu bekommen, besteht einfach darin, sich umzukehren und dem Wind den Rücken zuzuwenden.

Wir kommen zur zweiten Richtung, in der der Wind auf den Menschen einwirkt. Der Wind befördert den Temperaturausgleich zwischen Luft und Körper. Das gilt für Lufttemperaturen, die höher und für solche, die tiefer liegen als die Körper- resp. Hauttemperatur. Nur den letzten Fall wollen wir vorläufig ins Auge fassen.

Kommt die Luft mit der Haut in unmittelbare Berührung, so ist der Temperaturunterschied, das Temperaturgefälle maßgebend für den Wärmeverlust und auch für das Sinken der Hauttemperatur. Dabei erwärmt sich die der Haut anliegende Luftschicht und das Temperaturgefälle wird kleiner, die Haut erkaltet dann langsamer und sie erhält von innen her immer neue Wärmemengen, die für sich die Temperatur der Haut erhöhen, die Wärmeabgabe aber steigern, da das Temperaturgefälle zwischen Haut und Luft sich erhöht. So wird in kurzem ein Gleichgewichtszustand hergestellt, an dem sich nicht viel ändert, solang die Verhältnisse gleichbleiben, die Lufttemperatur, die Wärmeerzeugung in den Muskeln; sofort aber wird es anders, wenn die vorher ruhende Luft anfängt, sich zu bewegen. Ganz ruhig ist sie ja ohnehin an der Haut nicht, von der sie erwärmt wird. Darin besteht die erkältende Wirkung der Luft der Hauptsache nach überhaupt und dadurch wird ihr geringes Wärmeleitungsvermögen und ihre geringe Wärmekapazität ausgeglichen. Man sucht ja diesen Wärmeverlust an der Haut herabzusetzen, indem man durch die Kleidung der Luft die Bewegung erschwert. An der unbekleideten Haut erfolgt der Wärmeaustausch mit der Luft viel rascher, weil die soeben erwärmte Luft nach oben steigt, immer von neuer, niedriger temperierter Luft ersetzt wird, wodurch das gleichhohe Temperaturgefälle aufrechterhalten wird. In noch höherem Grade findet dies statt, wenn die Luft sich von vornherein bewegt, wenn der Wind die Haut trifft. Und je stärker der Wind geht, um so vollkommener wird die Lufttemperatur an der Haut stets auf der gleichen Höhe gehalten und damit das Temperaturgefälle und damit auch der Wärmeverlust. Von einer gewissen Windgeschwindigkeit an wird ein weiteres Steigen derselben aber kaum mehr ins Gewicht fallen. Es kommt darauf an, ob die Luftschicht an der Haut, die doch eine bestimmte Zeit braucht, um mefsbar wärmer zu werden, dies tut, bevor sie durch neue ersetzt wird. Das letztere geschieht jedenfalls schon bei einer mäfsigen Windgeschwindigkeit so rasch, dafs die Luft an der Haut kaum Zeit hatte, sich um Bruchteile eines Grades zu erwärmen. Ob das dann 2 oder 3 Hundertstel Grade sind, das macht wohl nicht mehr viel aus und man kann sagen, dafs von einer gewissen, nicht genau angebbaren, aber immerhin recht mäfsigen Windgeschwindigkeit an eine weitere Erhöhung derselben keine bemerkenswerte Steigerung des Wärmeverlustes und Erkältung der Hauttemperatur herbeiführen wird. An den unbekleideten Teilen wirkt ein leiser Luftzug auch nicht viel schwächer temperaturerniedrigend ein als ein starker Wind von der gleichen Temperatur wie der Luftzug.

Das ist aber ganz anders an den bekleideten Teilen. Hier wird der Luft durch die Kleidung der freie Zutritt bis zur Haut verwehrt, oder wenigstens bedeutend erschwert. Dieser Widerstand wird natürlich von einem heftigen Wind leichter überwunden, und so kommt die Luft zwischen den Schichten der Kleidung und zwischen diesen und der Haut

in ständige Bewegung, entweicht zum Teil an der Rückseite, der Leeseite des Windes, und das sind dann die
Fälle, wo der Mensch, wie er sich ausdrückt, vom Wind
richtig „ausgeblasen" wird. Wenn die Lufttemperatur sehr
niedrig liegt, kann dadurch ein unleidlicher Zustand herbeigeführt und ein Gefühl erzeugt werden, als wenn man
unbekleidet dastünde, und inbezug auf den Wärmeverlust
und das Wärmegefühl an der Haut ist es auch wirklich
fast geradeso. Die Kleidung gewährt sozusagen gar keinen Schutz gegen den eiskalten Wind, der Mensch friert
stark, verliert sehr viel Wärme und muſs sie durch Muskelarbeit schleunigst neu bilden, wenn er seine Innentemperatur beibehalten will. Glücklich dann der, der ein
dickes Fettpolster hat. Die Wirkung des Windes macht an
der Haut halt, Haut und Fett durchdringt sie nicht. Daher kommt es, daſs die Einwirkung der Kälte durch Wind
so ungemein gesteigert wird und so unangenehm empfunden, daſs schon eine Wagenfahrt gegen den Wind den
Menschen „auskältert", und daſs beim Halten des Wagens, oder wenn man in Windschutz kommt, das Gefühl
von Erleichterung und sogar des Behaglichen erzeugt werden kann, obwohl die Temperatur der Luft nicht gestiegen
ist, vom Gefühl des Wohlbehagens nicht zu reden beim
Eintritt ins Zimmer, wo die Luft nicht nur wärmer, sondern auch ruhig ist. Schon Bewegung der Luft mit verhältnismäſsig kleiner Geschwindigkeit wird bei niedriger
Temperatur als sehr lästiger Zug empfunden, um so mehr,
wenn aus äuſseren Gründen keine Körperbewegung möglich ist, die physiologische Wärmeregulation also versagt
und auch die örtliche Durchblutung der Haut nicht durch
Muskeltätigkeit verbessert werden kann. Je dicker die
Kleidung, desto weniger wird der leise Luftzug empfunden
und desto mehr tritt nur die Wirkung heftiger Winde
hervor. Das hängt eben von der Reibung ab, die die Luft

bei ihrem Durchtritt durch die Hüllen erfährt und die von starkem Wind natürlich leichter überwunden wird, so daſs sich die warme Luft unter den Kleidern rasch wieder erneuert. Aber nicht nur den Temperaturausgleich besorgt der Wind rascher als ruhige Luft, sondern er führt auch beständig von der Haut Wasserdampf mit fort und vermindert die relative Feuchtigkeit dortselbst. Das tut die Luft immer, insofern sie relativ trockener ist als die Randschicht an der Haut, was wohl fast stets der Fall sein dürfte. Wohl nur in Ausnahmsfällen, und dann nur für sehr kurze Zeit, kann das Gegenteil eintreffen, daſs der kalte Körper in einen wärmeren Raum mit hohem Wassergehalt tritt, wo dann sich aus der Luft umgekehrt Wasser an der Haut niederschlagen muſs. Wo aber überall die Luft kälter ist als die Haut, kann es sich nur um Verdunstung des Wassers an der Haut und Fortschaffung desselben mit der Luft handeln. Und wie der Wind imstande ist, die Temperaturdifferenz zwischen Haut und Luft besser auf der gleichen Höhe zu halten als ruhige Luft, ebenso und aus dem nämlichen Grund kann er dies auch bezüglich der Verdunstung. Diese ist ja abhängig vom Feuchtigkeitsgrad der Luft, vom Feuchtigkeitsdefizit der Luft bei gegebener Feuchtigkeit der verdunstenden Fläche. Der Wind hält diesen Unterschied aufrecht und vermehrt so den Wärmeverlust an der Haut. Selbst im Winter ist dies nicht ganz gleichgültig, obwohl die kalte Luft überhaupt nicht viel Wasser aufnehmen kann. Denn die Haut unter den Kleidern ist immer ziemlich warm und oft bemerkbar feucht. Man kann ja sogar im tiefen Winter in dicker Kleidung und in der Bewegung schwitzen. Wird dann der Körper von kaltem starken Wind getroffen, so dringt dieser durch die Kleider bis auf die Haut, belädt sich dort mit Wasserdampf — indem die Luft dort wärmer wird, ist es gar nicht so wenig Wasser, was er aufnehmen kann —, immer neue kalte Luft dringt nach und entzieht dem Körper viel mehr Wärme, als es ruhige Luft vermöchte. Die Luft, die durch die Kleider dringt, verläßt sie und gibt das Wasser, außen kalt werdend, in Form von Wasserdampf sichtbar wieder ab. „Der Mensch dampft wie ein Braten“, sagt man dann wohl. Also eine zweite Art, in welcher der Wärmeverlust an der Haut gesteigert wird, wenn sich die Luft bewegt, und auch hier ist heftiger Wind dem leisen Zug überlegen, was die Wirkung auf bekleidete Teile anlangt.

Überall besteht aber die Wirkung in einer Abkühlung, und die fast tägliche Erfahrung lehrt, daß das auch ein Vorteil sein kann. Das gilt für alle die Fälle, in denen der Mensch die Wärmemenge, die sich bildet und fortwährend bilden muß, nicht im gleichen Maß auch wieder an die Umgebung abgeben kann. Dies trifft nun in den allermeisten Fällen nur in der warmen Jahreszeit zu, aber in Ausnahmsfällen doch auch im Winter. Namentlich bei schwerer Arbeit in dicken Kleidern kann sich das Bedürfnis nach Abkühlung unmittelbar geltend machen. Geht dabei ein Wind, so ist es selten nötig, die Kleider zu öffnen, der Wind sorgt schon allein für gehörige Ventilation. Trägt man im Winter Kleider, die die Luft nicht gut durchlassen, Leder oder Gummi, so kann sogar das Gefühl von Schwüle erzeugt werden, eben weil der Luftzug nicht durchdringen und die Verdunstung befördern kann. Die Sachen liegen hier gerade so wie beim Temperaturausgleich; die feucht gewordene Luft wird durch den Wind immer wieder durch neue trockenere ersetzt. Darauf beruht ja auch die austrocknende Wirkung des Windes, die z. B. von Wäscherinnen ersehnt, vom Landwirt und Gärtner so oft verwünscht wird. Die Verdunstung (E) in freier Luft erfolgt nach der Formel (nach S c h i e r b e c k):

$$E \backsim \log \frac{B-f}{B-f_1} \, (1+at) \, \sqrt{w}$$

worin B den Barometerstand, f den Wasserdampfgehalt
der Luft, f_1 den Wasserdampfdruck für die Temperatur
eines feuchten Thermometers, der Klammerausdruck die
Ausdehnung der Luft bei t Grad, a den Ausdehnungskoëf-
fizienten der Luft und w die Windgeschwindigkeit bedeutet. Diesem Ausdruck proportional verläuft der Verdun-
stungsvorgang. Man sieht, daſs die Windstärke nur in der
halben Potenz darin vorkommt. Da die ganze rechte Seite
eine logarithmische Funktion ist, so ergibt sich, daſs mit
der Vergröſserung der Faktoren der Gesamtwert immer
langsamer wächst, was mit unserer obenerwähnten Annahme wohl übereinstimmt.

Wenn Luft von einer höheren Temperatur auf den Körper einwirkt, so wird diesem ohne Zweifel mehr Wärme
zugeführt, als wenn die Luft ruhig wäre. Allein man beobachtet im Gegenteil für gewöhnlich bei groſser Hitze,
daſs ein Luftzug eher abkühlend und erfrischend wirkt. Das
kann nur von der Verdunstungskälte herrühren, die durch
den Luftzug oder Wind gesteigert wird. Sie ist stärker als
die Mehrerwärmung, die durch die zuströmende Luft be-
werkstelligt wird. Nur bei groſser Luftgeschwindigkeit
kann es sich umgekehrt verhalten. Der Grund ist leicht
einzusehen. Bei groſser Geschwindigkeit bringt der Wind
in der Zeiteinheit eine gröſsere Wärmemenge heran und
teilt sie dem Körper mit. Die Menge steigt proportional
der Geschwindigkeit. Die Verdunstung steigt aber, wie
wir soeben sahen, in einem anderen Verhältnis und viel
langsamer mit wachsender Luftgeschwindigkeit an. Daher
die Abkühlung bei leisem Luftzug, z. B. beim Gebrauch
des Fächers, und das Gefühl von brennender Hitze und
Glut, wenn ein sehr heiſser Wind weht. Dazu kommt noch,
daſs ein heiſser Wind bald alles, worauf er trifft, in dem
Maſse austrocknet, daſs nichts zum Verdunsten mehr da
ist, und dann kommt nur die Erhöhung der Temperatur

durch vermehrte Wärme, die herangebracht wird, zur Geltung. Daſs bei Temperaturen, die uns nur hoch dünken, in Wahrheit unserer Hauttemperatur zwar nahe, aber doch noch unter ihr stehen, der Luftzug beim Fächeln oder auch ein richtiger Wind abkühlend wirken muſs, ist selbstverständlich. Einen Unterschied macht es natürlich auch aus, ob die Luft ein groſses Feuchtigkeitsdefizit hat oder ein kleines. Im letzteren Fall kommt die Verdunstungskälte gar nicht in Betracht, im ersten Fall sehr. Auch danach bemiſst es sich, ob der warme oder heiſse Wind die Körpertemperatur und die der Haut in positivem oder negativem Sinn beeinfluſst. Die Schutzmaſsregeln, die bei Wind gegen Kälte und Hitze getroffen werden können, werden im Abschnitt über die Kleidung besprochen.

In letzter Reihe kommt der Wind nur mittelbar für den Menschen in Betracht, insofern er für die Wetterbildung vor allem maſsgebend ist. Im Abschnitt über das Wetter wird genauer davon die Rede sein, hier nur soviel davon, daſs die Temperatur der Luft und ihr Wassergehalt abhängig ist von der Windrichtung und die Schnelligkeit, mit der sich das Wetter ändert, sich Temperatur und Feuchtigkeit ändern, oft abhängig ist von der Windstärke. In der Lehre vom Klima wird das näher auseinandergesetzt werden, hier nur vorläufig die Bemerkung, daſs in Deutschland die Süd- und Westwinde Feuchtigkeit und Wärme bringen, Ost- und Nordwinde trockene und kalte Luft.

Der Zustand der Atmosphäre wird aber in noch einer anderen Weise beeinfluſst. Je stärker der Wind weht, desto mehr ist er befähigt, leichte Dinge, die zwar schwerer sind als Luft und demgemäſs zu Boden fallen, der Schwere entgegen wieder in die Höhe zu heben, womit wir keinem etwas Neues sagen, denn jeder weiſs, daſs der Wind den Staub aufwirbelt und bei gehöriger Stärke auch schwerere Gegenstände, Sand, Kies, schlieſslich selbst gröſsere Massen in die Luft zu entführen vermag. Das hängt nicht nur von der Geschwindigkeit der bewegten Luft und dem Gewicht des bewegten Körpers ab, sondern auch von der Angriffsfläche, die der Wind beim Auftreffen vorfindet. Je größer die Oberfläche im Verhältnis zum Gewicht eines Körpers ist, desto leichter wird er vom Wind fort- und in die Höhe gerissen.

Nach Sokolow haben die Körner vom Seesand einen Durchmesser in Millimetern und fliegen in einem Wind von der Geschwindigkeit in Metersekunden

Durchmesser	fliegt bei Windstärke m/sek
0,25	4,5—6,7
0,50	6,7—8,4
0,75	8,4—9,8
1,00	9,8—11,4
1,50	11,4—13,0

Nach der Mohrschen Windskala fliegt

feiner Sand bei Windstärke	1
mittlerer Sand bei Windstärke	2
grober Sand bei Windstärke	3
sehr grober Sand bei Windstärke	5.

Bei 15 m/sek fliegen selbst 1 mm große Sandkörner „ziemlich hoch durch die Luft" (Sokolow). Feine Sande können hoch oben in der Luft große Wolkenmassen bilden, die sich eine Zeitlang schwebend erhalten, besonders wenn aufsteigende warme Luftströme sich dem Fallen entgegensetzen. Die feinsten und leichtesten Teilchen, mit einem Durchmesser unter 0,05 mm, sind hoch oben in der Luft im allgemeinen nicht sichtbar, sie werden es nur, wenn sie in großen Massen auftreten und namentlich, wenn sie von der Seite her beleuchtet werden. Man kann sie als ein dispersives System auffassen, im Sinn der Kolloidchemie: Dispersive Phase fest, Dispersionsmittel gasförmig. Und mit anderen dispersiven Systemen hat auch dieses das Tyndalphänomen bei seitlicher Beleuchtung gemein.

Es ist klar, daſs der Staubgehalt der Luft für den Menschen und seine Gesundheit nicht gleichgültig sein kann. Gibt es ja doch eine ganze Gruppe von Staubinhalationskrankheiten, die zu den Pneumokoniosen führen, und sind doch namentlich Lungenkranke gegen die Staubeinatmung besonders empfindlich. Die Staubbildung ist natürlich nicht nur vom Wind und seiner Stärke abhängig, sondern in hervorragendem Maſse von der Beschaffenheit des Bodens. Das geht aber wieder weniger das Wetter als vielmehr das Klima an. Nur ist das Wetter dadurch von Einfluſs, als es die Winde mit sich bringt und seinerseits auch den Boden beeinfluſst, ihn bald austrocknet, bald feucht macht und feucht erhält und so bald zur Staubbildung geeignet macht, bald nicht.

Erstaunlich ist es, wie weit mitunter Staubmassen, die sich zu besonders groſsen Höhen aufgeschwungen haben, in die Ferne entführt werden. Am leichtesten kann das an vulkanischen Staubmassen nachgewiesen werden. Bei dem Ausbruch des Krakatau im Jahre 1883 wurde ausgeworfene Asche in einer Entfernung von 4500 Kilometern vom Vulkan entfernt gefunden. Das war der nämliche Ausbruch, auf den dann fast ein Jahr lang die prächtigen Dämmerungserscheinungen folgten, deren sich vielleicht noch mancher erinnert. Aber auch nichtvulkanischer Staub kann mitunter vom Wind sehr weit fortgeführt werden, wahrscheinlich viel öfter als man weiſs. So wurde (zit. nach A r r h e n i u s) ein groſser Staubfall über Europa am 8. bis 12. März 1901 beobachtet, der in einer Breite von zirka 800 km sich über 2800 km Länge erstreckte und wobei Staub aus den afrikanischen Wüsten bis zu den dänischen Inseln vom Wind fortgeführt wurde, wie mit aller Sicherheit nachgewiesen werden konnte. Die mittlere Verschiebung betrug etwa 50 km in der Stunde.

Während der Wind, wo er sich bei Trockenheit des Bodens erhebt, durch die Staubplage eine Belästigung des Menschen darstellen kann, reinigt er nach einiger Zeit wie die Straßen von Staub, so auch die Luft von allen möglichen Beimengungen, die darin schwebend gehalten wurden, ferner von allen übelriechenden Gasen und Dämpfen. Das ist alles je nach der Örtlichkeit verschieden, der Wind wird das eine Mal zur Plage, das andere Mal zur Erquickung; im allgemeinen kann man aber sagen, daß in warmen Ländern Ortschaften mit geringem Luftwechsel für den Aufenthalt schlechter passen, als wo die Winde freien Zutritt haben. Umgekehrt ist eine windstille Lage in der Winterkälte und in Polargegenden ein Vorteil, und das gilt für Gesunde und noch mehr für kranke Menschen. Im ersteren Fall kommt die sanitäre Wirkung des Windes gegenüber unangenehmen und schädlichen Beimengungen der Luft in Betracht, im letzteren mehr der thermische Einfluß, zumal in der Kälte die Verunreinigungen der Luft geringer sind, schon weil die Verwesungsvorgänge am Boden langsamer vor sich gehen.

Gelegentlich kommt es vor, daß die Erreger von Infektionskrankheiten vom Wind fortgeführt werden und so Krankheiten nach Orten bringen, die vordem frei davon waren. Überblickt man die Influenza zu Zeiten, wo sie als Pandemie auftrat, so kann man sich des Eindrucks nicht erwehren, daß diese Seuche ihre Verbreitung durch die Luft findet oder wenigstens finden kann. Und dabei muß die Richtung des herrschenden Windes die wichtigste Rolle spielen. Der Ausbruch der Krankheit auf Schiffen auf hoher See spricht entschieden für diesen Vorgang. Auch von der Malaria weiß man, daß Gegenden, wo niemals Wechselfieber vorgekommen war, von diesem heimgesucht wurden, als der Wind längere Zeit von verseuchten Gegenden her wehte. So erkrankten auf Reunion von 23000 Menschen in der Zeit vom 5. April bis 23. Juli 1869 nicht weniger als 4118 an Wechselfieber, das offenbar durch den Wind von Mauritius herübergebracht worden war. Was damals wie ein Wunder sich ausnahm und das gröfste Erstaunen erregte, können wir heute recht gut verstehen, da wir als Vermittler der Krankheit die Anopheles-Mücke kennen, und uns recht wohl vorstellen können, dafs einzelne von diesen Insekten oder ganze Schwärme davon vom Wind weit verschlagen werden mögen.

Der Einfluß vom Luftdruck auf die Gesundheit.

So wichtig er für die Gestaltung des Wetters und damit mittelbar auf das Befinden des Menschen ist, so bedeutet seine unmittelbare Einwirkung auf diesen doch nicht gerade sehr viel und ist im ganzen nicht sehr deutlich. Freilich setzt das Sinken des Luftdrucks unter eine gewisse Grenze dem Leben des Menschen eine unübersteigliche Schranke entgegen. Denn mit niederem Druck ist der Gehalt an Sauerstoff, der in der Volumeinheit eingeatmet wird, so klein, dafs der Mensch, der Gewichtseinheiten braucht und Volumina atmet, dabei nicht bestehen kann. Davon wird beim Höhenklima noch die Rede sein. Nicht nur für den dauernden Aufenthalt in dünner Luft kommt das in Betracht, sondern auch für vorübergehende Erhebungen bis zu grofsen Höhen, wie bei Bergbesteigungen und in der neueren Zeit beim Fliegen. Wie der Sauerstoffgehalt bei zunehmender Erhebung über den Meeresspiegel abnimmt, wurde früher schon erwähnt. Es zeigte sich, dafs die Abnahme nicht genau dem Gay-Lussac'schen Gesetz entsprechend erfolgt wegen des ungleichen spezifischen Gewichts von Sauerstoff und der übrigen Bestandteile der Luft. Ein gut Teil der unangenehmen, zum Teil sogar lebensgefährlichen Erscheinungen, denen der Mensch in großer Erhebung über den Boden, also bei niederem Luftdruck, ausgesetzt ist, darf man nur dem Sauerstoffmangel zuschreiben, und darauf sind auch die Todesgefahr und die schon beobachteten Todesfälle zu beziehen. Aber es spielen doch auch noch andere Dinge mit, die nur auf die Veränderungen des Drucks allein zurückgeführt werden müssen.

Die meisten Angaben stammen allerdings nicht von Beobachtungen atmosphärischer Zustände und Veränderungen, sondern von solchen an Leuten, die vermehrtem oder vermindertem Druck in pneumatischen Kammern ausgesetzt waren, in denen sie eine Zeitlang zu Heilzwecken oder in ihrem Beruf, in Taucherglocken, Caissons beim Arbeiten unter Wasser ausgesetzt waren. Die Erhöhung des äußeren Drucks kann hier weit, viel weiter getrieben werden, als dies jedenfalls in freier Luft vorkommen kann.

Ein Überdruck von 6—7 Atmosphären kann ausgehalten werden ohne Schaden, sofern eine gewisse Vorsicht beim Übergang in den niedrigeren Luftdruck beobachtet wird. Geschieht der Übergang zu rasch, so kommt es zu den sogenannten „Entschleußungserscheinungen", die darauf beruhen, daß unter dem hohen Druck sich mehr Luft im Blut löst und beim Sinken des Drucks wieder gasförmig frei wird. Das betrifft namentlich den Stickstoff, der in seiner Löslichkeit ziemlich genau dem Gay-Lussac'schen Gesetz folgt, gegenüber dem Sauerstoff und der Kohlensäure. Dabei kann es zu Zerreißungen der Gefäße und Blutungen, namentlich im Rückenmark, kommen, und der Tod oder schwere Lähmungen können die Folge davon sein. Solche schwere Erscheinungen werden sich bei den Luftdruckschwankungen, die sich in freier Atmosphäre einstellen, und die sich viel langsamer vollziehen und höchstens 20 oder 30 mm Hg in 24 Stunden betragen werden, natürlich nicht einstellen. Immerhin sind Andeutungen davon zu erwarten und sind wirklich beobachtet worden, wenn zum Beispiel ein Flieger zum Landen gezwungen, aus großer Höhe rasch herunter muß. Schon bei geringen Erhebungen verspürt man im Niedergang unten einen recht merklichen, fast schmerzhaften Druck im Ohr, der sich zu wirklichen Schmerzen, selbst Blutungen hierselbst steigern kann, wenn der Druck in großer Höhe bis auf kleine Werte gesunken war und dann unten seinen Ausgleich mit dem viel höhern sucht. Die Luft hat sich mit der Erhebung über die Meeresfläche in der Paukenhöhle verdünnt, allmählich bis zur Höhe des gerade dort herrschenden Luftdrucks, wie sie dies überall im Körper zu allen Zeiten tut, wenn man ihr nur genug Frist dazu gibt. Bei zu rascher Erhebung, bei zu raschem Sinken des Luftdrucks wölbt sich das Trommelfell nach außen vor und ungeheuer empfindlich, wie es ist, schmerzt es bis zu den höchsten Graden je nach der Spannung, in die es gerät. Das vergeht, wenn durch die Tuba Eustachi der Druckunterschied in der Paukenhöhle sich mit dem der Außenluft ausgeglichen hat. Und dasselbe geschieht, nur umgekehrt, wenn der äußere Druck steigt; dann wird das Trommelfell von ihm eingedrückt, erzeugt das Gefühl des Druckes oder wieder des Schmerzes, bis der Ausgleich durch die Tuba Eustachi erfolgt, was bekanntlich durch mehrmaliges Schlucken befördert und beschleunigt werden kann. Der Druckunterschied braucht gar nicht besonders groß zu sein, um wenigstens das Gefühl des Drucks im Ohr, um geringe Vertaubung zu erzeugen. Beides wurde schon bemerkt beim Niedergehen aus 450 m und Steigen des Drucks von 690 auf 726 mm Hg. Ich vermeine diesen Druck selbst unter der Druckschwankung, wie sie das Herannahen eines tiefen Minimums mit sich brachte, gespürt zu haben, und andere haben mir diese Beobachtungen bestätigt. Vermutlich wird sich dies bei Leuten, deren Tuba Eustachi verschwollen ist, die den Schnupfen haben, noch deutlicher bemerkbar machen. Vielleicht steht das Gefühl des Kopfdrucks, über das manche Leute beim Umschlag des Wetters klagen, damit in Zusammenhang.

In pneumatischen Kammern ist ferner festgestellt worden, daſs der maximale In- und Exspirationsdruck in verdichteter Luft vergröſsert, in verdünnter vermindert ist. Dieses Ergebnis geht unter dem Namen des „Person'schen Versuchs". Wie es sich damit wirklich verhält, will ich nicht entscheiden. Ich kann nur behaupten, daſs ein Druckunterschied von 35 mm Hg im Verlauf von einer halben Stunde und von 50 mm im Verlauf eines Tages bei mir den Exspirationsdruck nicht merkbar beeinfluſst hat, er betrug oben 160 mm und unten 160 mm. Beim Überdruck in der Kammer wurden weiter beobachtet: Blässe der Haut, Abstumpfung des Gefühls, des Geschmacks und Geruchs, Kontraktion kleiner Muskeln, so daſs das Pfeifen und die Sprache gestört sind durch Schwächung der Lippenmuskeln, während an den gröſseren Muskeln Zunahme der Kraft eintritt. Das Zwerchfell steht tiefer, die Inspiration ist erleichtert, ihr Verhältnis zur Exspiration, die sich normal in ihrer Dauer verhalten wie 4 zu 5, verhalten sich in der Kammer wie 5 zu 11, die Atmung ist um 4 Schläge in der Minute verlangsamt, die vitale Kapazität um 3% gestiegen. So lauten die Angaben für die Kammer mit verdichteter Luft, wo der Überdruck nicht weiter als bis zu $^1/_5$ bis $^3/_7$, höchstens $^1/_2$ Atmosphäre getrieben wird. Das sind Grenzen, die von atmosphärischen Störungen auch nicht annähernd erreicht werden. Die Verdünnung der Luft dagegen geht beim Fliegen oder Bergsteigen in der Tat weit über diesen Unterschied gelegentlich hinaus, aber über die Wirkung davon sind wir aus Ver-

suchen in der pneumatischen Kammer nicht oder unzureichend unterrichtet, weil verdünnte Luft hier so gut
wie gar nicht zur Verwendung kommt. Hier sind wir auf
die Beobachtungen angewiesen, die bei Bergbesteigungen
und vor allem auch bei Ballonfahrten und bei Fliegern gemacht wurden. Was da gefunden wurde, ist für die Beurteilung des Höhenklimas von erheblichem Belang, hier, wo
wir vom Wetter sprechen, aber kaum, die Druckschwan-
kungen, die bei Umschlag des Wetters zur Wirkung kommen, oder, besser gesagt, den Umschlag bewirken, sind
von anderer, viel kleinerer Größenordnung als jene, die
in großer Erhebung über die Meeresfläche zur Geltung
kommen.

Wie viel von den Empfindungen und Beschwerden, die
beim hohen und tiefen Barometerstand, bei seinen Schwankungen und dem Umschlag der Witterung von manchen
Personen berichtet oder geklagt wird, auf Wirklichkeit
oder auf Einbildung beruht, wird schwer zu sagen sein;
hauptsächlich kommen überhaupt empfindliche und nervöse Leute in Betracht, oft solche, die nichts anderes zu
tun haben, als auf ihre Gesundheit achtzugeben und auf
alles, was sie spüren. Ferner ist es schwer festzustellen,
was von den subjektiven Erscheinungen gerade auf den
Luftdruck zu beziehen ist; denn von seinem Stand und
von dessen Änderungen ist noch mehr abhängig, was auf
den Menschen wirklich einwirken kann. Wenn der eine
sagt: Bei hohem Barometer befinde ich mich halt am wohl-
sten, und der andere das Gegenteil versichert, so muß
man bedenken, daß bei uns ein hoher Barometerstand zu
allermeist mit heiterem, trockenem, im Winter kaltem, im
Sommer warmem Wetter verknüpft ist, niederer Stand des
Barometers mit feuchtem Wetter, bedeckten Himmel, im
Winter mit milder Witterung, während im Sommer Abkühlung und Niederschläge vom Herannahen eines Mini-

mums begleitet werden. Alles mögliche, der Schlaf, der Appetit, die Verdauung und was weiſs ich noch, soll vom Luftdruck beeinfluſst werden, ohne daſs ich besonderes Gewicht auf diese Angaben legen möchte.

Ernster ist die Frage zu behandeln, ob Erhöhung oder Senkung des Luftdrucks die Gefahr der Blutung, im besonderen der Gehirnblutung, herbeiführen oder wenigstens begünstigen kann. Man hat immer behauptet, daſs bei niedrigem Luftdruck mehr Leute vom Hirnschlag getroffen werden. Und auch die Statistik wurde für diese Ansicht herangezogen. Es ist richtig, daſs zu gewissen Jahreszeiten die Schlaganfälle sich häufen. Bevor aber die Berechnungen nicht nach den Regeln der Wahrscheinlichkeit, also nicht von Medizinern, durchgeführt werden, möchte ich von ihrem Ergebnis nicht viel halten. Überlegt man sich, ob vernünftigerweise ein Zusammenhang zwischen Luftdruck und Blutung angenommen oder vermutet werden kann, so wäre folgendes zu bedenken.

Die Blutung wird nicht begünstigt von hohem oder niederem Luftdruck, sondern ist lediglich abhängig vom D r u c k u n t e r s c h i e d im Gefäſs und auſserhalb desselben. Diese Druckdifferenz bringt das Gefäſs zur Erweiterung, diese Differenz treibt das Blut, wenn das Gefäſs gerissen ist, aus diesem heraus. Steigt der Luftdruck, so erhöht sich, da alle Teile des Körpers unter ihm stehen, auch der Blutdruck, und zwar um die nämliche Gröſse, wenn die Zeit nur zum Ausgleich hinreicht. Die Druckdifferenz wird also damit nicht geändert, alles bleibt hier beim alten und die Gefahr einer Blutung ist weder gröſser noch kleiner geworden. Anders ist es bei plötzlicher Druckschwankung, der der Blutdruck nicht sogleich folgen kann. Hier ist die Gefahr bei Senkung des äuſseren Drucks gestiegen, weil der innere Blutdruck, noch auf der alten Höhe verharrend, dem äuſseren gegenüber eine Zeitlang zu hoch, der Druckunterschied also positiv ist. Wer zum Beispiel zu Nasenbluten neigt, hat Grund zur Besorgnis, beim Fliegen oder wenn er mit einer Zahnradbahn etwa eine gröfsere Höhe in verhältnismäfsig kurzer Zeit erreicht, von einem solchen befallen zu werden. Dabei wird von der Blutdruckerhöhung abgesehen, die ganz unabhängig vom Barometerstand durch vermehrte Muskelarbeit herbeigeführt werden könnte. Wenn aber einer zum Beispiel beim Einfahren in einen tiefen Schacht den Körper unter höheren Luftdruck bringt, so könnte ich nicht einsehen, wie das zu einer Blutung führen sollte. Die Haut und die Schleimhäute, die dem äufseren Druck zunächst ausgesetzt sind, werden blutleer und aus ihnen blutet es, das kann man behaupten, ganz gewifs nicht oder weniger leicht als vorher. Nach und nach stellt sich auch der Ausgleich zwischen Luftdruck und Blutdruck ein, und wenn jetzt der Körper wieder nach oben und unter niedrigeren Luftdruck gebracht wird und wenn das rasch genug geschieht, dann droht die Blutung sehr ernstlich, wie die schon obenerwähnten Entschleufsungserscheinungen mit ihren häufigen Blutungen an Haut und Schleimhäuten, aber auch ins Rückenmark hinein, lehren. Da ist es also wieder der niedere Luftdruck, der gefährlich ist. Ob aber im Gehirn nicht doch die Sache ganz anders liegt, mufs noch entschieden werden. Denn das Gehirn ist, nachdem am kindlichen Schädel die Fontanellen sich geschlossen haben und die Nähte verwachsen sind, in eine starre, ganz unnachgiebige Kapsel eingeschlossen. Durch diese kann sich der Luftdruck nicht aufs Innere fortpflanzen. In den Gehirngefäfsen aber wirkt der Blutdruck, der mit steigendem Luftdruck unzweifelhaft in die Höhe gegangen ist, und zwar in den Venen wie in den Arterien. Damit wird das Gefälle in den Gehirngefäfsen nicht geändert, weil sich arterieller Druck und venöser im gleichen Sinn und um den gleichen Betrag geändert haben, das Gefälle also das gleiche geblieben ist. Der Druckunterschied hat sich nicht geändert, der Druck im ganzen aber, der ist gestiegen, wenn das Barometer hoch steht. Ihm setzt sich die Spannung der Gefäfswand entgegen und der intrazerebrale Druck, der immer der Differenz Gefäfsdruck — Gefäfsspannung gleich sein mufs. Und der Unterschied: Blutdruck — intrazerebraler Druck ist endlich das, worauf es bezüglich der Blutungsgefahr ankommt. Geben die Gefäfswände dem erhöhten Blutdruck nach, so wird auch der intrazerebrale Druck erhöht. So wird die Differenz Blutdruck minus intrazerebraler Druck vermindert, die Gefahr der Blutung insofern kleiner. Dagegen hat die Widerstandskraft der Gefäfswand bei ihrer Dehnung unzweifelhaft abgenommen. Stellen wir uns ein miliares Aneurysma etwa vor! Steigt der Blutdruck, so erweitert es sich, sofern der Liquor cerebralis nach dem Rückenmarkskanal entweichen und das Gefäfs, wie wir annahmen, dem Blutdruck wirklich nachgeben kann. Ist so das miliare Aneurysma weiter geworden, so liegt die Gefahr der Rhexis in der Tat nah genug. Aber der Liquor cerebralis braucht Zeit, um gegen den Rückenmarkskanal zu entweichen und in der Schädelkapsel mit ihrem sonst ganz konstanten Volumen Platz zu schaffen. Und wenn er das tut, dann spannt er den Apparatus ligamentosus, und wirkt hier dem äufseren Luftdruck unmittelbar entgegen. Er erfährt bei hohem Barometerstand eine gröfsere Gegenwirkung, die sich bei der freien Verbindung mit der Schädelhöhe auf diese fortpflanzen mufs. Damit erhöht sich der intrazerebrale Druck, und überblickt man den ganzen Vorgang, so kann man nichts anführen, was im Enderfolg die Gefahr der Blutung erhöht haben könnte.

Nach alledem mufs ich die Ansicht, dafs Gehirnblutungen durch hohen Barometerstand begünstigt werden, für irrtümlich, die, dafs dies durch tiefen herbeigeführt werde,

zwar für möglich, aber für gering halten. Von großer
Bedeutung ist auch hier, wie ich meine, die Sache deswegen nicht, weil die Luftdruckschwankungen bei Störungen
des atmosphärischen Gleichgewichts im ganzen nicht sehr
erheblich sind und vor allem viel zu langsam erfolgen,
als daß nicht ein ausreichender Ausgleich mit dem Blutdruck sich vollziehen könnte. Doch muß da noch ein Punkt
besprochen werden, der die Sache vielleicht noch ändert.

Der äußere Luftdruck wirkt ohne Zweifel auch auf die
Unterleibsorgane ein. Die Dehnung von Magen und Darm
ist abhängig vom Druckunterschied zwischen der Luft in
den hohlen Gedärmen und dem, wie er auf der Bauchwand
von außen lastet; es ist sogar möglich, daß hierauf manche
Beschwerden, die bei wechselndem Barometerstand sich
einstellen sollen, zurückgeführt werden müssen. Jede Blähung der Eingeweide erschwert die Atmung und damit auch
die Arbeit des Herzens. Ob viel oder wenig der Gesamt-
blutmenge seinen Weg durch die Unterleibsorgane findet,
ist für die Arbeit des Herzens durchaus nicht gleichgültig.
Je mehr, desto schlimmer, weil im Unterleib das Blut,
kaum daß es aus den Kapillaren von Magen und Darm
heraus ist, sogleich wieder durch ein zweites Kapillarnetz
im Pfortaderkreislauf hindurchgejagt wird. Die Blutfülle
der Eingeweide ist aber auch von ihrem Luftgehalt, von
ihrer Blähung, abhängig. Denkbar wäre es schon, daß mit
Änderung des Barometerstandes von hier aus Erschwerung
oder Erleichterung für die Herzarbeit, Erhöhung oder Senkung des Blutdrucks erfolgen könnte, weit schneller als
dem ein Ausgleich an den anderen Stellen des Körper
folgen könnte. Meiner Ansicht nach ist die zunehmende
Blähung der Eingeweide, die sich einstellt, wenn man sich
an einen Ort von größerer Meereshöhe begibt, auch die
Ursache, daß sich gewisse Unregelmäßigkeiten in der
Verdauung einstellen. Daß die Blähung recht merklich ist,

kann jeder selbst feststellen, wenn er ein Bad in einem hinreichend tiefen Wasserbecken nimmt. Da ist es auffällig, wie der Körper, ein wahres Aräometer, vom Wasser besser getragen wird, wie viel mehr von ihm aus dem Wasser bei völliger Körperruhe herausschaut, als beim Bad an einem tiefer gelegenen Ort.

Aber auch das alles zugegeben, so könnte auch hier eine einseitige Erhöhung des Blutdrucks und eine größere Blutungsgefahr nur vom niedrigeren Luftdruck erwartet werden, nicht vom erhöhten.

Bei dieser Gelegenheit mag es mir erlaubt sein, noch einige Worte über die Gehirnblutung und ihre Gefahr zu sagen, zumal da manches davon auch auf das Gebiet übergreift, das wir in diesem Buch besprechen. Die Bestrahlung des Schädels wird gefürchtet. Besonders Leute, die ihren Jahren entsprechend Ursache haben, den blutigen Hirnschlag zu fürchten, oder gar schon einmal einen Anfall überstanden haben, nehmen sich sehr in acht, den unbedeckten Kopf den Strahlen der Sonne und auch den dunklen Wärmestrahlen eines geheizten Ofens auszusetzen. Eines kann hier von vornherein zugestanden werden: Durch erhöhte Temperatur wird das Herz zur Mehrarbeit angeregt und der Blutdruck steigt hierdurch; anderseits wird die Haut blutreicher und sie kann ihr Blut nur aus der Tiefe hernehmen, vorzüglich wird sie es aus der Unterleibshöhle holen. Damit ist aber die Arbeit dem Herzen, wie wir soeben sahen, erleichtert, und damit sinkt bei gleicher Anstrengung des Herzens der arterielle Druck. Ist ja doch künstliche Rötung der Haut durch Wärme ein beliebtes Mittel „zur Ableitung" bei Kreislaufstörungen. Von dieser Seite würde ich eine besondere Gefahr durch Bestrahlung nicht fürchten. Aber mit der örtlichen Einwirkung strahlender Hitze auf den Schädel mag es anders sein. Überlegen wir auch das! Die extrakraniellen Gefäße wer-

den unter dem Einfluſs der Hitze weit und dem Kopf wird
mehr Blut zugeführt. Das zeigen schon der rote Kopf und
die stark schlagenden Karotiden. Auf die Gefäſse in der
Schädelhöhle selbst wirkt die strahlende Hitze kaum oder
nur unbedeutend ein. Wenn überhaupt, dann kann sie nur
einen Nachlaſs des Tonus und damit Erhöhung des intra-
zerebralen Drucks bewirken, und dieser ist stets gleich der
Differenz: arterieller Druck minus Gefäſsspannung. Letztere nimmt unter dem Einfluſs der Wärme ab, also steigt
der intrazerebrale Druck. Gewiſs keine Ursache, die Blutungsgefahr zu erhöhen!

Aber hier geht es, wie bei einer anderen Warnung, die
man Kanditaten für Schlaganfall zu geben pflegt, für offenen Stuhl jederzeit zu sorgen, jede schwere körperliche
Anstrengung zu meiden, kurz alles, was den Blutdruck
steigern könnte. Es sollen die Warnungen in den Wind geschlagen sein. Durch heftiges Pressen bei hartem Stuhl,
beim Heben einer schweren Last soll der Blutdruck erhöht
sein, auch im Gehirn. Dann besteht nicht darin die Gefahr
für eine Blutung, die kommt erst nachher. Die Gehirnmasse
hat ihr unveränderliches Volumen, veränderlich ist nur die
Menge der zwei Flüssigkeiten im cavum cranii, des Blutes
und des Liquor cerebralis. Je mehr vom einen darin ist,
desto weniger Platz ist für die andere. Je mehr das Herz
durch Erhöhung des arteriellen Drucks Blut in die Schädelhöhle treibt, oder je weniger bei vermehrten venösem
Druck in der Zeiteinheit abflieſsen kann, desto mehr Raum
muſs der Liquor cerebralis schaffen, indem er in stets steigender Menge mehr sich nach der Rückgratshöhle zurück-
zieht. Solang geht noch alles gut. Das Blut ist im ganzen
ohne Zweifel leichter beweglich als der Liquor. Wenn nun
das Blut, das bisher die Gefäſse mehr gefüllt hat, die Arterien und auch die Venen, zum Beispiel durch Aufrichten
aus der horizontalen Lage, durch eine tiefe Einatmung

oder dergleichen aus der Schädelhöhle herausgezogen wird, so kann der Liquor nicht augenblicklich im gleichen Maſs nachflieſsen, der intrazerebrale Druck sinkt, manche Stellen der Gefäſsbahn werden sich erweitern und an einer derselben kommt es dann zum Bruch. Nicht die Zeit, in der der arterielle Druck erhöht ist, ist die gefährliche, sondern es ist der Zeitpunkt unmittelbar nachher. Nicht während starken Pressens ist der Schlaganfall zu befürchten, sondern erst, wenn das Pressen aufhört, vielleicht noch, wie gewöhnlich, eine tiefe Einatmung nachfolgt; in diesem Augenblicke kommt die Katastrophe. Ähnlich muſs sie auch bei der Erhitzung des Schädels sein. Einmal muſs sie ja aufhören, muſs die Erweiterung der Gehirngefäſse nachlassen und dem Gegenteil davon Platz machen. Dann sinkt der vorher in die Höhe getriebene intrazerebrale Druck wieder, und jetzt ist auch hier der kritische Augenblick gekommen. So mag, aber in anderer Weise, als man wohl glaubte, die Bestrahlung des Schädels gefährlich und am besten vermieden werden. Hier gibt es noch eine Verhütung dagegen, eine Schwankung des Luftdrucks, und auch hier kommt es offenbar nur auf die Schwankung, nicht auf die absoluten Werte an, zu vermeiden, soweit die Störungen des Luftmeers in Betracht kommen, steht natürlich nicht in unserer Hand. Aber es braucht nicht jeder ins Hochgebirg zu gehen, nicht jeder im Flugzeug aufzusteigen. Das erstere möchte ich als ganz harmlos bezeichnen, wenn die Übersiedlung nicht in gar zu kurzer Zeit, etwa mit einer Gebirgsbahn, unter groſser Steigung erfolgt. Das Fliegen in vorgerückteren Jahren möchte ich im ganzen wenigstens nicht empfehlen. Maxima und Minima müssen eben hingenommen werden, wie sie eben kommen. Vorläufig kann ich mir nicht vorstellen, daſs sie, was den Luftdruck anlangt, groſsen Schaden anstiften können, nicht bei den Jungen und nicht bei den Alten.

Etwas ganz anderes ist es natürlich, wenn der Luftdruck als der wichtigste Faktor zur Bildung des Wetters angesehen wird. Da ist er in erster Reihe die Ursache für alle Störungen, die den Menschen durch das Wetter und dessen Umschlag treffen können.

Die Bewölkung

wirkt in mancherlei Weise auf den Menschen ein. Zunächst dadurch, daſs die Strahlung und damit auch die Erwärmung herabgesetzt wird. Der so wohltätige Einfluſs der Sonnenstrahlen zur Winterszeit oder in Polargegenden wird mehr oder weniger aufgehoben, mindestens stark abgeschwächt, wenn der Himmel ganz oder zum Teil von Wolken bedeckt ist. Anderseits ist es im Sommer bei drückender Hitze und Sonnenglut eine wahre Wohltat, wenn auch nur hie und da eine Haufenwolke vor der Sonne vorüberzieht und Schatten wirft. Aus doppeltem Grund bringt das Abkühlung und für den Menschen Erquickung mit sich. Zum ersten fällt die unmittelbare Erhitzung durch die Sonnenstrahlen augenblicklich fort, zum andern aber erzeugt der Schatten inmitten der gleichmäſsigen Hitze eine Temperaturdifferenz und auf der Stelle beginnt sich ein Lüftchen wenigstens zu rühren. So warm die Luft auch selbst sein mag, so wirkt sie in der Bewegung doch auf die Körperoberfläche, solang diese nicht gar zu trocken ist, durch Verdunstung des Schweiſses abkühlend ein. Man kann es leicht beobachten: wenn an einem glutheiſsen Tag, an dem sich kein Blättchen rührt und wo sich vielleicht nur an einzelnen Stellen des Himmels ein Cumulus zeigt, über den Stellen, auf der die Wolke ihren Schatten wirft, sogleich die Blättchen, die Halme sich bewegen, wie auf einer glatten Wasserfläche, über die die Wolke hinzieht, die dunklen, beschatteten Stellen sich sofort kräuseln. Es ist merkwürdig, aber durch tausendfältige Beobachtung leicht zu erhärten, wie rasch die Beschattung Temperaturunterschiede erzeugt, die für die Entstehung einer recht merklichen Brise hinreichen. Man sollte das Gegenteil vermuten. Eine Fläche, die die Strahlung ganz gleichmäſsig aufnimmt, überall gleich warm wird und so viele Stunden bleibt, verliert im Augenblick der Beschattung immer soviel Wärme durch Strahlung gegen den Weltraum zu, und durch Leitung an ihre Umgebung, zur Erhitzung der anstoſsenden Luftteile, daſs sie im Verhältnis zum unbeschatteten Nachbarn so merklich erkältet, daſs sich zum Ausgleich sofort Luftströme einstellen. In der Tat, über den noch bestrahlten Teilen aufsteigender, über den beschatteten Stellen von oben herabsinkender Luftstrom, das ist die Folge einer wenn auch nicht gerade beträchtlichen Bewölkung. Nicht umsonst stellt man ja etwa bei Ausflügen oder notwendigen Arbeiten, die im Freien ausgeführt werden müssen, in seine Prognose, was auszuhalten sein wird, auch die Bewölkung, und sei sie noch so gering, mit in Rechnung. Bei einer Eisenbahnfahrt zum Beispiel, wo eine unerträglich heiſse Fahrt vorausgesehen werden muſs, gereicht es schon zu einigem Trost, daſs der Himmel „doch nicht so ganz klar ist", daſs doch hie und da eine Wolke kommt und man erzählt im umgekehrten Fall: „Nicht e i n e Wolke hat sich blicken lassen, kein Lüftchen hat sich gerührt."

Nicht zu unterschätzen ist die Wirkung, die die Bewölkung des Himmels auf die ganze Stimmung des Menschen ausübt. Selbst der Prolet scheint nicht ganz von diesem Einfluſs frei zu bleiben. Eine Serie trüber Tage legt sich förmlich aufs Gemüt, und oft hört man die Klage: „Wenn man nur einmal wieder die Sonne sähe!" Man fühlt sich gedrückt durch einen tief hängenden Wolkenschleier. Der bedeckte Himmel kommt einem viel flacher vor, als der

klare, heitere, der sich so hoch zu wölben scheint. In dieser
Beziehung begeht der Mensch übrigens sehr fehlerhafte
Schätzungen. Eigentlich müfste das Himmelsgewölbe als
Halbkugel erscheinen. Das ist aber keineswegs der Fall.
Achtet man nur darauf, so kommt jedem die horizontale
Ausbreitung sehr bedeutend gröfser vor, als die Ausdehnung nach der Höhe. Der Himmel erscheint also tatsächlich
jedem flach und gedrückt; dieser Eindruck wird aber wesentlich gesteigert, wenn der Himmel auch noch bedeckt
ist. Und zwar ist der gleichmäfsige Überzug mit Wolken
hier viel wirksamer, als wenn nur an einigen Stellen der
klare Himmel mit seinem Blau oder mit den Sternen durch-
schaut.

Wenn der Mensch, wie bekannt, so sehr in seinem ganzen Befinden vom Wetter abhängig ist, so ist ein gut Teil
auf den Einflufs seiner Sinneseindrücke auf seine seelische
Stimmung zurückzuführen. Die Sinneseindrücke können
dabei der Wirklichkeit entsprechen oder mehr oder weniger davon abweichen, das bleibt sich für den Enderfolg
gleich. Der Eindruck, den wir vom Himmelsgewölbe bekommen, entspricht der Wirklichkeit, wie erwähnt, durchaus nicht, wirkt aber in der Täuschung der Sinne ungemein
auf die Stimmung des Gemüts ein.

Wenn das Himmelsgewölbe gar nicht den Eindruck
einer Halbkugel macht, sondern entschieden flacher, etwa
wie ein tiefes Uhrglas erscheint, so ist das bei bewölktem
Himmel, den wir auch im allgemeinen als „gedrückt" bezeichnen, wohl begreiflich; da erstreckt sich unser Blick
tatsächlich nach den Seiten hin viel weiter aus als in die
Höhe. Wenn zum Beispiel eine Wolkendecke in einem
Kilometer Höhe den ganzen Himmel überzieht, so findet
das Gesichtsfeld nach oben seine Grenze in ein Kilometer
Entfernung, in horizontaler aber liegt, wie eine einfache
Rechnung lehrt, die Wolkenschicht vom Beobachter 114 km

weit entfernt. Wäre die Wolkendecke nur 500 m hoch, so würde sie in horizontaler Richtung, erst in einer Entfernung von 77½ km vom Blick getroffen werden. Kurz, bei bedecktem Himmel ist das, was wir überschauen können, wirklich uhrglasförmig gestaltet, das ist keine Täuschung. Beim klaren Himmel ist das anders.

Schauen wir irgendeinen Teil des unbedeckten Himmels unverwandt an, so erscheint uns die fixierte Stelle eben, lassen wir aber den Blick von unten nach oben oder umgekehrt wandern, so erhalten wir den Eindruck der Krümmung. Das Himmelsgewölbe erscheint aber, wie schon erwähnt, nicht als Halbkugel, eher noch als Kugelabschnitt. Auch der unbewölkte Himmel sieht demnach immer gedrückt aus, nicht nur der bedeckte. Der wolkenlose Himmel um so gedrückter, je heller er ist. Den Eindruck des Gedrücktseins haben wir aber nur, wenn wir den Blick von oben nach unten, vom Zenith zum Horizont oder umgekehrt wandern lassen, und nur bei aufrechter Körperstellung. Er verschwindet, wenn wir den Kopf zurückbeugen oder in Rückenlage den Himmel betrachten. Der Grund dafür liegt in folgendem.

Bei Bewegung unserer Augen überschätzen wir den von den Augenachsen durchmessenen Winkel in der Nähe des Horizonts und unterschätzen ihn in der Nähe des Zeniths.

Die Sonne kann in unseren Breiten, wie wir wohl wissen, gar nicht höher stehen als 67°, und doch meinen wir, daß sie an einem klaren Sommertag fast scheitelrecht über uns steht, oder daß wenigstens bis zum Zenith gar nicht mehr viel fehlt, und dabei fehlen doch noch volle 23°, das ist mehr als die höchste Erhebung der Sonne über den Horizont um die Wintersonnenwende am Mittag beträgt (19°).

Wenn man glaubt, den Blick bis zur halben Höhe des Himmelsgewölbes erhoben zu haben, so blickt man in der Tat bestenfalls 31° hoch, statt 45°. Das gilt für eine mondleere Nacht, wo solche Versuche durch Anfixieren von Sternen in bekannter Höhe leicht anzustellen sind. Bei Mondschein ist der Fehler noch gröfser, mit 27⁰ Elevation und beim Tag schon bei einer von $22^{1}/_{2}{}^{0}$ glaubt man seinen Blick bis zur Hälfte der Vertikalen erhoben zu haben. Der Eindruck des Gedrücktseins des Himmelsgewölbes hängt mit dieser falschen Winkelschätzung zusammen. Die Höhe von allem, was am Himmel zu sehen ist, von Gestirnen, Wolken, Feuerkugeln, wird allgemein und zwar viel zu hoch geschätzt. Bei zurückgelegtem Kopf und kurzen Wendungen des Blicks hat man den Eindruck der Abflachung nicht.

Nebenbei bemerkt trägt zur Unsicherheit in der Einschätzung auch bei, dafs in der Höhe gewöhnlich jeder Mafsstab fehlt, während beim horizontal gerichteten Blick zum Beispiel gegen den gerade aufgehenden Mond, noch mehrere Dinge vor ihm liegen, die wir ganz unwillkürlich beim Einschätzen der Entfernung mit berücksichtigen. Sie fehlen beim Blick in die Höhe, und da schätzt man dann die Entfernung geringer ein. Deshalb erscheint auch der aufgehende Mond um so viel gröfser als der, der hoch oben steht. Bemerkenswerterweise werden Schätzungen viel richtiger, wenn man sie neben einem hohen Punkt: Turm, einem Schornstein, Mast oder dergleichen, vornimmt, dabei also einen Mafsstab mit verwenden kann.

Damit mag es zusammenhängen, dafs uns der Himmel ganz besonders hoch vorkommt, wenn wir durch eine Wolkenlücke schauen, am besten, wenn mehrere Schichten von Wolken übereinander liegen und wenn wir dazwischen unseren Blick hinaus „in die Unendlichkeit wandern" lassen.

Wenn wir von einer „düsteren" Stimmung sprechen, so bezeichnen wir mit dieser Metapher ganz richtig die Stimmung, die durch Abschwächung der Beleuchtung, Verdüsterung des Himmelslichtes, ob wir wollen oder nicht, herbeigeführt wird. Einen grofsen Unterschied macht es aus, ob die Wolken vor der Sonne oder der Sonne gegenüberstehen, ob sie demnach grau oder schwarz oder hellbeschienen und weifsglänzend aussehen, ob sie ferner ganz gleichmäfsig den Himmel grau in grau malen, oder in verschiedener Form und Beleuchtung den Wunsch des Menschen nach Abwechslung befriedigen. Dieser Drang läfst auch den meisten Menschen einen Himmel, der vollständig wolkenlos ist, nicht so anziehend erscheinen als den, auf dem etwas geschieht, wo Haufenwolken sich in wechselnden Formen türmen, selbst wo eine drohende Wand heraufzieht, und auch die darstellende Kunst nimmt Rücksicht darauf, und selten wird ein wolkenloser Himmel dargestellt, es ist, als wenn wenigstens eine Wolke zur Belebung, als Staffage dienen müfste. Die bemerkenswerteste Ausnahme bildet meines Wissens Z w e n g a u e r, der Meister des wolkenlosen Abendhimmels.

Aus dem allen geht soviel hervor, dafs die Bewölkung für den Menschen auch dann nicht gleichgültig wäre, wenn sie nicht die notwendige Vorbedingung abgäbe für ein weiteres Element des Wetters, für die Niederschläge. Aber noch nach einer weiteren Seite hin sind sie sogar für den Gesundheitszustand des Menschen, namentlich auch für die Wiederherstellung von Kranken, von Wichtigkeit, nach einer negativen Seite hin. Schwächt ja doch die Bewölkung die Bestrahlung und alles, was damit zusammenhängt, oder schliefst sie aus. Wir bräuchten hier nur alles zu wiederholen, was wir schon über die Bestrahlung gesagt haben. Nicht umsonst spielt beim Bericht über die meteorologischen Verhältnisse eines Kurorts die Zahl der heiteren und der bedeckten, der wolken- und der sonnenlosen Tage im Jahr, in der Kurzeit eine wichtige Rolle. Bestrahlung und Erwärmung sind auch hier streng zu trennen. Bewölkung ver-

hindert den Sonnenstich so gut wie sicher, nicht aber den
Hitzschlag. So heißs wird es bei starker Bewölkung nie
wie im grellen Sonnenschein, aber es kann schwüler unter ihm werden, namentlich auch die schwülen Sommer-
nächte, in denen soviel Menschen keinen Schlaf finden,
zeigen sich zu allermeist bei umwölktem, bei bedecktem
Himmel. Umzieht sich im Herbst oder Frühjahr der Himmel am Abend, so ist der Nachtfrost viel weniger zu
fürchten, als wenn der Himmel klar bleibt. Die Bewölkung mildert im allgemeinen die Temperatur nach beiden
Seiten hin und wirkt den Extremen entgegen.

Die Niederschläge,

wichtig, wie sie es für die ganze Natur sind, so sind sie
es auch für das Wohlbefinden und die Gesundheit des
Menschen, aber ihre Wirkung ist eine recht eintönige,
wenn man von der Erhöhung der Feuchtigkeit absieht und
von dem, was wir schon in dem hier einschlägigen Abschnitt gesagt haben. Der Einfluß der Temperatur wird
durch Feuchtigkeit der Luft nach beiden Richtungen erhöht, in bezug auf die Kälte und in bezug auf die Hitze.
Der Niederschlag macht den Körper und die Bekleidung
mehr naß, und dadurch erzeugt er bei hoher Lufttemperatur das Gefühl von drückender Schwüle unter den durchnäßsten Kleidern, mehr noch als bei nur feuchter Luft. Der
Zutritt von neuer Luft durch die Poren wird mehr oder
weniger verhindert, die Haut ist immer mit einer Luft in
Berührung, die selbst schon mit Wasserdampf ganz oder
nahezu ganz gesättigt ist, und der Körper kann seine Wärme nicht durch Verdunstung abgeben. Umgekehrt wird
die Leitungsfähigkeit der Kleider, wenn sie durchnäßt
sind, erhöht, ihr Wärmeschutz in der kalten Jahreszeit geht
mehr oder weniger verloren, wenn die Kleider naß sind,

und das werden sie nicht nur durch den Regen, sondern auch durch den Schnee. Ist die Lufttemperatur nicht gar zu niedrig, so schmilzt der Schnee noch in den Kleidern, und man kann auch aus einem Schneegestöber patschnaſs nach Haus kommen. Schneefälle unter 3⁰ sind äuſserst selten, und so ist der Mensch, wenn er beschneit wird, auch fast immer naſs, wenn die Schneemenge nicht gar zu gering ist, die in seinen Kleidern, in seinem Pelzwerk hängen bleibt und dort die Bewegung der Luft sehr erheblich vermindert. Alles, was wir über die Dauer der Kältewirkung bei der Erkältung gesagt haben, wäre hier zu wiederholen. Wenn der Boden nur naſs ist, so lassen sich Ansammlungen des Wassers dortselbst, meistens beim Gehen, vermeiden, bei tiefem Schnee fast nie, auſser auf gebahnten Wegen. Namentlich das Frauengeschlecht mit seinen tief herabhängenden Röcken setzt sich beim Gehen durch tiefen Schnee einer ganz gewaltigen Durchnässung nicht nur des Schuhwerkes, sondern auch des Rocksaumes und höher hinauf aus. Nach einem auch heftigen Regen gehören schon besondere örtliche Bedingungen dazu, das Überschreiten eines kleinen Wasserlaufs, der Wassersammlung in Pfützen, um ähnliches herbeizuführen. Auf jeden Fall wird beides, Regen wie Schnee, deswegen gescheut, weil man dabei naſs wird, weil viele sich zu erkälten fürchten, mit Recht oder Unrecht gleichviel, und Niederschläge vermögen sehr viel Leute vom Ausgehen abzuhalten, und wenn es nicht anders geht, wenigstens den Schutz des Hauses bald wieder aufzusuchen. Auf jeden Fall vermindern die Niederschläge die Möglichkeit, sich im Freien zu ergehen, was aus den schon angeführten Gründen gesundheitlich gar nicht gleichgültig ist. Oft genug hält mehr die Sorge für die neue oder besonders schöne oder besonders vergängliche Kleidung davon ab, s i e nicht s i c h den Niederschlägen auszusetzen. Da ist es denn gerade zu den Zeiten, die man

am liebsten im Freien, um seiner Gesundheit oder Erholung
willen zubringen möchte, nicht unwichtig, sich in dieser
Beziehung vorzusehen und nicht nur sich mit einer Kleidung auszurüsten, die Schutz gegen die Nässe gewährt,
sondern auch einer, die dauerhaft und nicht zu kostbar
ist. Für die Fußbekleidung ist das beste der Juchtenstiefel und namentlich für Leute, die bei jedem Wetter und zu jeder Jahreszeit ihrem Beruf im Freien nach-
gehen müssen, kaum voll ersetzbar. Frauen und Mädchen
schützen sich wenigstens durch Stiefelchen, die möglichst
hoch hinaufgehen, durch Gamaschen, beide Geschlechter
auch durch Überschuhe aus Gummi. Solang sie unverletzt sind, halten diese Gummischuhe die Nässe auch wirklich mit Sicherheit ab. Sollen sie nicht mehr schaden als
nützen, so müssen sie zu Haus alsbald wieder abgelegt
werden, der Gummi verhindert den Zutritt der Luft ebenso sicher, wie den des Wassers, damit die Verdunstung
des Schweißes. Das gilt ebenso auch für andere Umhül-
lungen, Regenmäntel aus Gummistoff, Regenhäute usw.
Alles das schützt, ist aber zum Gebrauch nur für kurze
Zeit zu empfehlen. Die Umhänge, die, aus leichtem Stoff
gefertigt, in neuerer Zeit zu haben sind, und in der Art
imprägniert, daß sie wohl dem Wasser, aber nicht in gleichem Maße der Luft den Weg versperren, sind in dieser
Hinsicht besser. Sie erzeugen auch nicht so leicht das
Gefühl drückender Schwüle; freilich nach stundenlanger
Durchnässung in strömendem Regen versagen sie doch, und
die Nässe dringt durch. Der Regenschirm bietet nur Schutz,
wenn kein Wind geht und solang man keiner Dame begeg-
net, der man ihn anbietet. Es gibt aber, wie schon erwähnt,
Niederschläge, das Nebelreißen, gegen die auch das beste
Regendach gar nichts hilft, weil es in den allerfeinsten
Tröpfchen überall, auch unter dem Schirm selber regnet.
Zu Verletzungen geben Niederschläge die Veranlassung,

insofern der Boden schlüpfrig, glatt werden kann, so daſs Unvorsichtige, schwache, greise Personen zu Fall kommen oder durch andere zu Fall gebracht werden können. Glatter festgetretener Schnee, aber auch nur naſs gewordener Boden nach einem Regen, kann die Veranlassung dazu abgeben, nichts aber mehr als das Glatteis. Ich habe es selbst schon erlebt, wie das Glatteis jeden Verkehr auf der Straſse unterbinden kann. Ich wollte vor vielen Jahren spät am Abend einen wichtigen Brief fortbringen. Es war starkes Glatteis eingetreten. Solang ich mir an der Mauer des Nachbargartens forthelfen konnte, ging es. Die Straſse zu überschreiten war gänzlich unmöglich, weil auf dem Boden die Füſse sozusagen gar keinen Widerstand, gar keine Reibung fanden. Also umgekehrt und mühsam an der Wand wieder nach Haus gehandelt! Vor einer Zeit, die noch länger zurückliegt, war es auch in Dresden einmal am Abend ähnlich. Nach der Vorstellung im Königlichen Hoftheater war es nicht mehr möglich, zu Fuſs heimzugehen, die Fahrzeuge mit geschärften Pferden waren im Nu besetzt. Da haben sich Frauen und Mädchen auf offener Straſse hingesetzt und die Strümpfe über die Schuhe gezogen. Filzsohlen, oder wenigstens Absätze aus Filz, sind gute Mittel bei Glatteis, und wer auch im Winter nicht zu Hause bleiben kann und in seiner Bewegung frei bleiben möchte, und wer dabei abschüssige Wege betreten muſs, handelt schon gut, wenn er sich mit solchen für den Winter vorsieht.

Die elektrische Spannung

gehört zwar nicht zu den sechs Elementen des Wetters. Da sie aber für den Menschen nicht gleichgültig ist, wollen wir sie doch ganz kurz besprechen. In der Literatur findet sich wenig, auſser einer kleinen Schrift, die ich in den „Würzburger Abhandlungen" vom Jahre 1914 veröffentlicht habe. Sie scheint vergriffen zu sein, und ich will sie hier aus Mangel von besserem wiedergeben.

Der Blitz ist von allen irdischen Lichterscheinungen die hellste und dabei noch so dunkel in seinen Wirkungen für unser Verständnis! Nicht einmal, wie der Blitz tötet, ob durch Herz- oder Atemlähmung, ob durch unmittelbare Einwirkung auf das Gehirn, ob zuerst Bewußtlosigkeit eintritt oder die Lähmung der lebenswichtigen Zentren nachfolgt, kann man angeben. Im ganzen am besten gestützt, auch am verbreitetsten ist die Annahme, daß es sich beim Blitzschlag um eine Lähmung der Atmung handelt. Die Sektionsergebnisse sprechen nicht dagegen. Ziemlich regelmäßig findet man dabei das Blut flüssig und dunkelrot, so wie es bei zunehmender Erstickung und Überladung mit Kohlensäure getroffen wird, und auch die anderen gewöhnlichen Folgen der Erstickung: da und dort kleinere Blutergüsse, namentlich an den serösen Häuten, dem Perikard, den Pleuren, dem Bauchfell. Solche Blutergüsse sind freilich nicht notwendig eine Folge von Erstickung; sie könnten auch ihrer Lage und Form nach auf die unmittelbare Einwirkung der elektrischen Entladung bezogen werden. So hat man zum Beispiel unter der deutlich erkennbaren Einschlagstelle am Schädel eine Fissur des Knochens und darunter ein Hämatom gefunden, auch zerstreute Blutergüsse im Hirn und Rückenmark; häufiger ist das Blut gleichmäßig verteilt, wobei die Organe der Brusthöhle besonders blutreich gefunden wurden. Gelegentlich wird auch von Zerreißung innerer Organe erzählt, so namentlich der Leber und des Herzens. Die Totenstarre soll sich rasch einstellen, die Fäulnis aber erst spät, was um so auffallender ist, als die Todesfälle durch Blitzschlag sich doch zu allermeist im Sommer einstellen werden.

Die klinischen Erfahrungen sprechen auch für einen Erstickungstod. Man hat gesehen, daß bei stillstehender At-

mung das Herz, wenn auch nur schwach, fortschlug bis zu
11 Minuten lang. Es ist manchmal gelungen, mittels künstlicher Atmung das anscheinend schon verschwundene Leben wieder zu erwecken, das geschieht aber bei manchen,
die vom Blitz getroffen das Bewußtsein und anscheinend
das Leben verloren hatten, auch ohne diese Maßregel bisweilen. Immerhin ist das ein therapeutisch nicht unwichtiger Gesichtspunkt, der im Auge behalten werden muß,
wenn man einmal einen vom Blitz anscheinend Getöteten
zu behandeln hätte. Bei Verletzungen durch Starkstrom
in der Technik ist übrigens der Erstickungstod auch das
Wahrscheinlichste. Alles paßt freilich nicht zu dieser Annahme beim Blitzschlag, wenigstens nicht mit einer reinen
unkomplizierten Erstickung. Der Tod tritt doch zu allermeist zu rasch ein, rascher, als bis einer auch bei ganz
plötzlichem Atemstillstand verscheidet. Von Erstickungs-
krämpfen wird nichts berichtet, aber es kann ja die quer-
gestreifte Muskulatur im weitesten Maße gelähmt sein.
Dann lag aber schon nicht mehr reine Lähmung des At-
mungszentrums vor. Es ist aber wahrscheinlich, daß neben der Atmung auch die Großhirnrinde zugleich, vielleicht schon vorher, im stärksten Maße mitbetroffen wird.
Dafür sprechen wenigstens die Angaben, die von Leuten
gemacht wurden, die dem Blitzschlag nicht erlegen sind.
Viele wissen überhaupt vom Blitzschlag nichts mehr, oder
die Erinnerung an den Schlag stellt sich allmählich wieder
ein, und von einem bestimmten Zeitpunkt an ist alles wie
ausgelöscht. Manche sahen noch einen hellen Schein, dann
schwand das Bewußtsein. Beim Erwachen finden sie sich
dann zum Beispiel liegend auf freiem Feld oder auch im
Bett in ärztlicher Behandlung, und sind mit Wiederkehr
des Bewußtseins selbst erstaunt darüber. Dann erinnern
sie sich wohl auch, daß ein Gewitter gewesen sei, vielleicht auch noch auf den hellen Feuerschein. Merkwürdi-

gerweise scheint ein Donnerschlag nicht bemerkt worden
zu sein, nur Leichtverletzte oder blofs Umgeworfene berichten davon. Zum optischen Eindruck hat es noch gereicht, zum akustischen nicht mehr. Es ist nicht leicht,
diesen Unterschied zu erklären. Man sagt, dafs von allen
Sinnen das Gehör zuletzt stirbt, daher die wohl zu beher-
zigende Mahnung, am Bett eines Sterbenden mit seinen
Reden recht vorsichtig zu sein. Wohlbemerkt gilt das alles nur für einen direkt vom Blitz Getroffenen. Schlägt er
nur in der gröfsten Nähe ein, ohne in den Menschen selbst
zu fahren, so kann durch „die Heftigkeit der Erschütterung" auch das Bewufstsein schwinden. Dann werden wohl
auch Sensationen von anderen Nerven her berichtet: Ein
heifses Gefühl, ein furchtbarer Schlag, ein starker „Geruch
nach Schwefel". Es ist aber nicht unwahrscheinlich, dafs
diese Empfindungen nicht vor der Bewufstlosigkeit, sondern erst nach dem Erwachen ausgelöst werden. Namentlich in geschlossenen Räumen scheint das durch den Blitz
erzeugte Ozon längere Zeit wahrnehmbar zu bleiben. Tritt
der Tod nicht augenblicklich ein, so erwachen die Getroffenen fast ausnahmslos wieder nach einigen Minuten bis
zu 2 Stunden; selbst nach 18 Stunden wurde noch Erholung gesehen. Doch kommt es auch vor, dafs unter Stillstand der Atmung das Herz noch eine Zeitlang, bis zu
einer halben Stunde, fortschlägt und dann doch noch der
Tod eintritt. Die nicht zu Tod Getroffenen sind gewöhnlich blafs, die Extremitäten kalt, die Konjunktiven unempfindlich, die Pupillen weit, die Atmung ist gewöhnlich
schnarchend. Begreiflicherweise ist eine Untersuchung in
dieser verhältnismäfsig kurzen Zeit selten genau durchzu-
führen; gewöhnlich trifft der Arzt den Verunglückten entweder schon tot an, oder das Bewufstsein ist schon wiedergekehrt, und die schwersten Erscheinungen sind schon vorüber. Auch ein in der Nähe einschlagender Blitz, der den

Körper gar nicht berührt, kann den Tod oder doch schwere Erscheinungen herbeiführen. Gewöhnlich freilich findet man an der Körperoberfläche deutliche Spuren des Blitzschlages. Diese sind dann meistens oberflächliche Verbrennungen, streifen- oder blattförmig da und dort, gewöhnlich am stärksten da, wo der Blitz eingedrungen und da, wo er wieder heraus und in den Boden gefahren ist. Also gewöhnlich am Kopf und an den Fußsohlen sind es rundliche, auch sich etwas in die Tiefe erstreckende Verbrennungen der Haut, selbst kleine Substanzverluste der Haut, die die Ein- und Austrittsstelle bezeichnen. Auch der Weg entlang der Körperoberfläche ist gerötet, entweder auch verbrannt, oder diese „Blitzfiguren", verästelte Linien darstellend, verschwinden nach längerer Zeit, manchmal schon nach 24 Stunden, und sind dann, wenn die Epidermis über ihnen unverletzt ist, wohl nur auf eine Lähmung der Hautgefäße zu beziehen. Die Blitzfiguren kommen nur bei dieser Art von Verletzung vor und sind pathognomisch. Die alte Meinung, daß sie dem Verlauf von Hautgefäßen und Nerven folgen, ist durch die Untersuchungen von R i n d f l e i s c h widerlegt worden. Die Linien sind oft an einzelnen Stellen unterbrochen, und die Unterbrechungen sind ein deutliches Zeichen dafür, daß die elektrische Entladung nur der äußersten Oberfläche folgte und zum Beispiel eine Hautfalte übersprang. Die Ein- und Austrittsstellen finden sich durchaus nicht immer oben (Kopf) und unten (Fuß). Lehnte der Mensch an einem gut leitenden Körper, an einem Gitter zum Beispiel, trug er etwa eine Hake in der Hand, auf der Schulter, so kann dadurch die Stelle des Ein- und Ausschlags bestimmt werden. Auch im menschlichen Körper zeigt der elektrische Funke wegen seiner überaus hohen Spannung die Neigung, von seinem Leiter seitwärts abzuspringen, worauf wir später noch näher eingehen werden.

Die Verbrennungen der Haut sind manchmal auf kleine Stellen, gewöhnlich die Ein- und Austrittsstelle, beschränkt, manchmal betreffen sie grofse Flächen und können dann durch sekundäre Infektion noch nachträglich den Tod des Betroffenen herbeiführen, doch geschieht dies nur sehr selten. Flächenförmige Verbrennungen an Extremitäten, am Schultergürtel, am Rumpf, haben oft blattförmige Gestalt. Die Sonderbarkeit ihrer Form hat Veranlassung zu der Fabel gegeben, dafs umstehende Gegenstände, etwa die Blätter eines nahestehenden Baumes, auf der Haut abgebildet und eingebrannt seien. Derartige „Blitzphotographien", die sogar gelegentlich eine gewisse forensische Bedeutung erlangt haben, gibt es nicht. Kopfhaare, Brauen und Wimpern können vom Blitz versengt oder verbrannt sein. Geldstücke in der Tasche werden gelegentlich zu einem Klumpen zusammengeschmolzen, oder an den Rändern miteinander verlötet. Versuche mit starken elektrischen Strömen haben die bei Blitzschlägen gemachte Erfahrung bestätigt, dafs Randschmelzung an den Berührungsstellen der Münzen das Gewöhnliche ist. Der Grund ist leicht einzusehen. Zwei nebeneinander gelegene Münzen berühren sich theoretisch als zwei Zylinder nur in einer Geraden, jedenfalls ist die Berührungsfläche eine aufserordentlich kleine. Hier ist also der Querschnitt des übrigens sehr guten Leiters ein sehr kleiner und die in ihm entwickelte Wärme eine ungemein grofse, weil hier auch der Widerstand, der dem Querschnitt eines Leiters umgekehrt proportional ist, als besonders grofs angenommen werden mufs. Das Produkt aus dem Widerstand eines Leitungsstückes und dem Quadrat der Stromstärke ergibt aber nach dem Joule'schen Gesetz die in einer bestimmten Zeit entwickelte Wärmemenge, dazu ist noch die erhitzte Masse auf dem kleinen Querschnitt eine kleine, die entwickelte Joule'sche Wärme erzeugt eine sehr

hohe Temperatur, und zwar so rasch, dafs trotz des guten Wärmeleitungsvermögens der Metalle die Wärme nicht
Zeit hat, nach den Seiten auf die übrige Masse der Geldstücke abzufliefsen. In den Versuchen mit starken elektrischen Strömen konnten unreine, schmutzige Geldstücke
leichter zusammengeschmolzen werden, als blanke, was
wieder leicht begreiflich ist. Aus was auch der Schmutz
bestehen mag, er leitet gewifs immer schlechter als ein
Metall, und dem gröfseren Widerstand entspricht vermehrte Joule'sche Wärme. Ihre Wirkung ist in der Regel auf
einen sehr kleinen Raum beschränkt, und wiederholt hat
man die Beobachtung gemacht, dafs sich geschmolzene
Münzen in unverbrannten, unverletzten Kleidern fanden.
Vom Widerstand der getroffenen Leiter hängt die Wärmeentwicklung durch den Blitz ab. Ein jeder weifs, dafs
es „kalte Schläge" gibt und dafs andere Male wieder Entzündung von schlechten Leitern, vom Holz an Bäumen, in
Häusern erfolgt, oft an mehreren Stellen zugleich, weshalb
getroffene Gebäude gewöhnlich eingeäschert werden, da
es nicht gelingt, sofort allen Brandherden beizukommen.
Auch die kalten Schläge ermangeln nicht der mechanischen
Wirkung, und hier trifft man wieder auf Sonderbarkeiten,
die von jeher und heute noch das gröfste Erstaunen erregten. Die Kleider getroffener Menschen, ihre Schuhe
fliegen einfach fort, oft geradezu unverletzt, und man begreift nicht, wie sie so losgerissen und fortgeschleudert
werden konnten. Es ist bekannt genug, in welche Aufregung ein solches Vorkommnis die Römer im Jahre 640
ab urbe condita versetzte. Eine Vestalin war vom Blitz
getroffen, getötet und dabei von allen ihren Kleidern ent-
blöfst worden. Der keuscheste Leib in Rom schimpflich
allen zur Schau gestellt, war eine schreckliche Mahnung
an die zunehmende Verderbnis der Sitten, und wurde der
Anlafs, der Venus verticordia einen Tempel zu bauen, auch

die längst aufser Gebrauch gekommenen Lectisternien wurden wieder erneut. Auch Schafe werden durch Blitzschlag nicht selten ihrer Wolle beraubt, die weit umhergeschleudert wird, ohne zu verbrennen, wie die nackten Körper von Menschen und Tieren keineswegs immer Brandspuren aufweisen.

Man mufs diese Tatsache kennen, sie ist gelegentlich von sehr grofser forensischer Wichtigkeit, wo zum Beispiel auch ein Lustmord in Frage kommen könnte. Nicht einmal Schiefspulver wird vom einschlagenden Blitz stets entzündet. Läfst man die Funken einer Leydener Flasche auf ein Häufchen Pulver schlagen, so wird dieses nach allen Seiten auseinandergeschleudert, aber nicht zur Explosion gebracht. Beabsichtigt man eine solche, so mufs in den metallenen Schliefsungskreis eine Strecke von einem schlechteren Leiter, ein nafser Faden, eingeschaltet werden. Pulvermagazine sind freilich schon mehrfach durch Blitzschlag aufgeflogen, man kennt aber auch ein Beispiel, wo der Blitz ein Pulverfafs spaltete, den Inhalt nach allen Seiten zerstreute, aber nicht entzündete. Was die mechanische Wirkung des Blitzes überhaupt anlangt, so mag sie wohl in manchen Fällen und zum Teil auf rascher Dampfbildung in feuchten Leitern beruhen, zum Beispiel, wenn die Rinde eines in Saft stehenden Baumes zersplittert und fortgerissen wird, denn gerade im feuchten Splint sucht hier der Blitz gewöhnlich seinen Weg. Vielleicht geschieht da noch mehr als Verdampfung, erfolgt sogar elektrolytische Zersetzung des Wassers und sofortige Entzündung des gebildeten Knallgases durch die entwickelte Hitze. Glauben ja doch manche, sogar den Donner auf eine Reihe von gleichzeitig erfolgenden Knallgasexplosionen zurückführen zu müssen. Die wichtigste Rolle wird aber wohl die plötzliche Ladung der betroffenen Körper mit gleichnamiger Elektrizität spielen. Die gleich-

namig geladenen Teile stoſsen sich ab und fliegen auseinander. So läſst sich zur Not selbst das Fortfliegen unver-
letzter Fuſsbekleidung verstehen, auch noch einer antiken
Gewandung, wie bei der erwähnten unglücklichen Vestalin. Daſs aber auch ein Hemd, ein Rock ohne Verletzung
durch den Blitz soll ausgezogen werden können, dafür
fehlt mir, offen gestanden, jedes Verständnis, wenn die häufig berichteten derartigen Vorfälle wirklich auf Wahrheit
beruhen. Ich möchte wohl selbst einmal mich davon überzeugen, ob so ein Kleidungsstück nirgends einen Riſs hat.

Übrigens wird die mechanische Wirkung des Blitzschlages allgemein, aber nicht ganz mit Recht, als eine ungeheure angestaunt. Es kann ein Stück Mauer ein-, ein Ka-
min heruntergeworfen, ein Baum kann gespalten, Splitter
des Stammes können auf Meter weggeschleudert werden.
Menschen und Tiere werden um- und auf die Seiten aus-
einandergeworfen, das sind aber doch mechanische Lei-
stungen, wie sie durch die Explosion von 100 g geschickt
angebrachten Schwarzpulvers etwa ebenso hervorgebracht
werden können. Wirklich gewaltig sind nicht die mechanischen, sondern nur die physiologischen Wirkungen.

Im elektrischen Funken wird eine nur sehr geringe Elektrizitätsmenge (gemessen in Coulomb) fortbewegt. In dieser Beziehung ist der Strom des schlechtesten galvanischen
Elements, wenn seine Pole durch einen guten Leiter verbunden sind, selbst dem stärksten Blitz ungeheuer überlegen. Man hat Schätzungen über die Elektrizitätsmenge
eines Blitzstrahls angestellt (Riecke, Lehrbuch der Physik,
II. S. 129), weil Messungen natürlich nicht möglich sind.
Der Blitz vermag einen Kupferdraht von 50 mm² Querschnitt zur Rotglut zu erhitzen, einen von 5 mm² zu schmelzen. Hieraus würde sich ergeben, daſs im Blitzschlag
wenigstens 52 und höchstens 270 Coulomb zur Entladung
kommen. Dagegen ist die Spannung, unter der die Fort-

bewegung dieser kleinen Elektrizitätsmenge geschieht, eine ganz ungeheure, schon bei ganz kleinen Funkenstrekken eine bedeutende. Folgende kleine Tabelle ist Riecke entnommen, die für ein nahezu homogenes Feld gilt.

Funkenlänge	Potential (Volt)
0,01 cm	948
1,0 „	31650

Die Spannung wächst bei längeren Funken nahezu proportional der Länge. Nun sind Blitze von 1 km Länge sicher beobachtet worden. Für einen solchen langen Funken käme man zu dem fabelhaft hohen Wert des Potentials von 31650 Millionen Volt. Wohlgemerkt, vorausgesetzt, daſs die aus kleineren Verhältnissen erschlossene Proportionalität zwischen Spannung und Funkenlänge auch für so hohe Werte gültig bleibt. Meines Erachtens wäre ein Einwurf hier wohl möglich. Wenn so hohe Spannungen auftreten, so möchte vielleicht das gleiche geschehen, wie bei der Spitzenentladung. An Spitzen ist wegen der sehr kleinen Oberfläche das Potential ein sehr hohes, hierdurch wird Elektrizität durch Konvektion fortgeschafft, strömt aus, und die fortgeschleuderten Elektronen machen die Luft zwischen den beiden Konduktoren auſserordentlich viel leitungsfähiger. So mag vielleicht ein Blitz von gröſserer Länge möglich werden, als er der vorhandenen Spannung nach sich sonst bilden könnte. Aber selbst dann, wenn dieser Gedanke zuträfe, müſste man immer noch auſserordentlich hohe Werte des Potentials annehmen; doch darauf kommt es bei der Beurteilung der physiologischen Wirkung des Blitzes zwar zunächst, aber nicht allein an.

Die mechanische Arbeit fortbewegter Elektrizität berechnet sich nach Voltcoulomb (1 Voltcoulomb = $^1/_{9,81}$ Meterkilogramm) als das Produkt der bewegten Coulomb mit der Spannungsdifferenz in ihrem Weg am Anfang und am Ende. Die geleistete Arbeit ist maſsgebend für die thermischen und mechanischen Wirkungen des Blitzschlags, nicht aber ebenso für die Wirkungen auf tierische und menschliche Organe. In allerletzter Linie freilich auch: mechanische und thermische oder elektrolytische Wirkungen müssen es sein, welche Reizung, Schädigung, Zerstörung, zum Beispiel am Nervensystem, anrichten. Der Erfolg einer solchen Einwirkung ist aber keineswegs lediglich proportional der von der Elektrizität geleisteten Arbeit zu setzen. Maßgebend für die Wirkung auf Nervengewebe ist die Größe des Reizes. Elektrische Ladung ist kein Reiz, man kann einem Menschen auf dem Isolierschemel eine gewaltige Ladung zuführen, ohne daß irgendein Nerv bemerkbar darauf reagiert. Auch ein konstant fließender Strom läßt, innerhalb gewisser Grenzen, einen von ihm durchflossenen Nerven in Ruhe. Die Stromesschwankung erst wirkt als Reiz; dieser ist aber nicht einfach in seiner Intensität abhängig von der Größe der Stromesschwankung, sondern von der Größe der Stromesschwankung in der Zeiteinheit. Sehr starke Ströme können reizlos in den Nerven ein-, und aus ihm „ausgeschlichen" werden. Der faradische Strom mit seinen steilen Stromeskurven, mit seinen jähen Stromesschwankungen reizt Nerven sehr stark, obgleich, nach Milliampère gemessen, die Stromesintensität sehr gering ist. Langsam nur steigt sie bei Schließung des primären Stromes in beiden Rollen an, wegen der Selbstinduktion, plötzlich erfolgt die negative Stromesschwankung beim Öffnen des primären Stromkreises. So ist denn auch der Öffnungsschlag bei induzierten Strömen der ungleich wirksamere auf Nerven (und Muskelgewebe). Nun ist ja, wie wir gesehen haben, beim Blitz die Stromstärke, die Zahl der Coulomb, die in der Zeiteinheit fortbewegt werden, nur eine sehr geringe. Dagegen aber ist die Stromesschwankung, berechnet auf die minimale Zeit, in der sie erfolgt, eine enorm große.

Daraus erklärt sich die ungeheure Reizgröfse, die dem Blitz gegenüber dem Nervensystem zukommt. Eine Funkenentladung vollzieht sich so schnell, dafs bei ihrem Licht auch sehr rasch rotierende Scheiben, deren Oberfläche helle und dunkle Sektoren trägt, vollkommen stillzustehen scheinen, und dazu kommt jetzt noch, dafs ein elektrischer Funke nicht einmal eine einzige Entladung darstellt, sondern tatsächlich aus einer Unzahl von Schwingungen besteht, deren Periode ungemein klein ist. Etwa eine Million solcher Schwingungen gehen rund auf eine Sekunde, Millionmal in der Sekunde schwillt der Strom an und ab. Ist dadurch eine unglaublich rasche Stromesschwankung gegeben, so kommt noch der Umstand hinzu, dafs der elektrische Funke tatsächlich aus Wechselströmen von der erwähnten kurzen Dauer besteht. Die Elektrizität bewegt sich in ihm keineswegs nur in einer Richtung, sondern ebenso oft in der entgegengesetzten. Millionmal in der Sekunde kehrt die Bewegung ihre Richtung um. Dieser Umstand vermehrt ohne Zweifel noch die Gröfse des physiologischen Reizes, denn man weifs, dafs Wechselströme unter sonst gleichen Umständen stärker reizen als Gleichströme. Jeder Nerv wird durch einen elektrischen Strom, der ihn durchfliefst, „polarisiert“ und damit unempfindlicher für einen gleichgerichteten Strom und überempfindlich für einen von entgegengesetzter Richtung gemacht. Freilich gehört zum polarisieren, zur Entwicklung eines Elektrotonus auch Zeit, und es mag fraglich erscheinen, ob bei der ungeheuer kleinen Periode der Schwingungen im elektrischen Funken die Zeit zum polarisieren ausreicht.

Es wirft sich hier die Frage von selbst auf, warum Teslaströme ohne Schaden, sogar ohne irgend bemerkbar zu reizen, den menschlichen Körper durchfliefsen können. Diese Ströme werden bekanntlich so erzeugt, dafs man in

den primären Stromkreis eines Induktoriums eine Funken-
strecke einschaltet. Die Induktionswirkung in der sekundären Spirale ist abhängig von der Periode der Schwingungen im primären Kreis, bei einer Million Schwingungen
im Funken wird sie ungeheuer grofs, und Spannungen im
sekundären Leiter werden erzeugt, welche in ihrer enormen Höhe die bekannten prachtvollen Erscheinungen des
Ausstrahlens usw. erzeugen und dabei von Menschen, in
deren Hand zum Beispiel eine frei in die Luft gehaltene
Geifslersche Röhre hell leuchtet, gar nicht empfunden werden. Man könnte daran denken, dafs gerade die Kürze der
Periode in diesem Wechselstrom von ungeheurer Spannung ihn physiologisch unschädlich macht. Was die eine
Richtung schadet, das macht die andere so rasch wieder
rückgängig, dafs es gar nicht zu einer Wirkung kommen
kann; wenn man will, würde also ein Mensch von solchen
Strömen in jeder Sekunde vielhundertmillionenmal tot- und
ebensooft wieder lebendiggeschlagen. Dem steht aber ein
Bedenken entgegen. Dann müfsten ja auch der Funke
einer Leydener Flasche wirkungslos, selbst ein Blitz unge-
fährlich sein, mit ihrer enormen Zahl von Wechselströmen
auf die Sekunde. Nun mufs man aber bedenken, dafs jeder
Induktionsapparat einen Transformator darstellt. Was in
der sekundären Spirale, wo auf Spannung transformiert
wird, an Potential gewonnen wird, das wird verloren an
Elektrizitätsmenge. Ist nun schon die Anzahl der Coulomb
im Funken einer Batterie, selbst im Blitz keine grofse, so
ist sie doch eine viel, viel gröfsere als im transformierten
Strom der sekundären Spirale eines Tesla apparates. Und
da gibt es offenbar auch eine Grenze für die physiologische
Wirksamkeit. Die Schnelligkeit der Stromesschwankung
tut es eben nicht allein, es mufs auch etwas da sein,
was schwankt; sinkt die Zahl der bewegten Coulombs der
Zeiteinheit, also die Stromstärke, unter eine, wenn auch

kleine Gröfse, dann ist auch die schnellste Schwankung dieses winzigen Stromes wirkungslos. Das scheinen gerade die Teslaströme zu beweisen. Allerdings gibt es noch eine andere Erklärung für die Wirkungslosigkeit und Unschädlichkeit der Teslaströme, der, soviel ich weifs, die Physiker zuneigen. Es sollen sich die Teslaströme nur an der Oberfläche des menschlichen Körpers, so streng nur wirklich an, nicht in der Oberfläche verbreiten, dafs im Innern keine Wirkung ausgelöst, kein Schaden angerichtet werden kann. Nun hält sich, wie wir gesehen haben, auch der Blitz an die Oberfläche, und wenn er trotzdem auch in die Tiefe wirkt, so kämen eben auch hierfür wohl die gröfsere Anzahl der mitgeführten Coulomb in Betracht.

Übrigens ist es sichergestellt, dafs der Blitz nicht immer eine einzige Entladung darstellt, es können ihrer auch mehrere sein, die in Bruchteilen von Sekunden nacheinander in der nämlichen Bahn folgen. Mitunter, und ich habe dasselbe mit Sicherheit beobachtet, sieht man beim Schein eines Blitzes die Wipfel der sturmgepeitschten Bäume sich deutlich bewegen. Bei der kurzen Zeit, welche ein einziger Funken leuchtet, ist dies ganz unmöglich, es müssen, obwohl es nur ein Blitz gewesen zu sein scheint, die Blätter und Äste mehrmals sehr kurz nacheinander an verschiedenen Orten im Raum beleuchtet worden sein. Durch photographische Aufnahmen von Blitzen ist dies auch erwiesen worden. Riecke berichtet in seinem Lehrbuch der Physik (I. S. 129) von einem Blitz, der aus vier Entladungen bestand, die zusammen wahrscheinlich keine halbe Sekunde in Anspruch nahmen. Das Intervall zwischen je zweien betrug 0,36, 0,04 und 0,07 Sekunden. Die Länge des Blitzes wurde auf 300 Meter, der Querschnitt des Hauptstrahls auf 700 cm² geschätzt; das würde bei kreisförmigem Querschnitt einen Durchmesser von 26,6 cm ergeben.

Man hat vielfach davon gesprochen, daſs der Blitz geradezu elektiv das Nervensystem bevorzuge und ihm auf seiner Bahn folge. Das ist natürlich grundfalsch. Die physiologischen, die tödlichen Wirkungen hängen freilich von der Schädigung des Nervensystems ab, andere Teile können geradesogut getroffen und durchschlagen sein, aber ihre Schädigung ist für das Verhalten des getroffenen Organismus von ungleich geringerer Bedeutung. Physikalisch ist gar kein Grund einzusehen, weshalb der Blitz sich in seinem Lauf ans Nervensystem halten soll, und nur die physikalischen Verhältnisse kümmern den Blitz, nicht physiologische. Nun hat man auch gesagt, daſs der Blitz den Bahnen mit dem geringsten Widerstand folge, seinen Lauf dahin nehme, wo er den geringsten Widerstand finde. Das ist nun richtig, wenn man den Begriff des Widerstandes so versteht, wie er hier verstanden werden muſs. Besser wäre es, zu sagen: Der Blitz wählt den Weg, den er am leichtesten verfolgen kann. Denn der „Widerstand“ ist eine Bezeichnung, die wohl für konstant flieſsende Ströme, nicht aber allein für Wechselströme und für Funkenentladungen in Betracht kommt. Die Hemmung (Impedanz nennen es die Physiker), die hier der Fortbewegung der Elektrizität sich entgegensetzt, ist allemal gröſser, als sie dem einfachen Widerstand im durchflossenen Leiter entspricht, und der gleich ist dem Produkt von Länge mal einem konstanten Faktor, der den spezifischen Widerstand des Leiters bezeichnet, das Produkt dividiert durch den Querschnitt des Leiters. Dazu kommt aber noch bei Wechselströmen die Hemmung, die sich der Strom bei seinem Entstehen in jedem Leiter selbst durch Autoinduktion bereitet, indem er im Leiter einen Strom erzeugt, der ihm selbst entgegengesetzt ist. Streng genommen geschieht dies auch bei jedem Schluſs eines konstanten Stromes, aber nur ein mal, beim Schlieſsen. Diese Hemmung kann man aber für gewöhnlich, weil sie sehr klein ist, vernachlässigen, dagegen bei Strömen, die rasch nacheinander an Intensität schwanken, geschlossen, geöffnet werden, ihre Richtung ändern, sind diese Hemmungen durch Autoinduktion so grofse, dafs dagegen der gewöhnliche Widerstand, in Ohm gemessen, gar nicht in Betracht kommt. Im Gegenteil, in schlechten Leitern, wo die Stromesschwankungen geringer ausfallen, kann die Autoinduktion und damit die Impedanz so viel kleiner sein, dafs die Entladungen leichter („lieber") diesen Weg einschlagen als einen anderen auf viel besserem Leiter, aber mit hoher Impedanz. Die Gröfse der Autoinduktion ist nicht nur von den Dimensionen und der physikalischen Beschaffenheit eines Leiters abhängig, sondern auch von der Form, in Drahtrollen zum Beispiel sehr viel höher als in geradlinig ausgespannten Drähten. Die Gröfse der Autoinduktion wird in „Henry" gemessen. Wenn in einem Leiter eine Stromesschwankung von ein Ampère in einer Sekunde einen Induktionsstrom von der elektromotorischen Kraft = 1 Volt erzeugt, so sagt man, der Leiter habe ein Selbstpotential von 1 Henry. Wir besitzen nur eine annähernde Kenntnis vom spezifischen Leitungswiderstand der tierischen Gewebe. Wir wissen, dafs er im allgemeinen abhängig ist vom Gehalt an Blut- und Gewebeflüssigkeit, als welche am besten und annähernd so gut leiten wie eine physiologische Kochsalzlösung von gleicher Temperatur. Muskeln, Drüsen, Nerven leiten ungefähr gleich gut, Blutgefäfse wohl etwas besser, Knochen schlechter, und der spezifische Widerstand von Horngebilden, speziell in der Epidermis, ist ein ganz unvergleichlich höherer. Ist er einmal überwunden, so verbreitet sich der elektrische Strom ungefähr wie in einem homogenen Leiter, das heifst die Dichtigkeit der Stromesfäden ist umgekehrt proportional der Länge des zurückgelegten Weges. Nur wo Knochenplatten von Kanälen durchsetzt sind, durch

welche Nerven- und Blutgefäſse treten, kann man annehmen, daſs hier eine verhältnismäſsig groſse Stromesdichtig-
keit besteht, im Vergleich mit der Nachbarschaft, so daſs
also auf diesen Wegen speziell das Gehirn und Rückenmark von wirksamen Stromesfäden getroffen werden können. Allein all dieses gilt eben nur für den gewöhnlichen
Widerstand in Ohm gegenüber dem Gleichstrom. Von dem
Autopotential der Teile wissen wir gar nichts. Wir wissen
nicht, wie viel Henry auf diesem oder jenem von der elektrischen Entladung eingeschlagenen Wege sich ihr entgegen setzen. Wir können nur annehmen, daſs gerade auf
den Wegen mit dem geringsten Widerstand ein Wechselstrom sich selbst am stärksten abschwächen wird. Es ist
demnach ein ganz fruchtloses Beginnen, etwa den Weg sich
konstruieren zu wollen, den der Blitz im tierischen Körper
einschlagen wird. Nur lehrt die Erfahrung, daſs er gewöhnlich oben, bei aufrechter Haltung am Kopf, ein- und unten
an den Füſsen in den Erdboden fahren wird. Doch es
kommen selbst hierbei Ausnahmen vor, er kann den
Rumpf treffen, seitwärts abspringend den Körper verlassen. Wir werden auf diesen Punkt nochmals eingehen,
wenn wir von der Prophylaxe, vom Schutz gegen Blitzschlag sprechen. Nun wieder zurück zu den physiologischen Wirkungen. Wir haben weiter oben eigentlich nur
von Allgemeinwirkungen gesprochen, die in einer Schädigung und Lähmung des Nervensystems bestehen.

Die Bewuſstlosigkeit wird ja wohl einer Schädigung der
Groſshirnrinde, der Stillstand der Respiration, der Tod,
der der Medulla oblongata entsprechen, aber eigentlich
lokalisieren kann man diese Dinge doch nur in einzelnen
Fällen. Wie überall bei der topischen Gehirndiagnose,
läſst sich der angerichtete Schaden nur nach Abklingen
der Allgemeinsymptome, vornehmlich erst nach Wiederkehr des Bewuſstseins übersehen.

Lähmungen der Extremitäten bleiben nach Blitzschlägen nicht selten zurück: Monoplegien, Hemiplegien, Paraplegien für einige Zeit, dann heilen sie im Verlauf von Tagen, Wochen oder Monaten fast ausnahmslos. Ihre Beschreibungen in der Literatur sind meist zu dürftig, als daſs man eine topische Diagnose darauf gründen dürfte. Selten wird von Ataxie, R o m b e r g'schem Symptom berichtet.

Die Sensibilität kann total und auch partiell gestört sein, z. B. Thermanästhesie vorliegen. Parasthesien sind häufig, auch trophische Störungen (Pemphigus) kommen vor.

Störungen von Blase und Mastdarm sind wohl nur die bei Bewuſstlosen gewöhnlichen und vergehen mit Wiederkehr des Bewuſstseins. Einen Fall habe ich in der Literatur gefunden, wo am orificium urethrae eines vom Blitz getroffenen Mannes ein Tropfen sich fand, der mikroskopisch sich als Sperma erwies. Forensisch wieder ein nicht unwichtiger Befund! Es erinnert dies an ähnliche Ereignisse bei Verletzungen des Halsmarks und vornehmlich bei Erdrosselten und Erhängten.

An den Augen sind die mannigfachsten Störungen beobachtet worden: Lähmung von äuſseren und inneren Augenmuskeln kommen vor, Diplopie und Akkomadationsstörung. Trübung der Linse findet sich frisch gewöhnlich in Form des Polarstars, aber auch nach dem Unfall sich entwickelnde Katarakte hat man in ursächlichen Zusammenhang damit bringen wollen. Es ist schwer, einen Beweis dafür oder dagegen zu erbringen, wenn es sich um Individuen in höherem Alter handelt, wo doch auch ohne Blitzschlag die Katarakte häufig sind. Iridocyclitis, Zerreiſsungen der Chorioidea, Blutungen im Augenhintergrund werden angeführt. Einschränkung des Gesichtsfeldes, konzentrisch oder von den Seiten her, und starke Herabsetzung des Sehvermögens bis auf

$$S = 1/11 \text{ oder } S = 1/20$$

selbst bis zur temporären Blindheit, scheint häufig zu sein, mit oder ohne Befund am Augenhintergrund. Es ist nicht unwahrscheinlich, daſs ein guter Teil, namentlich der rein funktionellen Störungen, nicht auf die Wirkung des elektrischen Schlages, sondern vielmehr auf die des intensiven Lichts zu beziehen ist, das dem Blitzstrahl zukommt. Es wirkt beim Betroffenen aus der allernächsten Nähe natürlich sehr stark, seine Wirkung nimmt ja mit dem Quadrat der Entfernung ab, es ist reich an stark brechbaren Strahlen, an violetten und ultravioletten, die, wie bekannt, besonders schädlich für die lichtempfindlichen Teile des Auges sind, der Schutz des Lidschlusses, der Verengerung der Pupille versagt natürlich vollkommen bei der so kurzen Dauer der Entladung. Obwohl also dies blendende Licht nur äuſserst kurz wirkt, läſst es sich wohl verstehen, daſs es schaden, wenn auch nur vorübergehend schaden kann, denn die Sehkraft pflegt sich allmählich wieder zu bessern, das Gesichtsfeld die normale Gröſse wieder zu erreichen, wenn nicht nachweisbare anatomische Veränderungen erzeugt waren. Unter den Verletzungen des Ohres sind Zerreiſsungen des Trommelfells nicht selten. Sie können wohl als Folge des mächtigen explosionsartigen Knalles aufgefaſst werden, der in nächster Nähe erfolgt, wenn er auch nicht mehr gehört werden kann. Wahrscheinlich zerreiſst die starke Verichtungswelle das Trommelfell unmittelbar mechanisch, während Störungen im Labyrinth wohl als direkte Blitzwirkungen angesprochen werden dürfen.

Bei weitem am häufigsten aber bleiben nach Blitzschlägen an Verbreitung und Stärke sehr verschiedene Nervenstörungen zurück, die man am besten mit dem jetzt freilich wieder angefochtenen Worte „Traumatische Neurosen" bezeichnet. Vor allem sind es Veränderungen des Gefühlslebens, der Stimmung, Aufregungszustände oder Schlaffheit, Leistungsunfähigkeit, leichte Ermüdbarkeit, mangeln-

der oder schlechter Schlaf, oder anderseits Schläfrigkeit
und vor allem Angstzustände, die recht häufig beobachtet
werden. Namentlich bei jedem Gewitter, aber auch schon
bei Gewitterlage, wenn eines noch gar nicht ausgebrochen
ist, nur von fern heraufzieht, werden die Leute von Furcht
vor dem Gewitter, oder mehr unbestimmter Art, ergriffen.
Der erste Blitz, der gesehen, der erste Donner, der gehört
wird, genügt, um den ganzen Symptomenkomplex auszu-
lösen, der gewöhnlich das einemal gerade so verläuft, wie
das anderemal. Selbst im Schlaf scheint eine Übererregbar-
keit für die Sinneseindrücke zu bestehen, die mit dem Nahen eines Gewitters verknüpft sind. Blitz oder Donner
wecken die Kranken viel leichter auf als Gesunde und es
scheint, daſs selbst die Schwüle, die einem Gewitter voraus-
zugehen pflegt, die Überempfänglichen in ihren „nervösen
Zustand" versetzen kann.

Es ist leicht gesagt, daſs eben „das Nervensystem gegenüber der Elektrizität überempfindlich geworden sei", aber
bis jetzt nicht möglich, damit einen Begriff aus der Physik
oder Physiologie zu verknüpfen. Anders liegen die Dinge
in jenen Fällen, in welchen einer gar nicht sein Bewuſst-
sein durch den Blitzschlag verloren hatte, vielleicht gar
nicht davon getroffen, sondern nur um- und auf die Seite
geschleudert wurde, Zeuge einer Katastrophe wurde, die
seine nächste Umgebung betraf. Damit reihen sich in
leichter verständlicher Weise die Folgeerscheinungen den
gewöhnlichen Fällen von traumatischer Neurose an. Unter den 5 älteren Fällen von Blitzschlag, die in meine ärztliche Tätigkeit fielen (frische Fälle habe ich überhaupt
nicht gesehen), betraf einer einen gewiſs von Haus aus
nichts weniger als nervösen Menschen, einen Schiffskapitän,
der vor einigen Monaten auf der Kommandobrücke seines
Dampfers stehend vom Blitz herunter auf Deck geschleudert wurde. Dampfschiffe werden bekanntlich nicht vom

Blitz getroffen, auch in diesem Fall hatte der Blitz daneben in die See geschlagen, nur die Erschütterung hatte den Kapitän heruntergeworfen und durch den Sturz betäubt; später wuſste er noch alles. Der groſse, starke, tapfere Mann hatte eine Neurose in Form starker Gewitterfurcht behalten.

Die anderen Fälle vom „Merken eines herannahenden Gewitters, eher als andere Leute", vom Erwachen beim ersten fernen Donner oder Blitz bei sonst gesundem und tiefem Schlaf, lassen sich nicht wohlbefriedigend erklären, sie finden aber ihr Gegenstück in mancher sonst wohl bekannten und verbürgten Tatsache. Es gibt auch einen adäquaten Reiz, der auf psychischem Gebiete liegt, im wachen Zustand wie selbst im Schlaf. Einer, der ein Eisenbahnunglück mitgemacht, gar bei demselben verletzt wurde, ist dadurch nicht allgemein furchtsam und feig geworden, jeder Gefahr kann er kalten Blutes trotzen, aber mit der Eisenbahn fahren kann er nicht, er kann sie vielleicht nicht einmal sehen oder hören, ohne auſser sich zu geraten. Eine junge Mutter kann so tief schlafen, daſs man sie forttragen könnte, daſs sie ein Feuerlärm nicht weckt, daſs sie ein starkes Gewitter verschläft, und beim leisesten Schrei ihres Kleinen, und nur bei dem, ist sie sofort wach, ganz wach. Freilich unterscheidet sich von diesen wohlbekannten Dingen die Neurose nach Blitzschlag in einem sehr wesentlichen Punkte. Jene Personen haben den Sinneseindruck, der sie erregt, wirklich schon gehabt, einmal wie beim Unglücksfall in höchst intensiver, nie zu verbergender Weise, das andere Mal wie bei der liebenden Mutter schon öfter, auch intensiv auf die Psyche, das Mitleid, die Elternliebe, den Muttertrieb wirkend, und auf der anderen Seite hat der vom Blitz Getroffene vom Blitzschlag ja eigentlich gar nichts erlebt. Nichts hat er davon gemerkt und gespürt, höchstens ein Licht gesehen, dann hat er sich gewöhnlich mit völliger Amnesie wieder gefunden, und erst durch Reflexion und die Berichte anderer kann er sich dann die ganze Geschichte zusammenreimen und kommt darauf, daß er wirklich vom Blitz getroffen worden ist.

Auch örtliche Erscheinungen halten nach dem Unglücksfall manchmal noch lang an. Meist sind es Gefühle, Parästhesien an den getroffenen Stellen, Taubsein in Extremitäten, die vorher gelähmt waren. Oder gelähmte Glieder erhalten erst lange nachher ihre frühere Kraft und Gebrauchsfähigkeit wieder. Nur einmal finde ich die Angabe von eigentlicher Atrophie und Entartungsreaktion; der Blitz hatte den Handrücken getroffen, motorische und sensible Lähmung des Armes bewirkt, die heilte, aber nach 6 Jahren wieder kam, jetzt mit Muskelatrophie an der Hand und „partiellem Fehlen der elektrischen Kontraktilität". Sonst scheint die Lähmung allemal eine zentrale zu sein, später ist sie als eine psychische, als eine Willenslähmung aufzufassen. In der nächsten Zeit, nach dem Unfall, werden auch wohl plötzliche Verschlimmerungen aller Erscheinungen berichtet, ja in einem Fall soll sie noch 23 Tage nachher durch Herzschwäche zum Tode geführt haben. Gewöhnlich verlieren sich zwar alle Folgen allmählich im Verlauf von Monaten, oder ausnahmsweise von wenigen Jahren. Doch können sie auch länger bestehen bleiben, und wenn auch nicht die Gesundheit, so doch die Arbeitsfähigkeit des Individuums beeinträchtigen. Ich selbst hatte einen Fall noch Jahre nach dem Blitzschlag zu begutachten.

In bezug auf Unfallversicherung kommt solchen Fällen keine ganz geringe Bedeutung zu.

Die Behandlung des Blitzschlages zu besprechen, das würde uns hier zu weit von unserem eigentlichen Stoff entfernen. Die Prognose ist mit zwei Worten abzumachen. Entweder der Getroffene stirbt augenblicklich oder

er kommt mit dem Leben davon, wenn nicht, aber ausnahmsweise, die Brandwunden durch Infektion töten. Auch
davon habe ich ein Beispiel erlebt. Bis jetzt ist noch keiner zweimal vom Blitz getroffen worden. Rezidive gibt
es also nicht.

Blitzschlag ist stets eine sehr seltene Ursache für
Verletzung und Tod gewesen und ist es noch, obwohl in neuerer Zeit eine Häufung ganz entschieden
nachgewiesen worden ist, wie manche nicht ohne einiges Unbehagen den Statistiken und den Tagesblättern
entnehmen.

In den Todesregistern von Paris fand sich von 1800 bis
1851 kein einziger Blitztod, nach einer Londoner Statistik
vom Jahre 1786 in 30 Jahren unter 750000 Todesfällen
nur 2 durch Blitz, in ganz England durchschnittlich nur
22 im Jahr, in Frankreich ihrer 72 von 1835 bis 1852. Das
flache Land ist dabei stets in viel höherem Maße beteiligt
als Städte, in Landgemeinden ist die Gefahr doppelt, in
Gutsbezirken fast viermal so groß. In den Städten, die
neuerdings von ganzen Netzen von Drähten für Fernsprech-
und Lichtleitung überzogen sind, hat sich die Gefahr für
die Gebäude noch weiter vermindert. In die Leitungen
selbst allerdings schlägt der Blitz gern, namentlich in die
Leitungen für Starkstrom.

Nach Blenck (cit. nach van Bebber) war die Zahl der
vom Blitz Erschlagenen in den Jahren 1882—1991 jährlich
in Preußen im Mittel 167 (auf 100000 Todesfälle überhaupt
24), in Bayern 24 (auf 100000 Todesfälle 16), in Sachsen
16! (auf 100000 17). Von 668 überhaupt in den Jahren
1854—58 wurden vom Blitz getroffen in und bei Gebäuden 353, unter und an Bäumen 102, auf freiem Feld 213.
Nur etwa halb so viel Frauen waren es als Männer.

Nicht ganz damit stimmen die Zahlen, die aus den letzten Jahren für Bayern amtlich vorliegen.

Es trafen auf eine Million Einwohner jährlich tödliche Blitzschläge:

1891—1900	1,5
1901—1907	1,7
1908	1,5
1909	0,7
1910	1,8.

Davon trafen	auf Stadt	auf Land	männl.	weibl.
1909	—	0,9	0,6	1,2
1910	0,4	2,2	1,6	2,6.

Immer auf eine Million Bewohner berechnet.

Daſs Küstenländer weniger gefährdet sind als Binnenländer und namentlich Gebirgsgegenden, geht zum Beispiel daraus hervor, daſs (nach van Bebber) von 1869 bis 1883 auf eine Million Bewohner in England 1, in Belgien 2,1, in Steiermark-Kärnten 10,6 tödliche Blitzschläge jährlich trafen. Und dabei ist der Bevölkerungsdichte noch nicht Rechnung getragen und die Zahl der Blitzschläge richtet sich doch ceteris paribus nach dem Flächeninhalt des Landes, nicht nach der Einwohnerzahl.

Im allgemeinen scheint die Blitzgefahr in neuerer Zeit, wie erwähnt, gröſser geworden zu sein. Ja im Jahre 1895 konnte van Bebber schreiben, daſs sich die Blitzgefahr in den letzten 50 Jahren wenigstens verdreifacht habe.

Das Verbrechen, geboren zu werden, wird bekanntlich unnachsichtlich mit dem Tode bestraft. Die Vollstreckung erfolgt nur ganz ausnahmsweise in so milder Form, wie sie von Menschen gegen schwere Verbrecher ausgesucht wird, häufig in ungemein roher und grausamer. Da ist es denn natürlich sehr zu begrüſsen, daſs in neuerer Zeit mehr, freilich noch lange nicht genug, zum Blitz begnadigt werden. Sonderbarerweise ist aber der Wunsch aller Erbärmlichkeit, so billig und so ganz ohne eigene Schuld, enthoben zu werden, dem Menschen vollkommen fremd. Daſs einer, ein Miſshandelter, für seine Person nach jedem Gewitter, das er wieder hat überleben müssen, wirklich und echt traurig ist, kommt sicher vor, ist aber gewiſs auſserordentlich selten. Die meisten Menschen wollen eben nicht getroffen werden, sie fürchten den Blitz. Deswegen ist es nicht müſsig, auch die Prophylaxe zu besprechen.

Eisenbahnen und Dampfschiffe werden nie vom Blitz getroffen, sonst ist der Aufenthalt im Freien ganz entschieden viel gefährlicher als in Wohnräumen. Im Bett, bei geschlossenem Fenster, ist noch nie einer wirklich getroffen worden, wenn auch gelegentlich, aber nur sehr selten, Fernwirkungen eines Blitzes, der das Haus trifft, eine Beschädigung, aber nicht den Tod herbeiführen können. Zugluft gilt für gefährlich, mit welchem Recht weiſs ich nicht zu sagen. Soviel ich weiſs, gründet sich dieser Glaube, sowie der, daſs man bei einem Gewitter nicht rasch laufen soll, auf einen einzigen Vorfall, wo eine Reihe von Bauern, die hintereinander herliefen, samt und sonders vom Blitz niedergestreckt wurden. In einer Reihe von Menschen sind die äuſsersten am meisten gefährdet. Darüber gehe man nicht so ohne weiteres lächelnd hinweg, ein Arago hat diese Meinung gehabt, der nämliche Arago, der unter anderem auch die Klassifikation der Blitze in die Zickzack-, die Flächen- und die Kugelblitze aufstellte, an der wir auch heute noch festhalten. Wenn eine Reihe von Menschen sich die Hand geben, der erste berührt den äuſseren, der letzte den inneren Belag einer geladenen Leidener Flasche, so erhalten zwar alle zugleich den elektrischen Schlag, der erste und der letzte aber am stärksten. Eine Ansammlung von Menschen, dicht aneinandergedrängt, ist gefährdeter als ein einzelner, wie der Blitz auch gern in Herden von Schafen, Rindern oder Pferden schlägt. Doch spielt hier auch sehr wesentlich der Umstand mit, ob höhere Gegenstände, Bäume, Gebäude in der Nähe sind, oder ob sich die Individuen im flachen Terrain einzig als erhöhte Punkte befinden. Obwohl höhere Gegenstände im allgemeinen vor dem Blitz schützen, weil die Spannung an den niederen eine geringere ist (man vergleiche die später erwähnte Beobachtung am See!), so bietet anderseits grofse Nähe solcher Gegenstände auch eine Gefahr. Steht man unter einem Baum oder etwa neben einem Fahnenmast bei einem Gewitter, so kann man sich wohl darauf verlassen, dafs der Blitz, wenn er hier einschlägt, zwar sicher den Baum, die Stange trifft, aber von hier kann er leicht abspringen auf den Menschen, dem es dann natürlich gleichgültig sein kann, ob er direkt oder nur indirekt getroffen wird. Fahnenstangen, auf Häusern oder im Boden stehend, werden gar nicht selten vom Blitz zerschmettert, und dafs er oft in Bäume fährt, ist bekannt genug, öfter freilich in alleinstehende, aber auch mitten im Walde, wovon ich auch selbst schöne Beispiele gesehen habe. Es ist nicht einerlei, was es für ein Baum ist. Wenn die Blitzgefahr (nach van Bebber) für Buchen = 1 gesetzt wird, so ist sie für Nadelhölzer = 155, für Eichen = 52, für andere Laubhölzer = 40. Auch die Höhe des Baumes ist nicht gleichgültig; am leichtesten werden 16 bis 20 Meter hohe Bäume getroffen. Mufs man, von einem Gewitter überrascht, vor dem Regen und Hagel Schutz suchen, so tue man das im dichten Gestrüpp, unter niederen Stauden. Die Haselnufsstaude ist sicher vor dem Blitz, wie frommer Glaube im Volk berichtet, weil sie der Jungfrau Maria einst Schutz gewährt hat. Ein alter Spruch lautet: „Vor Eichen sollst du weichen, Buchen sollst du suchen“. Doch scheint es, dafs Buchen doch häufiger vom Blitz getroffen, aber dadurch nicht sichtbar verletzt werden. Zinkstreifen, die man an den Stamm legte, waren in vielen Fällen vom Blitz geschmolzen, ohne Veränderung am Baum selbst. Damit ist aber noch gar nicht gesagt, wie es sich mit den Buchen ohne Zinkstreifen verhält.

Vielleicht spielt es dabei eine Rolle, daſs die Blätter mancher Bäume und Sträucher, so namentlich die Blattstengel und Nerven des Haselnuſsstrauches mit vielen feinen Härchen besetzt sind, durch deren Spitzen ein Ausgleich der elektrischen Spannung erfolgt. Man kann aus dem Konduktor einer Elektrisiermaschine, wenn er eine feine Spitze trägt, keine Funken ziehen. Im Gebäude ist die Nähe von Telegraphenapparaten und Telephon während eines Gewitters zu vermeiden, obwohl durch Anbringung der Steinheil'schen Blitzplatte die Gefahr wesentlich vermindert ist. Der Telephonverkehr wird überall unterbrochen, wenn und solange ein Gewitter da ist. Beim Fernverkehr aber kann es leicht geschehen, daſs zwar beide sprechende Stellen kein Gewitter haben, wohl aber eines irgendwo auf der verbindenden Strecke wirksam werden kann. So habe ich selbst einmal beim Sprechen nach München einen tüchtigen Schlag durch einen Blitz bekommen, obwohl weder Würzburg noch München Gewitter hatte, weswegen auch die Verbindung anstandslos hergestellt worden war. Auch der Angerufene (Röntgen) hat den Schlag erhalten und für einen Blitz erklärt.

Die Blitzgefahr nimmt von den Küsten ins Binnenland zu, weil hier die Gewitter häufiger sind, in manchen Gegenden besonders häufig; jenseits des 70. Breitegrades sind sie auſserordentlich selten, an den Küsten von Peru sind sie nach A. v. Humboldt unbekannt. Die meisten Blitzschläge kommen bei uns natürlich in den Gewittermonaten Juni, Juli, August vor, die Wintergewitter sind viel seltener, aber viel gefährlicher, weil da die Gewitterwolken der Erdoberfläche viel näher stehen, tiefer herabhängen. Die erhöhte Gefahr betrifft das Einschlagen überhaupt, die Brandschäden. Daſs von den Wintergewittern Menschen nur selten angetroffen werden, kommt daher, daſs sie sich im Winter eben weniger im Freien, auf freiem Felde aufhalten.

Sehr gute Erdleitung ist keineswegs gefährlich, wenn durch Spitzen oder Flammen für stille Entladungen gesorgt ist. Dem aufsteigenden heiſsen Luftstrom schreibt man bei Eisenbahnen und Dampfbooten die schützende Wirkung zu, eine hohe Spannung kann hier nicht auftreten, weil die zuflieſsende Elektrizität sofort durch groſse Massen gut leitenden Materials: die Schienenstränge, die Wassermassen fortgeführt und das Potential auf Null erhalten wird. Eine Unterbrechung durch einen Isolator würde schädlich wirken und zur Funkenentladung führen können. In den Eiffelturm, der wohl auf Stein- oder Betonfundament ruht, hat der Blitz schon oft eingeschlagen, freilich, ohne im Innern irgendwelchen Schaden anzurichten. Es ist auffallend, wie oft der Blitz Huftiere trifft, namentlich wo sie zu Herden vereinigt beieinanderstehen. Der von solchen aufsteigende warme und feuchte Luftstrom vermittelt eine gute Leitung gegen die Gewitterwolken hin und das Horn der Hufe wirkt als Isolator. Gummischuhe und Gummireifen von Rädern gewähren keineswegs Schutz und wenn mit ihnen, so viel ich weiſs, noch nichts geschehen ist, ein Fahrrad oder Auto noch nicht getroffen wurde, so mag, abgesehen von der doch immer noch verhältnismäſsig kleinen Anzahl derer, die nicht rechtzeitig einem Gewitter entfliehen, der Umstand daran schuld sein, daſs der Gummi rasch naſs und damit an seiner Oberfläche leitend wird. Für Fesselballons, die an Drahtseilen verankert sind, ist, wie auch die Erfahrung lehrt, die Blitzgefahr bei einem Gewitter eine enorme, namentlich auch für die Mannschaft, die den Ballon zu halten, etwa einzuholen hat. Viel weniger, aber

auch nicht unerheblich, sind Freiballons, Luftschiffe gefährdet. Kommen sie zwischen zwei ungleichmäfsig geladene Wolken oder Wolken und Erde mit ungleicher Ladung, so kann schon die eingeschaltete, wenn auch kurze
Strecke dem Blitz den Weg vorschreiben. Ob schon Vö-
gel in der Luft vom Blitz getroffen wurden, ist mir unbekannt.

Zu den wichtigsten Vorbeugungsmafsregeln gegen Blitzgefahr gehört die Anlage von Blitzableitern zum Schutz
von Gebäuden und deren Bewohnern. Wie sie vorzunehmen, wie Blitzableiter von Zeit zu Zeit auf ihre Sicherheit
zu prüfen sind, diese technischen Fragen zu erörtern, würde hier viel zu weit führen. Nur ein paar Worte mögen genügen. Bei den gewöhnlichen Blitzableitern müssen alle
gröfseren Metallmassen gut leitend mit ihnen verbunden
sein, die Leitungen sollen starke Abbiegungen vermeiden,
möglichst geradlinig nach unten laufen wegen der Autoinduktion. Hauptsache ist gute Erdleitung, weshalb der
Blitzableiter am besten mit Gas- und Wasserleitung durch
dicke Metalldrähte verbunden wird, oder in grofse Platten
endet, die in Brunnen oder im Grundwasser liegen. Namentlich Blechdächer müssen in gut leitender Verbindung
mit dem Blitzableiter stehen. Unter diesen Voraussetzun-
gen schützt eine Auffangstange von bestimmter Höhe einen kegelförmigen Raum, dessen Basis durch das untere
Ende den Radius gleich dieser Höhe hat. In diesen „einfachen Schutzraum" müssen alle höchsten Ecken des Gebäudes fallen, in den „zweifachen Schutzraum" mit doppelt so grofsem Radius der Basis alle Kanten; und die Flächen dürfen in den „dreifachen Schutzraum" eines Kegels
fallen, dessen Basis den Radius gleich der dreifachen Höhe
bis zum oberen Ende der Auffangstange hat.

Wo man sich veranlafst sieht, eine noch viel weitergehende Sicherheit zu wünschen oder zu verlangen, wie bei

Pulvermagazinen und Sprengstoffabriken, hat man übrigens diese Art von Blitzschutz ganz verlassen und eine ganz andere Art gewählt oder selbst behördlich vorgeschrieben. Sie geht von der Tatsache aus, daſs im Innern einer Metallkapsel, aber auch unter einem korbartigen Geflecht aus Metalldrähten oder Stangen das elektrische Potential immer gleich Null ist. Man hat deshalb um die Gebäude ein System von Stangen angebracht, die sorgfältig von ihnen isoliert, selbst aber unter sich und mit dem Erdboden in gut leitender Verbindung stehen. Die Eisenstangen an Porzellankapseln, die man jetzt an Pulvermagazinen sieht, sind ein solches weitmaschiges „F a r a d a y'sches Netz", Auffangstangen fehlen.

Der Blitzableiter hilft nicht gegen die auſserordentlich seltenen Kugelblitze. Es sind dies leuchtende Kugeln bis zur Gröſse eines Kopfes, die sich ganz langsam bewegen, um dann manchmal mit starker Detonation zu zerspringen. Über ihre Natur weiſs man nichts sicheres, vielleicht sind sie sehr stark geladene Wasserblasen (B. Walter); man hat öfters gesehen, daſs sie durch offene Türen und Fenster, in Zelte hereinkamen, herum- und wieder hinausfuhren, ohne Schaden anzurichten, doch sind auch schon Menschen durch sie getötet worden, denen sie an den Kopf sprangen.

Versuche, auf die Gewitterbildung selbst hemmend einzuwirken, durch heftige Lufterschütterungen (Wetterläuten, Wetterschieſsen), was immer noch in manchen Gegenden im Schwang ist, haben zu keinen beweisenden günstigen Ergebnissen geführt.

Man hat davon gesprochen, daſs manche nervöse Leute — es müssen nicht gerade solche sein, die einmal vom Blitz getroffen oder umgeworfen worden waren — gegen Veränderungen in der elektrischen Spannung, „Anhäufung von Elektrizität in der Luft" und dergleichen, besonders empfindlich seien. Um solche Dinge kann es sich bei Leuten unter Dach und Fach, im Zimmer, im Bett nimmermehr handeln. In einem geschlossenen Zimmer ist das elektrische Potential immer gleich Null. Anders im Freien, namentlich in der Ebene, auf Gewässern, da kann in der Tat ein Spannungsunterschied auch am menschlichen Körper recht wohl vorhanden sein, während eines Gewitters und sogar schon vor Ausbruch eines solchen. Man hat schon im Dunkeln Lanzen- und Helmspitzen leuchten sehen durch Spitzenentladung (St. Elmsfeuer), auch von den Haupthaaren, von den Ohren von Tieren hat man Lichtbüschel ausgehen sehen. Dergleichen habe ich selbst nie beobachten können, wohl aber sehr deutlich, wie die Haupthaare sich in die Höhe sträubten, nach oben auseinanderfuhren, gerade wie bei einer Ladung auf dem Isolierschemel. Das war vor vielen Jahren, als wir Buben mit unserem Vater auf dem Starnbergersee in unserem Flachboot bei vollkommener Windstille ein heraufziehendes Gewitter beobachteten, hundert oder ein paar hundert Meter vom Ufer entfernt. Mein Vater hatte den Hut abgenommen, und da sah ich, wie ihm die Haare, seine reichen, schönen, schwarzen Haare, einzeln zu Berge standen. Das kannte ich, der glückliche Besitzer einer kleinen Elektrisiermaschine, nur zu gut. Mein Vater, am Steuer, prüfte in aller Ruhe die Erscheinung, um sie vollkommen sicher zu stellen: bei jedem, der die Kopfbedeckung abnahm, standen die Haare auf, ohne allen Wind, und wenn die Hand darüber gehalten wurde, sanken sie sofort zusammen und nieder. Jetzt wars genug und jetzt gings ans Rudern. Wie wir am Dampfschiffsteg vorbeischossen, stand dort ein fremder Mann, barhaupt, dem standen alle Haare wie ein mächtiger Busch gerade in die Höhe. „Dem sagen wir nichts", flüsterten wir Buben einander zu, „der ist höher als wir". Noch ein paar Ruderschläge und wir stießen ans Land, und hier, unter und neben Bäumen, war das Phänomen augenblicklich verschwunden. Noch einmal habe ich es gesehen, nach vielen Jahren. Da stand unsere eigene junge Brut auf eben dem nämlichen Dampfschiffsteg, neben der kleinen Signalflagge. Die Knaben riefen, daſs die Fahne knistert, und hinauseilend fanden wir auch an ihnen die Haare gesträubt. „Rein, schleunigst rein!" Irgendeine Empfindung wurde in beiden Fällen von keinem bemerkt, doch soll dergleichen vorkommen. Von einem Geometer, der im Gewitter mit seinem Theodolithen Messungen vornahm, wird erzählt, er habe seinen Begleiter gebeten, ihm den Maikäfer vom Kopf fortzunehmen. Ein Käfer fand sich nicht, wohl aber Haarsträuben, Knistern am Kopf und am Instrument, deutliche Zeichen ausströmender Elektrizität. Die Möglichkeit ist also nicht ganz von der Hand zu weisen, daſs Leute, die von Haus aus nervös sind, solche Dinge feiner fühlen als andere, aber, wie gesagt, nur unter freiem Himmel kann es geschehen und fern von Gegenständen, die den Körper wesentlich überragen.

Das Wetter.

Wir haben die Elemente besprochen, aus deren Zusammenwirken das Wetter entsteht, und wollen über dieses selbst jetzt auch noch einige Worte sagen. Der Zustand der Atmosphäre, den wir Wetter heiſsen, von dem wir in so vieler Richtung, namentlich wie wir gesehen haben, auch in gesundheitlicher Beziehung abhängig sind, ist durch die Kombinationen von folgenden Gegensätzen gegeben.

Warm	Kalt
Trocken	Naſs
Ruhig	Windig
Hell	Bewölkt

Geringer Druck Hoher Druck
Sonnig   Trüb
Elektrische Spannung Ohne diese.

Welche Unzahl von möglichen Kombinationen herauskommen muſs, wenn man nicht nur diese Gegensätze berücksichtigt, sondern auch die Abstufungen der Gröſse nach, läſst sich denken. Auf der andern Seite sind in diesen Reihen auch Kombinationen enthalten, die an und für sich nicht möglich sind.

Jedes Glied der 14 kann sich mit irgendwelchen weiteren 6 zu Gruppen von 5 kombinieren, nur darf in diesen Gruppen kein Gegensatz vorkommen, die Gruppe darf zum Beispiel nicht Warm und Kalt enthalten. Warm kann sich mit jedem andern Glied der zweiten Reihe kombinieren, nur mit dem ersten Glied dieser zweiten Reihe nicht. Die Kombination kann jedes andere Glied der ersten Reihe enthalten und auſserdem auch jedes der anderen 5 der zweiten Reihe mit Ausnahme von 1, für jedes verwendete Glied der ersten Reihe fällt eines der zweiten Reihe als unmöglich fort, weil es einen unmöglichen Gegensatz ausspricht usw. Wir können uns die Sache ungemein vereinfachen, wenn wir zunächst von der groſsen Anzahl von Wettermöglichkeiten zwar im allgemeinen Kenntnis nehmen, uns aber auf die Kombinationen beschränken, die für das tägliche Leben als wichtig angesehen zu werden pflegen. Und da handelt es sich fast nur um die Fragen: Ist das Wetter warm oder kalt, trocken oder naſs, ruhig oder windig? Ja, in den allermeisten Fällen beschränkt man sich auf die Frage, ob das Wetter „schön“ oder „schlecht“ ist oder auch wird, und dieses Urteil fällt noch dazu ganz mit der Frage zusammen, ob Niederschläge fallen oder nicht. Schlechtes Wetter und Regenwetter werden sogar fast stets geradezu synonym gebraucht, sofern nicht der einzelne durch seine Lebensumstände augenblicklich oder überhaupt an der Wirkung eines der sechs Wetterelemente ganz besonders beteiligt sein muſs.

Denkt man daran, daſs es sich in der Natur nicht nur um Gegensätze handelt, nicht um ein Entweder-Oder und daſs es auch unzählige Zwischenstufen geben muſs und gibt, daſs ferner das Wetter nicht einmal in 24 Stunden, ja nicht einmal den ganzen Tag über unveränderlich zu sein braucht, so begreift man leicht, daſs man die Zahl der Möglichkeiten vergebens zu überblicken versucht. Sehen wir also davon ab und versuchen vielmehr die Vorgänge zu überblicken, die die Störungen im Zustand der Atmosphäre herbeiführen und das Wetter machen. Und wo wir bisher die Elemente einzeln behandelt haben, ist es unsere Aufgabe, jetzt ihr Zusammenwirken ins Auge zu fassen und zu untersuchen, inwiefern sie zusammenhängen und wie das eine sich aus dem andern entwickelt.

Wir haben schon betont, daſs die letzte Ursache für die Vorgänge in der Atmosphäre die Wärmestrahlen sind, die der Erde von der Sonne her zuflieſsen. In der Beurteilung des Enderfolgs, des Wetters, ist das zu weit zurückgegriffen. Wir nehmen einfach die Tatsache als bekannt hin, daſs die Erdoberfläche nicht an allen Orten und zur gleichen Zeit die nämliche Wärmemenge erhält, daſs der Boden nicht überall die gleiche Temperatur haben kann, daſs an den Stellen gröſserer Erwärmung die Luft ausgedehnt wird und der Luftdruck sinkt, daſs umgekehrt an den kälteren Stellen die Luft dichter wird und der Druck steigt. Aus diesem Temperaturunterschied entwickelt sich die Folge, daſs die Atmosphäre nicht in Ruhe bleibt und daſs Luftströmungen entstehen, daſs es Winde gibt. Diese sind in ihrer Richtung, wie wir gesehen haben, von der Lage des Druckminimums und des Druckmaximums gegeneinander und von der Gröſse des Druckunterschieds, der Tiefe des

Minimums und der Höhe des Maximums abhängig. Mit diesen Minima und Maxima müssen wir uns jetzt beschäftigen.

Die Verteilung des Luftdrucks auf der Erde ist im allgemeinen derart, dafs über den Tropen der Druck niedriger ist als in den polaren Gegenden. Zwischen den Wendekreisen entsteht ein aufsteigender Luftstrom, der nach den Polen hinzu abfliefst, dort erkaltet, wieder schwerer geworden, herabsinkt, um, weil jetzt hier der Druck durch die neu hinzugekommene Luft gestiegen ist, nach den Stellen des niederen Drucks, gegen den Äquator abzufliefsen. Das würde uns nicht weiter beschäftigen; geschähe sonst nichts, so wäre die ganze Wetterkunde sehr einfach und über das Wetter bräuchte sich niemand den Kopf zu zerbrechen. Allein es ist bekanntlich anders. Es entstehen unter dem Einflufs der Sonnenstrahlen Minima und Maxima in ganz unregelmäfsiger Verteilung und Stärke, die nicht nur an Ort und Stelle, sondern namentlich dadurch, dafs sie selber sich an andere Orte begeben und an anderen Orten die Atmosphäre aus dem Gleichgewicht bringen, recht eigentlich das Wetter bilden und beeinflussen.

Die Minima und Maxima.

Wir haben schon früher gehört, dafs infolge der Ablenkung durch die Umdrehung der Erde der Wind die Stelle des tiefsten Drucks umkreist, in einer Richtung, die von oben gesehen, sich gegen den Uhrzeiger bewegt. Dieser Wirbel, der Zyklon, bringt auf der nördlichen Halbkugel auf der Vorderseite des Minimums südliche und westliche Winde, auf der Rückseite nördliche und östliche. Auf der Vorderseite wehen also Winde, die wärmer sind, auf der Rückseite kältere. Die wärmere Luft ist leichter, die kältere schwerer. Auf der Vorderseite des Minimums fällt das Barometer, auf der Rückseite steigt es. Nicht das Minimum wandert, nicht die Luft und der ganze Wirbel, der Zyklon, sondern die Bedingungen für diese, der Zustand, der zu einem Minimum führen muſs, der wandert. An einer Stelle auf der Vorderseite des Minimums stellt sich wieder ein Minimum ein, es fällt hier der Druck, während auf der Rückseite die nachdrängende Luft den Druck erhöht. So wird zwar an Ort und Stelle das Minimum ausgefüllt, aber dafür entsteht ein neues auf der Vorderseite, wenn man den Ausdruck „Vorder- und Hinterseite" in dem Sinn gebraucht, in welchem sich die Änderung des Drucks und der Begleiterscheinungen verschieben. Wenn man vom Wandern eines Minimums spricht, vom Zug, den die Minima einschlagen, so ist das nur so zu verstehen, wie wir das soeben angedeutet haben. Wie auf sturmbewegtem See nicht das Wasser vom Wind fortgetrieben wird (oder nur in geringem Maſs), sondern nur der Bewegungszustand, der sich von einem Teil der Oberfläche auf den andern fortpflanzt und so die Wellen erzeugt, die gerade so aussehen, als wenn das Wasser seinen Platz verändere, so auch ist es mit dem Fortschreiten der Minima. Und in diesem Sinn kann man also recht wohl von der R i c h t u n g eines Minimums und der G e s c h w i n d i g k e i t seiner Bewegung sprechen. Die Luft, die als Zyklon das Minimum umkreist, die bewegt sich wirklich. Und die bringt vom Ort, von wo aus sie in Bewegung kam, die dort herrschende Temperatur mit sich und den Wasserdampfgehalt, den sie dort aufgenommen hatte. In Deutschland kommen die West- und Südwestwinde vom Atlantischen Ozean her, sie sind wasserreich, die Süd- und Südwestwinde wehen ferner aus wärmeren Ländern. Das Umgekehrte trifft für die Rückseite des Minimums zu. Dort wehen Winde, die aus dem groſsen Kontinent von Eurasien kommen, wasserarm und, schon weil sie zum Teil aus Norden wehen, auch

kälter sind. Fügt man noch hinzu, wie der Luftdruck be-
einflußt werden muß, so kommt als meteorologisches Ergebnis beim Vorübergehen heraus, daß auf der Vorderseite das Barometer fällt, mit dem Herannahen eines Minimums dreht sich der Wind aus östlich bis südöstlich in
südlich bis südwestlich und westlich, und da alle diese
Winde aus südlicher gelegenen Gegenden wehen, so steigt
die Temperatur und der Wassergehalt der Luft, die Bewölkung nimmt zu und wird dichter, die Niederschläge nehmen ebenfalls zu und werden stark.

Auf der Rückseite dagegen steigt das Barometer wieder.
Die Temperatur sinkt, denn die Winde, die jetzt aus Westen bis Nordwesten in Nördlich, Nordöstlich bis Östlich
umschlagen, kommen aus kälteren Gegenden. Sie bringen
auch einen geringeren Wassergehalt mit sich, die Bewölkung nimmt ab, es „klart auf". Niederschläge erfolgen zunächst noch, aber nur noch in Schauern, um dann ganz auf-
zuhören.

So ungefähr ist der Lauf der Dinge, wenn ein Minimum
zentral über den Beobachter hinzieht. Ist das nicht der
Fall, so ist es verschieden, je nachdem am Beobachter das
Minimum von rechts nach links, oder von links nach rechts
vorüberzieht. Die überwiegende Zahl der Minima geht in
Deutschland von West nach Ost. Minima, die im Norden
vorüberziehen, und das ist wieder die Mehrzahl, gehen
also für den Beobachter von links nach rechts. Im ganzen wehen die Winde von Stellen höheren Drucks gegen
das Minimum zu, die nördlich vorüberziehenden Minima
erzeugen im ganzen von Süden nach Norden gerichtete
Luftströme, es wird bei uns wärmer, wenn im Winter ein
Minimum nördlich von uns vorüberzieht. Es wird aber zugleich feuchter, und es kommt leicht zu Niederschlägen.
Das kann man hundertmal im Winter beobachten, wenn
das Barometer fällt und das Vorüberziehen eines Mini-

mums ankündigt. Liegen wir auf der Rückseite der Minima und ist das Barometer schon wieder gestiegen, so ist trockene Kälte zu erwarten, denn dann wehen die Winde von dem trockenen und kalten Rufsland her. In den nicht so seltenen Ausnahmen, dafs ein Minimum oder eine Reihe von Minima südlich an uns vorbeizieht, liegen die Verhältnisse gerade umgekehrt. Im Winter bedeutet das Kälte und Trockenheit, weil nördliche und östliche Winde sich einstellen, im Sommer aus dem gleichen Grund trockenes, heiteres Wetter, aber Abkühlung, soweit nicht die stärkere Bestrahlung dem entgegenwirkt.

Von grofser Bedeutung ist es, dafs die Wirbelbewegung des Zyklons sich nicht nur in horizontaler Richtung bewegt, sondern auch nach oben und nach unten verläuft ihre Bahn in Spiralform. Auf der Vorderseite des Minimums ist die warme, dabei feuchte Luft geneigt, emporzusteigen, dabei kommt sie in höhere und kältere Regionen, wo sie nicht nur erkaltet, sondern ihren Wasserdampfgehalt nicht mehr beibehalten kann. So kommt es zu oft massenhaften Niederschlägen. Auf der Rückseite dagegen fallen diese hochgehobenen Luftschichten zur Ausfüllung der Lücken, die die aufsteigenden hinterlassen haben, wieder zu Boden, bringen Kälte mit sich herunter, und obwohl im ganzen Aufklaren erfolgt, weil die herabkommenden Schichten trockener sind, so können sie doch durch ihre Vermischung mit den noch unten befindlichen feuchten Teilen zur Kondensation des Wasserdampfs und so zu Regenschauern führen.

Ferner mufs man die Richtung der Winde wohl unterscheiden von der Richtung, die der Zug des Minimums befolgt. Beides ist durchaus nicht dasselbe. An der Nordseite eines Wirbels wehen östliche Winde. Je weiter das Minimum gegen Osten fortschreitet, desto östlicher gelegene Teile geraten in diesen Bereich, in dem die jetzt westlichen Teile schon waren, jetzt nicht mehr sind. Das Minimum scheint sich also gegen den Wind zu bewegen. Nach dem Vorüberziehen des Kerns hören die Niederschläge keineswegs gleich auf. Im Gegenteil, zunächst gehen noch heftige Schauer nieder, und auch der Wind frischt auf, der beim zentralen Vorübergehen des Minimums aufgehört hatte. Man muſs auch das kennen, daſs das Wetter gerade dann schlecht werden kann, wenn das Barometer schon wieder steigt. Das ist die bekannte Verschlechterung im Rücken eines Minimums. Der barometrische Gradient kann im Rücken an manchen Stellen größer sein, als er es an manchen Stellen der Vorderseite war, und so können sich auch böige Winde nach einem Minimum sehr wohl einstellen. Dabei steigt das Barometer rasch, doch das gibt nur für die nähere Zeit, manchmal nur für ein paar Tage gute Aussicht fürs Wetter, und nur allzuoft folgt auf das erste Minimum dann das zweite, und ganze Serien davon können den Witterungscharakter sehr unbeständig gestalten.

Die Luft, die über einem Minimum aufsteigt, oder besser gesagt, durch ihr Aufsteigen das Minimum erzeugt, muſs natürlich, oben angelangt, irgendwie wieder abflieſsen. Sie ist oben kälter und schwerer geworden, sinkt zu Boden und erzeugt so ein Maximum von Luftdruck. Während der Gradient der Bewegung unten vom Maximum zum Minimum hinweist, ist er oben umgekehrt gerichtet. Beobachtet man den Zug der Wolken, so entspricht er unten natürlich dem, was wir über die Windrichtung schon gesagt haben. Mit dem Vorüberziehen des Minimums dreht sich der Wind und zwar meistens so, daſs er sich von Ost nach Süd nach West, also im Sinne des Uhrzeigers wendet. Das kommt daher, daſs bei uns die meisten Minima nördlich an uns vorüberziehen. Zieht das Minimum südlich vorüber, so dreht sich der Wind dem Uhr-

zeiger entgegen. Sehr selten bewegt sich das Minimum
von Ost nach West, manchmal bleibt es einige Zeit am
gleichen Ort mehr oder weniger unverrückt stehen, sonst
ist die Geschwindigkeit des Fortschreitens auch sehr verschieden. Oft werden Geschwindigkeiten von 40 km in
der Stunde erreicht, selbst viel höhere wurden beobachtet, bis zu 90 km in der Stunde, entsprechend einer Sekundengeschwindigkeit von rund 25 Metern, wie sich der
Wind bei einem heftigen Sturm bewegt, wurden festgestellt. Niemals läfst sich mit Sicherheit voraussagen, was
ein Minimum in dieser Hinsicht, kaum am nächsten Tag,
geschweige denn nach mehreren Tagen, tun wird, ob sich
sein Lauf beschleunigen oder verlangsamen wird, und auch
die Richtung, die es einschlagen wird, kann man nicht mit
Sicherheit vorher bestimmen. Der Vergleich mit der Lage, die auf der Wetterkarte von den Maxima eingenom-
men wird, erleichtert die Vorhersage allerdings, eine vollkommene Sicherheit in bezug auf die Wettervorhersage
gewinnt man dabei aber auch nicht, auch für den Fall,
dafs die Serie der Wetterkarten auf die verflossenen Tage
lückenlos vorliegt, was immer besser ist, als wenn man
nur etwa den letztvergangenen Tag mit zum Vergleich he-
ranziehen kann. Ein Minimum ist bei uns selten so tief,
dafs sehr heftige Stürme durch den Druckunterschied hervorgerufen werden, dazu sind die Minima „zu seicht" und
die Wirbelstürme von der ersten Sorte, die sich schon
durch das sehr rasche und starke Fallen des Barometers
im voraus ankündigen, sind mehr Gäste der Tropen. Aber
auch ganz seichte Minima beeinflussen das Wetter sehr bedeutend. Im allgemeinen kann man sagen, dafs über Gegenden unter einem Minimum schlechtes, regnerisches
Wetter herrschen wird, wenn das Minimum ausgebreitet
ist, mit Schichtwolken und gleichmäfsigen Niederschlägen;
über einem Gebiet mit mehreren oder vielen Minima im

ganzen auch regnerisches Wetter, aber wechselnd mit Winden, im ganzen aber doch veränderlich. Maxima haben die Neigung, sich über weite Bezirke zu erstrecken, in höherem Grade als Minima. Deshalb bleibt der hohe Luftdruck oft längere Zeit bestehen als der niedere, und ein unverwüstlich schönes Wetter tritt dann hervor, wenn einmal sich ein Maximum entwickelt hat, das sich über weite Strecken ausbreitet. Bei uns kommt das immer noch im Sommer öfter vor als im Winter, doch kann ein langbleibendes Maximum auch im Winter einen durch viele Wochen klaren Himmel mit der gewaltigen nächtlichen Wärmeausstrahlung und einer anhaltenden und furchtbaren Kälte mit sich bringen. Die Orte, die im Zentrum des hohen Drucks liegen, haben dann den größten Frost zu gewärtigen. Unten am Boden fließt die Luft nach den nächstliegenden Orten tiefern Drucks ab, wie weit sie auch liegen mögen, sie werden ersetzt durch Luftmassen, die aus der Höhe herabsinken und sehr kalt sind. Der absteigende Luftstrom folgt den Tälern, wie das Wasser auch, und so kommt es, daß bei solchen Wetterlagen in den Talkesseln sich die Luft sammelt und hier eine Temperatur herrscht, viel tiefer als auf den umgebenden Höhen. In dem schon mehrfach erwähnten Winter 1879/80 wurde in dem Talkessel von Würzburg eine hier ganz unerhört niedere Temperatur beobachtet, und der nahegelegene Kreuzberg in der Rhön hatte eine um 11^0 höhere. Das Maximum dauerte mit einer einmaligen kurzen Unterbrechung um die Weihnachtszeit wohl fast 3 Monate, denn allein 80 Tage haben wir gezählt, an denen die Temperatur mehr als 10^0 unter Null lag. Das ist aber nur ein Ausnahmefall, und gewöhnlicher ist das Hervortreten der Minima im Winter; es ist das Wetter nicht nur im allgemeinen kälter, sondern auch unbeständiger, Tauwetter zwischen schweren Frösten nicht selten.

Wie wir schon erwähnt haben, bewegt sich der Wind um ein Maximum, der Antizyklon, im Sinne mit dem Uhrzeiger, die Luft bewegt sich auf der Vorderseite von Nordost dann von Norden her. Sie bringt also im Winter Kälte, im Sommer wird dies aber mehr als ausgeglichen dadurch, daſs in beiden Fällen die Luft auch trocken ist, die Bewölkung ab- und die Bestrahlung durch die Sonne zunimmt.

Aus der Windrichtung am Boden kann man einen Schluſs ziehen auf die Gegend, in der das Minimum des Luftdruckes sich gerade befindet. Dreht man dem Wind den Rücken zu und streckt seinen linken Arm seitwärts und etwas nach vorn aus, so gibt er die Richtung an, in der das Minimum zu suchen ist. Beim Vorüberziehen eines Minimums kann man so seine Bahn auch auf der Wetterkarte verfolgen, und das ist schon nicht gleichgültig, da der Einfluſs des Minimums auf die Gestaltung des Wetters verschieden ist, je nachdem es nördlich oder südlich an uns vorbei oder gerade über uns hinziehen wird. Der Oberwind, dessen Richtung man am Zug der Cirri erkennen kann, bildet mit dem Wind am Erdboden immer einen Winkel; auch er ändert seine Richtung mit dem Fortschreiten des Minimums. Der Zyklon nähert sich dem Minimum in spiraligen Linien, strahlt ein, und hoch oben, über dem Minimum, strahlt er spiralig aus, wieder gegen die Uhr. An einem Maximum strahlt die Luft in Spiralbahnen unten aus und oben aus, unten im Sinne mit der Uhr und oben auch. Will man erfahren, wie sich voraussichtlich der Wind in den nächsten Stunden oder Tagen drehen wird, so hilft hier die Regel: „der obere Wind bleibt Herr", wenn man den Zug der Cirri verfolgen kann. Die Bewegung der Federwolken muſs aber in Wirklichkeit schon bedeutend sein, wenn ihre Winkelgeschwindigkeit trotz ihrer groſsen Entfernung erkannt werden soll. Die Benützung des Wolkenspiegels erleichtert dies Bemühen.

Die Fallwinde.

Die Verteilung der Maxima und Minima ist für die Gestaltung des Wetters maſsgebend, aber örtliche Einflüsse erweisen sich auf alle Elemente des Wetters auch wirksam. So erfährt die Windrichtung eine Änderung, wenn sich ein Gebirgszug entgegenstellt. Dabei kann der Wind zum Aufsteigen gezwungen werden. Dann erkaltet die Luft droben und muſs, wenn sie feucht genug dazu ist, Wasser fallen lassen. Umgekehrt können sich die sogenannten Fallwinde beim Niederstürzen auf der anderen Seite des Gebirges durch Kompression stark erwärmen. Dann nimmt ihre relative Feuchtigkeit stark ab, sie sind sehr trocken, können unten Wolken, die sich bereits gebildet haben, aufsaugen und zunächst noch heiteres Wetter herbeiführen, wo schon alle Anzeichen für schlechtes da waren. Ein solcher Fallwind ist der Föhn. Der von den Alpen oft mit ungeheuerer Gewalt herabstürzende Luftstrom weht meist aus SE oder S, selten aus SW. Hoch oben bewegen sich die Wolken, auch wenn unten Südostwind weht, meist aus Südwest. In den nördlichen Hauptketten der Zentralalpen, die von Südost nach Nordwest ziehen, oder auch von Süden nach Norden, ist der Föhn häufig, in denen, die von Osten nach Westen streichen, nie oder selten zu beobachten. Der Föhn ist berüchtigt wegen seiner Gewalt, durch die er zerstörende Wirkungen ausüben kann, und noch mehr durch seine austrocknende Wirkung auf das Holz, sodaſs jeder Brand, der bei dem heftigen Wind auskommen sollte, rasch unbesiegbar die gröſste Ausdehnung annehmen muſs, woher die strengste Bestimmung besteht, und in den bedrohten Alpentälern auch gewissenhaft befolgt wird, jedes Feuer im ganzen Haus zu löschen, solange der Föhn geht. Föhn wird auch beobachtet am

Nordabhang der Alpen, ferner im deutschen Mittelgebirg, in den Vogesen, im Hohen Venn, in Hermannstadt, am Roten Turmpaſs, ruhmreichen Angedenkens, auch auf der südlichen Seite der Alpenkette. An den meisten Orten ist der Föhn weniger stark als in den Alpentälern. Die Nächte vor dem Ausbruch des Föhnsturmes sind schwül und es fällt kein Tau, die Gebirge sind klar und gut zu sehen, sie erscheinen nah; im Winter sind die ersten Windstöſse noch rauh und kalt, dann erwärmt sich die Luft beträchtlich, um 8, 14, ja 17⁰. Im Frühjahr wird durch den Föhn oft eine Schneedecke von mehr als einem halben Meter Dicke in 12 Stunden weggeleckt. Der Föhn wirkt, so wird versichert, auf die Schneeschmelze in 24 Stunden soviel wie der Sonnenschein in 14 Tagen. Im Winter und Frühling ist der Föhn am häufigsten, im Sommer am seltensten. Im Sommer nimmt mit der Erhöhung über dem Erdboden die Temperatur mit je 100 Meter um 0,6 bis 0,8⁰ zu, bei ihrem Fallen erwärmt sie sich nur schwach. Im Winter dagegen beträgt die Temperaturabnahme mit der Erhebung von 100 Meter nur etwa 0,45⁰. Wenn die Luft um 100 Meter fällt, so erwärmt sie sich um fast 1⁰. Die Erwärmung der fallenden Luft muſs also im Winter unten bedeutender ausfallen als im Sommer.

Wenn ein Minimum, wie dies häufig ist, in der Linie von der Bai von Biscaya gegen die West- oder Südwest-Seite der Alpen zieht, so wehen im Vorland die Winde aus SW oder S gegen die Stelle des niedersten Drucks. Aus den Alpentälern wird die Luft herausgesaugt, und wo wegen der Berge kein Ersatz aus Süden möglich ist, muſs er aus der Höhe erfolgen, und so entsteht der Fallwind. Seine Ursache liegt also im Auftreten eines Minimums, und rückt dieses vor, dann schlägt der Wind in West oder Nordwest um, es folgt kühleres Wetter mit Niederschlägen. So hält das gute Wetter, solang die Föhnlage andauert, noch an, und dann kommt schlechtes. Die Minima sind im Sommer über dem Atlantischen Ozean seltener und nicht so tief wie im Winter. Anders ist es in Oberitalien. Die Minima im Mittelmeer sind seichter als über dem Atlantischen Ozean und viel seltener. Das Maximum liegt im NW, das Minimum im SE. Der Nordföhn, der in Bellinzona, Brixen, Catasegna, am Comer See, in Lugano, Riva weht, ist weniger stark und seltener als der Südföhn.

Der Scirocco ist meistens auch ein warmer und zunächst feuchter Südwind. Oft wird aber ein echter Föhn, heiſs und trocken, auch so genannt, so zum Beispiel in Italien, Sizilien und auch in Innsbruck.

Es gibt aber auch im Bereich der Antizyklone kalte Fallwinde. Ein Wind, der oben so kalte Luftmassen mit sich herunterführt, daſs die Erwärmung beim Fallen nicht zum Ausgleich der Temperatur hinreicht, kommt eben unten kalt an und kann einen sehr bedeutenden Temperatursturz unten im Gefolge haben. Ein sehr kalter Fallwind ist die Bora, die sich da einstellt, wo eine Steilküste ein kaltes Hinterland gegen das Meer abgrenzt, wie an der Istrischen und Dalmatinischen Küste, bei Triest, Fiume. Die Bora entsteht bei starkem Steigen des Druckes über dem Hinterland bis nach Lyon, sie erreicht ihr Maximum am Vormittag und kann ungemein heftig und für Schiffe gefährlich werden; es wird von Windstöſsen mit einer Geschwindigkeit von 50 bis 60 m/sek berichtet. Häufig weht im Süden zugleich der feuchte Scirocco und auch die sonst trockene Bora kann feucht werden. Wo die normale Temperaturabnahme mit der Höhe zwischen Küste und der dahinter liegenden Hochebene 1^0 auf 100 Meter Höhenunterschied erreicht, da kommt der Fallwind unten nicht warm wie der Föhn, sondern kalt an. Wo Gebirge nah ans Meer heranreichen, weniger als 400 bis 700 Meter entfernt von ihm sind, anderseits weiter von der Küste, mehr als 2 bis

5 Kilometer von ihr abliegen, da ist die Bora nur schwach oder sie fehlt.

Die gleiche Entstehung wie die Bora hat auch der Mistral, wie in der Provence Stürme genannt werden, die aus NW von den Sevennen her wehen, wenn der Luftdruck über dem Hinterland rasch steigt oder in der Adria oder dem Golf von Lyon stark fällt. Das trifft im Winterhalbjahr durchgängig zu, der Mistral gehört dort zu den Eigenschaften des Klimas. Er ist mehr durch seine Gewalt, als durch die Abkühlung, die er bringt, für die Menschen von Bedeutung. Seine Stärke wird als eine aufserordentliche geschildert. Die Bora dagegen ist auch wegen der sehr jähen Abkühlung berüchtigt und der Nordländer, der unter dem warmen Himmel von Italien zu leicht keine Vorsicht in der Ausstattung mit Kleidern obwalten läfst, gerät erfahrungsgemäfs durch die Bora nicht selten in die Gefahr, sich zu erkälten.

Der warme oder heifse Fallwind, der Föhn, bringt andere Beschwerden mit. Er wirkt abspannend auf die Nerven, drückt aufs Gemüt, viele schlafen schlecht, bis die Abkühlung und das schlechte Wetter eintreten.

Wohin der Einflufs der Fallwinde reicht, da ist das Wetter ganz anders als in der Umgebung, selbst der nahen Umgebung. So ist aus diesem Grunde die Wetterlage in Südbayern oft ganz verschieden von der in Nordbayern. Im ganzen sind die Niederschläge in den Alpen häufiger und stärker, aber es kann auch umgekehrt sein und man kommt, sowie man die Donau bei schlechtem regnerischen Wetter überschreitet, in eine wärmere Gegend mit heiterem Himmel. Gewöhnlich ist auch noch die Fernsicht überaus klar, weit abliegende Gegenstände erscheinen nah und nur der Unerfahrene hofft, an seinem Reiseziel recht günstiges Wetter zu bekommen. Wer die Sache schon mehrmals mitgemacht hat, der erkennt die Föhnlage und wundert sich nicht weiter, wenn das Wetter in den Voralpen oder in den Alpen selber alsbald umschlägt. Die Donau ist keine Wetterscheide, die gutes Wetter vom schlechten oder umgekehrt schlechtes im Süden vom guten im Norden trennt, sie bildet nur ganz allgemein die Grenze, bis zu der sich, auch nicht immer, die Wirkung des Föhns erstrecken kann. Als Wetterscheiden wirken dagegen die Gebirge, insoweit sie sich der Richtung der wehenden Winde entgegensetzen. Das bekannteste Beispiel für die Deutschen bilden die Alpen. In der Tat, es ist ein eigener Eindruck, wenn man, dank den raschen Verkehrsmitteln der Neuzeit, über den Brenner oder durch den St. Gotthardt in wenigen Stunden aus dem trüben und kalten Norden in den warmen Süden mit seinem lachenden Himmel sich versetzt sieht.

In gewissem Sinne gibt es aber auch im allerkleinsten Maßstab Wetterscheiden. Schiller läßt seinen Melchthal sprechen:

> „Denn so wie ihre Alpen fort und fort
> Dieselben Kräuter nähren, ihre Brunnen
> Gleichförmig fließen, Wolken selbst und Winde
> Den gleichen Strich unwandelbar befolgen".

Das sagt ein Schweizer von seinem Vaterlande; aber auch bei niederen Erhebungen trifft dies bisweilen zu und namentlich die Gewitter haben gar nicht selten einen am Ort wohlbekannten regelmäßigen Zug, wie es auch gewisse Gegenden gibt, in denen Hagelschläge mit einer beträchtlichen Häufigkeit anderen gegenüber stehen, in denen Hagel unerhört ist. Bei der Betrachtung des Küstenklimas werden wir sehen, daß auch an Küsten eine bestimmte Regelmäßigkeit in der Windrichtung, meist nach den Tageszeiten verschieden, sich bemerkbar macht. Alles das, und deswegen erwähne ich es überhaupt, solang nicht größere Störungen des atmosphärischen Gleichgewichts, weite Strecken umfassend, sich geltend machen. Es ist oft eines der ersten Zeichen, daſs vor dem Herannahen einer solchen Störung, die gewöhnlich das Wetter gründlich und für lange Zeit verdirbt, das Wetter seinen lokalen Charakter einbüſst, zum Beispiel der sonst zu erwartende Morgen- oder Abendwind einmal ausbleibt. Das tut er eben nur, wenn Einflüsse sich geltend machen, die mächtiger sind als die Ursachen, die bisher nur schwach und auf kleinem Raum wirksam waren. Im Abschnitt über das Klima werden wir ja noch auf diesen Punkt zurückkommen, er dürfte aber schon hier nicht ganz übergangen werden, denn er gibt allzu oft einen wichtigen Anhalt für die Wetterprognose, von der wir auch einiges sagen müssen, da wir uns zum Verhalten des gesunden und kranken Menschen dem Wetter gegenüber wenden.

Bliebe das Wetter immer so, wie zur Zeit, wo der Mensch seine Behausung verläſst, so könnte es mit dem sein Bewenden haben, was wir schon oben besprochen haben. Das ist aber schon beim allerschönsten, beim beständigsten Wetter sogar, nicht der Fall. In den Morgenstunden kann man erwarten, daſs es tagsüber wärmer, am Abend, daſs es immer kühler werden wird. In dieser Beziehung bestehen aber an verschiedenen Orten in verschiedenen Klimaten die gröſsten Unterschiede. Aber abgesehen davon ist ja das Wetter in so vielen Fällen wandelbar und Änderungen können in Tagen, am gleichen Tag noch, in Stunden eintreten. Ein Beispiel vom letzteren Verhalten haben wir ja schon an der Wirkung der Fallwinde kennen gelernt. Feste Regeln können natürlich nicht gegeben werden, aber so im allgemeinen wird man am Morgen sich lieber ein wenig zu leicht, am Abend lieber ein wenig zu warm anziehen, wenn man nicht sicher ist, in kurzer Zeit wieder nach Hause zu kommen. Ferner macht es einen groſsen Unterschied aus, wie viel Wärme man selber entwickeln wird müssen, und von einem protestantischen Landpfarrer habe ich den sehr richtigen Grundsatz äufsern hören: „Wenn ich gehen mufs, dann ziehe ich mich zu leicht, wenn ich fahren soll, zu warm an". Es ist nicht notwendig, es ist nicht einmal schön, wenn ein gesunder, ein junger Mensch immer das Wetterglas und den Himmel beguckt, ob seine werte Persönlichkeit wohl keinen Schaden erleiden wird, wenn er sie den Unbilden der Witterung vielleicht gegen seinen Willen aussetzen mufs. Aber auch ein vernünftiger Mensch kann aus Besorgnis für seine Bekleidung gelegentlich so handeln. Vor dem Krieg konnte man — nicht ohne Lächeln — dies aber ganz regelmäfsig bei Offizieren beachten, wenn sie in Zivil gingen, von dem ja der jüngere Offizier meistens nur eine einzige, sorgfältig geschonte Garnitur sein eigen nennen konnte. Hatte der eine oder andere einmal wirklich ausnahmsweise sich entschlossen, ohne Schirm auszugehen, weil wirklich die allerbeste Gewähr für Fortbestand des schönsten Wetters vorlag, dann kam er nicht weit, kehrte um und holte seinen Schirm, „es könnte halt doch regnen". Und das Männer, die sich jedem Wetter, ohne mit der Wimper zu zucken, das ganze Jahr auszusetzen gewohnt waren!

Ganz anders und viel ernster liegen die Dinge, wenn es sich um Kranke und Rekonvaleszenten handelt. Bei akuten Krankheiten ist die Flucht vor den Unbilden der Witterung schon ein wichtiges Mittel, und dafs man den Kranken im Zimmer läfst, ist eine der gewöhnlichsten ärztlichen Mafsregeln, auch bei leichteren Störungen der Gesundheit. In der Ruhe und bei gleichmäfsiger Aufsentemperatur heilen viele Krankheiten rascher. Für Verdauungskrankheiten, Darmstörungen zum Beispiel ist die körperliche Ruhe ungemein wichtig, was uns hier nicht weiter beschäftigt; für alle Krankheiten der Atmungsorgane ist dagegen gleichmäfsige Temperatur, nicht zu hoch und auch nicht zu tief, von grofser Bedeutung. Wer solche Anschauungen für veraltet und längst wiederlegt hält, der mag anders handeln, er wird dann schon merken, wie weit er mit sich und seinen Kranken dabei kommt. Ob es sich lohnt, dafs einer mit einer ganz leichten Laryngitis oder Bronchitis, mit einem Schnupfen den ganzen Tag zu Haus bleibt, alle seine Berufsarbeiten hängen läfst, das entscheidet gewöhnlich nicht der Arzt, sondern der Kranke selber, und auch hier möchte ich nicht einer allzugrofsen Selbstliebe das Wort reden. Aber dem stehen doch auch viele Fälle entgegen, wo aus einer anscheinend sehr leichten Störung der Gesundheit eine Krankheit wird, die viel längere Zeit zur Heilung braucht. Ganz besonders zu Zeiten, in denen die Influenza herrscht, ist sogar noch Schlimmeres zu besorgen. Überhaupt, wenn einmal eine Bronchitis die Neigung zeigt, nach unten fortzuschreiten, das feinblasige Rasseln die Bronchilolitis ankündigt und die Bronchopneumonie vor der Tür steht, dann ist nach der Ansicht der meisten Ärzte kein Zweifel mehr möglich, ob der Kranke sich geben und den ärztlichen Anordnungen sich fügen mufs. Gerade bei der hier erwähnten Krankheit kann man allerdings noch im Zweifel sein, ob nicht mit der Ruhe des Kranken, damit geringerem Aushusten, mehr Schaden angerichtet wird, als wenn der Kranke selbst beim schlechten Wetter herum und aus dem Haus geht. In der Tat kann man die Erfahrung machen, dafs einerseits der Kranke, der sich pflegt, der folgt, eine Pneumonie bekommt, der andere aber, der sich — oft nur notgedrungen — auch dem schlechten Wetter aussetzt, davon frei bleibt und eher seiner Krankheit ledig wird. Manche Ärzte lassen ihre Kranken mit ihrer Lungenentzündung herumlaufen und stecken sie nicht gleich ins Bett, und vielleicht handeln sie nicht unvernünftig. Besser fährt aber wohl der, der dem Kranken die Wohltat des

Bettes angedeihen läfst, aber durch sonstige Mafsnahmen,
Inhalation verdichteter Luft, Kompression des Brustkorbs,
kurz die Mafsnahmen, die wir hier nicht zu erörtern haben,
nach Möglichkeit die Bronchopneumonie verhütet. Dazu
gehört vor allem auch die Anordnung, dafs der Kranke
täglich wenigstens zweimal, am Morgen und Abend, heraus
auf einen Stuhl gesetzt wird. Eine Wohltat ist aber das
Bett für einen Kranken, und vor allem einem mit Fieber
ganz entschieden. Das Bett wirkt durch die Ruhe, die jede
Anstrengung dem Kranken erspart, auch die vermehrte
Wärmebildung und die gleichmäfsige Temperatur, in der
der Kranke sich befindet; sie ist im Bett noch gleichmäfsiger als nur im Zimmer, und das Schaudern und Frösteln,
das Fieberkranke aufser Bett, sowie nur jemand im Zimmer sich bewegt und die Türe aufgeht, befällt, ist dem
Kranken in seinem Bette erspart. Zudem hat er hier die
beste Gelegenheit, die leichtere oder wärmere Bedeckung
nach seinem Befinden und seinen Wünschen einzurichten,
ein gutes Bett vorausgesetzt. Nicht mit Unrecht hat man
das Bett ein künstliches Klima genannt.

Es soll nun ein Kranker seine Zeit im Zimmer hingebracht oder das Bett gehütet haben. Dann tritt eines Tages
die Frage an uns heran, wann er beides verlassen soll und
darf. Im allgemeinen kann man sagen, dafs grofse Vorsicht bei nicht Bettlägerigen insofern geboten scheint, als
man nicht gerade sich den allerschlechtesten Tag zum ersten
Ausgang wählen wird. Nicht nur Kälte und Näfse kommen
hier in Betracht. Gerade bei Krankheiten der Atmungsorgane spielt neben der Temperatur und Feuchtigkeit auch
der Wind eine Hauptrolle. Nicht blofs wegen der stärkeren
und tieferen Einatmung, zu der der Wind nötigt, sondern
oft genug bei trockenem Wetter wegen der Massen von
Staub, die vom Wind aufgewirbelt und vom Menschen eingeatmet werden.

Bei manchen Krankheiten, bei denen sogenannte Nachkrankheiten zu fürchten sind, muſs man mit der Erlaubnis zum Ausgehen besonders vorsichtig sein. So bei den Masern und dem Scharlach. Bei den Masern sollte man, abgesehen von ganz leichten Fällen, erst am dritten Tag nach vollständiger Entfieberung die Kinder aus dem Bett lassen. Ganz allgemein geht es nach Infektionskrankheiten nicht an, sofort nach Verlassen des Bettes auch die Erlaubnis zum Ausgehen zu geben. Bei den Masernkindern soll das Zimmer und das Haus nicht vor 14 Tagen nach der Entfieberung, wenn die Abschuppung vorbei ist, also im ganzen drei Wochen, nachdem sich die Kinder gelegt haben, verlassen werden. Und wenn es sich ausnahmsweise um erwachsene Masernkranke handelt, dann ist diese Vorsicht erst recht geboten. Denn bei Erwachsenen sind die Masern eine entschieden schwerere Krankheit als bei Kindern. Wind und Staub sind dabei mehr zu fürchten, auch rauhe Ost- oder Nordwinde, scharfe Kälte mehr als eine feuchte Luft von nicht so tiefer Temperatur, selbst bei Regenwetter möchte ich die Masernrekonvaleszenten eher ins Freie lassen, als bei Staub und rauhen Winden.

Umgekehrt ist es beim Scharlach, wo in der Rekonvaleszenz nichts mehr zu fürchten ist als die Nierenentzündung. Nicht bevor die Abschuppung sich vollkommen abgespielt hat, also etwa 6—7 Wochen nach Beginn der Krankheit, und nachdem die Kinder schon lang den ganzen Tag auſser Bett zugebracht hatten, sich ganz wohl fühlen, jeden andern Tag gebadet worden sind, nachdem die Untersuchung des Urins jederzeit Freiheit von Eiweiſs ergeben hat, kann man unbesorgt die Erlaubnis zum Ausgehen geben. Und auch da wird man gern einen Tag mit milder Temperatur und vor allem auch keinen mit Niederschlägen wählen. Die Vereinigung von Nässe und Kälte scheint halt doch für Nierenkranke recht schädlich zu sein oder den Ausbruch von Nierenkrankheiten zu begünstigen. Ebenso sorgfältig müssen Rheumatiker behandelt werden. Rekonvaleszenten nach Gelenkrheumatismus sollen erst an einem warmen, im Winter einem sonnigen Tag den ersten Versuch zum Ausgehen machen. Ja, wenn es sein muſs, möchte ich lieber den ganzen Winter hingehen lassen, als etwas wagen. Da muſs man eben die warme Jahreszeit geduldig abwarten, oder den ersten warmen und trockenen Frühlingstag. Erst allmählich, wenn der erste Versuch nicht geschadet hat, kann man kecker werden. Auf Staub braucht man bei Rheumatismen natürlich gar keine Rücksicht zu nehmen, auf Wind nur, wenn er kalt ist.

Von diesem Schema kann man mitunter abweichen. So wird man sich zuweilen im Herbst eher zum Ausgehen entschlieſsen, und nicht den Tag abwarten, der einem in allen Stücken hiezu gefällt, weil man bei längerem Warten immer tiefer in den Winter hineinkommt, so daſs der Kranke schlieſslich den ganzen Winter über nicht mehr in die Luft kommt, was man ja doch, namentlich bei Kindern, gern vermeiden möchte. Dagegen kann man sich im Frühling sagen, daſs es ja doch einmal warm und schön werden muſs, es geht ja in den Sommer hinein, und da wartet man besser, wenn das Wetter den Wünschen nicht ganz entspricht, noch einen Tag oder ein paar länger.

Nicht ganz so ist es auch bei chronisch Kranken. Bei diesen ist der Verzicht auf frische Luft und Bewegung im Freien immer eine schlimme Sache. Das Entbehren von beidem wirkt ungünstig vor allem auf die Stimmung — so sehr wichtig bei langwierigen Leiden —, auf Appetit und Schlaf, auch auf den Stuhlgang, daſs alles daran gesetzt werden muſs, um diese Vorteile dem Kranken zu sichern. Doch muſs gerade bei den empfindlichen Kranken eine ungleich gröſsere Vorsicht obwalten, als bei Gesunden. Auch das Verhalten im Freien, das ist auch wohl zu bedenken, ist bei Gesunden anders als bei Kranken und Rekonvaleszenten. Schon, weil diese sich nicht so viel bewegen und bewegen können wie jene, vertragen sie den gleichen Wärmeverlust schwerer. Das spielt schon eine Rolle, wo es sich um Verwundete handelt; sobald sie wieder ausgehen können und dürfen, sollte man nicht vergessen, dafs sie sich gewöhnlich nur mühsam und langsam bewegen können, oft sich setzen und ausruhen müssen. Ist es draufsen zu kalt, als dafs sie sich auf einer ungeschützten Bank noch lang genug erholen können, dann ist es für sie noch zum Ausgehen zu früh. Auch in der Kleidung mufs auf diesen Punkt Rücksicht genommen werden. So verfehlt es wäre, den Kranken durch eine übermäfsig schwere Kleidung zu belasten, so darf und soll andererseits die Kleidung wärmer sein als bei Gesunden, weil alle Bewegungen langsamer ausgeführt und voraussichtlich durch längere Ruhepausen unterbrochen werden. Das gilt erst recht, wenn der Aufenthalt im Freien im Tragstuhl, in einer Liegehalle, im Bett genossen werden soll. Warme Kleidung, ein gutes Bett, sind hier die Hauptsache. Ähnlich ist es, wenn, wie so oft, der Kranke zwar zunächst nicht die Erlaubnis zum Ausgehen, aber zum Ausfahren erhält. In vielen Fällen eine gar nicht unwichtige Mafsregel, nicht nur bei Verletzten oder an den Beinen Leidenden, denen man doch den Genufs der freien Luft und die Freude gern gönnen möchte, wieder einmal etwas anderes zu sehen als ihre vier Wände. Es ist erstaunlich, wie günstig das oft auf die Stimmung wirkt. Auf der andern Seite „greift die Luft den Kranken an". Sehr häufig ist der erste Versuch unmittelbar von einem gewissen Schwächegefühl in der Tat gefolgt. Die Kranken sind innerlich froh, wenn sie wieder zu Hause sind, sehnen sich in ihr Bett, in das sie sich mit einem gewissen Wohlbehagen legen und gern darin Ruhe halten. Auch Kinder verhalten sich so. Sogar das

Spielzeug, das sie auf ihrem Ausflug begleitet hatte, die Blumen oder Blätter, die sie mit nach Haus gebracht hatten, entsinken ihren müden Händchen, und am besten sucht man jetzt nicht, sie weiter zu unterhalten, mit ihnen zu spielen, sie zu erfreuen, sondern läfst sie zunächst einmal ganz in Ruhe. Auch Strenge gegen die Umgebung ist in dieser Beziehung am Platz. Ging alles gut, dann ist einmal der erste Anfang gemacht, und dann geht es, wenn nicht morgen wegen schlechten Wetters, dann eben ein andermal bei gutem wieder weiter. Deswegen und weil jeder Rückfall vermieden werden soll, wird man klüger das erstemal nicht zu viel unternehmen, lieber eher den Rückweg antreten, und auch sich dazu entschliefsen, wenn zwar nicht das Verhalten des Kranken, sondern das unsicher gewordene Wetter zur Vorsicht mahnt. Die Pflege mufs sich, wenn sie Grofses leisten soll, aus lauter Kleinigkeiten zusammensetzen. Vom Kranken, der Luft geniefsen soll, mufs doch der Luftzug abgewehrt werden. Man setzt denselben auf den Rücksitz des Wagens, man nimmt hinreichend viel Decken und Hüllen mit, was um so leichter ist, als sie niemand zu tragen braucht. Das Fahren im geschlossenen Wagen hat nur dann einen Sinn, wenn die Ausfahrt einen bestimmten Zweck im Auge hatte und nicht nur den Genufs der freien Luft, für den eine solche Fahrt gar nichts leistet. Dagegen ist es höchst zweckentsprechend, wenn man für den Kranken, etwa für den Heimweg am Abend, oder beim Umschlag der Witterung einen geschlossenen Wagen vorherbestellt oder herbeiruft.

Dafs man bei den ersten Ausgängen namentlich auf die schwachen Kräfte der Kranken und Rekonvaleszenten Rücksicht nimmt, ist selbstverständlich, geschieht aber durchaus nicht immer. Gerade besorgte Angehörige möchten oft gar zu gern sich an einer baldigen, grofsen Leistung freuen. Andererseits ist die vorsichtig gesteigerte Herzübung bei der gewöhnlich bestehenden braunen Atrophie des Herzmuskels für dessen Erstarkung sehr wichtig. Bei sehr Geschwächten ist es sehr ratsam, zu den ersten Ausflügen ein Reizmittel, einen guten Schluck Wein, mitzunehmen oder ihn nachher zu verabreichen. Das gilt auch für anstrengende Eisenbahnfahrten, die notwendig werden sollten.

Die Wettervorhersage

läfst sich auf längere Zeit hinaus nicht bestimmen. Es ist ganz unmöglich zu sagen, wie das Wetter im nächsten Jahr, im nächsten Monat, nicht, wie es in der nächsten Woche sein wird, und wenn man es auf den nächsten Tag voraussagen will, mufs man sich auch noch vorsichtig ausdrücken. Die Wetterprognosen, die auf Grund der Wetterberichte aus vielen Stationen gebildet werden, die täglich einlaufen, leiden noch an dem Mifsstand, dafs Höhenstationen nur spärlich vertreten sind, dafs wir über den Zustand der Atmosphäre in gröfserer Höhe so gut wie gar nicht unterrichtet sind, was so wichtig wäre, wenn es sich darum dreht, die Veränderungen in der Wetterlage vorauszusehen. Auch müfste die Zahl der Beobachtungsstationen noch bedeutend vermehrt werden. Eine erhebliche Verbesserung hat der Wetterdienst dadurch erfahren, dafs die neuen Schnelldampfer mit so grofser Geschwindigkeit den Ozean durchqueren, dafs sie an Land zeitig genug über das Wetter berichten können, das sie bei ihrer Fahrt beobachtet hatten. So geschieht es doch zuweilen, dafs sehr wichtige Sturmwarnungen sich auf ihre Meldungen aufbauen können. Und für die Seefahrt sind die Wetterberichte und das Sturmwarnungswesen von erheblicher Bedeutung und ihr zum Segen geworden.

Leute, deren Beruf sie zwingt, sehr viel im Freien sich aufzuhalten, und die außerdem ein großes Interesse daran haben, wie das Wetter wohl in der nächsten Zeit werden wird, verstehen vom Wetter wirklich meistens mehr als die Stadtleute, die das ganze Jahr kaum einmal ein paar Wochen Landaufenthalt sich leisten können. Doch ist bei der ersten Sorte mitunter eine ganz unermeßliche Unkenntnis der Wetterkunde anzutreffen, und man tut gut, auch ihren Prognosen kein zu großes Vertrauen entgegenzubringen. Auch ein Schäfer, der im Ruf eines unfehlbaren Propheten steht, kann sich irren und irrt sich wahrscheinlich öfter, als es scheint. Auch die Pythia hat ihre Orakel in Formen gekleidet, sodaß sie überall paßten. Hie und da werden wohl köstliche Anekdoten erzählt. So von dem mit Recht berühmten Meteorologen v. B e z o l d in München. Machte der eines Tages einen Ausflug in die Berge in Gesellschaft mit Freunden und ihren Damen. Ein Hirte warnt die Herrschaften, weil es heute noch ein Gewitter geben würde. Lächeln, denn B e z o l d erklärte die Wetterlage für sicher! Natürlich wurden sie patschnaß, und auf dem Rückwege fragte B e z o l d den Hirten, woher er denn das gewußt habe. Die Antwort lautet: „Da schauen Sie, wenn mein großer Hammel seinen Schwanz gerade in die Höhe stellt, dann kommt allemal ein Gewitter."

In der Tat aber ist die Wettervorhersage im allgemeinen so unsicher, daß man sich nicht mit Unrecht über die sogenannten „Bauernregeln" lustig macht. Blickt man erst auf eine längere Reihe von Jahren zurück, so bleibt es aber nicht aus, daß man fast unwillkürlich sich vermißt, über das demnächst zu erwartende Wetter ein vorausschauendes Urteil zu bilden. Dabei muß man aber stets im Auge behalten, daß den gewonnenen Erfahrungen zum größsten Teil nur für den Ort eine Bedeutung zukommen kann, an dem sie eben gewonnen wurden. Wenn ich in aller Bescheidenheit mir erlauben darf, die Gesichtspunkte zu erwähnen, die sich mir ergeben haben, so wären es die folgenden.

Die Beobachtung des Barometers, des „Wetterglases", wie es ja auch heißt, allein, bedeutet nicht viel. Ein starkes Fallen ist für das Herannahen eines Zyklons und damit eines schlechten Wetters mit Vorsicht zu verwerten. Viel bessere Dienste leistet der „Wettertelegraph" von Lambrecht, eine Kombination von Barometer und dem „Thermohygrometer", dessen Einrichtung ich nicht kenne, doch scheint mir das Instrument den Taupunkt anzugeben.

Beide Instrumente hängen nebeneinander und aus dem Zeigerstand, ob in Nullstellung, ob über oder unter ihm, ergeben sich, wenn man beide Instrumente am Abend abliest, 12 Möglichkeiten für die Gestaltung des Wetters am folgenden Tag. Der Zeiger des Thermohygrometers wird jeden Morgen neu auf die Nullinie eingestellt. Natürlich muß das Barometer für die Höhe des Beobachtungsortes gerichtet sein, was vom Verfertiger besorgt wird, wenn bei Bestellung die Meereshöhe angegeben wird, für welche das Instrument bestimmt ist. Ich stehe nicht an, zu erklären, daß mir diese Kombination der beiden Instrumente in der Wetterprognose ganz wesentliche Dienste geleistet hat.

Auch wenn man nur ein gewöhnliches Hygrometer neben seinem Barometer zur Verfügung hat und die Feuchtigkeit der Luft neben dem Druck bestimmt, so ist das schon besser als die des Drucks allein. Von den Regeln, die ich nicht selbst aufgestellt habe, die sich mir aber oft, zum Teil sehr oft bewährt haben, will ich auch noch einige nennen.

Wenn es vor 12 Uhr mittags donnert, dann donnert es am gleichen Tag nach 12 Uhr auch, eine Regel, von der man erst in Jahren eine Ausnahme erleben wird.

Wenn das Barometer fällt und dabei die Cirruswolken aus der Richtung von Südwest bis Nordwest ziehen, dann regnet es am Beobachtungsort im Verlauf der nächsten 24 Stunden. Das ist die von Hermann Klein aufgestellte „Cirrusregel", die auch fast ausnahmslos zutrifft, nur 5% Fehlprognosen sollen hier vorkommen.

Regeln allgemeiner Art sagen aus, daſs im Herbst das Wetter sicher bleibt, wenn am Morgen ein starker Tau gefallen ist, umgekehrt, wenn das Wetter warm ist und in der Frühe alles spantrocken bleibt, so ist auf einen Umschlag des Wetters zu zählen. Schlechtes Wetter im Spätherbst wird erst dann wieder gut, wenn es erst einmal kalt geworden ist. Nach Weihnachten ist man vor dem Eintritt von Tauwetter nie sicher, und erfahrene Alpinisten haben mir versichert, daſs man in den Alpen eine Skitour nach Weihnachten nicht mehr unternehmen soll, wegen der Lawinengefahr. Leider fordert der „weiſse Tod" in den Alpen alljährlich noch seine Opfer, die zu vermeiden gewesen wären.

Viele gründen ihre Vorhersage des Wetters auf das Verhalten von Tieren. Und es ist nicht ganz zu leugnen, daſs manche Tiere sich bei verschiedener Wetterlage anders benehmen. Namentlich mag das für die Insekten gelten. Wenn an einem Sommerabend die Mücken tanzen, so wird das als ein gutes Zeichen fürs Wetter angesehen, und das Verhalten anderer Tiere ist abhängig vom Leben der Insekten und ihr Verhalten wieder, das auch für die Wetterprognose verwendet wird, führt in letzter Linie auch auf die Insekten zurück. So fliegen die Schwalben bei gutem Wetter hoch, bei schlechtem tief, weil sie das einemal in der Höhe, das anderemal nah am Erboden ihr Futter suchen und finden. Ähnlich mag es sich mit den Spinnen verhalten, die man bei schlechtem Wetter gar nicht sieht, und die bei gutem sich mitten in ihr kunstvolles Netz setzen. Im ganzen habe ich den Eindruck, als wenn die Tiere nicht das zukünftige Wetter vorhersagen als vielmehr sich in ihrem Verhalten nach dem Wetter richten, wie es eben ist, sie sagen nichts mehr, als man ohnehin weiſs. Freilich werden immer und immer wieder Fälle berichtet, aus denen man den Schluſs ziehen möchte, daſs gewisse Tiere zwar wohl keinen sechsten Sinn haben, der uns abgeht, aber daſs ihren Sinnen doch einseitig eine viel gröſsere Schärfe zukommt, als wir uns vorstellen können. Man braucht sich nur der unbegreiflich scharfen Witterung des Hundes zu erinnern. Vielleicht ist es einem sehr empfindlichen Gefühl der Katzen zuzuschreiben, wenn sie schon Tage vor dem Niedergang eines Bergsturzes aus dem Haus flüchten. Daſs Alligatoren vom Boden der Flüsse aufsteigen, wenn ein Erdbeben für den Menschen kaum oder nicht bemerkbare Schwankungen des Bodens bewirken, ist durch Forschungsreisende wirklich sichergestellt. Daſs auch bei uns Herden vor dem Ausbruch eines schweren Unwetters unruhig werden, flüchten, ist durch gewissenhafte Beobachter auch festgestellt, und ich für meine Person gestehe ganz offen: Sollte ich einmal sehen, wie eine ganze Herde ohne erkennbare Ursache die Flucht ergreift, Er, der Muni, wie er es immer macht, voran, dann kammt es nur darauf an, wer schneller läuft, ich oder der Muni. Ich habe von solchen Beispielen gehört, wo der Niederbruch ganzer Wälder in der Ferne ein Geräusch erzeugte, dem Menschen unklar, für die Herden aber die Veranlassung zur Flucht gab, und ausgeschlossen ist es auch nicht, daſs die Tiere solche verdächtige Geräusche eher vernehmen als der Mensch. Kurz, in einem Haus, das an lawinengefährlichem Ort erbaut ist, und aus dem die Katzen entweichen, in dem bliebe ich auch nicht gar lang mehr.

Die Kleidung.

Manche Tiere schützen sich vor der Einwirkung der Kälte durch eine Behausung, ein Nest, eine Höhle und dergleichen. Aber der Mensch allein kleidet sich. Zu doppeltem Zweck; in heifsen Ländern dient die Kleidung ausschliefslich dem Schmuck, namentlich zur Anziehung der Geschlechter, und es hat etwas Rührendes, wenn man auf Abbildungen so ein nach unseren Begriffen scheufsliches Kaffernmädchen sieht, wie es sich mit ein paar Grasbündeln wunderschön gemacht hat. Nur in kalten Nächten wird dort etwas gebraucht, eine Decke oder dergleichen, von dem man nicht weifs, soll man es zur Behausung rechnen oder als Kleidung bezeichnen. Gegen diesen kosmetischen Zweck tritt in höheren Breiten der Wärmeschutz als Zweck der Kleidung bei weitem in den Vordergrund. Wobei der andere Zweck, des Schmuckes und der sexuellen Attraktion, wenigstens beim weiblichen Geschlecht nicht ganz vergessen wird. Dafür braucht man wahrlich kein Beispiel anzuführen, und im ganzen ist es auch gut so. Das Weib darf und soll sich schmücken für den Mann, um ihm zu gefallen, besonders wenn es s e i n Mann ist. Das ist auch recht und gut, ist eine Pflicht des Weibes. Hat ja doch eine heilige Elisabeth, die an Demut und in der Askese bekanntlich so weit ging, an dieser Pflicht des Weibes nicht gezweifelt und sie erfüllt. So erzählt F. X. v. W e g e l e von der heiligen Elisabeth: „Zog ihr Gemahl in weitere Ferne und in den Krieg, wohin sie ihm nicht folgen konnte, so legte sie allen Schmuck ab, kleidete sich einfach wie eine Witwe. Bei seiner Heimkehr aber schmückte sie sich wieder, um ihm nicht zu mifsfallen und keinen Anlafs zur Sünde zu geben." Dafs es auch andere Weiber zu geben scheint, die sich nur für die Strafse und

die Gesellschaft schmücken, und in dieser Beziehung den
Gatten gegenüber nicht sehr achtsam sein sollen, wer dürfte dies leugnen? Offenkundig ist aber eins, das uns hier
sehr angeht, das ist das Mifsverhältnis, in dem Schmuck
und Schutz zueinander stehen. Ob die Hüllen der Temperatur angepafst sind, ist gegenüber den Forderungen
der Mode so gleichgültig, dafs man begierig sein möchte,
was diese noch verlangen wird. Zur kalten Jahreszeit werden Gewänder getragen wie die koischen im alten Grie-
chenland, so leicht, so duftig und so durchsichtig und kurz.
Im Sommer oder in den Sommer weit hinein spielen die
Pelzgarnituren ihre Rolle, und sei es auch nur um zu zeigen: Wir habens.

Genug mit diesem Seitensprung, der nur zeigen sollte,
dafs die Kleidung in bezug auf ihren Hauptzweck, den des
Wärmeschutzes, nicht immer gut gewählt wird. Und das
Männergeschlecht ist nicht immer in diesem Punkt besser.

Warum wir auf diese Seite der menschlichen Gewohnheiten und Neigungen überhaupt eingegangen sind, ist
nicht schwer zu begreifen. Man sieht, wieviel Rücksichten
mitspielen, wenn der Mensch seine Kleidung wählt, und
man kann verstehen, wieso diese durchaus nicht immer
ihrem eigentlichen Zweck entsprechen kann. Dieser Zweck
ist aber in kalten und in wechselwarmen Ländern ein zwei-
facher. Der erste geht dahin, an der Haut ein behagliches
Gefühl von Wärme zu schaffen, der zweite den Körper vor
Wärmeverlust zu schützen. Unzweifelhaft ist schon im Ur-
zustand der erste Zweck im Vordergrund gestanden. Warm
wollte es der Naturmensch haben, wenn es in der Natur
kalt war, frieren wollte er nicht, ob er dabei den Wärmeverlust einschränkte, auch an der Wärmequelle, der Nahrung, sparte, ob er einem künftigen Schaden vielleicht
vorbeugte, das war ihm dabei wahrlich gleichgültig und
konnte und mufste ihm bei seinem damaligen Schatz von

Wissen und Erfahrung vollkommen gleichgültig sein. Und
wie damals, so auch heute, gelangen vielleicht die meisten Menschen über diesen Standpunkt nicht hinaus. Das
Gefühl von Wärme und Kälte hängt, wie wir sahen, gar
nicht von der Größe des Wärmeverlusts ab, sondern nur
von der Hauttemperatur. Sinkt diese, so empfindet der
Mensch Frost, und dieses Gefühl hat ihn vor undenklichen
Zeiten dazugebracht, sich zu kleiden. „Die Kleidung hält
warm“, sagt der Naturmensch, sagt das Kind. Die nähere
Erkundigung nach dem, was die Kleidung leistet, ist aber
gar nicht so einfach. Daß die Wärmeabgabe gegen die
Umgebung dabei verändert werden kann, ist begreiflich,
da die Oberfläche, mit der der jetzt bekleidete Mensch sich
in der Außenwelt befindet, anders geworden ist, und von
der Beschaffenheit der Oberfläche, besonders von der Temperatur derselben, hängt der Wärmeübergang wesentlich
ab. In erster Reihe wäre es möglich, daß der Wärmeverlust
durch Verdunstung sich geändert hat. Da kommt es darauf an, ob die Kleidung an und für sich trockener ist, als
die unbedeckte Haut, oder feuchter. Beides ist möglich und
beides kommt vor. Im übrigen geht dem Körper Wärme
durch Leitung und Strahlung verloren, durch letztere im
ganzen und für gewöhnlich mehr. Für beide Größen ist
das Temperaturgefälle an der Oberfläche maßgebend. Statt
Luft sind an bekleideten Stellen Stoffe und Gewebe mit der
Außenwelt in Berührung, deren Leitungsfähigkeit sehr
verschieden sein kann, und auch ihr Vermögen, Wärme
auszustrahlen, wechselt mit der Beschaffenheit der Oberfläche, schon mit deren Farbe ganz beträchtlich.

Man pflegt die Kleidungsstoffe als besonders schlechte
Wärmeleiter anzusprechen, weil man die Erfahrung gemacht hat, daß sie „den Körper warm halten“. Allein, das
ist keineswegs richtig. Im Gegenteil, besondere Versuche
von Rubner haben gezeigt, daß Federn, Haare, Gespinnste,

aus denen die Kleidung hergestellt wird, die Wärme hundertmal besser leiten als Luft. Die Kleidung enthält aber selbst sehr viel Luft zwischen den Fasern und zwischen den einzelnen Kleidungsstücken auch noch. Rubner gibt für die Menge Luft, die sich in den Maschen und Poren der Kleider findet, eine Menge von 10 Liter an, und wenn ein Rock mehr getragen wird, für den Zwischenraum zwischen Rock und Überrock noch einmal 10 bis 20 Liter. Immer noch war danach der unbekleidete Körper dem bekleideten gegenüber im Vorteil, so sollte man meinen, denn der Nackte hat nur Luft, der Bekleidete daneben auch noch bessere Wärmeleiter, wie Fasern, Federn usw., zur Ableitung der Wärme um sich. Aber die Luft in den Kleidern leitet die Wärme nicht so gut wie die freie Luft, obwohl sie physikalisch eben auch nur Luft ist. Die Luft leitet die Wärme schlecht, die in den Kleidern nicht besser und auch nicht schlechter. Die Wärmeabfuhr wird aber aufserordentlich gesteigert dadurch, dafs die Luft, die soeben Wärme aufgenommen hat, weggeführt und immer durch neue und noch ungewärmte ersetzt wird. Dadurch wird der Wärmetransport ungemein gesteigert, dafs das Temperaturgefälle immer auf der gleichen Höhe gehalten wird. Und dieser Wärmetransport, der geschieht ausgiebig nur von der freien, leicht beweglichen Luft, kaum oder viel weniger von der Luft, die sich zwischen den Kleidungsstücken und gar in den Geweben befindet. Die ganz oder fast ganz ruhende Luft setzt die Wärmeabgabe zunächst herab, wenn Hautstellen bekleidet werden.

Über diese Dinge habe ich in Kunkels Laboratorium schon im Jahre 1883 Untersuchungen angestellt. Das Ergebnis ist später vielfach bestritten worden auf Grund von neuen Untersuchungen, die aber unter ganz anderen Bedingungen angestellt worden sind, als die meinigen, unter Bedingungen, die ich für meine Versuche sogar ausdrücklich ausgeschlossen hatte. Deshalb sehe ich meine Darlegungen durchaus nicht für widerlegt an und kann sie auch heute noch verwerten, was ich mit kurzen Worten tun will.

Es kam mir nicht darauf an, die Wärmeabgabe bei besonders niederer und hoher Temperatur zu untersuchen, sondern nur zu sehen, wie sich der Körper unter dem mehr tagtäglichen Wechsel der äußeren Bedingungen verhält, namentlich wie sich dabei der bekleidete und der unbekleidete Körper verhalten. Zur Bekleidung wurden Stoffe gewählt, die allgemein als schlechte Wärmeleiter angesehen werden müssen, mehrere Schichten Flanell, dichte Wollstrümpfe. Untersucht wurde die Wärmeabgabe des linken Armes eines gesunden jungen Menschen. Die Außentemperatur schwankte in den Versuchen bald um 15°, bald um 20° herum. Die Versuchsperson befand sich in Ruhe, die Zimmerluft auch. Aus allen Versuchen ergab sich unzweifelhaft, daß bei Entkleidung eines Körperteils, wenn also an der Haut günstigere Bedingungen für den Wärmeabfluß hergestellt werden, die Wärmeabgabe sofort und bedeutend, bis auf das $1^1/_2$-fache steigt. Es kommen aber bei der hierdurch herbeigeführten Abkühlung der Haut die Wärmeregulatoren in Tätigkeit und vermindern nach und nach diese Wärmeabgabe. Nach etwa 40 bis 50 Minuten ist es diesem Einfluß gelungen, die Wärmeabgabe auf den alten Stand wie vorher herunterzudrücken. Bekleidet man diesen Körperteil, dessen Wärmeabgabe sich jetzt nicht mehr ändert, so lang der Versuch auch fortgesetzt wird, konstant bleibt, von neuem, so sinkt im ersten Augenblick die Wärmeabgabe beträchtlich, etwa auf die Hälfte. Die Haut erwärmt sich nun, die Gefäße erweitern sich, die Wärmeabgabe steigt nach und nach, bis nach einiger Zeit, etwa 50 Minuten, der bekleidete Körperteil bei der gleichen Temperatur ankommt und beharrt, die für den un-

bekleideten konstant gewesen. Diese Regulation vollzieht
sich allmählich und keineswegs so rasch, wie man sich das
gewöhnlich denkt. Die Vorstellungen, die man sich beispielsweise vom Eingreifen der wärmeregulierenden Ap-
parate bei plötzlich einwirkender Kälte gemacht hat, stammen hauptsächlich vom Augenschein, den man bei sehr
starken und raschen Eingriffen gewonnen hatte, zum Beispiel beim Übergießen der warmen Haut mit eiskaltem
Wasser, da kommt die Gänsehaut sogleich zum Vorschein.
Wenn ich aus meinen Versuchen damals den Schluß ziehen durfte, daß der Mensch in bekleidetem und unbeklei-
detem Zustand auf die Dauer die nämliche Wärmemenge
durch die Haut abgibt, dabei einmal die Haut warm, mit
Blut reicher durchströmt ist, das andere Mal kälter und
blutleerer, so sollte und konnte das nur gelten für die gewählten Versuchsbedingungen, bei denen größere Temperaturschwankungen, wo die physikalische Regulation
versagen oder sogar ins Gegenteil umschlagen kann, a u s -
g e s c h l o s s e n   s e i n   s o l l t e n   u n d   w a r e n. Für das
Verhalten der Regulation bei gewöhnlicher Zimmertem-
peratur, in der Ruhe usw. mußte ich einen Nutzen nur in
der Herstellung höherer Hauttemperatur bei Bekleidung,
nicht aber in einer Ersparnis von Wärme erblicken.

Später sind viele sorgfältige Untersuchungen über diesen
Gegenstand, namentlich von R u b n e r und seiner Schule,
angestellt worden. Da hat sich nun freilich herausgestellt,
daß die Verhältnisse ganz anders liegen, wenn es sich um
größere, zum Teil sogar recht große Temperaturunterschiede zwischen Haut und Umgebung handelt. Da spielt
die Kleidung unzweifelhaft die Rolle eines Wärmeschutzes.
Da verhalten sich aber auch die Vasomotoren ganz anders.
Zum Teil wird ihre Wirkung wohl nicht ausreichen, und es
muß zur physikalischen Regulation noch die physiologische hinzutreten, um den Wärmeverlust zu decken. Das

muſs sie nicht bei kleinerem Temperaturgefälle an der Haut und überhaupt kleinerem Wärmeverlust, wie meine Versuche gelehrt haben. Außerdem schlägt, wie bekannt, die Tätigkeit der Vasomotoren bei starker Einwirkung der Kälte ins Gegenteil um. Dann ist oder wird die entkleidete Haut auch noch blutreich, das Gefühl der Kälte vergeht dann zwar, aber natürlich ist die Wärmeabgabe erst recht erhöht.

Wie ich die Sache jetzt ansehe, wird sie sich wohl folgendermaſsen verhalten. Im tagtäglichen Leben, bei mittleren Temperaturen und bei unversehrtem Regulationsapparat ist die Wärmeabgabe nur von der Wärmemenge abhängig, die im Körper gebildet wird. Diese Menge bringt der Organismus der Hauptsache nach durch die Haut an, in der gleichen Menge, ob sie bekleidet ist oder nicht. Nur hat er das eine Mal, unbekleidet, das Gefühl der Kälte, das andere Mal das Gefühl behaglicher Wärme. Der Blutreichtum der Haut, der dieses Gefühl der Wärme hervorruft, mag besondere Vorteile für den Organismus mit sich bringen. Deshalb ist er ja wohl dem Menschen angenehm, ist es ja doch im allgemeinen so eingerichtet, daſs das für das Einzelwesen und ganz besonders für die Art Vorteilhafte dem Einzelwesen angenehm und begehrenswert erscheint. Den Hauptvorteil erblicke ich in der Blutverteilung, die bei blutreicher Haut für den Kreislauf günstiger ist, als bei blutleerer. Die Haut kann sehr viel Blut fassen, daneben kommen im groſsen nur in Betracht das Gehirn, die Lungen und der Unterleib. Das Blutvolumen im Cavum Cranii, wenn auch viel Blut darinnen ist, kommt hier nicht in Betracht, weil es auch für längere Frist konstant ist, es ist ja nach Verwachsung der Nähte und Verschluſs der Fontanellen allseitig von einer starren, unnachgiebigen Kapsel eingeschlossen, und wenn auch der Liquor cerebrospinalis nach dem Wirbelkanal zum Teil entweichen oder von dort zuströmen kann, eine Hypraemia und Ancemia cerbri im anatomischen Sinn also möglich ist, so fällt das der Größe nach für den allgemeinen Kreislauf gar nicht ins Gewicht. Der kleine Kreislauf kann mehr oder weniger Blut aufnehmen, das geht aber zunächst nur die Arbeit des rechten Herzens an. Für die linke Kammer kommen im großen nur die Haut und die Gefäße des Unterleibs in Betracht. In den letzteren könnte wohl, wie man glaubt, nötigenfalls die ganze Blutmenge des Körpers ihren Platz finden, dieser kann sich in seine eigenen Unterleibsgefäße verbluten, und manche Erfahrung beim Shoc lassen sich so deuten, daß wirklich beim Nachlaß der Vasokonstriktoren im Unterleib hier alles Blut sich anhäuft und damit der Tod eintritt. Doch wohl nur dann, wenn das Blut von hier aus nicht bald genug in die anderen Teile gelangen kann. Und das kann es nicht. Der Widerstand für den Blutkreislauf ist im Unterleib ganz besonders groß. Kaum haben sich die Kapillaren in Magen und Darm zu größeren Stämmen und dann in der Pfortader gesammelt, so teilen sie sich in der Leber von neuem in Kapillaren auf, und in den Kapillaren wird bei weitem am meisten vom Druckgefälle durch Reibung verzehrt. Auch in den Nieren, wo sich die Arterien in den Glomeruli in Wundnetze aufteilen, ist der Widerstand besonders groß. In der Haut, dem zweiten großen Blutbehälter des großen Kreislaufs, ist von alledem nicht die Rede. Je mehr Blut also in der Zeiteinheit durch die Kapillaren des Unterleibs getrieben wird, und dementsprechend je weniger durch die der Haut, desto schlimmer steht es für das Herz, und umgekehrt, je blutreicher die Haut, desto leichter kann den Anforderungen, die an das Herz gestellt werden, von diesem Genüge geleistet werden.

Nach dem, was wir über das Wesen der Erkältung gehört haben, kommt noch hinzu, daß die Bildung der Antikörper in der Haut unzweifelhaft besser vor sich gehen kann, wenn sie gut, als wenn sie schlecht durchblutet wird.

Man sieht, daſs es hier auch noch andere und sehr wichtige Verhältnisse gibt, als nur die Regulation der Wärmeabgabe durch die Haut. Diese ist freilich auch sehr wichtig. Wenn die physikalische Regulation nicht ausreicht oder versagt, muſs die physiologische eingreifen, oder das Leben wird rascher oder langsamer bedroht. Zum mindesten ist der Aufwand von Brennmaterial gesteigert, und um das alles zu vermeiden, schützt sich der Mensch bei niederen Temperaturen der Auſsenwelt durch die Kleidung. Der „Instinkt“ würde ihn kaum dazu getrieben haben, nur das unangenehme Gefühl des Frierens. Das Gefühl veranlaſst uns, auch bald ein Kleidungsstück mehr, bald eines weniger, bald ein dünneres, bald ein dickeres, „wärmeres“ anzulegen. Vom Feuchtigkeitsgehalt soll zunächst abgesehen werden. Dann fühlt sich der unbekleidete Mensch bei einer Temperatur von 35 bis 37⁰ noch behaglich, bei 30⁰ angenehme Wärme, 25⁰ wird bei längerer, sich über 6 bis 8 Stunden hinziehender Dauer kühl empfunden, 15⁰ ist schon zu kalt und 10⁰ werden nur ganz kurze Zeit ohne das Gefühl des Frostes ausgehalten. Bei verschiedenen Menschen verhält sich das natürlich nicht ganz gleich, je nachdem einer abgehärtet und unempfindlich überhaupt, oder weicher und im ganzen empfindlicher ist.

R u b n e r bestimmte die Wärmeabgabe bei Auſsentemperatur von 14,8⁰ und ruhender Luft für

die nackte Haut	100
bekleidet mit Wollkleid	73
„ mit Woll- und Leinenhemd	60
„ mit Woll-, Leinenhemd und Weste	46
„ m. Woll-, Leinenhemd, Weste, Rock	33

Zugleich wurden auch die Temperaturen am ganzen System, Mensch mit allen Hüllen, in den verschiedenen

Schichten untersucht. Es fand sich die Temperatur an der Haut 31,8⁰, Oberfläche des Wollhemds 28,5⁰, Aufsenfläche von Woll- und Leinenhemd 24,8⁰, über Woll-, Leinenhemd und Weste 19,9⁰.

Im allgemeinen ergab sich, dafs die Hauttemperatur, bei der weder über Wärme noch über Kälte geklagt wird, sich zwischen 33⁰ bis etwas unter 32⁰ bewegt, doch gilt das für höheren Wassergehalt der Luft nicht mehr. Im ganzen kann man annehmen, dafs bei 14⁰ Luftwärme die Temperatur der nackten Haut an der Oberfläche zirka 32,2⁰ beträgt, die Oberfläche der Kleidung zirka 21⁰. Nicht mit Unrecht hat man gesagt, dafs die Kleider für den Menschen frieren. Mit der Kleidung ist das Temperaturgefälle an der Haut geringer geworden. Statt mit der kalten Luft unmittelbar, kommt sie zunächst nur mit der untersten, noch recht warmen Schicht der Kleidung in Berührung, und je kleiner von da an bis zur Kleideroberfläche hin das Gefälle noch weiter ist, desto wärmer und desto dauernder warm bleibt die unterste, der Haut anliegende Schicht. Dabei sind die Berührungsflächen mit dieser Schicht kleiner, als die Berührung mit der freien kalten Luft, die der unbekleidete Mensch hat. In grofser Ausdehnung kommt die Haut mit der Luftschicht in Berührung, die sich zwischen der untersten Schicht und der Haut selbst befindet. Diese ist beträchtlich wärmer als die äufsere Luft, wie wir gesehen haben, und leitet die Wärme ungleich schlechter als die Fasern, aus denen die Kleidung besteht. Diese Schicht hat eine Temperatur, die sich nach der Wärme richtet, die sie von der Haut in der Zeiteinheit erhält, und nach der, welche sie gegen die nächste Schicht, oder, wenn es keine solche gibt, gegen die freie Luft abgibt. Das ist meistens bei der Bekleidung der Hände mit Handschuhen der Fall. Da auch bei der Bekleidung der Haut die isolierende Luft den Hauptschutz gegen zu starke Wärmeabgabe leistet, so kommen zwei Dinge hier vor allem in Betracht, wenn die Kleidung zum Wärmeschutz angelegt wird: der Luftgehalt der Kleidungsstücke und die Zahl derselben. Ich entnehme folgende Angaben Rubner's seinem Handbuch der Hygiene.

Das spezifische Gewicht der Stoffe, die zur Anfertigung von Kleidern verwendet werden, beträgt zirka 1,3, bezogen auf Wasser. Die Raumteile der Luft in den Geweben wurde gefunden durch Division des spezifischen Gewichts durch diesen Wert, und diesen Quotient hat Rubner das Porenvolum genannt. Bei lufttrockenen Kleidungsstoffen beträgt das Porenvolum für

feines Leinen	37
grobes Leinen	44
feinen Shirting	33
Trikotgewebe	73—86
Flanelle	84—92
Pelze	95—97
Kleidertuche	72—82
Winterüberzieherstoffe	89
Bettdecken (Wolle)	86—88
Sämischleder	85
Alaunleder	72

Das gilt für den Luftgehalt der Stoffe, der aber durch Plätten, Stärken, Appretieren, (Imprägnieren mit schwefelsaurer Magnesia), so bedeutend herabgesetzt wird, daß sie nahezu als luftfrei angesehen werden können.

Viel kommt es natürlich dabei auch auf die Dicke der Kleidungsstoffe an, wenn sie einen genügenden Wärmeschutz abgeben sollen. Sind sie dünn und durch ihre Behandlung auch noch ziemlich luftleer, so können sie nicht viel nützen. Bekannt ist, daß dünne, noch dazu zum großen Teil gestärkte Hemden „kältern", wie sich das Volk ausdrückt. Da

bleibt nichts anderes übrig, als zwischen mehreren Schichten die zum Schutz so notwendige Luft anzubringen: man
muſs mehrere Hüllen übereinander anziehen. Es ist
im Winter vorteilhafter, mehr und dünnere Kleider auf-
einander zu legen, als ein einziges, recht dickes zu verwenden. Schon aus dem einfachen Grund ist das vorzuziehen, weil man durch Aus- und Anziehen der obersten
dem Temperaturwechsel, wie zum Beispiel beim Betreten und Verlassen geheizter Räume, leicht gerecht werden
kann. Deswegen nimmt der Mann, wenn er voraussichtlich aus der Bewegung in Ruhe übergehen wird, einen
Umhang, einen Überzieher oder Schal mit, um ihn erst anzulegen, wenn er sich setzen oder sonst ruhen will, oder
des Abends, wenn voraussichtlich die zunächst noch höhere Temperatur mit Untergang der Sonne stark sinken wird.
In manchen Klimaten, darauf werden wir noch zurückkommen, ist diese Vorsicht nicht nur wegen der angestrebten
Behaglichkeit, sondern geradezu aus Gesundheitsrücksichten dringend geboten. Ein vorzügliches Mittel der
Vorsicht, und wenn man das Mitnehmen besonders schwerer Kleidungsstücke scheut, ist das Tragen von Doppel-
hemden. Damit kann man, wenn man beispielsweise das
Nachthemd unter dem Taghemd anbehält, sich manchen
kühlen Frühjahrs- oder Herbsttag viel gemütlicher gestalten. Meinem Vater verdanke ich die Maſsregel; wir muſsten sie im Spätherbst oft befolgen, und empfanden es, wenn
es doch sein muſste — man weiſs, daſs Knaben ungern nur
sich warm halten wollen —, immer noch am erträglichsten,
weil das Springen und Spielen, Tollen im Freien dadurch
noch am wenigsten eingeschränkt war, auch weniger
als durch das Tragen eines Überziehers, der nach unserer Ansicht doch nur dazu da war, einen bei den so notwendigen genannten Beschäftigungen zu stören. Die Jungen wissen das doch besser als die groſsen Leute, und die

Knaben haben auch ihre Zeit, wo sie frech werden oder
es zu werden versuchen.

Hier ist vielleicht der passende Ort, um über das Verhältnis ein paar Worte zu sprechen, in dem die K i n d e r
zur Kleidung stehen. Bekanntlich ist das Wärmebedürf-
nis im kindlichen Alter gröfser als bei Erwachsenen, weil
sie im Verhältnis zu ihrem Körpergewicht eine gröfsere
Körperoberfläche haben. Man sollte daher erwarten, dafs
die Kinder ein entsprechend gröfseres Verlangen nach
warmer Kleidung zeigten. Das Gegenteil ist, wie die tägliche Erfahrung lehrt, richtig. Mit den ganz kleinen Kindern kann man alles anfangen, weil sie sich nicht wehren
können, schon im schulpflichtigen Alter aber hat man seine
liebe Not, bis man sie dazu bringt, die für die Witterung
passende Kleidung anzulegen. Diese Erfahrung ist so allgemein, dafs man sich ernstlich fragen mufs, ob dem nicht
vielleicht ein physiologischer Grund entspricht. Wenn angegeben wird, dafs bei mittlerer Aufsentemperatur die Erwachsenen (ohne die Kopfbedeckung) 80% ihrer Oberfläche bedeckt tragen, die Kinder aber bisweilen 30 bis
40% unbedeckt, so mag das zum Teil mit der herrschenden Mode zusammenhängen. Manche Mutter tut ihrem
Kinde in zartem Alter nicht viel Gutes, wenn sie es im
Frühjahr zu bald, im Herbst zu spät, in beiden Fällen
bei zu niedrigen Temperaturen gehen läfst, mit ganz kurzem elenden, aber schmucken und elegantem Röckchen,
mit sehr kurzen Söckchen und blofsen Beinchen, was im
Sommer auch recht nett aussieht, mit dünnen Schuhen oder
barfufs; so kann es einem selber frieren, wenn man ein
solches Opfer mütterlicher Eitelkeit nur ansieht. Bei den
ganz Kleinen kann man es noch verstehen, die können sich
nicht wehren und haben gar nicht den Gedanken, dafs man
es könne. Die Mama sagt es so, die Mama zieht das dem
Kind an oder nicht an, und damit fertig. Bei den Schul-

mädchen kommt sehr bald der Vergleich mit den Freundinnen. Die andern haben es auch so, also ... Und nicht lang dauert es noch, dann kommt die liebe Eitelkeit. Bei den Knaben ist es nur anfangs nicht anders. Während die Mädchen aber sich gern etwas Nettes, gar Auffallendes anziehen, wodurch sie sich von ihren Freundinnen unterscheiden, und weshalb sie von ihnen angestaunt oder besser noch beneidet werden, ist es bei den Knaben dieses Alters von Grund aus anders. Dem richtigen Schulbuben ist nichts schrecklicher, als durch sein Äußeres unter den Mitschülern aufzufallen. Das nicht ganz zu leugnende Vergnügen an einem neuen Kleidungsstück wird dadurch sehr herabgestimmt. Vor allem will aber kein Bub weniger aushalten können als die andern, will nicht verweichlicht erscheinen, da er doch bekanntlich von allen miteinander der Größte, der Stärkste und der Tapferste ist. Da wird er doch auch in der Kleidung nicht als Verwöhnter, Verhätschelter dastehen wollen, oder gar ausgelacht werden. Was die andern aushalten können, die aus Armut der Eltern sich nicht warm kleiden können, das kann er auch, und das will er zeigen.

Wenn man denn so mit einem gewissen Recht die Abneigung der Kinder gegen warme Kleidung auf das psychische Gebiet übertragen mag, auch zugestehen, daß die ausgiebigste Bewegungsfreiheit im Spielen, Laufen usw. eine sehr wichtige Rolle im Kindesleben spielt, wie sie die leichtmöglichste Kleidung kaum gewährt, so liegt doch wahrscheinlich noch mehr vor.

Man könnte sich sagen, daß das Kind einen viel größeren Bewegungsdrang hat und verhältnismäßig durch seine Bewegung auch mehr Wärme erzeugt als der Erwachsene, der keine so hohen Sprünge mehr macht. Das wird wohl etwas bedeuten, braucht ja doch auch der Erwachsene bei körperlicher Anstrengung leichtere Kleidung, weil er mehr

Wärme erzeugt, worauf wir noch zurückkommen werden. Allein, auch in freiwilliger oder erzwungener Ruhe scheinen die Kinder eine Kälte kaum zu bemerken, unter der die Erwachsenen, wenn auch nicht gerade leiden, die sie aber doch vielleicht unangenehm, recht unangenehm vermerken. Ein gut Teil der Widerstandsfähigkeit der Kinder ist aber wohl auf Kosten der Abhärtung zu beziehen, der sich die Kinder so oft ganz gegen den Willen der Eltern unterwerfen. Dieser Punkt ist an anderer Stelle besprochen, auf jeden Fall beobachtet man bei sorgfältiger behüteten Kindern weder die Lust noch die Fähigkeit, die Unbilden der Witterung zu ertragen im gleichen Maſse, und wieviel Lehrgeld die andern, die jetzt alles aushalten zu können scheinen, bisher schon bezahlt haben, läſst sich auch nicht in jedem Fall, der augenblicklich unsere Verwunderung erregt, gleich feststellen. Soviel scheint nach dem, was wir bisher gesehen haben, sicher, daſs nicht alles für jeden paſst, auch im Kindesalter, daſs die Neigungen, die nicht dem Einzelwesen, sondern mehr den Lebensjahren zuzukommen scheinen, wie im vorliegenden Fall die Neigung zu leichter Kleidung, gerade von den Eltern und Erziehern, die um das Wohl der Kleinen ganz besonders besorgt sind, nicht unberücksichtigt bleiben dürfen.

Bisher haben wir eigentlich nur vom Schutz gesprochen, den die Kleidung gegen den Wärmeverlust durch Leitung gewährt. Ganz unabhängig von der Dicke, dem Luftgehalt der Kleidung geht aber noch nebenher der Wärmeverlust durch Strahlung, und der ist nur von der Beschaffenheit der Oberfläche abhängig. Ist sie rauh, so gibt sie wegen der vergröſserten Oberflächenausdehnung mehr Wärme ab, als wenn sie glatt ist. Lichte Farben, am meisten Weiſs, strahlen am wenigsten Wärme aus, am meisten Schwarz. Wo die Kleider nicht gegen Kälte, sondern gegen Hitze schützen sollen, ist das noch wichtiger als dort, immer-

hin ist auch in der Kälte die Ausstrahlung von der Oberfläche
aus, und daher die verschiedene Beschaffenheit der letzteren, durchaus nicht ganz gleichgültig. Vor vielen Jahren
hat zuerst M e l l o n i, dann K r i e g e r gefunden, daſs ein
mit heiſsem Wasser gefüllter Blechzylinder seine Wärme
rascher abgibt, wenn er mit Flanell umwickelt ist, als wenn
er seine blanke metallische Oberfläche der Luft aussetzt.
Die Sache ist richtig, wovon ich mich selbst überzeugt habe. Dabei konnte nachgewiesen werden, daſs wirklich vermehrte Strahlung den mit Flanell umkleideten Zylinder
eher erkalten läſst als den blanken. Wurde der umkleidete
Zylinder auch noch mit Stanniol umzogen, so erkaltete er
nicht früher als der blanke, an dem ein Stanniolüberzug
die Wärmeabgabe nicht änderte, und wenn durch Luftbewegung die Wärmeabgabe durch Leitung gegenüber der
durch Strahlung einseitig vergröſsert wurde, dann erkaltete der blanke früher. Trotzdem also der bekleidete gegen den Verlust durch Leitung besser geschützt war, so
überwog doch die Erhöhung des Verlustes durch vermehrte Strahlung. Es ist nicht zu bezweifeln, daſs dies auch
von Bedeutung im praktischen Leben werden kann. Nicht
nur ist es zweckmäſsig, die Kaffeekanne blitzblank geputzt
hinzustellen, und nicht mit einer Decke umhüllt, damit das
Getränk lang warm bleibt, auch in der Wahl der Kleidungsstoffe sollte daruf Rücksicht genommen werden; es ist
aber sehr wahrscheinlich, daſs die Beurteilung der Oberfläche sich viel mehr nach dem schönen, auch modernen
Aussehen richtet. Steht hierin die Wahl frei, so ist ein
Kleidungsstück mit rauher Oberfläche oder eine „wollig-
flockige" Decke, wo es sich um Schutz gegen nächtli-
che Wärmeausstrahlung beispielsweise handelt, einem glatten Stück gewiſs unterlegen.

Eine besondere Besprechung erfordert die Bekleidung
der Hände und Füſse. Gesicht und Hände sind gewöhn-

lich die einzigen Stellen, wenigstens bei Männern, die unbekleidet getragen werden. Während im Gesicht die Empfindung der Kälte nur bei sehr strengem Frost oder sehr
kaltem Wind recht unangenehm empfunden wird, leiden
sehr viel Menschen empfindliche Schmerzen an Fingern
und Händen, sobald es nur im Herbst anfängt, kälter zu
werden, und bei starkem Frost erst recht. Zum Teil mag
dies wohl auf frühere Frostschäden zurückzuführen sein,
denen die Hände ja leichter ausgesetzt sind, als die meisten übrigen Teile des Körpers, aus früher angeführten
Gründen. Viele Menschen klagen in der kalten Jahreszeit
nur über Kälteschmerzen an den Händen und sonst nirgends. Viele ziehen schon bei einer Aufsentemperatur aus
dem gleichen Grunde Handschuhe an, bei der andere nicht
entfernt daran denken. Die Zahl derer, die auch im Winter mit bloſsen Händen gehen, hat in den letzten Jahren
sehr zugenommen, aber nur, weil viele sich nach Verbrauch
der alten keine neuen Handschuhe mehr leisten können.
Gern tun sie es wohl nicht, und man kann oft sehen, wie
sie wenigstens die Hände, eine um die andere oder beide
zugleich, in die Rocktaschen bergen. Ein gar nicht schlechtes Mittel, um die Hand warm zu halten. Denn darauf
kommt es doch ausschliefslich an, nicht auf die Wärmeer-
sparnis, sondern auf die behaglichere Temperatur der Haut
an Händen und Fingern. Im Gegenteil, wenn aus irgendeinem Grund, durch Reiben mit Schnee oder dergl. die
Haut hochrot und blutreich geworden ist, und damit sehr
viel mehr Wärme abgibt, so wird das gemeiniglich sehr angenehm empfunden — „jetzt habe ich doch endlich warme Hände bekommen!" Im übrigen ist die Bekleidung
der Hand im ganzen oft recht schlecht gewählt. Ein Glacé-
handschuh hilft gar nichts, im Gegenteil, er schadet, indem
er — glatt und eng soll er ja sitzen — die Haut blutleer
und kalt macht. Dagegen hilft es dann auch nicht viel,

wenn man noch darüber zu Zeiten, wo der Glacé noch nicht gezeigt werden mufs, noch einen zweiten, diesmal wollenen Handschuh darüberzieht, weil eben die Haut mechanisch blutleer und kalt gedrückt ist. Sonst ist aber das Tragen doppelter Hüllen entschieden ein ausgezeichnetes Mittel, die Hände zu schützen. Ich beanspruche darin eine gewisse Autorität, da ich, wie schon erwähnt, in dem berühmt kalten Winter 1879/80 bis zu 80 Tagen unter 10°, auch wie oft bei 22 und 25° Reaumur im Freien angetreten und also hier auch mitreden darf. Zwei Handschuhe sind einem einzigen, aber doppelt so dicken, entschieden überlegen. Wolle ist der beste Stoff, aus dem der Handschuh hergestellt werden kann, nur Pelzhandschuhe können, wenn sie sorgfältig gemacht sind, mit Erfolg damit wetteifern. Fausthandschuhe sind viel besser als die mit Einzelfingern, und das allerbeste ist es, über einen nicht zu dicken Fingerhandschuh noch einen Fausthandschuh zu ziehen. Damit hat man zudem die Möglichkeit, je nach Bedarf oder Zwang den äufseren bald abzulegen, bald wieder überzuziehen. Fast so gut wie die Hand in der Rocktasche zu wärmen, was das allerbeste ist. Die Hauptsache aber ist und bleibt genug Raum, dafs sich die Finger und die Hand bewegen können, sonst ermangelt die beste Absicht des gewünschten Erfolgs. Sehr wichtig ist da also auch das Spiel der Finger, mit dem man anfangen mufs, sobald man nur in die Kälte hinaustritt. Durch die Reibung der Finger aneinander, besonders an den Stellen, die der Erfahrung gemäfs die gefährlichsten sind, ist jetzt gleich geboten. Das weibliche Geschlecht, wohl auch Jäger, Reisende finden im Pelzmuff einen Schutz, der alles andere überflüssig macht, ja Erfahrene und sehr Empfindliche versichern, dafs sie sich mit blofsen Händen im Muff viel behaglicher und wärmer befinden, als wenn sie Handschuhe tragen.

Im ganzen waren die Diensthandschuhe beim deutschen Heer, auf die es in einem Winterfeldzug zur Erhaltung des Behagens nicht nur, sondern auch der Kampfkraft hervorragend ankommt, nicht schlecht. Ich trage sie noch jetzt im Winter mit Vorliebe. Sie sind aus reiner Wolle gestrickt und sehr weit. Sie lassen freilich den Wind recht leicht durchwehen, aber dagegen gewährt ein Lederüberzug noch den besten Schutz. So mußten die Hände der Flieger bekleidet sein, und auch das reichte in großen Höhen und der furchtbaren Kälte dort oben nicht aus. Deshalb wurden die Handschuhe noch künstlich auf elektrischem Wege geheizt. Es gab und gibt auch Taschenwärmer, kleine Zylinder, in denen Benzindämpfe an Platinmohr langsam verbrennen, und dadurch die Rocktasche oder die rundgeschlossene Faust heizen.

Fast empfindlicher noch als die Hände sind gegen Kälte bei vielen die Füße. Hier kommt für den Wärmeverlust noch etwas anderes in Betracht, als bei allen übrigen Körperteilen. Während bei diesen nur Wärme an die Luft abgegeben wird, verlieren die Füße auch Wärme an feste und flüssige Körper. Und dieser Verlust ist oft der viel bedeutendere. Man braucht nur bei niederer Temperatur Schuhe und Strümpfe auszuziehen, so merkt man das gleich. Das Frostgefühl stellt sich zunächst nicht an der Oberfläche, sondern am kalten Fußboden, d. h. an der Sohle ein, die ihn berührt. Es sollte uns billig wundern, daß die Füße so viel frostempfindlicher sind, als die Hände, die doch mit Blut ziemlich gleich schlecht versorgt sind. Aber die Füße sind beim Kulturmenschen von Jugend auf viel mehr vor Kälteeinwirkung geschützt gewesen als die Hände, und zwar nicht zu diesem Zweck, sondern um sie vor Verletzungen mechanischer Art in acht zu nehmen. Dabei läuft der Schutz gegen Kälte nebenher, und namentlich der gegen den Wärmeverlust an den Boden. Es sind daher

beim Kulturmenschen die Füße gegenüber den Händen
entschieden verwöhnt. Schon der Umstand, daß der Gebrauch der Hände und der Finger viel ausgiebiger und nö-
tiger ist als der der Füße, die nur ihre grobe Arbeit beim
Gehen, leicht auch bekleidet leisten können, spricht hier
mit. Im Abschnitt über die Abhärtung ist das näher besprochen. Hier nur soviel: Noch mehr als bei den Händen muß
die Bekleidung den Füßen Raum zum Bewegen lassen.
Der Hauptisolator ist doch die Luft, die sich zwischen Fuß
und Schuh findet, und die Hauptquelle für die Erwärmung
ist nicht nur die, die in den Arterien zugetragen wird, sondern zum nicht unbeträchtlichen Teil kann sie auch in den
Muskeln des Fußes selbst gebildet werden, wenn diese dazu noch genug Bewegungsfreiheit haben und nicht durch
Mangel an Übung kraftlos und atrophisch geworden sind.
Darauf ist beim Anmessen oder Anpassen der Fußbekleidung das allergrößte Gewicht zu legen. Wer dabei mehr
Wert der Eleganz und modernen Form beimißt, als genügender, ja reichlicher Weite, der hat sich die Schmerzen
selbst zuzuschreiben, die er im nächsten Winter mit aller
Sicherheit bekommen wird. Und die Schmerzen, die in der
Kälte durch einen drückenden Schuh ausgelöst werden, sind
ja ganz scheußlich. Selbstverständlich darf die Weite des
Schuhwerks nicht das vernünftige Maß überschreiten,
sonst verliert der Schuh seinen Halt, schmerzhafte Rei-
bungen, Wundlaufen, im günstigsten Fall nur leichteres
Ermüden bleiben nicht aus.

Auch mit Wasser in Berührung zu kommen und an
dieses Wärme abgeben zu müssen, dazu kommt der Fuß
viel häufiger in die Lage. Das ist um so bemerkenswerter, als viele Menschen, wie sie sagen, gerade dagegen
sehr empfindlich sind, und die Ursache ihrer Erkältung
mit Bestimmtheit auf durchnäßte und kalte Füße zurückführen. Das Wasser, das durch undichte Fußbekleidung

eingedrungen ist, und sollte es auch Schneewasser sein, bleibt ja nicht so kalt, es erwärmt sich durch den Fuſs selber, entzieht ihm dabei wohl Wärme, man sollte aber doch meinen, daſs das Gefühl der Kälte bald wieder vergehen müsse. Wenn dem erfahrungsgemäſs nicht so ist, so mag der Grund darin liegen, daſs durch das Wasser ein verhältnismäſsig groſser Teil der Luft aus den Poren des Strumpfes verdrängt und damit die Leitungsfähigkeit erhöht wird. Darin besteht ja auch ein guter Teil der Schädigung durch enges Schuhwerk, daſs zu wenig Luft sich darin befindet. Auch darauf ist zu achten schon bei der Wahl der Fuſsbekleidung, daſs der Fuſs im Stehen gar nicht unbeträchtlich anschwellen kann, viel mehr als dies bei der Hand der Fall ist, und daſs mit dieser Schwellung der verminderte Luftgehalt bezüglich der Wärmeabgabe in die Wagschale fällt. Der Fuſs hat bekanntlich viele und groſse Schweiſsdrüsen, besonders an den Sohlen. Schon deren krankhaft erhöhte Sekretion beim Schweiſsfuſs kann zur Verdrängung der Luft aus den Poren des Strumpfes reichlichen Anlaſs geben, und so für den Wärmeaustausch von Belang werden, zumal da die Füſse ohnedem ziemlich oder stark geschwollen zu sein pflegen. Wer an den Füſsen gegen Kälte und Nässe besonders empfindlich ist, legt mit Recht groſsen Wert auf gutes und namentlich dichtes Schuhwerk. Früher, als man sich das noch leisten konnte, waren bei Forstleuten, Schiffern und Fischern und ähnlichen Berufsarten die Juchtenstiefel in hohem Ansehen, weil sie in der Tat nach einigem Gebrauch als vollkommen wasserdicht angesehen werden konnten. Die Zubereitung des Juchtenleders, wie sie ausschlieſslich in Ruſsland bekannt war, soll jetzt auch in Deutschland ausgeübt werden, aber wie viele werden sich noch etwas derart Gutes, fast könnte man sagen, für den Beruf Notwendiges verschaffen können?

Recht häufig wird, wie in der Kleidung im allgemeinen
so namentlich auch bei der Fußbekleidung, der ganz undurchlässige Gummi als Schutz gegen die Nässe verwendet. Aber gerade die Undurchlässigkeit nicht nur gegen
Wasser, sondern auch gegen Luft, widerrät den Gebrauch
des Gummi auf die Dauer. Ja, wenn man Gummischuhe
nur so lang anlegt, als man sich der Nässe aussetzt, oder
um bei Besuchen die Böden und Teppiche des Gastfreun-
des zu schonen, oder um zu Einladungen oder Festen mit
tadelloser Fußbekleidung zu erscheinen, wenn man dann,
wenn man sie nicht mehr braucht, sie auch sofort ablegt,
so kann man gegen ihren Gebrauch nicht viel einwenden.
Dagegen bringt bei verlängertem Tragen derselben das
Gewohnheitsmäßige etwa die Gefahr mit sich, daß der
Luftwechsel dauernd und vollständig ausgeschaltet wird.
Damit wird, weil die Schweißbildung nie ganz aufhört,
die Haut feucht und feucht gehalten, die Wäsche mit Flüssigkeit durchtränkt und gut leitend, die Zersetzung des sich
ansammelnden Schweißes bringt Hautkrankheiten, Ekzeme usw. mit sich. Ob das auch auf die Bildung der Antikörper von ungünstigem Einfluß werden kann, ist aber
zum mindesten zweifelhaft. Die Erfahrung vieler, daß der
Verlust des Fußschweißes, wie sie sich ausdrücken, das
Zurückschlagen des Schweißes bestimmte Störungen der
Gesundheit mit sich bringen kann, ist nicht ganz in das
Gebiet der Fabel zu verweisen, und spricht zunächst für
jene Annahme.

Die Kleidung soll nicht nur die Kälte abwehren, sondern auch gegenüber mäßiger Wärme schützen. Im allgemeinen sagt man ja: Das, was gegen die Kälte schützt, das
schützt auch gegen die Wärme. Damit hat man nun wohl
in vielen Fällen recht, namentlich bei Einrichtungen des
Haushalts ist das ganz richtig, eine dicke Umhüllung kann
sowohl Erkaltung als auch unerwünschtes Warmwerden

von Speisen usw. verhüten. Im genaueren erfährt aber dieser Grundsatz manche Einschränkung.

Hohe Außentemperatur kann, wie wir gesehen haben, in zweierlei Arten auf den Menschen schädlich wirken, durch allgemeine Überhitzung des ganzen Menschen, durch Erhöhung der Blutwärme, und zweitens durch die unmittelbare Einwirkung der Hitze auf die Haut, hier besonders auf dem Weg der Strahlung; Hitzschlag und Sonnenstich sind die Gipfelpunkte der beiden Formen von Hitzschädigung.

Gegen die erste Form gewährt die Kleidung, solang sie trocken ist, gar keinen Schutz und kann keinen gewähren. Jede Bekleidung vermindert die Wärmeabgabe, und in dieser Beziehung ist der nackte Mensch vor Überhitzung am besten daran. Anderseits ist es natürlich, wenn die Kleidung benetzt ist. Wenn mit kaltem Wasser, das nach seiner Erwärmung immer wieder erneuert, so wird dadurch die große Wärmekapazität des Wassers erstens eine Masse Wärme gebunden, zweitens nimmt das Wasser bei seiner Verdunstung sehr viel Wärme mit sich fort. Dadurch kann sowohl allgemeine Überhitzung als auch örtlicher Hitzeschaden vermieden werden. Bekanntlich wird davon gelegentlich ausgiebiger Gebrauch gemacht, zum Beispiel bei Heizern, die in überhitzten Räumen, zudem scharf arbeitend, aushalten müssen, bei Temperaturen, die zuweilen weit über dem Siedepunkt des Wassers liegen. Da wird der Körper oft mit Wasser übergossen, und wenn der Strahl die bloße Haut unmittelbar trifft, so wirkt das zunächst erfrischender, ist aber nicht so nachhaltig, als wenn ein, wenn auch dünnes, Kleidungsstück, das mehr Wasser aufnimmt, und von dem dieses nicht gleich wieder abläuft, den Körper deckt. Dann wird eine fortlaufende Verdunstungskälte entwickelt, die länger dauernde Abkühlung und Verhütung von Überhitzung bewirken kann. Wer bei einem Brandunglück, um sich oder andere zu retten, durch Glut und Hitze dringen muſs, tut gut, sich vorher mit Wasser anspritzen zu lassen, um, eingehüllt in die nassen Hüllen, und sei es nur ein Bettuch, mit möglichst unverbrannter Haut durch Glut und Flammen zu eilen. Hier ist die Kleidung, im äuſsersten Notfall sogar die trockene, ein Schutz gegen die Hitze, wie sich schon daraus ergibt, daſs ein Hitzeschaden beim unglücklichen Ausgang ganz besonders an den unbedeckten Teilen, dem Gesicht, den Händen, bemerkbar wird. Wenn, wie wir gleich sehen werden, der Hautschutz der Kleidung sich gegen strahlende Wärme richtet und damit mehr gegen den Sonnenstich, so ist anderseits auch daran zu erinnern, daſs die strahlende Wärme ihrerseits die Körpertemperatur gewaltig zu erhöhen vermag, und daſs aus diesem Grund alles, was die strahlende Wärme abwehrt, auch nützlich gegen die Überhitzung des ganzen Körpers sein muſs. Ist ja doch bei einem Hitzschlag das erste, daſs man den Betroffenen in den Schatten legt. Bezüglich des Schutzes gegen Strahlung ist auch die Farbe der Kleidung von wesentlicher Bedeutung. Setzt man die Fähigkeit, auffallende Strahlen aufzunehmen, für Weiſs $= 1$, so ist sie nach v. Pettenkofer für Hellgelb $= 102$, für Hellgrün $= 125$, Dunkelgelb $= 140$, Dunkelgrün $= 161$, Rot $= 164$, Hellbraun $= 198$, Schwarz $= 208$. Das gilt für Wärmestrahlen. Gegen Wärmestrahlen schützen also weiſse Kleider am besten, was mit der Erfahrung vollkommen übereinstimmt. Nicht überall wird darauf Rücksicht genommen und das Zweckmäſsigste gewählt. So kann man in Franken bei einer Wanderung oder Fahrt zur Erntezeit, also zur heiſsesten des Jahres, wohl unterscheiden, ob man eine katholische Gegend durchquert oder eine protestantische. Die katholischen Schnitterinnen tragen um den Kopf weiſse oder bunte Tücher, die protestantischen durchwegs schwarze. Ohne Zweifel leiden die letzteren mehr unter den Strahlen der Sonne. Dagegen müfste man zu Zeiten, wo nur Ausstrahlung, keine Einstrahlung in Betracht kommen kann, als besten Wärmeschutz die weifse Farbe wählen, während, wo man die Einstrahlung wünscht, wie an Wintertagen, dunkle Farben, am besten Schwarz, zu bevorzugen wären. Bekanntlich sind für Ordensmitglieder der katholischen Kirche Gewänder von sehr dunkler, brauner oder auch ganz schwarzer Farbe vorgeschrieben, für manche Orden auch ein weifser Habit. Unzweifelhaft leiden unsere „Barmherzigen Schwestern" unter der Sonnenglut bedeutend in ihren schwarzen Gewändern, und das scheint zur Askese zu gehören. Daran habe ich wohl gedacht, als ich sie in meiner Kolonne an glühend heifsem Tag auf dem Landmarsch im Felde führte, wobei allerdings die Gewänder durch den unerhörten Staub bald weifs wie die eines Müllers aussahen. Bei allem Zwang wird aber für Ausnahmefälle, wie bei den Missionaren, auch eine Abweichung von der strengen Ordensregel gestattet. Die Missionare des Benediktinerordens beispielsweise treten ihre Reise nach heifsen Ländern im Sportkostüm an, an Ort und Stelle angelangt, müssen sie zwar den Habit tragen, solange sie nicht gröfsere Ausflüge antreten, aber er ist in den Tropen weifs, nicht schwarz wie in Deutschland. Ganz ohne Hülle auch nur einzelne Körperteile den Sonnenstrahlen auszusetzen, ist, wenn die Sonne hoch steht, nicht einmal bei uns ohne Bedenken. Für gewöhnlich brennt die Haut freilich nur ab, das heifst, sie bräunt sich. Das ist bei verschiedenen Personen in verschiedenem Grad der Fall. Manche Haut wird bald und tiefbraun, manche nur weniger oder kaum. Das Pigment liegt in der Basalschicht des Rete Mapighi, unvergänglich bei den farbigen Menschenrassen, bei der weifsen entsteht es im Sommer durch die Sonnenstrahlen, um im Winter wieder zu vergehen.

Beim weiblichen Geschlecht ist dieser Vorgang begreiflicherweise nicht sehr beliebt, namentlich, wenn es sich um die Sommersprossen, die Epheliden, handelt, die als kleine Flecken von gelber bis tiefbrauner Farbe vornehmlich im Gesicht, an Händen und Armen, aber auch an anderen Stellen aufzutreten pflegen, um ein halbes Jahr bestehen zu bleiben und im nächsten Sommer mit großer Sicherheit wiederzukommen. Personen mit weißer Haut sind geneigter dazu, als solche mit pigmentierter Haut, dunkler Iris, dunklem Haar. Als eine besondere Zierde sind die Sommersprossen wohl nie angesehen worden, und sie werden auch heute nicht geschätzt, wohl aber ist der zarte Teint mit durchscheinender Haut „wie Milch und Blut", „weiß wie Schnee", „rot wie Blut" und „schwarz wie Ebenholz", wie es vom Schneewittchen heißt, nicht mehr das Schönheitsideal der Jugend. Das wechselt mit den Zeiten, auch mit ihren Anforderungen, die an die Ausbildung und Leistung der jungen Leute gestellt werden und werden müssen. Wenn der Zeitgenosse der schönen Philippine Welser nichts Höheres über ihre Reize zu sagen wußte, als daß man den roten Burgunder durch ihren Hals fließen sah, wenn sie ihn trank, so würde das heute nur wenige entflammen. Die „Dame" ist mehr und mehr verschwunden und an ihre Stelle das Weib — im guten Sinn — getreten. Was im Gegensatz der wohlgepflegten, auch vor Luft und Sonne wohlbehüteten Haut braun und dunkel aussah, das deutete auf Arbeit unter den Unbilden der Witterung wie bei Sonnenhitze hin und schickte sich doch wohl nur für Mägde und Frauen niederer Klassen. Heutzutage scheut sich die Tochter höherer Stände durchaus nicht, zu arbeiten, um zu verdienen auch noch, was früher für eine große standesunwürdige Schande gelten konnte. Aber damit hängt das alles, was uns hier angeht, nur zum Teil zusammen. Schon vor dem Krieg, vor der umwälzen-

den Revolution erst recht, fing das braune Kolorit an,
beim Frauengeschlecht und auch beim männlichen beliebt
zu werden. Die letzte Ursache war augenscheinlich der
Sport. Nicht Gesundheitsrücksichten, nicht Vernunft —
das alles mag später hinzugekommen sein —, zunächst
nur Vergnügungssucht und Mode, die noch dazu hauptsächlich von Amerika und England importierte Ware war,
bewirkte es, daſs die Jugend beiderlei Geschlechts körperlichen Übungen im Freien vielmehr sich hingab. Da machte
es sich von selbst, daſs die Haut dem hellen Sonnenlicht
ausgesetzt werden muſste. Das sah man den Teilnehmern an,
und das sollte man ihnen auch ansehen. Wie hübsch, ein
sonnenverbranntes Gesicht, ein brauner Arm und Nacken!
„Schau, die hat viel Sport getrieben!" Das macht sich gut,
das empfiehlt, das erweckt vor allem den Neid der Freundinnen, die aus gesellschaftlichen oder anderen Gründen
nicht auch Sport treiben können. Auch hier wieder ein
ganz klein wenig Überhebung. Ich brauche eben nicht im
Haus, in der Familie zu arbeiten oder drauſsen fürs tägliche
Brot, ich bin das Fräulein Soundso, oder die junge Frau
von dem reichen Herrn Soundso. Bald mochte auch die
Erkenntnis sich Bahn gebrochen haben, daſs die neue Beschäftigung nicht nur sehr unterhaltlich, sondern auch
sonst sehr angenehm und fürs Allgemeinbefinden förderlich sei. So sieht man denn auch heut, Gott sei Dank, viel
mehr blühende, kräftige, auch körperlich leistungsfähige
Mädchen und Frauen als früher, obwohl die sonstigen
Lebensbedingungen eher zum Sterben als zum Leben ver-
helfen sollten.

Für das männliche Geschlecht gilt so ziemlich das
gleiche, wie für das Weib. Hier war allerdings für eine
groſse Zahl, leider nicht für alle, dafür gesorgt, daſs zu
seiner Zeit auf die Ausbildung des Körpers so ziemlich
alles verwendet wurde und während im ganzen, wenigstens

bei den Söhnen der gebildeten Stände, die Entwicklung
der geistigen Fähigkeiten die allermeiste Zeit in Anspruch
nahm. Das war ja so in dem Zeitalter des „verfluchten
Militarismus", dem wir es zu danken haben, daſs wir um
ein Haar gesiegt hätten und es uns jetzt nicht so gut ginge
wie es der Fall ist.

Genug, mit den Zeiten ändern sich die Farben, wie in
der Politik, so im täglichen Leben, dort rot, hier braun,
von dem wir eben sprachen. Es läſst sich auch gar nicht
leugnen, ein braunes Kolorit, gleichmäſsig über die ganze
Haut verbreitet, sieht gut aus, nicht so ganz, wenn einmal die meist verdeckten Teile entblöſst werden und gegen
das Braun mit ihrer Blässe abstechen. Man weiſs, wie
junge Leute, meistens, aber nicht ausschlieſslich, Männer
und Knaben, sich unbekleidet stundenlang in die Sommer-
sonne legen, um nur eine recht gleichmäſsige Bronzefarbe
am ganzen Leib zu erwerben. Das Ziel wird nicht von allen im gleichen Maſse erreicht, der eine brennt eher und
stärker ab als der andere. Ich sehe das an jungen Leuten
immer gern. Zu den Zeichen der gesunden Anlage und
der Gesundheit gehört meines Erachtens auch eine in et-
welchem Grade braune Haut. Ein brauner Bub, mit seinen Wangen „wie ein Nuſskern" macht entschieden einen
gesunderen Eindruck als einer mit blassen Backen. Abgesehen davon, daſs die Bräunung von viel Bewegung im
Freien und vom Sonnenlicht spricht. Manchmal wird die
Bräunung schon sehr bald bemerkbar nicht nur sehr stark,
und auch das sehe ich immer als ein gutes Zeichen an. Vor
vielen Jahren habe ich einmal zur Erntezeit auf dem Feld
mit dem Fernrohr zwei Mädchen bei der Arbeit in Sonnenglut beobachtet. Das eine trug ländliche, das andere
städtische Kleidung. Letztere wollte offenbar der ersteren bei der Arbeit helfen. Beide hatten nackte Arme
und hielten sie nebeneinander und lachten, denn der eine

war tiefbraun, der andere schneeweifs. Ein paar Tage später sah ich die Mädchen wieder mit meinem Fernrohr, und — so wollte es der Zufall — gerade hielten sie wieder die Arme nebeneinander, und lachten wieder, denn die Arme waren jetzt alle beide braun, ganz gleich braun. Da lachte ich an meinem Fernrohr auch.

Das Pigment in der Haut stammt wohl ohne Zweifel vom Blutfarbstoff ab, und seine Bildung ist also an einen gewissen Blutreichtum der Haut geknüpft. Anderseits ist die Einwirkung der Sonnenstrahlen ihrerseits nicht ohne Einflufs auf die Gesundheit, die Bildung des Blutes und die Tätigkeit mancher Organe. Hat man ja doch und mit Recht die Bestrahlung mit Sonnenlicht oder künstlichem Licht, das ihm in seiner Wirkung nahekommt, zu therapeutischen Zwecken empfohlen, vielfach und mit dem besten Erfolg angewendet. Es hat sich gezeigt, dafs dabei weniger die Wärmestrahlen, als die kurzwelligen, gegen das violette Ende des Spektrums und darüber hinaus liegenden Strahlen, die wirksamen sind. Das gleiche gilt auch für die Pigmentbildung in der Haut. Die ultravioletten, die chemisch wirkenden Strahlen des Sonnenlichtes, werden in der Atmosphäre viel stärker absorbiert als die Wärmestrahlen, in gröfserer Höhe über der Erdoberfläche in der dünnen Luft, dort enthält das Sonnenlicht noch viel mehr davon. So kommt es, dafs sich das Abbrennen der Haut auf Bergtouren stärker einstellt als unten. Wozu freilich oft noch der Umstand kommt, dafs vom schneebedeckten Boden viel Licht zurückgeworfen wird, und die Wirkung der unmittelbar auffallenden Sonnenstrahlen noch verstärkt. Eine besonders starke Wirkung kommt, wie es scheint, dem linear polarisierten Licht zu. Am Spiegel von Gewässern wird nicht nur viel Licht zurückgeworfen, sondern das reflektierte Licht ist auch noch bekanntlich polarisiert. Deshalb fällt die Bräunung der Haut, zum Beispiel bei

Fischern, Schiffern usw., doch viel stärker aus, als bei andern Berufsarten, wie Landarbeitern, Jägern usw., die sich der Sonne kaum weniger aussetzen müssen.

Unsere künstlichen Lichtquellen enthalten nur wenig chemisch wirksame Strahlen, am meisten noch das elektrische Bogenlicht und das Licht der Quecksilberlampe. Außerdem verschluckt das Glas beim Durchgang der Strahlen sehr viel davon, viel weniger Quarz, die neuen UV-Gläser, die ihren Namen daher haben, daß sie viel ultraviolette, UV-Strahlen, durchlassen. Jede übermäßige Bestrahlung mit kurzwelligen Strahlen führt zu Schädigung der Gesundheit, zunächst nur örtlich. Das kann schon bei den künstlichen, soeben genannten Lichtquellen eintreten, man kann sich an einer Quecksilberlampe verbrennen, an einer künstlichen Höhensonne. Aber da der Gehalt an kurzwelligem Licht der Sonnenstrahlen jede irdische Lichtquelle bedeutend übertrifft, so ist in dieser Hinsicht nichts mehr zu fürchten, und erfordert nichts mehr Vorsicht als die Bestrahlung von seiten der Sonne.

Schon nach einem ersten Sonnenbrand kann man sehen, wie die rote Haut unter brennenden Schmerzen sich schuppt, wie mit Wiederholung der Bestrahlung das stärker wird, eine Entzündung, ein Eccema solare sich entwickelt, das unter Umständen, und wenn dieselbe Schädlichkeit immer wieder einwirkt, lange Zeit zur Heilung braucht. Im ganzen ist das nur bei sehr empfindlicher Haut von ernsterer Bedeutung. Mehr schon, daß auch die Bindehaut der Augen in der gleichen oder auch stärkeren Weise geschädigt werden kann. Eine heftige und sehr quälende Konjunktivitis ist die Folge davon. Beim Besteigen und Durchqueren von Gletschern ereignet sich das bekanntlich nicht selten, und der Gletscherbrand ist mit Recht wegen der sehr lästigen Folgen gefürchtet. Auch die Netzhaut und der Sehnerv können von starkem Licht geschädigt werden. Wer unvorsichtig mit einem Fernrohr in die Sonne sehen will, ohne von den unumgänglich notwendigen Vorsichtsmaſsregeln Kenntnis zu haben, büſst fast sicher sein Auge ein, oder wenigstens zum gröſsten Teil. Die Stelle, die auch nur für einen Augenblick vom Brennpunkt der Strahlen getroffen wurde, erholt sich nie wieder. Davon kann man leider fast bei jeder Sonnenfinsternis traurige Beispiele erleben. Dabei handelt es sich wohl um eine einfache Verbrennung im Fokus, und die Hauptwirkung wird wohl den Wärmestrahlen zuzubilligen sein. Anders ist es mit den Blendungserscheinungen, die bei gelinderer Einwirkung so oft zurückbleiben. Das Skotom ist dabei manchmal geringer, kann auch wieder nach einiger Zeit vergehen, braucht es aber nicht immer, und selbst bleibender Schaden kann durch Blendung herbeigeführt werden. Und hier sind es wieder die brechbarsten Strahlen, die am verderblichsten wirken. Das Empfinden gibt darin gar keinen brauchbaren Hinweis auf das, was schädlich ist. Die gröſste Lichtwirkung auf den Sehnerv und seine Ausbreitung kommt bekanntlich den grüngelben und gelben Strahlen zu, die so ziemlich in der Mitte des sichtbaren Spektrums liegen. Die Wärmestrahlen sind als rote auch noch zum Teil sichtbar, als ultrarot nicht mehr, und so erregen die chemisch wirksamen Strahlen die Netzhaut als blaue und violette Farbe zum Teil, als ultraviolette sind sie unsichtbar, ohne deswegen nicht noch sehr gefährlich für die Sehkraft zu sein. Der Blendungsschmerz vollends wird gar nicht von dem allerdings sehr stark erregten N. opticus aus, sondern vom Trigemenus vermittelt, der wieder durch die heftige Zusammenziehung der Regenbogenhaut unter dem Einfluſs grellen Lichtes gereizt wird. Dieser Reiz wird natürlich nur von den sichtbaren Strahlen durch Erregung des Opticus ausgelöst, und dadurch der Blendungsschmerz. Was wir also mit unse-

rem Auge fürchten, und vor dem wir uns absichtlich oder
unwillkürlich schützen, das fällt keineswegs zusammen
mit dem, was eigentlich schädlich ist und zu fürchten
wäre. Das Vorhalten eines blauen Glases, das Tragen einer blauen Brille tut den Augen im hellen Sonnenglast,
unter freiem Himmel auf einem sonnenbeglänzten See,
beim Anblick glänzender Cumuli wohl, und ganz ohne Nutzen ist das blaue Glas auch nicht, eben weil es ein Glas
ist und Glas die brechbarsten Strahlen besonders stark
zurückhält, aber die blaue Farbe des Glases macht dabei
gar nichts aus. Sie hält die brechbarsten Strahlen noch
nicht besonders auf, sogar viel weniger als alle andern.
Will man — und das ist der Zweck bei Sonnenbeobach-
tungen oder beim Betrachten einer irdischen, gewaltig hellen Lichtquelle, des Bogenlichtes, der Quarzlampe usw. —
das Auge schützen und vor sehr schlimmem Schaden bewahren, so dürfen, damit man noch überhaupt etwas sieht,
nur die zu Blau komplementären Strahlen, die die Netzhaut gut erregen, durch, und das Blau muſs zurückgehalten werden. Das leisten die gelben und gelbgrünen Gläser, die auch wirklich gegenwärtig ausschlieſslich zu diesen Zwecken Verwendung finden. Wo es nicht darauf ankommt, möglichst hell trotz allen Schutzes zu sehen, bei
sehr guter Beleuchtung im allgemeinen und ohne feinere
Beschäftigung, wo es sich um nicht viel mehr dreht, als
um Zurechtfinden im Raum, da leisten natürlich die rauch-
grauen Gläser das allerbeste. Die Tiefe der Färbung kann
man ja je nach seinen besonderen Zwecken wählen. Die
Gletscherbrillen, deren Gebrauch nie unterlassen werden
darf, wenn man Gletscher überschreitet, sind auch nichts
anderes als Vorrichtungen, die das Licht wahllos in allen
seinen Teilen abschwächen. Das feine Gitter läſst eben
vom Licht nur einen kleinen Teil, je nach der Dichte des
Gitters, durch, und das gilt für alle Teile des Spektrums,

die sichtbaren und die unsichtbaren in völlig gleichem Maſs.

Starke Sinneseindrücke wirken auch auf das Allgemeinbefinden, auf die Stimmung, auf das Seelenleben überhaupt ein. So wie ein unerträglicher Lärm manchen Menschen, wenn er gar nicht aufhören will, halbverrückt machen kann, so ist es auch mit dem hellen Licht. Wenn man die stärkste Bestrahlung durch die Sonne ganz ohne Schutz der Augen, zum Beispiel ohne Hut, den ganzen Tag hat aushalten müssen, so sehnt sich auch der nicht überregbare Organismus schon aus diesem Grund nach Schatten oder nach dem Abend. Gehörte es ja zu den barbarischen Folterqualen, den Miſshandelten auf einem Stuhl stets der Sonne zuzudrehen, nachdem ihm die Augenlider weggeschnitten waren. So quälend beständiges Dunkel der Nacht, so kann auch nie unterbrochene Helligkeit wirken. „Variatio delectat“ hat auch einen physiologischen Hintergrund. Wie es mit Arbeit und Ruhe, wie mit Tag und Nacht, so auch ist es mit Hell und Dunkel.

> „Er findet sich in einem ew'gen Glanze
> Uns hat er in die Finsternis gebracht
> Und euch taugt einzig Tag und Nacht.“

Das Klima.

Ein jeder weiſs, was man meint, wenn man vom Klima spricht, aber es ist nicht leicht, eine richtige Definition dieses Begriffes zu geben. T r a b e r t heiſst das Klima kurz das „mittlere Wetter“. A. v. H u m b o l d t sagt in seinem Kosmos: „Der Ausdruck Klima bezeichnet in seinem allgemeinsten Sinn alle Veränderungen in der Atmosphäre, die unsere Organe merklich affizieren.“

In seiner Definition: „Unter Klima versteht man alle durch die Lage eines Ortes bedingten Einflüsse auf die Gesundheit“, legt der Hygieniker G r u b e r das ganze Gewicht auf das Verhältnis des Klimas zur Gesundheit, wodurch die Definition wohl etwas zu eng gefaßt ist, denn auch der Begriff der Gegend, die nur in ästhetischem Sinn auf den Menschen wirkt, darf eigentlich nicht aus dem Begriff des Klimas herausgenommen werden. Dagegen ist sehr richtig nicht nur auf den Zustand der Atmosphäre Rücksicht genommen, denn auch die Beschaffenheit des Bodens und seine Gestaltung ist für das Klima wichtig, auch wenn man von seinem Einfluß auf das Luftmeer, Feuchtigkeit, Staubbeimengung ganz absehen will. In dieser Hinsicht ist auch die Definition von H a n n zu eng. Er sagt: „Klima ist die Gesamtheit der meteorologischen Erscheinungen, die den mittleren Zustand der Atmosphäre an irgendeiner Stelle der Erdoberfläche kennzeichnen.“ Weiter aber gibt er das Verhältnis, in dem Wetter und Klima zueinander stehen, sehr gut an: „Was wir Witterung nennen, ist nur eine Phase, ein einzelner Akt aus der Aufeinanderfolge der Erscheinungen, deren voller, Jahr für Jahr mehr oder minder gleichartiger Ablauf das Klima eines Ortes bildet. Das Klima ist die Gesamtheit der Wirkungen eines längeren oder kürzeren Zeitabschnittes, wie sie d u r c h s c h n i t t l i c h zu dieser Zeit des Jahres einzutreten pflegen.“

Wenn dem so ist — und ich wüßte nicht, was dagegen einzuwenden wäre — so brauchen wir nur das, was wir vom Wetter und seinen sechs Elementen gesagt haben, auf die verschiedenen Örtlichkeiten der Erdoberfläche anzuwenden, und an der Hand der Erfahrung Durchschnittswerte abzuleiten für längere Zeiträume, woraus sich ergibt, mit welcher Wahrscheinlichkeit sich eine gewisse Kombination der sechs Elemente ergeben wird. Und da das Wetter abhängig ist vom Stand der Sonne, also von den Jahreszeiten, so muſs sich die Statistik womöglich auch auf die kürzeren Zeiträume von Frühling, Sommer, Herbst und Winter gesondert erstrecken. Doch ist es für unsere Zwecke mit einer einfachen Statistik nicht getan. Die Meteorologie ist keine beschreibende Wissenschaft, sondern eine exakte. Sie bemüht sich wenigstens, für die festgestellten Tatsachen, die sie aufzählt, auch einen Grund zu finden, und zwar nach den Regeln der Physik. Dieses Verfahren ist aber doppelt nötig, wenn es sich darum handelt, den Einfluſs vom Klima auf den Menschen zu begründen. Wenigstens möchte ich für meine Person nicht anders verfahren.

Man könnte die Einteilung der Klimate nach den Zonen vornehmen, von einem Klima der heiſsen, der gemäſsigten und der kalten Zone sprechen. Das wollen wir auch in der Tat tun, aber erst später. Solche Klimata geben wieder nichts anderes als einen Durchschnitt, und der Durchschnitt kann nur gewonnen werden, wenn man die Summanden kennt. In allen Zonen gibt es Klimata, die sich voneinander nach der Lage der Örtlichkeit in bestimmter Weise unterscheiden. Erst wenn wir das festgestellt haben, können wir von den mehr zufälligen Unterschieden absehen und uns wie ein Ideal der Klimata der Zonen bilden. Also müssen wir uns zunächst den Verschiedenheiten zuwenden, die das Klima unter a l l e n Zonen darbieten kann.

Hier unterscheidet man nach altem Sprachgebrauch folgende Gegensätze:

Höhenklima   Tiefenklima
Ozeanisches Klima   Kontinentalklima.

Unterarten sind: Waldklima, Wüstenklima, Klima des Hochgebirgs, der Mittelgebirge, des Flachlands usw. Wir wollen erst die groſsen Gegensätze besprechen.

Das Höhenklima.

Wir haben schon früher angegeben, wie der Luftdruck mit Erhöhung über den Meeresspiegel sinkt. Bei einer Temperatur von 0^0 muſs man sich in Meereshöhe um $10^1/_2$ m erheben, damit der Luftdruck sich um 1 mm Hg erniedrigt, bei weiterer Erhebung sinkt dann der Druck immer langsamer. In 3000 m Höhe muſs man schon 15 m steigen zur gleichen Erniedrigung des Luftdrucks. Der Wassergehalt nimmt mit der Erhebung rascher ab als der Luftdruck. Der Wasserdampf hat einen Absorptionskoeffizienten, der für violette Strahlen 1900 mal gröſser ist, als der von trokkener Luft. Obwohl im Sommer der Wasserdampfgehalt nur etwa $^1/_{380}$ der Luftmasse beträgt, so absorbiert der Wasserdampf doch 5 mal soviel Strahlen als die trockene Luft. Die Strahlung nimmt also in der Höhe bedeutend zu, mehr als es der Verdünnung der Luft entsprechen würde.

Von der Sonnenstrahlung gehen von der äuſsersten Grenze der Atmosphäre bis zur Höhe von 3100 m Höhe 60 %, von da an bis zur Höhe von 1000 m vom Rest 23 % und bis zur Meereshöhe nochmals 47 % der Strahlung durch Absorption verloren. Daraus kann man entnehmen, wie viel stärker die direkte Strahlung in der Höhe sein muſs. Dagegen ist der Himmel oben dunkler als unten und das diffuse Licht ist nicht so stark, wo aber eine Schneedecke liegt, wird dadurch die Strahlung ganz bedeutend erhöht. Die Strahlung ist natürlich verschieden stark, je nachdem die Sonne höher oder tiefer steht. Man findet die Intensität der Strahlung W aus folgender Formel, worin z den Zenitabstand der Sonne und p den Luftdruck bedeutet: $W = \cos z \times 318{,}3 \times 10^{0{,}48 \frac{p}{\cos z}}$

Die grofse Durchlässigkeit der dünnen Luft macht sich auch dem Auge bemerkbar, die Luft ist so klar, dafs alle Luftperspektive fehlt. Auch die Wärmestrahlen werden wenig aufgesaugt und geschwächt. In Leh (in Tibet, 3500 m hoch), wo das Wasser bei 88⁰ siedet, wurde am berufsten Thermometer eine Temperatur von 101,7⁰ abgelesen.

Trotzdem ist es in der Höhe kälter als unten. Durch die dünne und wasserarme Luft wird nicht nur die Einstrahlung, sondern auch die Ausstrahlung gesteigert, und das letztere macht sich mehr geltend, weil die Ausstrahlung Tag und Nacht fortgeht, die Einstrahlung nur am Tag währt. In Gebirgsländern findet man bei einer Erhebung von durchschnittlich 170 m eine um 1⁰ niedrigere Temperatur. Die Wärmeabnahme beim Steigen ist in den Jahreszeiten verschieden, auf 1⁰ Temperaturunterschied treffen im Winter durchschnittlich 220, im Sommer 140 m Steighöhe.

Wegen der starken Strahlung ist die Bodentemperatur verhältnismäfsig hoch. Dabei spielen aber örtliche Verschiedenheiten sehr mit. An steilen Abhängen, die nach Süden gewendet sind, macht sich der Unterschied oft schon an der Vegetation bemerklich. Bei Windstille und klaren Nächten sind die Täler oft kälter als die Höhen, im Winter nimmt in höheren und mittleren Breiten die Temperatur nach oben hin zu, oben auf je 10 m um 1⁰, und unten um 0,7⁰ auf 2 m. So ist der Temperaturunterschied schon am Fufs und am Gipfel eines Baumes zu bemerken, ist der Baum 6 m hoch, so kann der Unterschied mehr als 2⁰ betragen.

Die Winde wehen auf der Höhe gemeiniglich stärker als in der Ebene, im ganzen am Tag talaufwärts, in der Nacht talabwärts. Der Nachtwind fällt mehr auf, weil er der kältere ist. Bei Tag wirken die Gebirge wie ein Minimum, das an Ort und Stelle bleibt, ansaugend auf die

Luft. Der Tagwind bringt Wasserdampf mit hinauf, oben wird die Luft durch Ausdehnung kälter, der Wasserdampf verdichtet sich zu Wolken, die an trockenen Tagen über den Gipfeln der Berge schweben wie eine Kappe, an feuchten Tagen sie wie ein Schleier einhüllen. Umgekehrt führt der Nachtwind die Feuchtigkeit mit sich in die Tiefe, so daſs am Morgen es auf den Bergen am klarsten und die Aussicht am schönsten ist, wohingegen sich der Himmel am Nachmittag anzutrüben pflegt. Auf den Bergen besteht Neigung zu Nachmittagsregen, überhaupt sind starke Güsse und Gewitter häufig. Sie haben aber nur eine örtliche Bedeutung und verderben sonst das Wetter im allgemeinen nicht. Unterhalb von Gletschern entstehen bei warmem Wetter auch am Tag kalte Fallwinde, wofür namentlich die Schlammvulkane von Quito ein Beispiel abgeben. Unter den Tropen ist an den Gebirgen während der Regenzeit die Bewölkung immer gröſser als unten, in der Trockenzeit ist es umgekehrt. In den Alpen ist die Bewölkung im Winter am geringsten, im Frühjahr und Sommer gröſser. Da der Himmel auf Berggipfeln im Winter heiter zu sein pflegt, so ist die Bewölkung im ganzen Jahr in den Niederungen im ganzen stärker. Begreiflicherweise verdanken wir die meisten einschlägigen Beobachtungen den Aufzeichnungen der Höhenkurorte, wie Davos, Arosa, St. Moritz. Die Hochtäler haben nur wenig Wind, meistens keine Nebel. Im Herbst fällt bald Schnee, der eine feste Decke bildet, die bis zum Frühjahr nicht taut, so daſs die Luft beständig staubfrei bleibt. Die Bewölkung ist gering, die Zahl der Sonnenstunden also bedeutend. Die Bestrahlung ist stark. Im Winter haben die Mittagsstunden die gröſste Aussicht auf Sonnenschein, gegen Frühjahr und Sommer nimmt die Wahrscheinlichkeit des Sonnenscheins absolut und relativ ab, den meisten Sonnenschein haben im Vorfrühling die Stunden 9—11 Uhr, im Herbst 9—10 Uhr,

im Sommer 8—9 Uhr und gegen Mittag nimmt die Bewölkung schnell zu. Je nach der herrschenden Windrichtung
haben die Gebirge ihre Regen- und Trockenseiten. In den
Passatgegenden ist die Ostseite, in den höheren Breiten
die Westseite die Regenseite. Der Südwest-Monsun bringt
Regen, die Ostseite der Gebirge bleibt fast ganz davon
verschont.

Man unterscheidet an den Gebirgen die klimatischen
Höhenzonen nach den Pflanzen, die dort noch gedeihen:
die Graszone, die Höhe des Getreidebaus, die Waldgrenze
usw. Wichtiger ist die Schneegrenze für uns. Im Sommer
schmilzt der Schnee in den tieferen Lagen und zieht sich
auf höhere Grenzen zurück. Die Grenze, die dann die zusammenhängenden Schneemassen an hohen Gebirgen bilden, heißt die klimatische Schneegrenze und fällt
so ziemlich mit der Grenze des zu Eis zusammengeschmol-
zenen Schnees, des Firns, zusammen. Als orographische Schneegrenze wird nach Ratzel die untere
Grenze der vereinzelten oder in größerer Menge auftreten-
den Schneefelder und Firnflecken bezeichnet, die ihre
dauernde Erhaltung dem Umstand verdanken, daß sie
durch orographische Verhältnisse im Schatten liegen. Der
Höllentalferner an der Zugspitze dürfte ein Beispiel dafür
abgeben. Von der Schneegrenze ist die Schneelinie
wohl zu unterscheiden. Die Schneelinie verbindet die Orte,
wo überhaupt Schnee fällt.

Die Schneegrenze schwankt je nachdem das Jahr warm
oder kalt ist. In der Nähe des Äquators liegt sie 4000 bis
5000 m hoch, am Kilimandscharo an der trockenen N.- und
E.-Seite 5200 m hoch, an der feuchteren S.- und W.-Seite
4800 m. Der Kilimandscharo liegt unter $3^{1}/_{2}^{0}$ südlicher
Breite. In den Westalpen liegt die Schneegrenze 2700 bis
2800, Bernina und Ortler über 2900, Hohe Tauern Nordseite 2700, Südseite 2800 m hoch. Wie lang die Schnee-

decke im Frühjahr und Sommer liegen bleibt, das ist ganz verschieden. Um je 100 m Erhöhung steigt die Dauer im Erzgebirge um 1 Tag im Mittel.

Die Gebirge sind in den Tropen für die Regenbildung noch viel wichtiger als bei uns. Die Regeninseln in Steppen und Wüsten sind Gebirge, und auch bei uns merkt man die Annäherung an Gebirge schon an der Zunahme der Niederschläge. Der aufsteigende Luftstrom, der die Wolkenbildung, wie wir sehen, nach sich zieht, macht sich nicht erst am Fuße der Berge bemerkbar.

Über das Verhalten des Menschen im Höhenklima sind viel Untersuchungen angestellt worden, die aber zum Teil widersprechende Ergebnisse zu Tage förderten. Man unterscheidet je nach der Wirkung auf den Menschen das Gebirgs- oder Voralpenklima mit einer Meereshöhe bis zu 700 m, von diesem das subalpine 700 bis 1200 m, das alpine 1200 bis 1900 m und das hyperalpine über 1900 m hoch. Als Niederungsklima kann die Lage unter 400 m gelten. Begreiflicherweise erstrecken sich die wissenschaftlichen Untersuchungen besonders auf das Klima der Hochgebirge, weil da die Wirkung der Höhenlage sich am deutlichsten ergeben muß, auch hat man mit Vorteil Versuche in Ballons und Luftschiffen mit herangezogen, mit denen man noch größere Höhen und müheloser erreichen konnte. Allerdings lehren solche Probefahrten die Veränderungen nicht kennen, die sich erst bei längerem Aufenthalt in der Höhe einstellen.

Leute, die sich in größere Höhen begeben, zum Beispiel über 1000 m Höhe, klagen mitunter über Schlaflosigkeit und quälenden Kopfschmerz. Das pflegt nach einigen Tagen besser zu werden oder zu vergehen, und man sagt dann, daß sich die Leute eingewöhnt, akklimatisiert haben. Doch gibt es auch andere, die sich nicht eingewöhnen und das Höhenklima überhaupt nicht vertragen. Meistens kann man keinen bestimmten Grund dafür anführen und spricht dann von einer besonderen Konstitution, für die die Höhenluft nicht passe. Umgekehrt bringt die Höhenluft anderen das Gefühl des Wohlbehagens, namentlich leichterer Atmung, was sich besonders beim umgekehrten Wechsel des Klimas, dann wenn die Tiefe wieder aufgesucht werden muſs, in einem Gefühl, bei Gesunden nicht der Beklemmung, aber doch dem des Drucks und leichter Beschwerung ausdrückt. „Die Luft ist halt doch unten schwerer, dicker als oben", sagen die Leute. Und ganz unmöglich ist es nicht, daſs sie damit recht haben. Ohne Zweifel wird der Körper durch höheren Luftdruck um eine Spur mehr zusammengepreſst als durch einen niedrigeren. Wohlbemerkt bezieht sich das nicht etwa auf die Lungen, sondern auf alle Gewebe miteinander. Meſsbar ist dieser minimale Unterschied keineswegs, aber für das Gefühl könnte er schon bemerkbar sein. Die Atmung muſs dagegen bei der Ankunft in der Höhe zunächst erschwert sein. Einmal schon, weil mit sinkendem Luftdruck sich die luftgefüllten Därme ausdehnen und das Herabtreten des Zwerchfells hindern. Hauptsächlich aber weil der Partialdruck des Sauerstoffs in der Höhe abnimmt. Der Mensch atmet Volumina Sauerstoff, braucht aber eine bestimmte Menge von Gewichtseinheiten für sein Sauerstoffbedürfnis. Schon deswegen muſs seine Atmung in der Höhe mehr leisten als unten in der Ebene. Dazu kommt aber noch, daſs nach bestimmten Untersuchungen der Stoffwechsel im Höhenklima gesteigert ist, daſs die Oxydationsvorgänge erhöht sind und der Organismus aus diesem weiteren Grund noch mehr Sauerstoff in der Zeiteinheit zuführen muſs. Nach Durig wird in niederen Höhen anfänglich eine Umsatzsteigerung, eine Vermehrung der Sauerstoffaufnahme und der Kohlensäureabgabe, beobachtet, die sich allmählich zurückbildet.

Bis zu 4000 m beträgt die Umsatzsteigerung wahrscheinlich nicht mehr als 5% und erst über 4000 m beträchtlich
mehr als es der gesteigerten Muskelarbeit entspricht. Und
diese gesteigerte Muskelarbeit stellt sich in großer Höhe
auch bei sonst völliger Ruhe des Körpers unweigerlich
ein, weil die Atmungsmuskeln der dünnen, sauerstoff-
armen Luft wegen sich mehr anstrengen. Die Erhöhung
der Verbrennung kommt bei der Ankunft im Höhenklima
sofort und bleibt während des ganzen Aufenthaltes dort
bestehen, um beim Betreten der Niederung sofort wieder
zu verschwinden. Auffallenderweise soll sich diese Einwirkung verdünnter Luft bis zu einem Barometerstand von
450 mm Hg in der pneumatischen Kammer nicht zeigen,
so daß im Höhenklima auch noch andere Faktoren, nicht
nur die dünne Luft, dabei mitwirken müssen.

Nach zahlreichen Angaben soll der Sauerstoffverbrauch
in der Höhe wesentlich erhöht sein, bis zu 2800 m um 25
bis 37%, in 3800 m um 57%, dann mit allmählicher Gewöhnung auf 10 bis 20% Steigerung sinken. Wenn man
damit die Angaben über Zahl und Tiefe der Atemzüge
vergleicht, die sich vielfach widersprechen, so kann man
nicht sagen, daß alles stimmt. Atemzüge und ihr Volumen
wurden in der Höhe bald vermehrt, bald vermindert gefunden. In letzterer Hinsicht, was das Volumen der Atemluft anlangt, muß man das reduzierte Volumen unterscheiden, das auf die Luftverdünnung Rücksicht nimmt, vom
nicht reduzierten Volumen. Im ganzen scheint sich aus den
vorliegenden Untersuchungen zu ergeben, daß die nicht
reduzierte Atemgröße in beträchtlichen Höhen wächst und
die reduzierte abnimmt, und im allgemeinen ist die Sauerstoffzufuhr in der Höhe vermindert. Der Ausfall, den die
Luftverdünnung mit sich bringt, wird durch die stärkere
Anstrengung der Atmungsmuskeln nicht ausgeglichen. Damit muß es mit bedeutenderer Erhebung über die Meeres-

höhe bei einem noch niedrigeren Barometerstand zur Lebensgefahr kommen, und es ist von Interesse, zu erfahren, wie weit der Mensch schon in das Luftmeer nach oben hat eindringen können.

Als kritische Grenze wird die Höhe von 5000 bis 6000 m angenommen. Jenseits derselben müssen schon Sauerstoffeinatmungen angewendet werden, um den Tod zu vermeiden. Wird der Sauerstoffverbrauch auch noch durch Muskelarbeit erhöht, so tritt bei 5000 m schon bedenklicher Sauerstoffmangel, jedenfalls bei 6000 m auf, und bei 8000 m besteht, wenn nicht Sauerstoff eingeatmet wird, unmittelbare Lebensgefahr. Am 15. April 1875 stiegen Tissandier, Sivel und Crocé-Spinelli im Ballon „Zenith" bis zu einer Höhe von 8000 m auf, und da sie keinen Sauerstoff mitgeführt hatten, kamen die letzten zwei nur tot wieder auf die Erde. Dagegen wurden Berson und Süring durch die Sauerstoffbomben, die sie mitnahmen, gerettet. Sie hatten eine Höhe von 10500 m erreicht, wo der Luftdruck 202 mm und die Temperatur —40^{0} betrug.

Das Besteigen hoher Berge findet schon eher seine Grenze. Es ist bekannt genug, daß die Besteigung des höchsten Berges auf der Erde, des Gaurisankar, noch nicht geglückt ist. Alexander von Humboldt kam bis 5800 m, Schlagintweit bis 6780 m, Bullot-Workman kamen bis 7100 m Höhe und Graham im Himalaja bis zu 7320 m.

Die höchste meteorologische Station liegt auf dem Gipfel des Misti bei Arequipa, 5850 m hoch. Die höchstgelegene Stadt dürfte Quito (mit 80000 Einwohnern) und einer Meereshöhe von 2850 m und einem mittleren Barometerstand von 549 mm Hg sein. Am Potokatepetel leben Indianer in einer Höhe von 4000 bis 5000 m, an der tibetanischen Seite des Himalaja wird bis zur Höhe von 4600 m Getreidebau getrieben, und in den Bergwerken in den

Anden wird noch in einer Höhe von 4655 bis 5042 m von Eingeborenen und von Ausländern gearbeitet.

Die höchsten ständigen Wohnsitze sollen die buddhistischen Klöster in Tibet sein und die Ortschaften im Seendistrikt von Obo (32,4⁰ N, 81,2⁰ E), wo noch in einer Höhe von 4980 m Goldbergwerke betrieben werden. Der Luftdruck kann in so hoch gelegenen Orten manchmal bis auf die Hälfte des für Meereshöhe normalen herabsinken. Die Bewohner werden zum Teil als anämisch und schlaff geschildert, die Indianer am Potokatepetel aber als gesund und stark.

Eine Veränderung des Blutes ist sichergestellt worden, die geeignet erscheint, dem Sauerstoffbedürfnis des Menschen im Höhenklima zu Hilfe zu kommen. Schon in Höhen von 1000 bis 2000 m vermehrt sich die Zahl der roten Blutkörperchen in kurzer Zeit und beträchtlich. In Arosa stellte Egger eine Vermehrung von fünf auf sechs Millionen schon nach 14 Tagen nach der Ankunft fest. Diese Vermehrung hält auch nach Wiederkehr in niedriger gelegene Orte eine Zeitlang an. Es ist nicht nur eine relative Vermehrung, etwa eine Austrocknungserscheinung des Blutes, sondern eine wirkliche und absolute, deren für alle Fälle befriedigende Erklärung freilich noch nicht gelungen ist. Ob es sich dabei um eine Reizung der Blutbildungsstätten, des Knochenmarks oder sonstwo etwa handelt, kann man nicht sicher behaupten. Ohne Zweifel werden im Körper zum Ersatz zugrundegehender roter Blutkörperchen immer wieder neue gebildet, und in der Zunahme ihrer Zahl im Höhenklima erblickt Fick nicht vermehrte Neubildung, sondern vielmehr größere Widerstandskraft der alten. Die Lebensdauer der roten Blutkörperchen soll im Höhenklima zunehmen. Der geringere Partialdruck und demgemäß die langsamere Sauerstoffaufnahme soll die roten schonen. Das könnte wohl für die

Folge von längerem Aufenthalt zutreffen, für ganz kurzen wohl kaum.

Der niedere Luftdruck ist für die Atmung und was damit zusammenhängt in noch einer Beziehung von Wichtigkeit, über die man leichter Klarheit bekommen kann.

Durch früher erwähnte Versuche ist festgestellt worden, daſs die aus der Physik bekannte Formel für Ausfluſsgeschwindigkeiten von Gasen

$$v = \mu\, 396{,}5 \sqrt{\frac{h}{b+h}}$$

worin v die Geschwindigkeit, h den Überdruck im Gefäſs, aus dem die Luft ausströmt, und b den äuſseren Luftdruck angibt, auch für die menschliche Stimmritze gilt, wenn der Erfahrungsfaktor μ gleich 0,6 gesetzt wird. Die Stoſskraft der Luft, die für die Expektoration, für die Möglichkeit, Fremdkörper, Schleim u. dergl. aus den Luftwegen herauszuschleudern, in Betracht kommt, ist gleich der kinetischen Energie, der Wucht der bewegten Luft, und diese ist gleich dem halben Produkt der bewegten Masse mal dem Quadrat der Geschwindigkeit, und wenn wir alle Konstanten vor der Wurzel zusammenfassen und a heiſsen, so kommt für die Energie der Ausatmungsluft E die Formel

$$E = m\, a^2\, \frac{h}{b+h}$$

Ein jeder sieht, daſs in dieser Gleichung E mit wachsendem b, dem Barometerstand, abnehmen muſs, für $b = 0$, ist $E = ma^2$, bei wachsendem b konvergiert der Wert von $\frac{h}{b+h}$ und damit auch der von a gegen Null.

Daraus folgt unmittelbar, daſs bei niedrigem Barometerstand, also im Höhenklima, die Stoſskraft der ausgeatmeten Luft wächst und damit die Expektoration besser wird

— caeteris paribus! Vor allem kommt hier in Betracht, ob auch die Masse der ausgeatmeten Luft konstant geblieben ist. Das bleibt sie nicht, wenn das Volumen sich nicht ändert, denn die Dichte der Luft nimmt mit dem Drucke der Luft zu und ab, wie wir das ja schon so oft erwähnt haben, und zwar verhalten sich bekanntlich nach dem Boyle-Mariotte'schen Gesetz (bei gleicher Temperatur) die Gewichte zweier gleichen Volumina wie die Drucke, unter dem sie stehen. Nehmen wir also das Volumen der ausgestoßenen Luft als unverändert an, so muß ihre Masse m noch mit dem Faktor b selbst multipliziert werden, und wir erhalten die Gleichung

$$E = a^2\, m\, b\, \frac{b}{b+h}$$

In dieser ist sofort ersichtlich, daß E mit wachsendem b zunimmt; für b = 0 wird auch E = 0, mit wachsendem b konvergiert $\dfrac{b}{b+h}$ gegen den Wert 1, und damit E gegen $a^2\, m\, b$.

Anders ist es, wenn durch tiefere Atmung in der Höhe dafür gesorgt wird, daß von der dünneren und leichteren Luft entsprechend mehr, ein größeres Volumen, ein- und dann wieder ausgeatmet wird, so daß die Masse, das Gewicht, der ausgeatmeten Luft konstant bleibt. Dann tritt der oben unterstellte Fall ein, daß mit größerer Erhebung über dem Meeresspiegel die Stoßkraft der ausgeatmeten Luft wächst. Mit der Differentialrechnung läßt sich leicht ableiten, wie sich die Stoßkraft der Luft bei Erhebung über den Meeresspiegel ändert, wenn das eine Mal gleiche Volumina, das andere Mal gleiche Massen (Gewichte) von Luft ein- und ausgeatmet werden.

Wenn wir uns in größere absolute Höhen begeben, und in und unter niedrigerem Luftdruck leben, so atmen wir zunächst gleiche Volumina in der Zeiteinheit und mit jedem Atemzug ein und wieder aus. Wir brauchen aber die gleichen Gewichte, die im gleichen Volumen nicht mehr enthalten sind. Um unser Sauerstoffbedürfnis zu befriedigen, müssen wir entweder tiefer oder öfter atmen. Ein starrer Brustkorb kann nur das letztere, und für ihn werden die Bedeutungen der Expektoration ungünstiger in der dünnen Luft, besser bei hohem Barometerstand. Dagegen kann ein biegsamer Thorax, und vor allem ein noch wachsender, mit der Zeit schließlich bleibend, durch Vergröfserung seiner Exkursionen, seiner Abmessungen, seiner vitalen Kapazität es dahin bringen, dafs er mit gleicher Masse von Luft trotz der geringern Dichtigkeit derselben arbeitet. Und hierin sehe ich, natürlich nicht den ganzen aber, einen wesentlichen Vorteil des Höhenklimas für jugendliche, besonders noch wachsende Organismen. Wo es sich um Ausheilung einer gerade beginnenden Phthise oder gar um Prophylaxe bei dazu Veranlagten handelt, glaube ich, kann man diesen Einflufs auf ergiebigeres Auswerfen nicht leicht zu hoch anschlagen, wenn man unter Auswerfen nicht nur Husten, sondern auch die in jeder Minute 10- oder 15 mal durch die Atmungsluft bewerkstelligte Weiterschaffung von Eindringlingen in die Atmungswege gegen den Kehlkopf hin versteht.

Damit ist natürlich die Wirkung des Höhenklimas gegen Lungenkrankheiten nicht erschöpft, lang nicht, aber es wäre gut, wenn man die andern wirksamen Faktoren ebenso leicht übersehen könnte.

Es wird berichtet, dafs die vitale Kapazität in der Höhe sinkt. Das wäre in einzelnen Fällen wohl begreiflich, wenn die Atemmuskeln ermüdet sind, und im Anfang, wenn die Gedärme unter dem gesunkenen Luftdruck noch gebläht sind. Das gibt sich mit der Entleerung der Darmgase wieder. Dafs die Bergbewohner eine zu geringe vitale Kapazität haben, hat wohl noch keiner behauptet. Es sollte hier, wie überall in der Klimatologie, wohl unterschieden werden zwischen dem Verhalten der Eingeborenen und dem der Zugewanderten. Ähnlich ist es vielleicht auch mit dem labilen Gleichgewicht bestellt, das in der Behauptung der Körpertemperatur im Höhenklima beobachtet worden sein soll. Nicht unbeträchtliche Schwankungen, bis zu $1^{1}/_{2}^{0}$, sollen da beobachtet worden sein, ohne dafs man hätte von Fieber reden dürfen. Möglicherweise könnte das mit den grofsen Temperatursprüngen zusammenhängen, die auf hohen Bergen, nicht nur zwischen Tag und Nacht, sondern auch oft von Tag zu Tag vorkommen.

Die starke, fast ungedämpfte Sonnenstrahlung bewirkt einerseits recht unangenehme Erscheinungen, ähnlich wie beim Sonnenstich, mit starker Konjunktuvitis, besonders über stark besonnten Schnee- und Eisfeldern, den sogenannten „Gletscherbrand", und heftige Blendungserscheinungen, die „Schneeblindheit", anderseits ist gerade hier die beste Gelegenheit gegeben, die Strahlen der Sonne zu Heilzwecken zu verwenden, in Form der Sonnenbäder. Zwei Umstände ermöglichen es insbesondere, die Gelegenheit hiezu ergiebig auszunützen. Die schwache Bewölkung und die Wirkung der Sonnenstrahlen auch in thermischer Hinsicht, wodurch auch bei niederen Temperaturen im Schatten der Aufenthalt in der Sonne im Freien doch noch für viele Stunden im Tag möglich wird.

Eine gesonderte Besprechung verlangt die Bergkrankheit.

Sie stellt sich nicht sowohl auf den Bergen, als vielmehr beim Besteigen und unmittelbar nach der Besteigung derselben ein. Sie ist schon lang bekannt. Es wird berichtet, dafs der Jesuitenpater Acosta, als er vor mehr als 300 Jahren in Peru einen 4500 m hohen Berg bestieg, davon befallen wurde. Er bekam Schwächegefühl, heftige

Schmerzen, Erbrechen, Blutspeien. Beim Abstieg nach tiefer gelegenen Orten verschwand alles, und wurde von Acosta auf die dünne Luft oben bezogen. Man muſs schon über 4000 bis 5000 m hoch kommen, um einen ausgesprochenen Anfall zu erleben: Beklemmung, Atmung schwer und kurz, ein unüberwindbares Angstgefühl, erzwungenes Stehenbleiben, Erbrechen, Übelsein, Blutspeien, Muskelschwäche, selten Nasenbluten, Appetitlosigkeit, das alles kann vorkommen, und ist natürlich nicht alles zusammen immer entwickelt. Bleibt der Kranke oben, so ist die Nachtruhe oft noch durch Herzklopfen gestört, der Schlaf unruhig; kehrt er in die Tiefe zurück, so vergehen die Beschwerden meist sofort, und nur selten bleiben Nachwehen für längere Zeit zurück. Eppig berichtet, daſs ein Zugewanderter, der oben blieb, erst nach Jahren seine frühere Leistungsfähigkeit wieder erwarb. Gleichzeitig einwirkende Kälte hat nur wenig Einfluſs auf die Schwere der Erscheinungen, aber wenn der Wind geht, fallen sie viel stärker aus, ebenso bei starker körperlicher Anstrengung. Die Bergkrankheit ist demnach im Ballon und im Flugzeug nicht so zu fürchten wie bei Bergbesteigungen. Bei diesen kann sie sich über die letzten Stunden des Anstiegs ununterbrochen hinziehen, oder sie kann ganz akut, fast mit der Schnelligkeit eines Schlaganfalls zu Üblichkeit, Verfall der Kräfte, Erbrechen, Zyanose, Verdunklung des Gesichtsfeldes, Ohrensausen und Bewuſstlosigkeit führen. Dabei sind die Reflexe herabgesetzt, was sich auch beim Schluckakt bemerkbar macht. Auffallend ist die Leichtigkeit, mit der der Alkohol vertragen wird, aber auch zugleich seine Unwirksamkeit.

Nun können ja auch im Tiefland ähnliche Erscheinungen, namentlich von Ungewohnten, erworben werden, Schlapp- und Schwachwerden, auch Übelsein und das, was beim Bergsteigen vom noch nicht „Eingelaufenen" so oft verspürt wird, den Wechsel von Stumpfheit und Erregung; Schlappheit braucht man noch nicht Bergkrankheit zu nennen.

Die typische Bergkrankheit kommt in allen Zonen vor, nicht überall bricht sie in der gleichen Höhe über dem Meere und beim gleichen Barometerstand aus, wie es scheint, unter den Tropen in gröfserer Höhe. Sie geht unter den Namen: Mal de Montagne, Mountain Sicknefs, Pnakrankheit, Soroche Chumo. Es sind schon, indem die Atmung ungleich und äufserst beschleunigt wurde, Todesfälle vorgekommen. Die Erklärungsversuche der Bergkrankheit bewegen sich nach verschiedenen Richtungen. Am nächsten liegt die Annahme, dafs mit Verminderung des Luftdruckes und des Partialdruckes des Sauerstoffes, etwa wenn dieser erstere auf 410 mm gesunken ist, was einer Höhe von 5000 m entspricht, der krankhafte Zustand sich durch Sauerstoffmangel einstellt. Der Sauerstoffbedarf ist dabei durch rasches Ansteigen noch vermehrt. Für diese Anschauung würde sprechen, dafs die Bergkrankheit besonders da auftritt, wo die Erhebung zugleich mit körperlicher Anstrengung verbunden ist, und Luftschiffer oder Reiter viel weniger befällt als Fufsgänger. Anderseits gibt es manche Gegenden, Wege und Teile von solchen, an denen die Bergkrankheit berüchtigt oft auftritt, und andere, an denen sie bei der gleichen Erhebung nicht vorkommt. Besonders soll der Unterschied zwischen ganz frei gelegenen Orten, zu denen die frische Luft freien Zutritt hat, und eingeschlossenen Schluchten, den sogenannten Couloirs, ein grofser sein. Die letzteren seien durch häufige Fälle von Bergkrankheit ausgezeichnet. Und eine neuere Meinung geht dahin, dafs es sich um die Wirkung der Radiumemanation handeln möge. Andere vertreten die alte, aber nicht ganz verschwundene Ansicht, es möge sich um Ausdünstungen pflanzlicher oder mineralischer Stoffe (Antimon?) handeln. Es läfst sich nicht leugnen, dafs das Krankheitsbild der Bergkrankheit dem einer Vergiftunng mehr ähnelt, als einer Erstickung, aber zwingende Beweise für die genannten Meinungen liefsen sich bis jetzt nicht erbringen.

Was das Leben im Höhenklima anlangt, so mufs der nicht daran Gewöhnte darauf aufmerksam gemacht werden, dafs die Gebirge, abgesehen von ihren landschaftlichen Reizen, auch ihre Gefahren haben. Allährlich, besonders wenn die Zeit der grofsen Herbstferien beginnt, dann kommen auch die Meldungen der Tagesblätter über den „Tod in den Alpen". Allermeist handelt es sich um Ausflügler, die die erste Bedingung, unter der ein nicht ganz gefahrloses Unternehmen überhaupt angetreten werden sollte, aufser acht lassen, und ohne Führer gehen. Auch die gröfste Erfahrung im Bergsteigen im allgemeinen kann von der Verpflichtung, sich eines ortskundigen Führers zu bedienen, nicht entheben. Der Führer kennt nicht nur die Berge meist besser als der „erfahrene Bergsteiger", er kennt vor allem s e i n e n Berg. Auf die einzelnen Vorsichtsmafsregeln: Anseilen beim Überschreiten von Schneefeldern usw., kann nicht eingegangen werden, aber im allgemeinen mufs auf die Wichtigkeit einer genügenden Ausrüstung, selbst bei ganz harmlosen Bergbesteigungen, hingewiesen werden. Es ist kein Unglück, aber auch nicht sehr angenehm, wenn ein Stadtfräulein mit ganz durchweichtem, dünnen Fähnlein patschnafs und durchgefroren, oder mit ihren eleganten Schühchen ohne Sohlen, auf eigenen baren Sohlen den Heimmarsch antreten mufs. Ganz besonderes Augenmerk ist der Fufsbekleidung im Gebirg zuzuwenden. Sie soll nicht nur halten, sondern auch einen sicheren Tritt erlauben, und soll nicht drücken, denn man mufs lange und beschwerliche Wege damit zurücklegen, und im Gebirg hat das Ausgleiten und Fallen eine ganz andere Bedeutung als in der Ebene. Da geht es halt manchmal arg tief hinunter. Die Unglücksfälle in den Bergen sind um so schwerer zu beklagen, als sie begreiflicherweise nur Jugendliche und leistungsfähige Leute betreffen, die ihr Leben noch vor sich hatten, die ein Recht auf Lebensgenuſs und auch eine Pflicht zu erfüllen hatten, wenn sie die viele Mühe lohnen wollten, die auf ihre Erziehung und Ausbildung verwendet werden muſste, bis sie nur einmal an den Anfang einer tätigen Laufbahn gebracht wurden. Solche Erwägungen drängen sich einem wohl auf und mischen sich dem innigen Mitleid bei, von dem jeder erfüllt werden muſs, wenn er von dem Untergang eines jungen, hoffnungsvollen Lebens vernimmt. Die Anerkennung, die man einem jeden gern zollen wird, der sich auch einmal getraut, ein Wagnis zu unternehmen, wird man dem Verunglückten um so weniger versagen, als die Strafe, für ein vielleicht vorgekommenes Versehen, in so gar keinem Verhältnis zum begangenen Fehler steht. Es gibt kein Verbrechen, das in den Augen der höheren Vorsehung so schwer sein muſs, wenigstens wird keines so schwer bestraft als Dummheit und — Leichtsinn! Vielleicht liest der eine oder der andere Junge diese Zeilen. Beherzigen wird er sie nicht, sie kommen eben von einem Alten, wohl auch Altmodischen. Aber vielleicht denkt doch der eine oder andere einmal darüber nach, daſs der einzelne auch Pflichten gegen die Gesamtheit hat, und der Junge mehr als der Alte, weil an seinem Dasein der Gesamtheit mehr gelegen sein muſs als an dem des Alten, der seine Sache schon getan hat, und um den es nicht mehr schade ist. Wenn ich zwei Worte wohlgemeinten Rates geben darf, so lauten sie: Irgend bedenkliche Unternehmungen nie allein ausführen, am besten zu dreien! Dann kann beim Unfall des einen unter ihnen der zweite bei ihm bleiben, der dritte Hilfe holen. Kein wirklich gefährliches Unternehmen ohne

Führer antreten, lieber es unterlassen, wenn aus irgendwelchen Gründen keiner zur Verfügung steht!

Schnee enthält, wie wir schon früher hervorgehoben haben, immer eine ganz bedeutende Menge Luft, die zur Erhaltung des Lebens lange Zeit hinreicht, nachdem das Bewußtsein schon geschwunden ist. Bei Leuten, die eine
Stunde nach ihrer Verschüttung ausgegraben wurden, sind
Wiederbelebungsversuche noch nicht aussichtslos. Auch
das muß man wissen.

Bekanntlich gehört das Höhenklima zu den Heilfakto-
ren der physikalischen Methoden, und wird vielfach ärzt-
lich verordnet. Vor allem verdankt das Höhenklima in dieser Beziehung seinen Ruf dem Umstand, daß in der Höhe,
abgesehen von seinem physikalischen Zustand, den wir
schon besprochen haben, auch in ihrer Zusammensetzung
der Gesundheit sehr zuträglich ist. In großer Höhe ist
die Luft ganz keimfrei. Dem Handbuch der Hygiene von
R u b n e r entnehme ich folgende Angaben.

Die meisten Krankheitskeime vertragen die Austrocknung nicht gut. Man findet in der Atmosphäre fast ausschließlich Saprophyten. Nur Staphylokokken und Tuberkelbazillen vertragen stärkere Austrocknung. Die Keime,
die beim Aushusten in den ausgeworfenen Tröpfchen enthalten sind, und denen man bei der Tröpfcheninfektion
eine so große Rolle beimißt, können bei der Geschwindigkeit von 10 cm in der Sekunde in 5 Minuten 30 m weit
getragen werden. In ruhiger Luft bleiben die Bakterien
nicht lang am Leben. Man spricht von der Selbstreinigung
der Luft, indem durch die Einwirkung der Austrocknung,
namentlich auch des Sonnenlichts, die Keime getötet werden. Außerdem kommt die gewaltige Verdünnung mit zunehmender Entfernung vom Orte ihrer Beimischung in Betracht. Unter den Keimen, die man in der Luft fand, überwiegen die Kokken. Der Keimgehalt der Luft wechselt mit

den Jahreszeiten am gleichen Ort. So fand M i q u e l im Park von Montsouris auf den Kubikmeter Luft im Juli 6735, im Januar 3035 Keime. Mit Erhebung über dem Boden nimmt der Keimgehalt ab, in 100 Metern schon um ein Drittel. C h r i s t i a n i fand bei einer Ballonfahrt von Genf aus in relativer Höhe über Genf von

550 m	3400 Kolonien
630 „	2100 „
700 „	0 „
800 „	900 „
900 „	1300 „
1000 „	1900 „
1100 „	100 „
1350 „	0 „

Der Dampfdruck scheint eine wichtige Rolle dabei zu spielen. Auf hohen Bergen ist die Luft besonders keimfrei, die Grenze der Keimfreiheit liegt im Sommer über 3000 m, im Winter bei 1600 bis 1800 m, verläuft nicht gleichmäfsig, eine Zunahme der Keime findet sich an der unteren Wolkengrenze.

Gerade bei den Krankheiten, bei denen die Einatmung von Krankheitserregern mehr noch als bei anderen vermieden werden soll, treten die Vorteile des Höhenklimas besonders hervor. Das ist vor allem bei der Lungentuberkulose der Fall und betrifft nicht nur die Einatmung der Tuberkelbazillen selbst, sondern auch die Erreger der ganz gewöhnlichen Katarrhe der Luftwege. Denn auch diese müssen bei der Lungentuberkulose möglichst vermieden werden. Die entzündeten Schleimhäute werden empfänglicher für die Ansiedlung und das Gedeihen der Tuberkelbazillen, der ewige Husten läfst die Lunge nicht zur Ruhe kommen, und auf Ruhigstellung derselben legt man heutigentags das gröfste Gewicht, kurz, immer kann man sehen, dafs Katarrhe, die dazwischen kommen, auf den Verlauf der Lungentuberkulose einen unheilvollen Einflufs ausüben können. Man kann demnach auch bei nicht tuberkulösen Erkrankungen der Atmungsorgane das Höhenklima recht gut zur Kur gebrauchen lassen. Nur bei starkem Emphysem mit starrem Brustkorb weniger. Die oben ausgeführte Betrachtung über die Expektorationskraft bei niederem Luftdruck gibt hierfür den Schlüssel. Übrigens wird erfahrungsgemäfs das Höhenklima entgegen der Theorie auch von Emphysematikern manchmal gut vertragen, obwohl sie im ganzen das Tiefenklima, zum Beispiel Orte an der See, mit gröfserem Vorteil aufsuchen. Die Tuberkulose der Lungen bildet schon lang und bis jetzt das Hauptgebiet für die Behandlung im Höhenklima. Und nicht nur die beschriebenen Eigenschaften der Luft und vornehmlich ihre grofse Keimfreiheit kommt hiefür in Betracht, sondern die anderen Eigenschaften des Höhenklimas auch. Vor allem die starke Wirkung der Sonnenstrahlung ermöglicht in der dünnen Luft die Durchführung der Sonnenbäder in sehr wirksamer Weise, mehr als in der Tiefe, wo der gröfste Teil der brechbarsten Strahlen von der Luft verschluckt worden ist, der Himmel weist auch eine viel geringere Bewölkung auf, und gerade dann, wenn in der Tiefe die starke Bewölkung die Verwendung der Sonnenstrahlen zu Heilzwecken geradezu unmöglich macht, und wo das scheufsliche Winterwetter dem Kranken den Genufs der freien Luft lange Zeit verbietet, gerade da bietet das Höhenklima mit seinen heiteren Tagen, mit seiner starken Insolation, dem Kranken das alles, was er zu Hause in seiner rufsigen Luft, unter dem trüben Himmel, in seinem rauchigen, schlecht gelüfteten Zimmer entbehren mufs. Dabei verhält sich natürlich auch in der Höhe nicht ein Ort ganz so wie der andere, und in der Auswahl der Örtlichkeit mufste auch Rücksicht ge-

nommen werden und ist genommen worden auf eine ge-
schützte Lage gegen die kalten Winde, auf freie gegen den
Zutritt der Sonne usw. So sind die Winterkurorte in Grau-
bünden nicht die einzigen, aber sie stehen im Vordergrund unter den Höhenkurorten, weil sie die Vorteile der
geschützten Lage mit denen des Höhenklimas überhaupt
vereinigen. Natürlich ist man in der Höhe auch nicht ganz
unabhängig von den Launen der Witterung, und man kann
nie vorher wissen, ob der kommende Winter für den Kranken, den man dahin schickt, ein guter oder ein wenig guter
werden wird. Für besonders günstig wird es angesehen,
wenn im Herbst frühzeitig Schnee fällt, der dann gewöhnlich bis zum Frühjahr liegen bleibt. Damit wird die Luft
vollkommen staubfrei, die Insolation durch das vom Schnee
zurückgeworfene Licht besonders kräftig.

Die starke Bestrahlung und der Gebrauch sehr wirksamer Sonnenbäder macht das Höhenklima übrigens auch
zur Behandlung anderer Krankheiten geeignet. Vor allem
ist es aber hier wieder die Knochen- und Gelenktuberku-
lose, die hier in Frage kommt, und bei denen die Höhenkur
oft wahre Triumphe feiert. Hat man ja doch hier auch einen
doppelten Vorteil. Besteht dabei auch noch ein Lungenleiden, so wird es gleich mitbehandelt, und besteht es nicht
oder noch nicht, so dient die Höhenkur wenigstens als
höchst wichtiges Prophylaktikum. Auch für einen, der es
nie mit Augen selbst gesehen hat, ist der Anblick der Licht-
aufnahmen wenigstens, die in ärztlichen Berichten zu sehen
sind, im höchsten Grade anregend und erstaunlich. Wie
sich die schwersten Veränderungen an Knochen und Ge-
lenken bessern, wie sie heilen, wie der ganze Körper zarter
und hinfälliger Kinder genest. Schließlich sieht man auf
den Abbildungen, wie sich nackte Knaben im Schnee tum-
meln, nur die Füße durch Schuhe geschützt, wahrhaftig
eine Art der Abhärtung nicht nur, sondern durch die

gleichzeitige Bestrahlung eine Behandlung, die man vor nicht langer Zeit keinem Gesunden zugemutet haben würde und die man jetzt Kranken angedeihen zu lassen den Mut gefunden hat. Vermutlich werden nicht gerade die allerschlechtesten Fälle photographiert werden. Aber soviel geht doch aus den Berichten hervor, daſs, die richtige Auswahl der Fälle und eine gewissenhafte Beobachtung vorausgesetzt, mit einer solchen Ausnützung des Höhenklimas wirklich Groſses erreicht werden kann.

Das Tiefenklima

braucht eigentlich nicht viel Worte. Die groſse Mehrzahl der Menschen lebt in Höhen unter 400 m, also im Tiefenklima. Höherer Luftdruck, wärmere Luft, stärkere Bewölkung, schwächere Winde, also auch geringerer Luftwechsel, stärkere Niederschläge, die bei dem gröſseren Gehalt der Luft an Staub, Ruſs und Keimen um so notwendiger sind, das sind die Dinge, die für alle Örtlichkeiten in der Tiefe in Frage kommen. Aber nirgends ist eine so groſse Mannigfaltigkeit und ein so groſser Unterschied zu beobachten, wie gerade im Tiefenklima. Eigentliche Gewässer finden sich nur hier, in der Höhe höchstens ein Gieſsbach oder selten ein hoch gelegener Süſswassersee, immer nur von kleiner Ausdehnung. Der ganze, durchgreifende Unterschied zwischen ozeanischem und kontinentalem Klima kommt nur für das Tiefenklima in Betracht, und wo es sich um weit ausgedehnte Hochebenen handelt, die namentlich den kontinentalen Charakter des Klimas zur Schau tragen, dreht es sich mehr um diesen als um die Eigenschaften des Höhenklimas, die jenen gegenüber fast gar keine Rolle spielen. Und ozeanisches Klima ist zwar immer auch ein Tiefenklima, verdankt aber seine besonderen Eigenschaften vielmehr anderen Dingen, als gerade dem hohen Barometerstand.

Die berührte Mannigfaltigkeit des Klimas in der Tiefe entsteht vornehmlich durch die verschiedene Gestaltung und Beschaffenheit des Bodens und die Veränderungen, die dieser durch die menschliche Tätigkeit erfahren hat. Man kann im Zweifel sein, ob man die Mittelgebirge noch hierher zählen kann. Die höheren Erhebungen derselben gewiſs nicht, sie gehören nach ihrer Wirkung auf den Menschen schon mehr zum Höhenklima. Auch der Zustand der Atmosphäre wird durch Mittelgebirge — man denke nur an den Schwarzwald, den Harz, das Riesengebirge — recht merklich beeinfluſst. Über dem eigentlichen Flachland herrscht in dieser Beziehung eine gewisse Eintönigkeit vor. Da ist nichts, was den Zustand in gröſserem Maſsstab verändern könnte, oft nicht einmal auf ganz beschränktem Gebiet. Das Wetter ist zunächst lediglich von der geographischen Lage der Orte abhängig, und vor allem von den herrschenden Winden, die ihre Richtung und ihre Stärke zugeteilt bekommen durch tellurische Einflüsse, deren Wirkung sich auf weite Strecken hin bemerkbar macht. So eine Tiefebene hat immer das Wetter, das der allgemeinen Wetterlage entspricht, sie hat nichts Apartes für sich. So wird denn auch die Wetterprognose, die sich aus der allgemeinen Wetterlage ergibt, und die man aus den Wetterkarten herauslesen kann, nirgends mehr Geltung haben, als gerade in ausgebreiteten Tiefebenen. Nur die Beschaffenheit der Erdoberfläche bringt hier einige Abwechslung. Namentlich ist die Wirkung der Bestrahlung dadurch beeinfluſst. Schon die Anwesenheit gröſserer Süſswasserbecken läſst den Charakter des ozeanischen Klimas wenigstens erkennbar werden, und gewisse Eigentümlichkeiten, die wir beim ozeanischen und kontinentalen Klima zu besprechen haben werden, treten da schon hervor. Das beobachtet man nicht nur beispielsweise an den grofsen kanadischen Seen, die zusammen einen Flächeninhalt nicht kleiner als ganz Frankreich haben, auch kleinere Becken, der Genfer See, sogar die Seen im Voralpenland können schon bemerkbare Erscheinungen in diesem Sinne darbieten.

Ob der Boden bebaut ist und mit was, spielt auch eine Rolle, und vor allem die Frage, ob ausgedehnte Wälder da sind oder solche von nur kleiner Ausdehnung, ist nicht unwichtig. Letztere können wohl für einzelne, die in heifser Sonnenglut sich ihres Schattens freuen, von Bedeutung sein, für die Gestaltung des Klimas sind sie ohne Einflufs. Ja, man spricht dem Wald in dieser Beziehung fast alle Wichtigkeit ab und bezweifelt, ob es überhaupt ein W a l d - k l i m a gibt.

Das Waldklima.

Nun wird die Bestrahlung des Erdbodens durch die Sonne vom Wald abgeschwächt, und im Waldesschatten ist es kühler als draufsen in der Sonnenglut. Der aufsteigende Luftstrom, der über der sonnenbeglänzten Ebene sich bildet, erfährt über Wäldern eine Abschwächung. Die Verdichtung des Wassers ist über dem Wald zunächst wegen der niederen Bodentemperatur kleiner, hält aber in trockenen Zeiten länger an. Denn der Waldboden ist seiner Beschaffenheit nach imstande, mehr Wasser aufzunehmen und festzuhalten wie ein Schwamm, da er mit Moos, Gras, verfaultem organischen Material bedeckt und vor den Sonnenstrahlen mehr oder weniger geschützt ist. Für die Wasserversorgung der Umgebung sind Wälder von grofser Bedeutung, zumal über ihnen auch stärkere und häufigere Niederschläge sich einstellen, als über dem oft trockenen Boden aufserhalb derselben. Die Verdunstung ist im Wald nicht so sehr auf einzelne Zeitabschnitte beschränkt, wie im waldfreien Boden, und die Luft ist daher im Wald nicht nur kühler, sondern auch feuchter. Von den Blättern und Nadeln verdunstet immer eine ganze Menge Wasser. Die Luft enthält auch wenig Staub und weniger Krankheitskeime. Der Staub bleibt an der Oberfläche der Pflanzen hängen, ganz besonders an den klebrigen Nadeln der Koniferen. Anderseits hauchen diese Gerüche aus, die wir als gewürzig bezeichnen und die uns angenehm sind. Der Geruch nach Harz macht den Nadelwald in dieser Hinsicht dem des Laubwaldes noch überlegen, in dem der muffige Geruch des verfaulenden Laubes am Boden zwar durchaus nicht widerlich, aber doch an vielen feuchten und schattigen Stellen auch nicht gerade vorzüglich genannt werden kann. Kommen dazu noch andere Sinneseindrücke, das Rauschen der Bäume, die Betrachtung der Pflanzen- und Tierwelt, so begreift man schon, wie der Aufenthalt im Wald als sehr angenehm empfunden wird und daß man darauf kam, ihn auch als sehr heilsam für Kranke anzusehen.

Geht man der Sache nach, so findet man allerdings nur geringe Zahlenbelege für diese Ansicht, und man begreift, daß die Meteorologen von einem eigentlichen Waldklima nicht mehr viel wissen wollen.

Länder mit 75% Waldbedeckung erwiesen sich im Jahresmittel nur um 0,1 bis 0,8° kühler als waldlose. Auch der Temperaturunterschied im Wald gegen das freie Feld ist keineswegs groß. Am größten noch um 2 Uhr nachmittags, da betrug er in den Monaten Juni bis September im Buchenwald 1,1, in den Monaten November bis April 0°, im Fichtenwald im Winter 0,7°, im Frühling 1,3°, im Sommer und Herbst 0,8° und 0,9°.

Der Waldschatten verhindert die starke Erwärmung des Bodens, anderseits wird die ausstrahlende Oberfläche durch

die Belaubung der Bäume wesentlich vergröfsert, ebenso
geht hier viel Wärme durch Verdunstung verloren. Das
wechselt allerdings nach der Vegetationsperiode. Der Frost
dringt im Winter im Wald nicht so tief in den Boden ein,
während die Bodentemperatur im ganzen unter dem Wald
beträchtlich tiefer liegt als im freien Feld. In 60 cm Tiefe
fand sich im Juli die Temperatur im Feld 15°, im Wald 12°,
im Durchschnitt des Jahres im Feld 7,7°, im Wald 6,6°.
In einer Tiefe von 22 cm im August im Feld 13,8°, im
Wald 11,0°.

Mit der feuchten Waldluft ist es auch nicht so arg. Die
relative Feuchtigkeit ist im ganzen nur etwa um 5 bis 6%
höher als im Freien, im Sommer beträgt der Unterschied
allerdings bis zu 9%. Die Bodenfeuchtigkeit ist hingegen
viel gröfser, bis zu 62%, denn trotz gröfseren Wasserver-
brauchs durch den Pflanzenwuchs wird die Verdunstung
durch den Schatten und namentlich auch unter der Streu-
decke wesentlich verringert, so dafs der Wassergehalt des
Bodens durch grofse Waldbestände in der Tat so erhöht
werden kann, dafs dies für die Speisung von Bächen und
Flüssen für Mühlen in die Wagschale fällt.

Überblickt man jetzt das alles, so möchte man die Bedeutung des Waldes in klimatischer Beziehung, zwar nicht
im grofsen Stil aber doch für kleinere Verhältnisse nicht
gering anschlagen. Vor allem möchte ich auf einige Punkte
Gewicht legen. Der Wald schützt vor Wind, vor kaltem
und heifsem. Er schützt vor der Bestrahlung, wenn er auch
die Lufttemperatur nur wenig senkt. Er hält Boden und
Luft feucht; die Luft ist staubfrei. Er ermöglicht es dem
Menschen, auch zur Zeit der gröfsten Sonnenglut, die sonst
ungenützt verstriche, im Sommer in den Mittagsstunden
sich im Freien zu ergehen. Von dem ästhetischen Genufs,
den das mit sich bringt, ist dabei noch gar keine Rede, und
die Wertschätzung des Waldes, die er im Kultus unserer

Ahnen gefunden hat und immer noch im Lied findet, ist doch recht erklärlich.

Und was die Wirkung des Waldklimas im großen Stil anlangt, die von den Meteorologen, wie gesagt, bestritten wird, wäre auch noch ein Wort zu sagen.

Nach Ansicht eben der Meteorologen entsteht über der ungarischen Tiefebene, seit sie entwaldet ist, zur Zeit, wo die Sonne im Frühjahr höher heraufkommt, ein Minimum eher als in den anderen Gegenden von gleicher geographischer Breite, also gerade auch bei uns. Die Folge ist, daß der Zyklon um dieses barometrische Minimum herum bei uns nördliche Winde bringt mit kalten, klaren Nächten, die Kälterückfälle im Mai, die bekannten „drei Eismänner", die so oft in Stunden durch Erfrieren der Blüten die Hoffnung eines ganzen Jahres zuschanden machen und Millionenwerte — w i r k l i c h e Werte — vernichten. Der Anblick der schönen Blüten, wie sie in einer Maiennacht schwarz geworden sind, gehört auch zu den Roheiten der gütigen Natur. Man kann sagen: Hätten die Ungarn ihren Wald noch, dann hätten wir alle Herbste unser Obst. Man kann auch noch weiter denken, die Entwaldung von Deutschland, die gegenwärtig im Gange ist, langt vielleicht auch zur Verschlechterung des Klimas, hoffentlich nicht nur von unserem, sondern auch vom französischen, wenn es nach dem Rechten geht, was allerdings beim gegenwärtigen Weltgouvernement nicht wahrscheinlich ist.

Seine wohltätigen Einwirkungen entfaltet das Waldklima natürlich unmittelbar fast nur an Stadtbewohnern; da ist aber das Ergebnis oft auffallend. Wenn ein blasses Stadtkind sich auf dem Land zu erholen beginnt, da erlebt man es nicht selten, daß es gerade vom ersten Gang in den Wald mit frischen roten Wangen wieder zurückkehrt, als wenn das eine Mal schon hingereicht hätte, ihm das Blut in die Wangen zu jagen. Auch bei schwerer Anämie, zum

Beispiel Anaemia vera nach Melaena neonatorum, habe ich wenigstens den ersten, so heiß begrüßten rosigen Schimmer im schneeweißen Gesichtchen gerade nach dem ersten Ausflug in den Wald wahrnehmen können.

Den geraden Gegensatz zum Waldklima bildet das

Das Wüstenklima.

Heiß, trocken, staubig, schattenlos, keine Spur von dem, was einen Nordländer anziehen und erfreuen kann. So sollte man meinen. Bis zu noch nicht sehr langer Zeit hat das Wüstenklima auch wirklich nur Forschungsreisende beschäftigt und die, die ohne deren Mühen, Beschwerden und Gefahren sich an ihren Reisebeschreibungen erfreuten. In der jüngeren Zeit hat das Wüstenklima durch seine Anwendung bei Lungenschwindsucht eine früher kaum geahnte Wichtigkeit bekommen.

Die Temperatur ist für gewöhnlich heiß, furchtbar heiß, aber sie wechselt zwischen Tag und Nacht sehr bedeutend. So stark die Einstrahlung bei Tag, so stark ist die Ausstrahlung in der Nacht. Von einer Bewölkung, die beide lindern könnte, ist keine Rede. Von Sonnenaufgang bis zum Mittag kann die Temperatur um 30 bis 40⁰ steigen, die Temperatur des Sandes um 70 bis 80⁰. Schwankungen der Bodentemperatur von 50⁰ in kurzer Zeit sind nicht selten. Die Trockenheit ist enorm. In Wadi Halfa (südlich von Assuan) hat es in 10 Jahren an 22 Tagen geregnet, das heißt, es fielen Regentropfen in unwägbarer Menge, davon zehnmal im Februar und Mai. Daß es dort keine Krankheitskeime in der Luft gibt, läßt sich wohl begreifen. Vegetation gibt es auch keine. Der Temperaturunterschied in der Nacht gegen den Tag kann sogar zur empfindlichen Kälte sich steigern. Es ist bekannt, daß man in der heißesten Wüste sich Eis verschaffen kann. Man stellt sehr flache Holzgefäße im Freien auf dicke Strohunterlagen, damit die heiße Erde nicht darauf durch Leitung wirken kann. Dann führt die starke Verdunstung in der klaren, wolkenlosen Nacht zu einem so großen Wärmeverlust, daß das Wasser gefriert. Eingeborene, wie Zugewanderte hüllen sich in der Nacht in ihre Decken, in ihren Burnus, um nicht zu frieren, und in der Wüste kann man sich recht gut erkälten, vielleicht noch leichter als manchmal im gemäßigten Klima, weil der Körper durch die große Tageshitze, wie man glaubt, verwöhnt ist.

In den letzten Jahrzehnten ist die Wüstentherapie der Lungentuberkulose mehr und mehr in Schwung gekommen. Lange Zeit war es die heiße feuchte Luft, die man bevorzugte, und Madeira der berühmte Kurort für bemittelte Lungenkranke, und heute erkennt man der trockenen Hitze den Vorzug zu, und an Stelle von Madeira ist Ägypten getreten. Weniger ist das staubige, schmutzige Kairo in Ruf als die Wüstenorte in der Umgebung, Assuan und Helouan les bains. Sie haben das richtige Wüstenklima mit allen seinen Reizen der Neuheit für den Nordländer, der Staub ist gering, nur darf der Samum des Frühjahrs nicht abgewartet werden. Wenn der kommt mit seiner unerträglichen Glut und seinem massenhaften und so feinen Staub, daß er durch alle Fugen und Ritzen dringt, jeden Gang ins Freie unmöglich macht, im verschlossenen Zimmer alles einhüllt und bedeckt, dann ist die beste Zeit für den Lungenkranken natürlich vorbei. Doch gibt es erfahrene Ärzte, die für ihre Kranken den unausgesetzten Aufenthalt das ganze Jahr über und für mehrere Jahre fordern.

Das Wüstenklima wird ferner auch für gewisse Nierenleiden als sehr wirksam angesehen, und es läßt sich nicht leugnen, daß die trockene und heiße Luft hier recht

gute Erfolge zeitigen kann. Trotz erfreulicher Fortschritte
in der Beurteilung der Nierenleiden, die in der jüngeren
Zeit gemacht wurden, sind wir von einer befriedigenden
Deutung dieser Dinge, auch der Wirkung des Wüsten-
klimas, noch recht weit entfernt.

Hier ist wohl auch die richtige Stelle, eines Gegensatzes
in klimatischer Beziehung zu gedenken, der zwar überall
zu Geltung kommen kann, aber gerade dort am häufigsten,
wo die Menschen sich in ihrer überwiegenden Mehrzahl in
der Tiefe angesiedelt haben. Das ist der Unterschied zwischen Stadt und Land. Im allgemeinen, wir haben nicht
anders gehandelt, wird bei der Behandlung der Klimatologie nur Rücksicht auf die natürlichen Verhältnisse genommen, also auf die, welche durch die Natur allein hervorgebracht worden sind. Aber nicht nur durch das, was
es selber bringt, wirkt das Klima auf den gesunden und
namentlich auf den kranken Menschen, sondern auch durch
die Umstände, welche die sonst vorhandenen Schädlichkeiten und Unannehmlichkeiten in den Hintergrund treten
lassen. Die Namen: Ferienaufenthalt, Ferienreise, Sommerfrische bedeuten mehr als wohlbekannte Annehmlich-
keiten, Freuden, die eines ganzen Jahres Arbeit Feierabend
bilden, sie bedeuten für die körperliche und geistige Gesundheit und auch für die Dauer der Arbeitsfähigkeit, sogar
auf die Qualität des Erzeugten einen ungemein wichtigen
Faktor. Die im südlichen Deutschland üblichen Herbstferien sind von den trockenen Norddeutschen jetzt zwangs-
weise gründlich verdorben. Was verstehen die von Poesie,
von Natur, von Ferien und ihrem Zauber!

Den wohltätigen Einfluß habe ich selber zu deutlich verspürt. Mit der Qualität mag es sich verhalten, wie es will,
über die Dauer der Leistungsfähigkeit kann man aber
nicht streiten. 55 Jahre mögen es wohl sein, da habe ich
auf der Schulbank das so beliebte Thema: Leiden und

Freuden des Land- und Stadtlebens bearbeiten müssen, und heute muſs ich es wieder tun, und daſs ich das, vielleicht nicht mehr so elegant, aber doch noch tun kann, das kommt wohl von den alljährlichen Ferien in freier, herrlicher Natur, die ich meinen guten Eltern zu verdanken habe und bis ans Grab danken werde, bis an meines Lebens Feierabend.

Das Stadtklima

ist vor allem lichtloser. Je nach der Richtung der Straſse und der Straſsenfront ist das verschieden, die Unterschiede sind noch gröſser, je nachdem die offene oder die geschlossene Bauart durchgeführt ist und je nach der Höhe der Baulichkeiten, der Breite der Straſsen und Höfe. Jedenfalls ist die Menge von Licht und Wärmestrahlen auf dem Land viel gröſser. Der Wind ist in den Städten merklich schwächer, wenngleich er an bestimmten Ecken, namentlich wo Straſsen und Gassen in freie Plätze münden, sehr heftig auftreten, Menschen umwerfen kann usw. Örtliche Wirbelbildungen, namentlich nahe an hohen Kirchen, sind häufig, im ganzen aber die Lufterneuerung viel geringer als auf dem Lande. So kommt es, daſs die üblen Gerüche, die das Zusammenleben vieler Menschen und ihre Tätigkeit auf engem Raum mit sich bringen, sich sehr unliebsam bemerkbar machen, und in einzelnen Stadtvierteln gibt es fast nur Straſsen und Gassen, von denen jede ihren eigenen, bezeichnenden Geruch aufweist. Gleichwohl richtet der Sturmwind in den Städten durch seine Gewalt meistens mehr Schaden an und gefährdet auch mehr Menschen durch herabgeworfene Ziegel und andere Dinge, als es auf dem Lande der Fall ist, wo die Häuser niedriger sind und weiter von der Straſse abliegen. Der Temperaturunterschied im Freien ist gegenüber dem Lande gar nicht so unbedeutend. Ich besitze keine genaueren Aufzeichnungen darüber, möchte ihn aber so auf ungefähr 2⁰ anschlagen, um die die Luft im Winter im Innern der Stadt wärmer sein kann als in den Vorstädten und der nächsten Umgebung. Die Hitze ist in der Stadt wenigstens oft drückender; noch an späten Sommerabenden kann das Vorübergehen an Wänden, die den ganzen Tag fast sonnenbestrahlt waren, ungemein lästig sein. Die Wärmeausstrahlung bringt hingegen im Winter je nach der Lage des Gebäudes eine sehr erhebliche Milderung des Kältegefühls mit sich. Hier in Würzburg gibt es solche Stellen, wo von der Sonne beschienene hohe Wände eine derartige Wärme ausstrahlen, daß man sie im Winter gern aufsucht. Wir heißen so eine Stelle am Justizgebäude, eine am Palais des Präsidenten scherzweise unsere „Riviera". Eine arge Plage ist in vielen Städten die Beschaffenheit des Bodens und der Staub, in manchen weniger oder gar nicht. Wie das längere Gehen auf dem Pflaster ermüdet, davon bekommt man erst den rechten Begriff, wenn man etwa aus dem Laundaufenthalt für einen Tag die Stadt aufsucht. Todmüd wird man bis zum Abend, auch wenn man auf dem Lande an viel längere Wege gewohnt war. Vielleicht trägt aber das viele Sehen und Obachtgeben auf der Straße auch etwas dazu bei. Der Staub ist wohl oft auf dem Lande so arg oder noch viel ärger als in der Stadt. Aber aus was er besteht, das ist in der Stadt unangenehmer und ohne Zweifel gesundheitsschädlicher als auf dem Land. Hier ist es allein oder fast allein mineralischer Staub, meistens Kalkstaub. In der Stadt kommt noch viel organische, verkleinerte Substanz hinzu und auch viel Abfallstoffe, die unmittelbar oder mittelbar von Kranken stammen. Was wir alles jeden Tag von Infektionsstoffen einatmen oder mit dem wir sonst in Berührung kommen — es ist gut, daß man's nicht weiß.

In dieser Hinsicht ist die Infektionsgefahr in der Stadt unzweifelhaft viel gröfser als auf dem Land. Bei wirklichen Seuchen werden in den Städten natürlich absolut viel mehr Opfer gefordert, in manchen überfüllten Vierteln erschreckend, doch sind die Seuchen, auf die Bevölkerungsdichte bezogen, auf dem Land oft gerade so mörderisch. Wenn so viele Leute, und es sind nicht immer gerade die schlechtesten und auch keineswegs sonst die anspruchsvollsten, einen so grofsen Drang nach dem Landleben haben, so hat das freilich nicht nur seinen Grund in den klimatischen Verhältnissen, es hat ihn auch in sozialen Mifsständen, wie sie für den einzelnen der Beruf, der erzwungene Verkehr mit Personen und Klassen mit sich bringt, der auf das Befinden, schliefslich sogar auf den Gesundheitszustand zurückwirken kann. Auch der Drang nach Abwechslung, besonders im ewigen Einerlei des Alltagslebens, spielt hier mit. Jedenfalls durften diese Dinge nicht ganz mit Schweigen übergangen werden, da die ganze Klimatologie für die meisten Städter überhaupt nur zur Zeit des Urlaubs oder im Fall einer Krankheit in Frage kommt.

Die Luft von manchen Städten ist berühmt schlecht. London geniefst hierin einen wohlverdienten Ruf. England hat infolge seiner Lage, mitten im Meer, viele und starke Nebel. Grofse Mengen von Rufs dienen als Konzentrationskerne, und indem sie sich weiter mit einer feinen Rufshülle umgeben, bilden sie den bekannten schwarzen Nebel, der in den Winterzeiten in London den Tag fast so finster macht wie die Nacht. In Städten mit grofser Industrie ist die Beimengung von Rufs nicht allein eine Belästigung des Kulturmenschen, sondern auch die Säuren, die neben der Verbrennung der Kohle sich der Luft beimengen, sind nicht gleichgültig für die Atmungsorgane. Selbst den aufgestellten Kunstwerken der Plastik können sie gefährlich werden. Sie werden entweder langsam zerstört oder die aus Kupfer oder Bronze bestehenden bringen es wenigstens nie zu einer schönen „edlen Patina", sondern überziehen sich nur mit einer häfslichen schwarzen Haut. Von Russel wurden in der Londoner Luft in 1000 Kubikfufs 0,0139 g Kohle, 0,0460 g schweflige Säure, 0,0028 g Salzsäure neben 0,051 % Kohlensäure nachgewiesen.

Das Stadtklima ist ein künstliches Klima. Wie es zu verbessern ist und für den Bewohner möglichst gut zu gestalten, das ist Sache der öffentlichen Gesundheitspflege.

Man kann noch mehr Arten von Klima unterscheiden. Das Klima ist verschieden, je nach der Beschaffenheit des Bodens, anders an Sümpfen, in der Heide, in trockenen Gegenden, anders über Lehmböden, die den Regen nicht versinken lassen, anders da, wo der Buntsandstein ansteht, wo fast jeder Tropfen Regenwasser in 300 oder 400 m Tiefe versinkt usw. Schon an der ganz verschiedenen Vegetation kann man solche Örtlichkeiten unterscheiden. Um Örtlichkeiten handelt es sich auch mehr als um eigentliche Klimata, weshalb wir auch auf diese Dinge von mehr untergeordneter Bedeutung nicht eingehen wollen.

Dagegen mufs jetzt der durchgreifende grofse Unterschied besprochen werden zwischen Kontinentalklima und dem

Ozeanifchen Klima.

Von der Erdoberfläche sind nur 26 % = 135,65 Millionen Quadratkilometer trockenes Land und 74 % = 509,65 Millionen Quadratkilometer sind vom Meer bedeckt. Aber wie wenige Menschen sind immer zur Zeit auf der See, gegenüber der Mehrheit, die das feste Land bewohnt! Allerdings nehmen die Menschen, die auf Inseln wohnen, und deren ist es schon eine nicht so kleine Zahl, notwendig an dem Klima teil, das dem Meere zukommt. Und das Meeresklima wirkt noch in hervorragendem Maſs auf die Küsten ein, und wenn wir auch von einem Küstenklima reden können, so zeigt es sich, daſs damit in vieler Beziehung, nicht in jeder, sich nur der Einfluſs des Seeklimas weiter und auf eine gröſsere Zahl von Menschen erstreckt hat.

Wie die Sonnenstrahlung, die letzte Quelle für alle Vorgänge in der Atmosphäre, sich in den verschiedenen Breiten verhält, wie das „Solare Klima" sich gestaltet, das wurde schon zum Teil bemerkt, zum andern wird es noch zur Sprache kommen. Ob dann die Sonnenstrahlen auf trockenen Boden fallen oder auf Wasser, das macht den ersten grundsätzlichen Unterschied dahingehend aus, daſs die gleiche Wärmemenge, die zuflieſst, eine ungleiche Erhöhung der Temperatur beim einen wie beim andern erzielt. Die Ursache dafür liegt erstens in der ungleichen Wärmekapazität, die bei Wasser gröſser ist, als bei jedem andern uns bekannten Körper, sodann in der ungleichen Tiefe, bis zu welcher die Strahlen eindringen können, aber auch noch in manchem andern. Es kommt dazu, daſs zwar der trockene Erdboden mannigfache Gestaltung annehmen kann, die Wasseroberfläche aber im groſsen ganzen sich von der Ebene oder, wenn man will, der Kugelschalengestalt sich nicht weit entfernen kann, daſs die Wärmeabgabe durch Verdunstung auf dem Wasser gröſser ist, auch die Masse der Strahlen, die von der Oberfläche zurückgeworfen wird, auf dem Festland anders ausfällt, als auf dem Meer, daſs auch die Menge der Strahlen, die bis zum Erdboden gelangt, verschieden sein muſs, weil sich ungleich starke Bewölkung bilden wird. Damit wollen wir es einstweilen genug sein lassen, später kommt schon noch einiges hinzu.

Das Wasser wird langsamer warm und erkältet langsamer als der feste Boden. Daher fehlen dem Seeklima die

starken Temperaturschwankungen, die das kontinentale
Klima auszeichnen. Die Maxima und Minima der Temperatur folgen aufserdem auf dem Meere dem Stand der
Sonne später nach. Die höchste Temperatur fällt da, wo
die Eigenschaften des Seeklimas am deutlichsten hervortreten, auf kleinen Inseln, erst auf den August und das
Minimum in den Februar. An der Nordsee haben Juli und
August und Januar mit Februar die gleiche mittlere Temperatur. Ein mächtiges Hilfsmittel, stärkere Temperaturschwankungen zu verhindern, ist die Bewölkung, die über
den Meeren selbstverständlich viel bedeutender ist und
sowohl die Einstrahlung wie die Ausstrahlung der Wärme
mäfsigt. Für die Feuchtigkeit der Luft ist es nicht unwichtig, dafs das Meerwasser schwerer gefriert als Süfswasser.
Bei dem mittleren Salzgehalt der Meere ist das Wasser
unterhalb von 3,6⁰ unter Null am dichtesten, und sein
Gefrierpunkt liegt bei — 2,2⁰. Alle Meerwässer mit einem
Salzgehalt, der gröfser ist als 2,5%, gefrieren bei einer
Temperatur, die höher liegt als die, bei der ihre Dichte am
gröfsten ist. Es folgt daraus, dafs immer die Oberfläche
des Meerwassers gefriert und darunter das dichtere, schwerere Wasser zunächst flüssig bleibt. Dadurch wird verhindert, dafs seichte Meeresteile bis auf den Grund gefrieren. Das Eis ist spezifisch leichter als das Wasser,
Eisberge schwimmen und ragen zu einem Neuntel etwa
aus dem Wasser heraus, schon deswegen, weil aus dem
Meerwasser zunächst nur reines Wasser ausfriert unter
stärkerer Konzentration des Salzgehaltes der übrigblei-
benden Flüssigkeit. In das Meerwasser dringen die Sonnenstrahlen verhältnismäfsig tief ein. Deshalb wird es bis
in gröfsere Tiefen erwärmt, und die jährliche Schwankung
der Temperatur verschwindet im Wasser erst in einer Tiefe
von 300 m, im Boden bekanntlich schon in 10 m Tiefe. Dafür ist sie im ganzen natürlich entsprechend kleiner, sie

beträgt am Äquator an der Oberfläche des Meeres noch nicht 1⁰. Die gröfste jährliche Temperaturschwankung wird ungefähr unter dem 35. Breitegrad mit 15⁰ beobachtet und von da an nimmt sie gegen die Pole hin wieder ab. An Küsten macht sich die Nähe des festen Landes mit seiner gröfseren Schwankung schon bemerkbar, da ist auch die Temperaturschwankung des Wassers im Jahr viel bedeutender und kann bis zu 20⁰ betragen.

Die Luft über den Meeren ist feucht und rein, namentlich von organischen Beimengungen. Über dem Meer nimmt die Menge der Keime mit zunehmender Entfernung vom Festland ab. Nach Fischer sinkt der Keimgehalt von 38 unter 100 Seemeilen auf 11 über 100 Seemeilen Entfernung und von 120 Seemeilen an ist die Luft fast stets keimfrei. Damit mag es wohl zusammenhängen, dafs man sich auf See nicht erkälten kann, begreiflich, da nach der oben vorgetragenen Auffassung die Erkältung das Zusammenwirken von zwei Ursachen braucht: die Kälteeinwirkung und die Anwesenheit von Krankheitskeimen. Ausnahmen können aber vorkommen, hat man ja beobachtet, dafs sich Staubregen auf über 600 Seemeilen Entfernung fortsetzten. So kommen auch gelegentlich, aber selten, Infektionen auf hoher See vor. Von der Influenza ist das schon lang bekannt, von der Cholera hat man lang geglaubt, dafs sie auf Schiffen nicht vorkomme, und hat dies auch für die Bodentheorie der Cholera verwertet. Später hat man gesehen, dafs es auch Ausnahmen von der Regel gibt, dafs aber die Cholera auf hoher See dann immer an Bord bald erlischt und erst wiederkommt, wenn das Fahrzeug nochmals die durchseuchte Küste anläuft.

Weht der Wind von der See nach der Küste hin, so bringt er dieser alle seine Eigenschaften mit: grofse Feuchtigkeit, einen Gehalt von 0,2 g Kochsalz in 20000 Liter und eine Spur Jod. Es ist bemerkenswert, dafs in Küstenländern der Kropf sehr selten ist. Man könnte daran denken, daſs der geringe Jodgehalt der Luft daran schuld ist, andere sehen die Ursache in der vorwiegenden Ernährung mit Fischen.

Die Gewalt der Winde ist über dem Wasser wegen der geringen Reibung durchschnittlich gröfser als auf dem Festland. Anderseits fehlen die starken Temperaturunterschiede des Kontinents. Der Gegensatz der Temperatur zwischen Land und Wasser bewirkt aber ganz regelmäſsig Luftströmungen, die bald von der See zum Land, bald umgekehrt vom Land zur See führen. Gerade dann, wenn gröfsere Störungen im Luftmeer fehlen, machen sich diese Luftströmungen in täglichem Wechsel mit grofser Regelmäſsigkeit geltend, und der richtige Eintritt der Seebrise am Morgen, wenn das Land sich früher erwärmt als die See, der Landbrise am Abend, wenn das Wasser seine am Tag aufgespeicherte Wärme langsamer abgibt als das Land, läſst die Vorhersage auf beständiges Wetter mit einiger Sicherheit zu. Was an den Küsten, nicht nur des Meeres, sondern sogar an Binnengewässern, davon beobachtet wird, hat sein Gegenstück im allergröfsten Maſsstab. Die Verteilung von Festland und Meer auf der Erdkugel bewirkt Luftströmungen, die in ganz der gleichen Weise entstehen und unter dem Namen der Monsune bekannt sind, wenn sie eine gewisse Regelmäſsigkeit in ihrem Wehen darbieten. Davon später mehr! Während der Gang der Temperatur gegenüber dem Stand der Sonne mehr verspätet ist über dem Meer als über dem festen Land, so daſs dem Seeklima im allgemeinen ein kaltes Frühjahr und ein warmer Herbst eigentümlich sind, der April kälter ist als der Oktober und sogar der September, so ist es beim kontinentalen Klima umgekehrt, und wo keine Schneedecke liegt, da ist der April wärmer als der Oktober. Es gibt aber Ausnahmen von dieser Regel in den Tropen und gerade im Gebiet der Monsune, zum Beispiel in Indien, Senegambien. Hier entspricht die Regenzeit dem höchsten Stand der Sonne, ihr geht aber die höchste mittlere Temperatur sogar voraus.

Nicht nur die Jahresschwankungen fallen im „limitierten" Seeklima schwächer aus, sondern auch die Tagesschwankungen. Auch der Luftdruck ändert sich dementsprechend nicht viel. Er ist im Mittel wegen der tiefen Lage am höchsten auf der Erde, einzelne Senkungen ausgenommen. Auf hohem Meer tritt die tägliche Druckschwankung fast ganz zurück, solche von 22 mm, die man erlebt, wenn man nur eine Anhöhe von 200 m ersteigt, sind sehr selten. In pneumatischen Kammern werden größere Druckunterschiede zu Heilzwecken verwendet. Gleichwohl sind die Winde auf und an dem Meer im ganzen heftiger, weil sie eine geringere Bodenreibung zu überwinden haben. Die Zahl der Stürme ist bei den Meeren verschieden. Der Große Ozean trägt seinen Namen des „Stillen" im ganzen mit Recht, der Pontus axenus, nur euphemistisch der Pontus euxinus genannt, den seinen auch mit Recht. Die Nordsee hat in jedem Monat, besonders im Vierteljahr Oktober bis Dezember, Stürme. Das Mittelmeer ist im allgemeinen ruhiger, in seinem ägyptischen Teil hat es alle drei Jahre einen Wintersturm, das Tyrrhenische Meer alle 17 Jahre einen Herbststurm, im Sommer sind das Tyrrhenische und das Ägyptische Meer überhaupt sturmfrei, und gänzliche Windstillen sind im Mittelländischen Meer nicht selten.

Das kontinentale Klima

ist in den wichtigsten Stücken das gerade Gegenteil des Seeklimas. Die Temperatur zeigt viel größere Minima und Maxima. Die Luft ist reicher an Staub, besonders an vegetabilischem, sie ist trockener und ihr Feuchtigkeitsgehalt wechselt in weiteren Grenzen. Die Schwankungen der Temperatur sind im Jahr und schon im Tag stärker. Zu Schwankungen des Luftdrucks ist viel mehr Gelegenheit gegeben. Die Winde erfahren aber durch Reibung eine Abschwächung, wozu der Gegensatz sich schon an Binnenseen bemerkbar macht. Der Wind, der auf dem Wasser schon sehr hohe Wellen wirft, den Segelschiffen gefährlich wird, ist am Land schon merklich gelinder, und selbst bei Annäherung an dasselbe läfst der Wind einigermafsen nach. Über den Meeren ändert sich die Windstärke im Verlauf des Tages fast gar nicht, aber schon mit Annäherung an die Küste wird das anders, und je weiter man in das Binnenland eindringt, desto mehr nimmt sie ab. Einerseits begünstigt also das Land die Entstehung der Winde durch Temperaturunterschiede, anderseits schwächt es ihre Geschwindigkeit ab. Das ist am Tag und in der Nacht verschieden. Am Tag wird in der Nähe des Bodens der Wind durch das Land verstärkt, in der Nacht abgeschwächt. Auf weit ausgedehnten Ebenen wird er in den Nachmittagsstunden heftiger, um am Abend einzuschlafen. Über dem Land steigt die Luft am Tag auf, erhöht oben den Druck. Von hier erfolgt das Abfliefsen gegen die See, wo die oben kalt gewordene Luft heruntersinkt, um als Seebrise wieder dem Lande zuzuströmen. In der Nacht ist es umgekehrt. Im kontinentalen Klima erwacht die Natur im Frühling früher, aber sie schläft auch im Herbst eher ein. Auf dem Festland bewirkt die Schneedecke häufig Veränderungen im Gewöhnlichen, das fehlt auf den Meeren, da der Schnee nur auf dem Eise liegenbleiben kann, wo seine Anwesenheit keine grofse Bedeutung besitzt. Übrigens nähert sich das gefrorene Meer in seinen klimatischen Eigenschaften dem Festland sehr.

Das Küstenklima ist nichts als eine Mischung von beiden, dem Seeklima und dem Landklima. Es ist nur eine

Frage, was dabei vorwiegt, und das richtet sich nach der Örtlichkeit. Im allgemeinen kann man sagen, dafs das Küstenklima von der Richtung der herrschenden Winde abhängt. Das gilt für die kleinen und für die grofsen Verhältnisse. Im ganzen wehen die Winde auf der Erde von West nach Ost viel häufiger als umgekehrt. So hat die Ostküste von Amerika, da sie Winde vom Kontinent bekommt, ein ausgesprochen kontinentales Klima, mit seinen grofsen Schwankungen der Temperatur, dem strengen Winter und den Hitzeperioden im Sommer, die alljährlich zu vielen Unglücksfällen führen. Wenn man wohl in jedem Winter den Tagesblättern die Nachricht entnimmt, dafs in New-York und Umgebung Leute erfroren sind, so mag man sich daran erinnern, dafs New-York unter dem nämlichen Breitegrad liegt wie Madrid und Neapel. Ebenso hat die Ostküste von Asien ein kontinentales Klima, die pazifische Seite von Amerika aber ein ozeanisches. Das trifft auch an vielen anderen Stellen zu, dieser grundlegende Gegensatz, und er bringt in die Klimata der ganzen Erde, besonders unter den Tropen, eine Mannigfaltigkeit, die uns zwang, erst von diesen Dingen in aller Kürze zu sprechen, bevor wir die Verteilung der Klimata auf der Erde im ganzen ins Auge fafsten.

Mit dem Gang der Temperatur gehen auch die anderen Elemente des Wetters Hand in Hand. Die Küsten, an denen der Wind nicht vom Land gegen die See weht, haben in den Jahreszeiten, in denen das Meer wärmer als das Land ist, reichliche Niederschläge, und wenn das Land wärmer ist, dann ist es trocken. Das ist also der Gegensatz, der gewöhnliche, und deshalb haben namentlich die Westküsten der höheren und mittleren Breiten ein verhältnismäfsig trockenes Frühjahr, dagegen vornehmlich Herbst- und Winterregen. Im allgemeinen wiegen auf ausgedehnten Landflächen die Nachmittagsregen vor (in den höheren Breiten nur in den Sommermonaten) und die Sommerregen, auch die Frühlingsregen. Große Landflächen bevorzugen die Sommerregen. In der Nähe der Küsten wiegen die Winterregen und die Nachtregen vor, und dasselbe gilt auch für die Häufigkeit der Gewitter.

Von einem besonderen Einfluß des kontinentalen Klimas auf die Gesundheit des Menschen kann man kaum sprechen. Das ist je nach der Örtlichkeit zu mannigfaltig. Im allgemeinen könnte man nur sagen, daß die großen Schwankungen der Temperatur und der übrigen Elemente des Wetters im ganzen der Gesundheit nicht zuträglich sein werden und daß manche deshalb mit Recht das Seeklima oder wenigstens das Küstenklima bevorzugen. Andere vertragen wieder das Seeklima oder das, was damit verknüpft ist, das Brausen der Brandung, die Einförmigkeit der Natur, nicht gut. Das Gegenteil ist aber häufiger anzutreffen. Es werden aus Gesundheitszwecken Seereisen unternommen, es werden Seebäder aufgesucht, auch wenn dort keine Bäder genommen werden sollen und nur das Seeklima einwirken soll. In der Tat kommt hier für die Heilwirkung nicht nur das Baden in der See, was uns hier nichts angeht, sondern anderes auch noch in Betracht, was uns einen Augenblick beschäftigen muß.

Die feuchte, reine Luft mit ihrer Beimengung von verstäubtem Seesalz wird eingeatmet. Die Temperatur derselben ist auch im Hochsommer nicht übermäßig hoch, sie ist gleichmäßig. Sie ist auch noch im Spätherbst warm genug, um den Aufenthalt im Freien für viele Stunden im Tag zu erlauben. Die Krankheitskeime fehlen in dem Maß, daß man sich Erkältungen aussetzen kann, ohne die Folgen fürchten zu müssen. Das wird auch gewöhnlich in reichlichem Maß ausgenützt. In allerdünnster Badekleidung liegen die Leute stundenlang im Sonnenschein am Strand, auch vom Wind durchgeblasen, barfuß betreiben sie das „Wattenlaufen" auch viele Stunden lang im feinen Seesand, der es selbst den zartesten Sohlen der Dame gestattet, und hochgeschürzt umgehen sie auch die Stellen mit dem zähen, schwarzen Schlick nicht immer. Die Seeluft regt den Appetit mächtig an, und darauf ist die günstige Wirkung der Seereisen und der Seebäder zum guten Teil zu beziehen. Allgemeine Nervosität und Erschöpfung bei Erwachsenen, Skrophulose, Tuberkulose der Knochen und Gelenke, auch Rachitis bei Kindern geben die Hauptanzeichen für den Gebrauch der Seebäder ab. Auch für die Lungentuberkulose sind Seereisen aufgekommen. Es läfst sich nicht leugnen, dafs dabei zunächst manches schöne Ergebnis herauskam. Man hat geglaubt, im Seeklima überhaupt einen Heilfaktor gegen die Tuberkulose erblicken zu dürfen. Manches sprach dafür, die keimfreie Luft, die Seltenheit der Katarrhe. Die Meinung, dafs die Tuberkulose unter den Seeleuten selten sei, trifft übrigens für die Bewohner der Normandie und der Bretagne nach L e y d e n nicht zu; dort ist sie sogar häufig. Ich habe viel zu wenig gesehen, um mir hier ein eigenes Urteil zu erlauben. Eine Zeitlang war es bei jüngeren Ärzten, die sich schwach auf der Brust fühlten, fast üblich, eine Seereise anzutreten, am liebsten eine Weltreise. Da kam aufser dem Seeklima auch noch eine, auf den grofsen Dampfern ganz ausgezeichnete Ernährung und dabei ferner noch eine Bezahlung in Betracht, was für manche ebenfalls keine Kleinigkeit darstellte. Es ist richtig, die jungen Leute kamen wieder, an mancher interessanten Erinnerung reich, vollwangig, kräftig, mit gebräunter Haut, anscheinend genesen. Ich hatte aber bei weiterer Beobachtung doch den Eindruck, der schöne Erfolg der Seereise sei mehr ein vorübergehender gewesen, nicht so nachhaltig wie nach einer Höhenkur. Er verging, und das Leiden machte seine Fortschritte weiter.

Die Klimata der Zonen.

Die gewöhnlichste Einteilung der Zonen, wie wir sie in der Schule gelernt haben, ist die Dreiteilung in die warme, die gemäſsigte und die kalte Zone. Sie reicht auch für das kindliche Verständnis vollauf, für die nähere Einsicht erfordert sie aber nicht nur eine Ergänzung, sondern auch Berichtigung. Vor allem ist es klar, daſs nirgends eine feste Grenze gezogen werden kann, und daſs alle Zonen flieſsend ineinander übergehen. Zwischen den Gegenden, die den Wendekreisen nahe liegen, und denen zwischen diesen besteht fast kein Unterschied, und es steht im Belieben des einzelnen, was er zu den Subtropen rechnen will, wie weit er sie sich erstrecken läſst, ob er auch Orte mit hineinbeziehen will, die schon einen Grad südlich vom Wendekreis des Krebses oder zwei nördlich von dem des Steinbocks liegen, was weiter gegen die Pole sich von diesen Kreisen erstrecken und doch noch subtropisch heiſsen soll.

Noch mehr, die Zonen stehen auch physikalisch eng in Beziehung zueinander. Zwischen ihnen erfolgt insbesondere ein Ausgleich der Temperatur, auf deren Verschiedenheit die ganze Einteilung der Zonen doch ursprünglich aufgebaut ist. Dieser Ausgleich geschieht auf zwei Wegen: durch die Strömungen des Luftmeers und die des Wassers. Damit wird nicht nur das Klima der Nachbarzone beeinfluſst, sondern auch die Zone, wo die Strömungen entstehen, bekommt ein anderes Klima. Denn es kann keine

Strömung ohne eine Gegenströmung von ganz gleicher Mächtigkeit geben; es kann sich doch nicht schliefslich die ganze Luftmasse oder die ganze Wassermenge in einer Zone allein ansammeln. Der Ausgleich geschieht, aber für viele Fälle an verborgenen, verteilten Stellen, wo er nicht sehr bemerklich wird, oder in hohen Regionen des Luftmeers, die unserer Beobachtung nicht zugänglich sind. Wo wir sie nicht unmittelbar feststellen können, sind wir nichtsdestoweniger dazu berechtigt, auf ihr Dasein zu schliefsen. Bei allen örtlichen Abweichungen müssen die Strömungen von den wärmeren Orten die Wärme zu den kälteren fortführen und von den kälteren mufs Kälte zu den wärmeren gebracht werden. Damit erfolgt ein Ausgleich, der im ganzen den Unterschied zwischen den Klimaten der Zonen mehr oder weniger verwischt.

Was das Luftmeer anlangt, so erhitzt sich die Luft da, wo die Sonnenstrahlen der Erdoberfläche mehr Wärme spenden, höher, die Luft steigt auf und fliefst nach den kälteren Gegenden ab. Von dort rückt unten da, wo die aufsteigende Luft der warmen Gegend Platz gelassen hat, kältere Luft nach und füllt die entstandene Lücke aus. Oder man kann auch so sagen: Die erwärmte Luft ist leichter geworden, der Luftdruck ist hier gesunken. Die kältere Luft ist schwerer, sie steht unter einem höheren Druck. Die schwerere Luft verdrängt die leichtere, die nach oben abfliefsen mufs.

Damit erfährt das „Solare Klima" eine sehr wesentliche Abänderung. Von noch gröfserer Bedeutung für die Verteilung der Temperatur ist das Verhältnis vom Land zur See auf den verschiedenen Abschnitten der Erdoberfläche. Wir haben ja gesehen, wie sich das Seeklima vom kontinentalen und wodurch es sich von ihm unterscheidet.

Die nördliche Halbkugel hat 40 % Land, die südliche nur 17 %. Die nördliche Hemisphäre hat eine Jahresschwankung der Temperatur von $14^1/_2{}^0$, sie hat kalte Winter und heiße Sommer, die südliche hat nur eine Jahresschwankung von 7^0, hat mildere Winter und kühlere Sommer. Die hohe Julitemperatur des Nordens fällt mit der milden Wintertemperatur des Südens zusammen.

Die Trennung der Erde in eine östliche und westliche Halbkugel ist eine künstliche. Setzt man die Grenze an 20^0 westliche und 120^0 östliche Länge, so treffen auf die erste 37 % Land, auf die zweite 17 % Land, wenn sich die Messung auf die Breitegrade von 80^0 N bis 70^0 S erstreckt.

Die mittlere Temperatur beträgt für die nördliche Halbkugel von 80^0 bis zum Äquator für

	Jahr	Januar	Juli
östliche Hemisphäre	$15,6^0$	$6,6^0$	$24,1^0$
westliche Hemisphäre	$14,6^0$	$9,1^0$	$10,7^0$

Das „solare" sive „mathematische" Klima würde verwirklicht sein, wenn das Wasser auf der Erde fehlte. Der Wärmetransport durch Konvektion würde nur wenig daran ändern. Dann wäre die Verteilung der Wärme auf der Erde wesentlich nur von der Strahlung abhängig, deren Wirkung sich leicht berechnen läßt. Sie ist proportional dem Sinus der Sonnenhöhe, oder dem Sinus der geographischen Breite. Durch die Neigung der Erdachse entstehen zwei Maxima der Strahlung, da die Schiefe des Einfalls durch die verschiedene Tageslänge ausgeglichen wird. Ein Maximum findet sich in niedrigen Breiten und eines am Pol. Am 21. Juni ist die Strahlung am Pol um 36 % größer als am Äquator und um 20 % größer, als sie am Äquator jemals sein kann. An vollen 56 Tagen, 28 Tage vor und 28 Tage nach der Sommersonnenwende, ist die Strahlung an jedem Pol stärker als an irgendeinem anderen Ort der Erde, und auf der nördlichen Halbkugel

vom 10. Mai bis zum 3. August, also an 84 Tagen, übertrifft sie am Pol die gleichzeitige am Äquator.

Der Unterschied der Strahlung je nach der Entfernung
der Erde von der Sonne (Perihel 1. Januar, Aphel 3. Juli)
beträgt $^1/_{16}$ und ist in Australien sehr bemerkbar. Der
Unterschied zwischen Sommer und Winter ist auf der südlichen Halbkugel um 7—8 % gröfser als auf der nördlichen.
Der südliche Winter ist acht Tage länger und die Ausstrahlung gröfser.

Indem die Strahlung mit der Sonnennähe zunimmt, die
Erde sich aber hier rascher bewegt, so erfolgt ein Ausgleich dahin, dafs bei der Hemisphäre im ganzen Jahr die
gleiche Wärmemenge von der Sonne gespendet wird. Der
Pol erhält im ganzen 41 $^1/_2$ % der Wärmemenge, die der
Äquator erhält, seine nächste Umgebung kaum bemerkbar
mehr, wie auch die Nachbarn des Äquators nicht viel weniger erhalten als dieser selbst. Eine Änderung der geographischen Breite in der Nähe der Pole und in der Nähe des
Äquators macht in dieser Hinsicht nicht viel aus, die gröfste
Änderung für jeden Breitegrad findet sich zwischen dem
50. und 60. Breitegrad.

Von diesem Bild des mathematischen Klimas werden
durch die schon erwähnten Verhältnisse sehr bedeutende
Abweichungen erzielt. Schon der „Wärmeäquator" fällt
mit dem mathematischen Äquator nicht zusammen. Nur
im Winter ist der Äquator der wärmste Parallelkreis, im
Sommer der 20. nördliche Breitegrad, und die höchste
mittlere Temperatur findet sich in 10° nördlicher Breite.
Das ist also der Wärmeäquator. Eine Hauptursache dafür
haben wir schon in der ungleichen Verteilung von Land
und Wasser auf der Erdoberfläche gefunden, zu den anderen Ursachen, den Strömungen der Atmosphäre und der
Hydrosphäre, wollen wir uns jetzt wenden.

Luft- und Meeresströmungen.

In der Zone der höchsten mittleren Temperatur, um den Äquator herum, steigt die Luft auf, der Barometerstand sinkt, die aufgestiegene Luft bewegt sich gegen Süden und Norden mit der schon früher erörterten Abweichung nach rechts. Unten ist es windstill, nur schwache und veränderliche Winde gibt es hier. Das ist die zwischen den Wendekreisen gelegene Zone der Kalmen oder das Doldrum. Die Luft, die nach den Polen ausgewichen ist, kommt von dort, wo ein höherer Druck herrscht, wieder zurück und bildet, nach rechts abgewichen, die Passate. Der Passatgürtel ist eine Gegend höheren Drucks. Er nimmt seinen Anfang in 35⁰ nördlicher und südlicher Breite. Die Passatgrenzen liegen nach Hann

	im März		im September	
	Atl. Ozean	Paz. Ozean	Atl. Ozean	Paz. Ozean
NE Pas.	26⁰—3⁰ N	25⁰—5⁰ N	25⁰—11⁰ N	30⁰—10⁰ N
Kalmen	3⁰—Äqu.	5⁰ N—3⁰ N	11⁰—3⁰ N	10⁰—7⁰ N
SE Pas.	Äqu.—23⁰ S	3⁰ N—28⁰ S	3⁰ N—25⁰ S	7⁰ N—20"S

Nördlich vom Äquator haben wir den Nordostpassat, südlich von ihm den Südostpassat. Diese Winde wehen unten, und sie finden ihren Ausgleich in den über ihnen wehenden Antipassaten, den Südwest- und NW-Passaten. Die Luftmassen, die diese führen, senken sich wieder und treten von neuem in den äquatorialen Kreislauf ein.

Polarwärts herrscht hoher Druck und wehen westliche Winde. Zwischen ihnen und den Passaten liegt also wieder eine windstille oder windarme Zone, die Roſsbreiten. Der 30. Breitegrad teilt die Erdoberfläche in zwei ziemlich gleich groſse Teile. Polarwärts wehen westliche Win-

de, äquatorwärts östliche, so daſs es auch hier zu völligem
Ausgleich kommen kann, und zwar auf ziemlich gleich
groſsem Gebiet der West- und der Ostwinde. Das gilt für
den Jahresdurchschnitt. In den Zeiten der gröſsten und
kleinsten Hitze verschieben sich die Passate und mit ihnen
der Kalmengürtel und auch die Druckmaxima in den sub-
tropischen Gegenden, im Sommer gegen die Pole, im Winter in umgekehrter Richtung.

Die Passatwinde mit ihrer groſsen Regelmäſsigkeit sind
natürlich schon von alters her bekannt, seit man nur einmal weitere Fahrten gewagt hatte. οἱ ἐτη'σιαι, den alljährlich wiederkehrenden Wind, nannten die Griechen
den Wind, der aus Nord und Nordost zu kommen schien
und sich in ihren Meeren zur Zeit der Hundstage mit groſser Sicherheit einstellte. Ihm, dem trockenen Wind, ver-
dankte Hellas seinen ewig heiteren, lachenden Himmel.

An die Passatzone mit ihren nordöstlichen und süd-
östlichen Winden schlieſst sich der Polarwirbel beider-
seits an. Die Hauptrichtung seiner Winde geht von West
nach Ost und umfaſst die ganze kalte und gemäſsigte Zone.
Die Winde sind hier ungleichmäſsiger als die Passate.
Beide vermitteln nur den Ausgleich für die Luft, die am
Äquator aufgestiegen und polarwärts abgeflossen ist. Die
Passate sind nur die letzten Ausläufer der Polarwirbel.
Wie sie auch gedreht sein mögen: Oben flieſst die Luft
schlieſslich vom Äquator nach Süden und Norden, unten an
der Erdoberfläche zum Ausgleich von Süden und Norden
gegen den Äquator. Dann kann die ganze Sache von
neuem angehen.

Wie es mit dem Luftmeer geschieht, so geht es auch mit
dem Weltmeer.

Auch hier zwei einander im ganzen entgegengesetzte
Strömungen! Das kalte Wasser flieſst zum Ausgleich von
den Polen zum Äquator, um das warme Wasser zu er-

setzen, das an der Oberfläche des Meeres dort polarwärts abgeflossen ist. Von den warmen und kalten Meeresströmungen soll nur das wichtigste angeführt werden. Im Vordergrund steht ohne allen Zweifel der Golfstrom.

Am Äquator, wir wollen diesen kurzen Ausdruck gebrauchen, wo wir die heiſse Zone überhaupt meinen, verdunstet in der Hitze mehr Wasser, als dem Meere durch die Niederschläge auf dem Wasser und auf dem Lande durch die Ströme ersetzt wird. Damit wird das Gleichgewicht gegenüber den anderen Meeren gestört, wo das umgekehrte Verhältnis besteht. Der Druckunterschied muſs ausgeglichen werden, und so flieſst beständig kaltes Wasser in der Richtung gegen den Äquator hin. Der Lauf des Wassers wird aber nicht nur von diesen Druckunterschieden in Bewegung gesetzt, sondern auch die Luftströme wirken auf das Wasser an der Oberfläche, an der sie reiben, und nehmen es mit sich fort. Das Wasser an der Oberfläche ist warm, und die Meeresströmungen, die vom Äquator ausgehen und sich wie die Winde auch im ganzen polarwärts wenden, führen viel warmes Wasser mit sich gegen die Pole hin mit fort. Das ist also eine zweite Art von Wasserbewegung, und auch diese muſs ihren Ausgleich finden; sie findet ihn auch in den kalten Strömungen, die sich von den Polen gegen den Äquator hin bewegen.

Mächtige Strömungen werden durch die gleichmäſsig wehenden Passate hervorgerufen, Winde, die ihre Richtung periodisch ändern, wirken auf die Bewegung des Wassers nicht so tief ein.

Der Golfstrom, den wir schon als den bedeutendsten warmen Meeresstrom genannt haben, hat in der Yukatanstraſse eine Tiefe von 400 m und seine Geschwindigkeit in der Mitte beträgt 134 km im Tag, seine gröſste steigt bis zu 220 km im Tag oder 1,5 bis 2,5 Metersekunden.

Schon eine recht beträchtliche Geschwindigkeit, denn man hat berechnet, daß der Rhein bei Koblenz, wenn er Hochwasser führt, nur eine Geschwindigkeit von 1,88 Metersekunden aufweist. Die Tiefe des Golfstroms steigt an manchen Stellen bis zu 1000 m, an der Westküste von Irland bis zu 1800 m. Die Temperatur seines Wassers beträgt in der Floridastraße fast 30^0, das heißt fast 5^0 mehr als das umgebende Meerwasser dort. An der Küste von Neufundland beträgt dieser Unterschied im Winter 10 bis 15^0. Der Golfstrom wird aus seinem nördlich gerichteten Lauf durch die Halbinsel von Florida nach Osten abgelenkt und wird so für die Westküste von Europa, für England, Skandinavien, bis weit nach Norden hin, für das Klima dort vom allergrößten und willkommensten Einfluß. Ich kann hier eine Bemerkung über die Veränderung des Klimas von Europa nicht unterdrücken, die sich in manchen Teilen, namentlich auch in Deutschland, in der Eiszeit vollzogen hat, und bei der der Golfstrom offenbar noch nicht die Rolle gespielt hat wie heute. Mein unvergeßlicher Lehrer Sandberger, bei dem ich Geologie gehört habe, hielt die Annahme kosmischer Ursachen für die Erklärung der Eiszeit oder der Eiszeiten nicht für nötig und fand sie in folgenden Umständen, die sich nachweislich zur gleichen Zeit in der Erdgeschichte abspielten.

Die Sahara war damals keine Wüste, sondern ein Meer. Sie war nicht die „Glutpfanne" wie jetzt, die heiße und trockene Luft gegen Norden schickt, sondern warme und feuchte. Aus den mächtigen Ablagerungen im voralpinen Land, in Deutschland bis an die Donau hin, kann man berechnen, daß die Alpen vordem sicher eine doppelt so große Höhe besessen haben wie heute. Der an den Alpen aufsteigende feuchte Luftstrom mußte in der großen Höhe und Kälte sein Wasser fallen lassen, es gefror und bildete die großen Eismassen der Ferner und Gletscher. Und gerade damals, das läßt sich auch nachweisen, bestand die Halbinsel Florida noch gar nicht. Der Golfstrom wurde nicht nach Osten abgelenkt, und seine temperaturerhöhende Wirkung kam dem nordeuropäischen Küstenland noch nicht zu gut. Es ist vielleicht bemerkenswert, daß die weitgehende Vergletscherung Deutschlands sich von zwei Seiten her vollzog: von den Alpen her und von der skandinavischen Halbinsel aus.

Dem Golfstrom ähnlich verläuft im Großen Ozean der **Kuro-Shio** von SW nach NE. Er zweigt in der Höhe von Mindanao von der nördlichen Äquatorialrichtung ab, entlang den Küsten von Formosa und Japan. Hier ist seine Temperatur 5 bis 10⁰ höher als die seiner Umgebung. Weiter macht er einen gewaltigen Bogen nach E und fließt als **Kalifornischer Strom** an der Westküste von Nordamerika zurück zum nördlichen **Äquatorialstrom**.

Mit den kalten Meeresströmungen wird nicht so viel Aufhebens gemacht. Die Wirkung aufs Klima ist nicht so auffällig, doch in sehr heißen Gegenden auch nicht zu unterschätzen. Der **Antarktische Strom** erstreckt sich in höheren Breiten und mit entsprechender geringerer Geschwindigkeit bis zum 40. Breitegrad und darüber hinaus. Am Kap Horn spaltet er sich in zwei Teile, die an der Ostküste von Südamerika und an der Westküste als **Perustrom** weiter nach Norden gehen. Der **Benguelastrom** bespült die Westküste von Afrika bis tief in die Tropen hinein. Auf der nördlichen Halbkugel gehen der **Ostgrönlandstrom** östlich, der **Labradorstrom** westlich an Grönland vorbei.

Nachdem wir so über die Strömungen der Luft und des Meeres das Notwendige und auch nicht Notwendige gesagt haben, können wir uns zur Besprechung der einzelnen Klimata nach den Zonen wenden. Es wurde schon erwähnt, daß die übliche Einteilung nicht recht genügt, und an Verbesserungsversuchen hat es auch nicht gefehlt. Köppen hat eine Einteilung nach Wärmezonen vorgeschlagen und ordnet sie nach folgender Weise:

1. Tropischer Gürtel. Alle Monate heiß, mittlere Temperaturen alle über 20°.
2. Subtropische Gürtel. 4 bis 10 Monate heiß, 1 bis 8 Monate gemäßigt (unter 20°).
3. Gemäßigte Gürtel. 4 bis 12 Monate gemäßigt (10 bis 20°).
4. Kalte Gürtel. 1 bis 4 Monate gemäßigt, die andern kalt.
5. Polare Gürtel, alle Monate kalt (unter 10°).

Die gemäßigten Gürtel zerfallen in drei Abteilungen. Die gemäßigte Temperatur (10 bis 20°) dauert in allen dreien mindestens vier, die heißen (über 20°) dauern nicht mehr als vier Monate. In der ersten Abteilung (konstant gemäßigtes Klima) ist kein Monat im Mittel wärmer als 20° und keiner kälter als 10°.

In der zweiten Abteilung ist ein Monat oder sind einige Monate kälter als in der ersten, der Sommer ist aber heiß.

Die dritte Abteilung enthält nicht unter einen gemäßigten Monat und nicht weniger als deren vier, hat gemäßigten Sommer und kalten Winter.

Wir wollen uns an die gebräuchliche Einteilung: tropische Zone, zwei gemäßigte Zonen und zwei kalte Zonen halten, und behalten uns vor, notwendige Abweichungen und Ergänzungen nach Bedarf vorzunehmen.

Das Tropenklima.

Vom tropischen Klima weiß ich aus eigener Anschauung und Erfahrung nichts. Ich muß mich an das halten, was ich aus Reisebeschreibungen, den Lehrbüchern der Meteorologie und Klimatologie erfahren habe. Dabei habe ich besonders die Angaben von Hann im folgenden benützt.

Die Grenze des tropischen Klimas wird nach Supan nach der Jahresisotherme von 20⁰ gezogen. Es entspricht dies ungefähr der polaren Grenze der Passatwinde und auch des tropischen Pflanzenwuchses; bis dorthin kommt die Palme vor. Im Mittel liegt die Grenze, nördlich im 30., südlich im 26. Breitegrad. Auf der nördlichen Halbkugel umfassen die Tropen 50%, auf der südlichen 45%, im ganzen 47% der ganzen Erdoberfläche. Es ist die Zone, in der nach Köppens Einteilung alle Monate heifs sind, eine Temperatur im Mittel über 20⁰ darbieten. Man kann den äufseren Tropengürtel unterscheiden zwischen der Isotherme von 20⁰ des kältesten Monats und der Jahresisotherme von 20⁰, 4 bis 11 Monate heifs (über 20⁰) und 1 bis 8 Monate gemäfsigt (unter 20⁰). Die hohe Temperatur ist bei weitem das wichtigste meteorologische Element der Tropen, sie werden ja auch kurz die heifse Zone genannt. Daneben kommen noch die besonderen Wind- und Wetterverhältnisse, vor allem auch die Regenzeit in Betracht.

Das Tropenklima ist in bezug auf alle Wetterelemente sehr eintönig. In den periodischen Witterungsverhältnissen tritt die gröfste Regelmäfsigkeit zu tage. Dagegen treten die Veränderungen, die man mehr zufällig nennen möchte, die nicht an Tage, Monate, Jahreszeit gebunden sind, ganz zurück. Die mittlere Temperatur ändert sich im Verlauf des Jahres nur wenig. Jahreszeiten wie bei uns gibt es eigentlich nicht. Nur die Änderung der Winde und der Eintritt der Regenzeit bringt Abwechslung. Der Gegensatz zwischen Nafs und Trocken ist das einzige, was sich auch an der Tier- und Pflanzenwelt geltend macht. Wenn Klima das an einem bestimmten Ort in einem längeren Zeitraum durchschnittlich herrschende Wetter ist, so ist hier Wetter ziemlich gleichbedeutend mit Klima. Man braucht dort eigentlich nur zweimal einen Ort für ein paar Tage zu be-

suchen, um sein Klima kennenzulernen, einmal während
der Trockenzeit und einmal während der Regenzeit.

Änderungen von einem Jahr zum anderen kommen dagegen in beträchtlichem Mafse vor, und demgemäfs ist der
Ausfall der Ernten ein durchaus ungleichmäfsiger. Temperatur und Luftdruck schwanken nicht viel, die Ablenkung
der Luftschichten oben und unten ist nicht sehr verschieden, und so bleiben die ganz schweren Wirbelstürme, die
Zyklone, meist aus, und wenn einmal sich einer bildet, da
ist mehr ein sehr starker Niederschlag als besonders heftiger Wind die Folge. Der sich oft lang hinziehende Einflufs
der Wirbelstürme, die in höheren Breiten das Wetter so
oft auf Wochen hinaus verderben, fehlt dort vollkommen.

Die Temperatur liegt im allgemeinen im Jahresdurchschnitt zwischen 20° und 28°. Die jährlichen Schwankungen
sind an vielen Orten kleiner als die täglichen. Dafs die
letzteren unter Umständen recht bedeutend ausfallen können, und dafs man sich daher auch unter den Tropen
erkälten kann, darauf haben wir schon hingewiesen.

In der Nähe des Äquators ist der kälteste Monat nur um
1 bis 5° kälter als der wärmste, und der Unterschied in
der niedersten und der höchsten Temperatur im ganzen
Jahr auch nicht gröfser. Gegen die Wendekreise hin kommen gröfsere Schwankungen, Temperaturen um Null und
dagegen höhere Temperaturen als selbst am Äquator vor.
Am Äquator beträgt die niederste Sonnenhöhe am Mittag
66 1/2°, soviel wie in Deutschland die höchste. Die Hitze
ist unter den Tropen um so lästiger, als die Luft sehr feucht
ist. Das verhindert wieder stärkere Erkaltung. Bei der geringsten Abkühlung verdichtet sich das Wasser, und die
freiwerdende Wärme steht einem weiteren Sinken der
Temperatur entgegen.

Der Boden hat in geringer Tiefe eine Temperatur von
22 bis 29°, das Meer an der Oberfläche eine von 22 bis 27°.

Der Norden ist im allgemeinen wärmer als der südliche Teil
der Tropen, die höchste Temperatur kommt dem 10. Grad
nördlicher Breite zu. Der Luftdruck zeigt geringe Schwankungen und in diesen kleine Gradienten; Wirbel sind selten.
Daran ändern auch Gewitter nichts. In den Tropen ist das
Barometer kein Wetterprophet. Die Winde wehen vorherr-
schend aus Osten. Der SE-Passat bringt, wenn er kräftig
ist, deutliche Abkühlung. Ist er ja doch der Ausläufer der
Polarströmung. Polarwärts von den Passaten kommen westliche Winde, dazwischen ist die subtropische Windstille der
Roßsbreiten, den Kalmen zwischen den Passaten entsprechend. Im ganzen ist das Klima der Tropen ozeanisch,
aber der Unterschied zwischen Küste und Binnenland ist
bedeutend. Im Innenland ist auf ausgedehnte Strecken das
trockene Wüstenklima zu finden. Die Land- und Seewinde
sind von großsem Einfluß auf das Wetter. Sie können sogar die Wirkung der Passate völlig aufheben. In Ostindien
haben die periodischen Winde, die der ganzen Gattung
den Namen der Monsune gegeben haben, den allergrößsten
Einfluß auf Wetter und Klima, auch aufs deutlichste einen
auf die Gesundheit der Bewohner, auf die Ausdehnung
der dort herrschenden Seuchen, so der Cholera. Den jetzt
vorgefaßsten Anschauungen gemäß hat sich das alles nicht
mehr der Aufmerksamkeit wie früher zu erfreuen, damit werden aber die von den bedeutendsten Forschern
an Ort und Stelle seitens der Engländer und in Deutschland
vor allem Pettenkofers geleisteten Arbeiten nicht aus
der Welt geschafft.

Der Monsun ist wechselnd ein Land- und Seewind und
hat den Grund zu seiner Entstehung, daß mit dem Stand
der Sonne das eine Mal das Land sich rascher erwärmt als
das Wasser, das andere Mal seine Wärme auch rascher abgibt als dieses. So liegt das Minimum das eine Mal über dem
Land, das andere Mal über dem Meer. Die Monsune ent-

stehen demnach am Boden und reichen auch nicht weit in die Höhe. Eigentlich erzeugt jeder Kontinent monsunartige Winde. In den mittleren und höheren Breiten liegt im Sommer über dem Land das Minimum, über dem Meer das Maximum des Drucks, und im Winter ist es umgekehrt. Das Hauptgebiet für die Entstehung der Monsune ist aber das Küstenland des Indischen Ozeans, der fast von allen Seiten her von ausgedehnten Landmassen umgeben ist. Südasien hat im Sommer den SW-Monsun, im Winter den NE-Monsun. Der Sommermonsun ist Seewind, ist feucht, bringt trübes Wetter und Regen. In den Tropen ist er verhältnismäfsig kühl, in höheren Breiten warm, kühlt aber durch Zunahme der Bewölkung und durch Regen ab. Der NE-Monsun weht im Winter, ist ein Landwind, bringt trockenes, heiteres Wetter, in den Tropen hohe Temperaturen, in mittleren und höheren Breiten ist er kalt. Die indischen Monsune kommen nämlich nicht nur für die Tropen in Betracht, sondern erstrecken sich in ihrer Wirkung weit nach Norden, bis zum 50. Breitegrad. Bemerkenswert ist ihr Einflufs auf die Verbreitung der Cholera indica, eben in deren Heimat, in Indien selber. Lahore ist eine Stadt im Binnenland, Kalkutta eine Küstenstadt. In beiden wirkt der SW-Monsun ganz verschieden. In Kalkutta fällt das Maximum der Cholerafälle in den April, das Minimum in den August, in Lahore fällt das Maximum in den August. Der SW-Monsun stellt sich im Juni ein, er bringt Lahore die Cholera und bringt sie in Kalkutta zum Erlöschen. Es ist nicht anders, als wenn zur Entwicklung des Cholerakeims eine gewisse Feuchtigkeit gehöre und dafs er weder bei einer zu grofsen (Kalkutta als Küstenstadt) noch einer zu kleinen (Lahore als Binnenstadt) gedeihen könne. Wo es trocken ist und bleibt, weil der SW-Monsun nicht hinkommt, in Pendshab, da kommt auch die Cholera nicht hin, trotz der besten Gelegenheit zur Einschleppung durch die Pilger von Harwar. Es gibt noch Leute, aber nicht mehr viel, die über den Errungenschaften der Bakteriologie bei aller ihrer Hochachtung vielleicht wegen eines nicht allzusehr eingeengten Gesichtsfeldes solche epidemiologische Tatsachen im gröfsten Stil doch nicht ganz vergessen haben. Zurück in unsere Tropen!

Wenn wir von tropischer Hitze sprechen, so meinen wir damit mit Recht nicht nur eine sehr hohe Temperatur, sondern zugleich eine grofse relative Feuchtigkeit, die in der Tat das Tropenklima auszeichnet. Wie an den Küsten ist die absolute und relative Feuchtigkeit der Luft beständig hoch und enthält durchschnittlich 3, selbst 4 Volumprozente Wasserdampf, einem Dampfdruck von 30 mm Hg entsprechend. Von dieser „Treibhausluft" ist es bekannt, dafs sie die Gesundheit der Europäer untergräbt. Innerhalb der tropischen Kontinente schwankt die Feuchtigkeit zwischen sehr weiten Grenzen. Während der Regenzeit ist es auch hier trocken.

Wetter und Klima sind in den Tropen vielleicht in noch höherem Grad vom Wind abhängig als in anderen Gegenden des Erdballs. Die erwähnte Eintönigkeit des Wetters erfährt durch das Umspringen des Windes, durch den Eintritt einer bestimmten Windrichtung, eine vollständige Umänderung. An die Stelle der Jahreszeiten treten in den Tropen die trockene und die Regenzeit. Wo der Regen unter den Tropen unregelmäfsig fällt, hält er oft eine gewisse tägliche Periode ein. Der meiste Regen fällt bei Tag, ausnahmsweise, wie in Batavia, Borneo, Neuguinea, Kamerun, auch bei Nacht, und die Gewitter folgen der nämlichen Regel. Anders ist es mit der eigentlichen Regenzeit. Sie kommt, wenn die Sonne am höchsten steht. Das ist unter den Tropen, mit Ausnahme der Wendekreise selbst, zweimal im Jahr der Fall. An den Orten nah den Wendekreisen fallen die Zeiten höchsten Sonnenstandes nahezu zusammen, und sie haben nur eine Regenzeit, viele andere deutlich zwei Regenzeiten im Jahr. Der Passatwind schläft ein, der Himmel überzieht sich mit Wolken, und nun geht ein Regen los, von dessen Stärke wir uns wohl nicht den rechten Begriff machen können, und dauert so viele Wochen lang an. Nach dem Hochstand der Sonne ist es ja ein Sommerregen, vertritt aber doch die Stelle unserers Winters, da er oft gelegentlich eine Abkühlung der Temperatur durch Verminderung der Strahlung mit sich bringt.

An die Stelle der eigentlichen Regenzeit treten an manchen Orten, da wo die Passatwinde an Gebirgen, die sich seinem Weg entgegensetzen, aufsteigen, Niederschläge ein, die man Passatregen heißt. Das geschieht da, wo der Passat, der von Haus aus ein trockener Wind ist, einen langen Weg über das Meer hinter sich hat, wie in den Anden. Die Passatregen haben keine tägliche Periode, sie fallen so gut in der Nacht wie am Tag. Küsten, die sich dem Passatwind entgegensetzen und hinreichend hoch sind, geben Beispiele für solche Passatregen ab, hohe Inseln unter den Tropen haben eine feuchte Ost- und eine trockene Westküste, falls sie im Bereich des Passats liegen. Das trifft zum Beispiel für die Küsten von Mittelamerika, für Madagaskar, für die Philippinen zu. Auf diesen Inseln liegen geradezu die Gegensätze von Klima dicht beieinander, und man braucht nur von der einen Seite der Insel sich auf die andere zu begeben, um das zu erfahren.

Die für die Tropen bezeichnende Treibhausluft fehlt und kann durch die größte Trockenheit ersetzt werden, und das ist der Fall, wo und wann der Passatwind weht.

Damit hängt natürlich auch der Grad der Bewölkung zusammen. Die mittlere Bewölkung nimmt gegen den Äquator zu, dort ist der Himmel fast immer bedeckt und trüb. Man hat von einem Wolkenring des Äquators gesprochen, doch gibt es auch hier Ausnahmen. Immerhin haben relative Feuchtigkeit, Bewölkung und Niederschläge in den äquatorialen Gegenden ihr Maximum, im 30. Breitegrad ihr Minimum, um von da an gegen die Pole wieder zu wachsen.

Die Himmelsfarbe ist nach den Angaben der Kenner durchaus nicht so tiefblau, wie man sich das wohl vom italienischen Himmel her vorstellt. Der Tropenhimmel enthält sogar manchmal keine Spur von Blau in seiner Farbe, ist allerdings sehr hell, aber mehr weißlich. In der Luft kommt es hier, und zwar in großer Höhe, zur reichlichen Kondensation von Wasserdampf, die feinen Wassertröpfchen werfen eine Menge von Licht und Wasser zurück, und so leidet der Mensch unter den Tropen unter einer Überfülle von Strahlung, der direkten, von der hochstehenden Sonne, und der indirekten, vom Himmelsgewölbe zurückgeworfenen. Im ganzen ist die Bläue in warmen Gegenden der Subtropen schöner als in den Tropen, doch kommen auch hier Ausnahmen unter der Wirkung des Passats vor.

Unter dem Einfluß der starken Strahlung erwärmt sich der Erdboden noch viel mehr als die Luft. Manchmal ist der Unterschied nicht sehr groß und beträgt nur ein paar Grade, manchmal ist er enorm. An der Loangoküste beträgt die Bodentemperatur meist 75⁰, oft 80⁰, und einmal wurden fast 85⁰ gemessen. Dabei wurden Eier am Boden in kurzer Zeit hart, und selbst Eingeborene vermieden es, mit ihren nackten Sohlen an unbeschatteten Stellen zu verweilen und stehenzubleiben. Vielleicht kennt mancher einen Abglanz dieses Gefühls von der Schwimmschule her, beim Gehen auf Brettern, die in der Sonne glutheiß geworden waren.

Wie das Tropenklima auf die Menschen wirkt, das kann man sich denken, und alle Berichte der Europäer stimmen darin überein, daß die Hitze zu Zeiten einfach unerträglich ist. Vor allem auch wegen der damit verbundenen Schwüle. Zum Vergleich der Feuchtigkeit mit unseren Ländern mögen folgende Zahlen dienen.

Sie betrug bei einer Temperatur von

	28^0 und	29^0
in Wien	50 %	45 %
in Kamerun	85 %	75 %

Das muſs schon zum Vergehen sein. Nach Fleischer geht das Gefühl der Schwüle an, wenn der Taupunkt bei 19^0 liegt. In Kamerun läge er für eine Lufttemperatur von 26^0 bei 25 bis 27^0, und für eine Lufttemperatur von 29^0 bei etwa 28^0. Bei einer so hohen Temperatur wird natürlich sehr viel Schweiſs gebildet, und weil die Luft sehr feucht ist, verdunstet er nicht, erzeugt also auch nicht die ersehnte Abkühlung durch Bindung der Verdampfungswärme, sondern rinnt nur am Körper zur Belästigung des Erhitzten herab. Immerhin ist die Schweiſsbildung doch eine Erleichterung, und die Eingeborenen trinken in der Hitze immer groſse Massen, wo sie zu haben sind, bei Lasttragen und Laufen, an jeder Wasserstelle, soviel sie nur trinken können, und die Folge ist ein ganz übermäſsiger Erguſs von Schweiſs. Sonst ist aber die Perspiration bei den Negern nicht gröſser als bei den Europäern. Für diese ist der Genuſs von übermäſsig viel Wasser insofern nicht gleichgültig, als dabei leicht der „rote Hund" entsteht, eine schmerzhafte Miliaria, die sogar den Schlaf stören kann. Die farbige Haut hat gröſsere Schweiſsdrüsen als die weiſse und ihre Talgdrüsen sind doppelt so groſs wie die des Europäers. Trotzdem schwitzt der Europäer, wenn die Wärmeabgabe eingeschränkt ist, mehr als der Farbige. Sonst kommt vom Wasserverlust bei diesem mehr auf Schweiſs und weniger auf den Urin als bei jenem. Das Verhältnis der Schweiſsmenge zu der des Urins betrug in einem Vergleichsversuch von Eijkman beim Europäer 1:7, beim Malaien 1:1. In einem weiteren Versuch fand sich

	Perspiration	Urin	Temp.
Europäer	201	118	32,9
Inländer	144	137	32,4

Im übrigen ergaben sich überhaupt an den Lebensfunktionen der Eingeborenen in den Tropen keine durchgreifenden Unterschiede den zugewanderten Europäern gegenüber, in den Tropen und auch nicht in der Heimat. Das geringste Maſs zur Erhaltung des Lebens und der Leistungsfähigkeit ist in den Tropen so groſs wie auſserhalb derselben. Es ist nicht anzuraten, daſs man seine Nahrung in den Tropen, was Menge und Nährwert anlangt, vermindert. Die Verdauung der Kohlehydrate und der Fette erfolgt nicht anders als auſserhalb der Tropen, wenigstens fand sich in den Analysen von Eijkman an Malaien der Trockengehalt des Kotes fast ganz gleich. Und mit dem Eiweiſsstoffwechsel ist es geradeso.

Die Eingeborenen nehmen die Nahrung zu sich, wie sie ihnen die Natur eben bietet, und Unterschiede werden nur je nach der gesellschaftlichen Stellung möglich sein.

Man glaubte lang und glaubt noch zum Teil, daſs der Aufenthalt unter den Tropen zur Blutarmut führt. Diese „Tropenanämie“ wird von den neueren Autoren abgelehnt. Das spezifische Gewicht des Blutes und die Zahl der roten Blutkörperchen werden durch den bloſsen Aufenthalt unter den Tropen in keiner Weise verändert, und wo solche Veränderungen vorkommen, da sind sie nicht unmittelbare Wirkung des Klimas, sondern sind mittelbare Folgen davon, erworben durch Krankheit. Entweder es war eine Malaria, die überstanden wurde und die so oft zu Zerfall der Roten und zu schwerer Anämie führt, oder der Kranke litt an Ankylostoma duodenale mit den kleinen aber fortdauernden Blutverlusten oder ähnlichem.

Als unmittelbare Folge des Klimas kann man vielleicht
nur die Fälle von Hitzschlag und von Sonnenstich ansehen.
Deren gibt es freilich unter den Tropen viele, und viel mehr
bei den Einwanderern als bei den Eingeborenen. Auf diese
und ähnliche Fragen kommen wir im Abschnitt über die
Akklimatisation noch zurück. Die Innentemperatur ist
unter den Tropen nicht höher, Gelegenheit zur Überhitzung wird aber natürlich im reichsten Maſs gegeben.
Bezüglich der begünstigenden Umstände und aufs Krankheitsbild kann auf das früher Gesagte verwiesen werden.
Es scheint, daſs auch unter den Tropen nicht scharf genug
zwischen Hitzschlag und Sonnenstich unterschieden wird.
Die englische Armee hatte in den Jahren 1886 bis 1898
aufs Tausend 2,5 Erkrankungen mit 0,7 Todesfällen, die
Deutschen in 17 Jahren 0,28 Erkrankungen mit 0,01 Todesfällen. Es scheint doch, daſs nicht nur die groſse Hitze,
sondern im besonderen auch die starke Strahlung unter
den Tropen bedeutende Gefahren für sich mit sich bringen
kann. Namentlich kann man sich des Eindrucks nicht erwehren, daſs diese letztere Gefahr an verschiedenen Orten
eine sehr ungleiche zu sein scheint. So konnte man kürz-
lich lesen, wie ein erfahrener, gut eingewöhnter Europäer
in den Tropen sein Leben verlor, als er an einen ganz anderen Ort, nach meiner Erinnerung sogar Weltteil, über-
gesiedelt war. Dort war der Sonnenstich so gefürchtet,
daſs er dringend gewarnt wurde, auch nur den Hof ungeschützten Hauptes zu überschreiten. Er, der erfahrene
Bewohner der Tropen, lachte nur, schlug die Warnung in
den Wind und war nach zwei Tagen eine Leiche. Die Haut-
farbe der Schwarzen ist auch, möchte man sagen, in dieser
Beziehung angezüchtet. Sie schützt nur gegen den Sonnenstich, indem die brechbaren Strahlen durch das Pigment
der Haut vor dem tiefen Eindringen abgewehrt werden.
Gegen den Hitzschlag gewähren sie keinen Schutz, denn

Wärmestrahlen werden von der gefärbten Haut reichlich absorbiert, die Haut wird stärker erhitzt als die weiße, und in dieser Beziehung ist dem Europäer unter den Tropen eine ganz besondere Vorsicht dringend zu empfehlen. Vor dem Hitzschlag nimmt er sich, wo er überhaupt kann, sowieso in acht. Alle in den Tropen neu Angekommenen klagen über die Schlaffheit und Müdigkeit, über die Unfähigkeit zu irgendeiner Tätigkeit infolge der übergroßen Hitze und Schwüle am allermeisten. Erst vor Tagesanbruch oder vor Einbruch der Nacht kann etwas Gescheites unternommen werden. Die Nacht war gewöhnlich fast schlaflos und ruhelos verbracht worden. Dann wird es am Tag wieder so grausam heiß, daß niemand sich in die Sonnnenglut hinaus traut.

Besonders qualvoll muß die Regenzeit sein; obwohl sie keine Erhöhung der Lufttemperatur bringt, eher eine kleine Erniedrigung, so ist die Luft doch womöglich noch viel feuchter geworden, die Schwüle ist unerträglich, in der Treibhaustemperatur verfallen unzählige Pflanzenreste und Tierkadaver der Fäulnis, und ihre übelriechenden Dünste können auch nicht die Lage des Menschen verbessern. Der Hauch der Verwesung wird an der Loangoküste der „Gestank der Savannen“ geheißen. Der Landwind bringt ihn an die Küste, die Brise, die von der See her kommt, lindert ihn. Und, das ist nun von der größten Bedeutung, die Sterblichkeit wächst und fällt parallel damit. Am ärgsten ist es natürlich in dumpfen Thälern, wo die frische Luft keinen Zutritt hat.

Aus diesem allem ergeben sich die Maßregeln, die vom Eingewanderten ergriffen werden müssen, um sich vor Krankheit und Unheil zu bewahren. Das erste ist natürlich die Wahl des Aufenthaltsorts, soweit das im Machtbereich des einzelnen gelegen ist. Im ganzen spielen die Seuchen unter den Tropen eine so hervorragende Rolle, daß zuerst die zuverlässige Auskunft notwendig ist, ob an dem Ort, der in Aussicht genommen wurde, keine davon endemisch herrscht. Man wird vielleicht keine solchen Orte unter den Tropen finden, wenn man nach allem fragt. Im ganzen werden die Gegenden als gesund angesprochen, wo keine Malaria vorkommt, und vor den „Fiebergegenden" wird gewarnt, womit wieder die Malaria gemeint ist. Eine solche große Bedeutung wird dem Wechselfieber zuerkannt, und mit Recht. Nicht die Häufigkeit der Krankheitsfälle allein, sondern namentlich auch ihre Bösartigkeit, der Quotidiana, der Tropica kommt in Frage. Die Malaria kommt freilich auch außerhalb der Tropen vor, sogar in bösartigen Formen, wie in der Campagna. Malaria wird bis zum 63. Grad nördlicher und dem 57. Grad südlicher Breite beobachtet, nirgends spielt sie aber eine annähernd so üble Rolle wie in den Tropen. Auch hier nicht überall im gleichen Maße. Die Niederungen sind gefährlicher als das Hochland, und viele Malariakranke bringen ihre Krankheit erst dann an, wenn sie sich in die Höhe des Gebirges begeben.

Doch sind auch in höheren Punkten Fälle von Malaria vorgekommen, so in den Appeninen, den Pyrenäen, in Peru sogar in einer Höhe von mehr als 3000 m. Im ganzen ist die Malaria endemisch in heißen Ländern und findet mit der Jahresisotherme von 15 bis 16⁰ ihre Begrenzung.

In Afrika ist die Westküste, weniger die Ostküste ihre Heimat, auch die Oasen sind nicht verschont. In Amerika sind Westindien, St. Domingo, St. Christoph, Jamaika, Dominiko, Tabako Orte mit Wechselfieber, in Mexiko die östliche und westliche Küste. In Zentralamerika ist die Malaria mehr auf die westliche Küste beschränkt. In Nordamerika kommt sie in Texas, Louisiana, Mississippi, Alabama, Georgien, Florida vor, in den Prärien zwischen Missourifluß und Alleghaniegebirge, im mittleren Stromgebiet des Mississippi mit seinen Nebenflüssen. In Asien sind Indus, Ganges, Brahmaputra, Westküste von Vorderasien, Zeylon, die Sandwichinseln, Molukken, Philippinen, China, Syrien, Arabien, Persien, in Australien ist insbesondere Polynesien befallen. Überall hat man gesehen, daſs Niederungen, und namentlich Sümpfe auf Kreide, Lehm, Ton und Moorerde schlimm sind, Torf- und Sandböden günstiger. Lang bevor man eine Ahnung hatte, wie die Übertragung des Wechselfiebers geschieht, hat man durch Trockenlegung der Sümpfe die Malaria aus vielen ihrer Herde in der gemäſsigten Zone vertrieben. Aber gerade die Zeit, in der dies geschieht, ist für die Anwohner besonders gefährlich. Im groſsen Stil hilft die persönliche Prophylaxe nicht viel. Sporadische Fälle mögen immer wieder vorkommen, bei uns sind es allemal eingeschleppte. Man sagt, daſs vor wenigen Wochen im besetzten Gebiet Fälle von Tropica vorgekommen seien. Angesichts der schwarzen Schmach ist das wohl möglich. Dann bleiben diese Fälle aber wohl sicher isoliert und führen nicht zur Weiterverbreitung der Seuche. Die Übertragung der Sichelkeime besorgen die Mücken Culex pipiens und Anopheles maculipennis, und für die ist in Deutschland nicht das richtige Klima.

In Ländern mit Malaria ist die Nähe von Fluſsufern und Sümpfen zu meiden. Höhere Gegenden sind besser als Niederungen. Kleine Gaben von Chinin längere Zeit oder immerfort zu nehmen, solang man am verdächtigen Ort bleibt, ist anzuraten, doch ist man nach den Erfahrungen des Weltkriegs, wo die Deutschen, die damaligen Deutschen, auch in Malarialändern den Feind zu schlagen hatten und schlugen, über den Nutzen dieser Maſsregel wieder etwas zweifelhaft geworden. Am Abend sind die erwähnten Mücken und ihr Biſs mehr zu fürchten, und für besonders gefährlich gilt der Schlaf auf freier Erde. Ein gutes Moskitonetz gewährt jedenfalls den besten Schutz.

Die nächstwichtigste Rolle nach der Malaria spielt die tropische R u h r , die A m o e b e n r u h r , wie sie auch heißt, als deren Erzeuger die Amoeba coli felis angesehen werden muß. Sie findet sich zwischen dem 35. und 40. Breitengrad, endemisch in Indien, wo auch Cholera und Wechselfieber herrschen, in vielen Gegenden Vorder- und Hinterasiens, im indischen Archipel, an fast allen Küsten von Afrika, in Westindien, einem großen Teil von Südamerika. In den Tropen beschränkt sie sich oft auf einzelne Orte und Striche. So ist auf Malaka das Hinterland von der Ruhr heimgesucht, die Spitze der Halbinsel ist frei davon. In St. Lucie in Westindien steht mitten in einer sumpfigen Wechselfieber- und Ruhrgegend ein Berg, der ganz frei davon ist. Es gibt nur ein einziges Mittel, sich vor der tropischen Ruhr mit allen ihren Folgen, dem tropischen Leberabszeß, zu schützen, das ist das Meiden der Ruhrgegend.

Das G e l b f i e b e r ist ursprünglich eine rein tropische Krankheit gewesen, deren Heimat in Westindien zu suchen ist. Die Krankheit, an der Columbus im Jahre 1493 auf St. Domingo so viele seiner Leute verlor, war wahrscheinlich das Gelbfieber. In Havanna und Verakruz ist das Gelbfieber endemisch wie in Domingo. Jetzt soll es auch in Rio de Janeiro so sein. Verschleppte Fälle kamen auch anderswo vor. Im ganzen ist seine endemische Verbreitung durch den 45. Grad nördlicher Breite und den 35. Grad südlicher Breite beschränkt und verlangt eine Temperatur nicht unter 21⁰ bis 22⁰. Die Schwarzen Amerikas und auch die akklimatisierten Amerikaner sind dieser sehr gefährlichen Krankheit gegenüber nur sehr wenig empfänglich und überstehen sie auch viel leichter als Neuangekommene.

Schwere T y p h e n , B e r i - B e r i , L e p r a , die ganze Masse von akuten Exanthemen, Hautkrankheiten, wie man sie bei uns auch, und solche, die man nie sieht, eine unübersehbare Masse von Parasiten, die Gefahr, die dem Menschen durch reißende oder giftige Tiere droht, das alles ist in letzter Linie auch eine Folge des tropischen Klimas, in dem eben eine Felis leo, eine Naja tripudians, ein Strongylus gigas gedeihen. Dabei wirken ohne Zweifel die Bevölkerung und der Tiefstand der Kultur in wichtiger Weise mit, sonst könnten die erwähnten Schädlinge für den Menschen nicht ihre Rolle im bisherigen Maße spielen. Aber das sind lauter Dinge, deren Besprechung allein ein dickes Buch füllen würde, wozu ich nicht einmal die Fähigkeit hätte, wenn ich selbst Lust dazu verspüren sollte, wovon ich aber nichts merke.

Durch Schutzimpfungen läßt sich die Morbidität und die Mortalität der Seuchen auch unter den Tropen herabdrücken. Jedenfalls ist die Revakzination nötig, bevor man sich in die Tropen, überhaupt ins Ausland begibt, denn an vielen Orten ist die Bekämpfung der Blattern durch die obligate Impfung bei weitem nicht so gut wie in Deutschland, und einer, der lang nicht mehr geimpft ist, könnte dort die schreckliche Krankheit leicht erwerben. Auch die im ganzen doch so weit leichtere Kinderkrankheit, die Masern, erfordert Vorsicht. Es gibt Gegenden, um Inseln mit geringem Verkehr nach außen handelt es sich, wo die Masern seit Generationen überhaupt nicht mehr waren. Erfolgt dort eine Infektion, so verläuft sie ohne Vergleich schwerer als bei uns in der schon durchseuchten Bevölkerung. Wer also mit Weib und Kind solche Gegenden aufsuchen muß, der handelt klug, wenn er vorher noch zu Haus seine Kinder mit Masern, den hier harmloseren Masern, anstecken läßt.

In den Tropen ist eine besondere Kleidung, die T r o p e n k l e i d u n g, ein Erfordernis. Sie muß weiß oder wenigstens sehr hell sein, Kopf und Nacken müssen durch den Tropenschleier stets bedeckt gehalten werden, eine

Vorsicht, deren Unterlassung, wie schon erwähnt, den Tod herbeiführen kann. Die Kleidung muſs auch leicht sein, der Fuſsbekleidung muſs aber ein ganz besonderes Augenmerk zugewendet werden. Sie muſs den Fuſs und wenigstens die Unterschenkel vollständig schützen, schon wegen der Verletzungen durch Dornen und dergleichen, wegen der Insekten und des giftigen Gewürms. In Australien, so wird versichert, braucht man an manchen Orten nur eine halbe Stunde barfuſs zu gehen, um eines raschen Todes durch Schlangenbiſs sicher zu sein.

Auf diese Dinge muſs auch bei der Herstellung der Baulichkeiten Rücksicht genommen werden, und muſs das Gras in den Gärten an vielen Orten immer ganz kurz gehalten bleiben. Daſs die Baulichkeiten nach Lage und Bauart der Luft möglichst freien Zutritt gewähren, darauf wird überall mit Recht der gröſste Wert gelegt.

Die gemäßigten Zonen.

So heiſsen sie, da in ihnen im Sommer eine ungemäſsigte Hitze und im Winter eine ungemäſsigte Kälte beobachtet wird. In der neueren Zeit ist ihr Name auch mit dem passenderen der wechselwarmen Zonen vertauscht worden.

Für das Klima der gemäſsigten Zone ist es wesentlich, daſs mit dem Wechsel der Jahreszeiten sich auch die Tageslänge sehr ändert, um so mehr, je näher ein Ort dem Pol liegt. Eine einfache Rechnungsart gibt darüber Aufschluſs. Man benützt dazu den Unterschied der geraden und der schiefen Aufsteigung der Sonne (nach Klein, Populäre Astronomische Enzyklopädie), im einzelnen die Aszensionsdifferenz. Sie heiſse a, die Polhöhe eines Ortes heiſse p, die Deklination der Sonne an einem bestimmten Tag heiſse d, dann ist die halbe Tagesdauer an diesem Tag und an diesem Ort nach der Formel

$$\frac{90^{\circ} + a}{15}$$

Und die Gröſse von a nach der Formel:

$$\sin a = \operatorname{tang} d \operatorname{tang} p.$$

Wird $\sin a > 1$ dann geht die Sonne nicht unter, für $\sin a < 1$ nicht auf.

Wir wollen die Rechnung für den Äquator, einen Wendekreis und einen Polarkreis durchführen, und zwar für den längsten Tag und den kürzesten, der vorkommen kann. Natürlich reicht die Formel für jeden Ort der Erde und für jeden Tag des Jahres aus, wenn man die Deklination der Sonne für diesen Tag und die Polhöhe (geographische Breite) des betreffenden Ortes kennt. Mit dieser Formel kann sich jeder die Dauer des längsten und natürlich auch des kürzesten Tages an seinem Wohnsitz leicht berechnen. Um soviel Stunden der längste Tag mehr dauert als 12 Stunden, um soviel weniger dauert natürlich der kürzeste. Und die gröſste nördliche Deklination der Sonne beträgt im Sommer $+ 23^{1}/_{2}{}^{\circ}$, im Winter $- 23^{1}/_{2}{}^{\circ}$.

Die Rechnung ist nun für den Äquator sehr einfach und kurz. p ist für alle Tage des Jahres $= 0$ und tang 0 ist auch gleich Null. Im ganzen Jahr ist also $a = 0$, immer beträgt die halbe Tagesdauer also 6 und die ganze Tagesdauer 12 Stunden. Also ewige Tag- und Nachtgleiche am Äquator. Für einen Wendekreis ist $p = 23^{1}/_{2}{}^{\circ}$, die gröſste Deklination der Sonne $23^{1}/_{2}{}^{\circ}$ und $- 23^{1}/_{2}{}^{\circ}$. Daraus berechnet sich der kürzeste Tag im Jahr zu 10,6 Stunden und der längste Tag zu 13,4 Stunden. Am Polarkreis ist $p = 66^{\circ}\ 30'$, die Deklination $d = 23^{\circ}\ 30^{0}$ am längsten, und am kürzesten Tag $-\ 23^{\circ}\ 30'$. Die Tangenten beider Winkel ergänzen sich zu 1 und der Sinus = 1 entspricht dem Winkel von 90°. Das gibt in der Formel

$$\frac{90°-90°}{15}$$

den Wert Null, das heißt, der kürzeste Tag währt 0 Stunden und der längste 24.

Dabei wird aber der Einfallswinkel der Sonnenstrahlen, je mehr man sich dem Pol nähert, desto spitzer, und deswegen wird es im Durchschnitt immer kälter. Schon in der Vegetation, und sogar in der Beschaffenheit des Bodens, der Dammerde, macht sich das bemerkbar. In ungeheurer Verbreitung, wohl ein Viertel der ganzen kontinentalen Erdoberfläche einnehmend, bedeckt ein eisenreiches Ergebnis der Verwitterung, der Laterit, besonders in den Tropen, den Boden. An seine Stelle tritt in der gemäßigten Zone als Endprodukt der Verwitterung aller Gesteine, wie sie auch heißen mögen, im wesentlichen der Ton, Lehm, Sand. Nicht überall ist das ganz gleich. In den wärmeren Gegenden, auch noch in den Alpen, im Jura entsteht aus Kalksteinen mit Eisengehalt die terra rossa, braun bis ziegelrot gefärbt, in dem Stromgebiet von Rhein, Main usw. der jetzt als aërogene Bildung gedeutete Löß aus der Eiszeit. Der Löß ist auf die Mitte und Südost von Europa beschränkt, seine Grenze gegen den Laterit fällt mit der Nordgrenze gegen das subtropische Klima zusammen. In Italien und Spanien gibt es keinen.

Über die Tier- und Pflanzenformen, die sich in den gemäßigten Zonen so sehr von der tropischen Fauna und Flora unterscheiden, braucht nur bemerkt zu werden, daß auch sie das wesentliche Ergebnis des Klimas dortselbst darstellen.

Die gemäßigte Zone hat allein ausgesprochene vier Jahreszeiten. Im Winter treten die Verschiedenheiten der

Örtlichkeit zurück. Das gute oder schlechte Wetter ist gemeinhin weit verbreitet und steht ganz unter der Herrschaft der Zyklone und Antizyklone, wie sie sich nach der allgemeinen Wetterlage gebildet haben. Das gilt wenigstens für den mittleren Teil der gemäfsigten Zone. Der Gleichgewichtszustand des Luftmeers ist stabil, unten lagern die kältesten Schichten. Mit heiterem, klaren Himmel wechseln Tage, an denen er gleich ganz bedeckt oder in dichten Nebel gehüllt ist. Das gilt aber für die Küsten nicht im gleichen Mafs wie für das Binnenland.

Wenn im Frühling nach der Schneeschmelze sich der Boden unter den Strahlen der höher kommenden Sonne erwärmt, dann spielen örtliche Einflüsse schon eine gröfsere Rolle bei der Gestaltung des Wetters. Jetzt nimmt die Temperatur mit zunehmender Meereshöhe am raschesten ab. Die aufsteigenden Luftströme und die Verdichtung des Wasserdampfes in der Höhe machen nun das Wetter veränderlich. Die Erwärmung nimmt mit dem Höherrücken der Sonne zu, im ganzen langsam, wo viel Eis und Schnee geschmolzen werden mufs, auch oft unterbrochen durch Kälterückfälle, dann wieder auf einen Schlag mit grofsem Sprung. Dove hat das Wort vom „fieberhaften Erwachen der Natur im Frühling und ihrem ruhigen Einschlafen im Herbst" geprägt. Jeder erinnert sich der hoffnungsvollen Zeit, wo nach langem Harren in einer Nacht alles grün wird, wo es schon wieder grüner ist, wenn man von einem Gang wieder nach Hause kommt, wo man meint, man müsse es fühlen und hören, was das erfreute Auge sieht. Im Frühling wird die Luft am Boden schon recht warm, oben herrscht noch ziemliche Kälte. Wenn jetzt der warme Luftstrom aufsteigt, so kühlt er sich oben stark ab, und so ist der Vorsommer die Zeit der häufigsten Hagelschläge.

Im Sommer nimmt die Temperatur am Boden noch weiter zu. Es entstehen stärkere aufsteigende Luftströme mit ihren Folgen, den gewaltigen Niederschlägen, den Platzregen, den Gewittern. Bei uns nimmt das nach dem August schon merklich ab. Das Gleichgewicht der Luft ist stabil geworden, die Witterung ist in weiter Ausdehnung die gleiche, die Temperatur verläuft in gleichmäfsiger Weise, Kälterückfälle kommen nicht vor wie im Frühling, oder, vielleicht besser gesagt, sie sind selten. Es braucht ja nur ein verbreitetes und tiefes Minimum zu kommen oder ein ganzer Zug von solchen, dann kann der Wirbelsturm im Gefolge von Gewittern eine recht tiefe und anhaltende Senkung der Temperatur herbeiführen.

Vom Herbst wird berichtet, dafs die horizontale und die vertikale Verteilung des Luftdrucks jetzt die gleichmäfsigste ist und das Wetter die wenigsten Störungen im ganzen Jahr zeigt. Ist ja doch der Herbst für Ausflüge, Bergpartien usw. mit Recht die beliebteste Zeit. Nur schade, dafs der Tag schon recht merkbar an Länge abnimmt. Aber gerade in den längeren Nächten wächst die Ausstrahlung und die Abkühlung. Der Druck steigt, das Auftreten von Antizyklonen wird damit begünstigt und die Konstanz des guten Wetters aufrechterhalten. Auf den Landflächen besteht sonniges, ruhiges, windstilles Wetter, in den Tälern und Niederungen fallen oft Nebel, auf den Höhen herrscht ziemlich unverändert milde Wärme Tag und Nacht. Die Abnahme der Temperatur im Spätsommer und Herbst erfolgt im ganzen ziemlich gleichmäfsig.

Auch im gemäfsigten Klima macht sich der Unterschied zwischen Land- und Seeklima bemerkbar. Auf ausgedehnten Ebenen besteht die Neigung zu vereinzelten Strichregen und Gewittern, umgekehrt zu den Frühlingsregen im Herbst und Spätsommer die Neigung zu anhaltender Dürre und Trockenheit. Das Wasser erwärmt sich im Frühjahr langsamer als das Land. Deswegen nimmt an

den Küsten die Temperatur im allgemeinen langsamer und
stetiger zu, die Wasserverdunstung und die Bewölkung
sind geringer, Kälterückfälle sind seltener, aber die nächt-
liche Ausstrahlung mit der geringen Bewölkung und relativen Feuchtigkeit der Luft ist grofs und Reif und Spätfröste
treten häufig ein. Umgekehrt erkaltet an den Küsten das
Land im Herbst rascher als die See, die nasse Luft vom
Meere her bewirkt stärkere Bewölkung, und allmählich
kommt es an den Küsten zu den Winterregen. Im ganzen
ist der Herbst an den Küsten wärmer als der Frühling,
beim gleichen Stand der Sonne.

Das Klima an der Westküste von Nordeuropa bildet eine
sehr bemerkbare Ausnahme von der Regel, insofern der
Golfstrom hier zur Wirkung kommt. Die Folge ist eine
beträchtliche Erhöhung der mittleren Temperatur. Die
Küsten von England und von Skandinavien und die vorge-
legten Inseln haben besonders milde Winter und werden
von Nordländern sogar als Winteraufenthalt deswegen mit
Vorliebe aufgesucht.

Überhaupt gibt es von dem bezeichneten Durchschnitt
viel Abweichungen, und im Verlauf eines Menschenlebens
kann man davon recht erhebliche Beispiele sammeln. Ich
habe es in Würzburg schon erlebt, dafs an den Pfingst-
feiertagen der Schneedruck dicke Bäume gespalten hat, ich
habe schon in jedem Monat des Jahres müssen einheizen
lassen. In anderen Jahren ist den ganzen Winter über der
Schnee nie liegengeblieben usw. Vielleicht in keiner Zone
machen sich die örtlichen Verhältnisse in dem Mafse geltend, wie in der wechselwarmen. Vom mächtigsten Einflufs erweisen sich auch hier die Gebirge. Für Deutschland
sind die Alpen, die sich wie ein Ofenschirm gegen Süden
vorlegen, ein nationales Unglück — freilich nicht das
gröfste. Deutschland ist in seinem Klima vielleicht mehr
von der Windrichtung abhängig als andere Länder, selbst

der wechselwarmen Zone, für die es ja allgemein zutrifft. Man möchte sagen: Es gibt hier kein autochtones
Wetter und kein autochtones Klima. Wenn die Luftströmungen aus den warmen Ländern kommen, dann wird es
auch bei uns warm, und wenn sie von Nord und Nordost
blasen, dann wird es bei uns kalt. Und ebenso verhält es
sich mit der Feuchtigkeit und den Niederschlägen. Die
Minima entstehen selten bei uns, und wenn, dann nur in
sehr geringer Ausdehnung. Die Minima, die über dem
Atlantischen Ozean herkommen, mitunter noch weiter her,
das sind die Herren auf dem Gebiete des Wetters, und sie
bilden auch in ihrer Häufigkeit die Grundlage zum deutschen Klima. Ich habe schon die Nachrichten verfolgt, die
von den Tagesblättern über auffallend große Kälte oder
Hitze in den Vereinigten Staaten gebracht werden — wie
dort alles, in unsinnigem Maßsstab — und seitdem ich
darauf achte, ist allemal das Wetter von Amerika nach
etwas über einer Woche zu uns gekommen: entweder sehr
heiß oder sehr kalt.

Wie sich im einzelnen das Klima an verschiedenen Orten
gestaltet, das richtet sich nach den schon erörterten Ge-
sichtspunkten. Es gibt in der wechselwarmen Zone ein
Küstenklima, ein Landklima, ein Höhenklima, ein Waldklima usw.

Die wechselwarme Zone umfaßt die stärksten Temperaturschwankungen im Tag und im Jahr. Sie betragen im
Jahr mehr als 30°. Im nördlichen Ostasien beträgt das Mittel des Januar — 40 bis 50°, in Kalifornien, Arizona, Nord-
afrika, in Mesopotamien, im Pendshab erreicht oder übertrifft die Temperatur des Juli + 35°. Auch die interdiurnen
Schwankungen sind in der wechselwarmen Zone am bedeutendsten, auf der südlichen Halbkugel mit ihrem ozeanischen Klima geringer. Die größte Mannigfaltigkeit der
Flora, auch der Fauna, kommt ihr auch zu, und sie gilt

auch für die gesundheitlich günstigste Zone, namentlich die südliche.

Die Polarzonen

werden auch die kalten Zonen genannt. Den kältesten Punkt auf der Erde im Mittel stellt wahrscheinlich der Südpol dar; auf der nördlichen Halbkugel enthält die Polarzone aber nicht den kältesten Punkt. Soviel man weifs, wurde die gröfste Kälte in Warchozansk (—51°) und in Sakutsk (—43°) im Januar beobachtet, während am Pol sich nur das niedrigste Jahresmittel mit —20° findet (wegen der niedrigen Sommertemperatur, die sich nie über den Gefrierpunkt erheben wird). Die niedrigste Temperatur am Nordpol dürfte —40° betragen. Am Südpol werden wohl Jahresmittel wie Winter- und Sommertemperatur ein Minimum für die ganze Erde abgeben. Der Kältepol fällt, auf der nördlichen Halbkugel wenigstens, nicht mit dem geographischen Pol zusammen, sondern in den Polarkreis.

Den ganzen langen Winter fehlt die Sonnenstrahlung, und wenn sie wiederkommt, dann fallen die Strahlen in einem sehr schiefen Winkel auf. Anderseits dauert die Einstrahlung während des Sommers eine lange Zeit täglich 24 Stunden lang, und wir haben schon darauf hingewiesen, dafs die Summe der Strahlung die am Äquator zu Zeiten übertrifft. Aber im Winter hat sich eine grofse Menge gefrorenen Wassers, von Eis und Schnee angesammelt, und beim Auftauen geht sehr viel Schmelzwärme verloren. Die Frostzeit dauert fast $^3/_4$ Jahr lang. Die Dicke der Eisschicht nimmt nach Nansen jährlich um 2,7 m (nach anderen Angaben um 2 m) zu, einzelne Schollen von 4,2 m Dicke wurden noch nach vier Jahren Drift gemessen. Der Sommer genügt, um an ebenem Boden die Eis- und Schneedecke abzuschmelzen. An Bergabhängen geschieht das leichter und vollständiger, weil das Schmelzwasser abfliefst, ohne am Boden sofort wieder zu gefrieren. Auch macht sich der steilere Einfallswinkel der Sonnenstrahlen bemerklich. Baier nennt in Nowalja Semlaia den geneigten Boden am Fufs der Berge einen Garten, die Ebene eine Wüste. Die hochnordischen Ebenen mit der dürftigsten Vegetation heifsen Tundren. An den Flüssen kommen auf Sandboden, den die Strahlen der Sonne stärker erwärmen, Lärchen vor.

Der Sommer ist kühl und kurz, der Herbst immer bedeutend wärmer als das Frühjahr. Zuweilen ist erst der März oder sogar erst der April der kälteste Monat im Jahr. Mit dem Mai beginnt rasche Erwärmung, der Juli ist immer der wärmste Monat. Mit dem September nimmt die Sonnenstrahlung schon bedeutend ab. Ein kurzes Glück! Die Temperatur ist in den Polargegenden im Sommer durch grofse Gleichmäfsigkeit ausgezeichnet. Im Winter ist die regelmäfsige Tagesschwankung kaum angedeutet, immerhin erhebt sich die Temperatur um die Mittagszeit, dann also, wenn die Sonne dem Horizont von unten noch am nächsten kommt, um $1/_2^0$ über das Tagesmittel. Unregelmäfsige Temperaturschwankungen kommen dagegen im Winter oft vor und können sogar recht bedeutend ausfallen.

Die absolute Feuchtigkeit der Luft ist sehr klein, und auch die relative an manchen Stellen. Aber selbst bei relativ trockener Luft hat man nach den Angaben von Bayer das Gefühl des Feuchten. An den Schleimhäuten dagegen macht sich das Gefühl der Trockenheit sehr bemerkbar und erzeugt die Empfindung qualvollen Durstes. Diese Pein des Winters vergeht, sobald die Sonne wiederkehrt und die Schneeschmelze beginnt, und damit die Luft feuchter wird.

Nebel fehlt im Winter fast ganz. Aber jeder stärkere Wind hebt die aufserordentlich feinen Schneemassen, die dann das Licht schwächen und den Himmel verdüstern. Im Sommer wird dadurch die Sonnenstrahlung sogar unangenehm verringert. Über offenen Stellen des Meeres steigen Wasserdämpfe auf, die den „Frostrauch“, aus lauter feinen Eisnadeln bestehend, bilden, und dieser kann sogar eine graugelbe Dämmerung erzielen, und das Reiben der Eisnadeln aneinander kann man wie ein Flüstern hören.

Hätte die Erde keine Atmosphäre, so würde im Polarkreis einmal im Jahre die Sonne nicht auf- und einmal im Jahre 24 Stunden nicht untergehen, und am Pol würde die Nacht und der Tag ein halbes Jahr lang sein. Durch die Strahlenbrechung in der Luft wird die Sonne aber schon eher sichtbar, als sie über dem Horizont steht, und es dauert die Polarnacht nicht ganz so lang, wie es sich nach der geographischen Lage des Orts berechnen liefse. Eingeschränkt wird das Dunkel der Polarnacht durch die Dämmerung.

Schon vor dem Aufgang der Sonne und noch nach ihrem Untergang ist es bekanntlich eine Zeitlang hell, so hell, dafs man im Zimmer noch etwas sehen kann. Diese Zeit bezeichnet man mit dem Namen b ü r g e r l i c h e D ä m - m e r u n g. Sie vergeht erst, wenn die Sonne um 6 bis $6^{1}/_{2}{}^{0}$ unter dem Horizont steht. Und der letzte Schimmer von Helligkeit am Abendhimmel vergeht, der erste beim Morgengrauen kommt bei einem Stand der Sonne um 18^{0} tiefer als der Horizont. Das ist die a s t r o n o m i s c h e D ä m m e r u n g. Die Zeit, welche vergehen mufs, bis die Sonne den Tiefstand von 6^{0} oder 18^{0} erreicht, ist natürlich verschieden, je nach der Schiefe der scheinbaren Sonnenbahn. Unter den Tropen ist sie kleiner, unter dem Äquator gehen sogar alle Gestirne, auch die Sonne, senkrecht zum

Horizont auf und unter. Da ist die Dämmerung also am kürzesten, freilich nicht blitzschnell vorüber, wie man oft hört und liest. So eine halbe Stunde vergeht auch hier, bis die Dämmerung zu Ende ist. Je mehr man sich den Polen nähert, desto länger dauert die Dämmerung, die bürgerliche und erst recht die astronomische. In den polaren Gegenden, die von Forschungsreisenden erreicht wurden, ist die Zeit, wo auch nicht der geringste Lichtschein am Horizont den Stand der Sonne verrät, nur kurz, und bald kündigt seine Wiederkehr an, daſs die scheinbare Bahn der Sonne sich wieder hebt.

Parry berichtet unter dem Breitegrad von 74° 47′ vom 21. Dezember, daſs das Zwielicht im Mittag so stark war, daſs man Stunden spazierengehen konnte. Bei klarem Wetter war gewöhnlich ein schöner Dämmerungsbogen hellen, roten Lichtes 1 bis 2 Stunden vor und nach Mittag im Süden zu sehen. Ohne die Strahlenbrechung in der Luft hätte die Nacht vom 4. November bis zum 8. Februar, also 96 Tage, dauern müssen, sie dauerte aber wirklich nur 84 Tage, und die Sonne kam schon am 3. Februar wieder. „Zuerst bemerkte man im Süden eine Zunahme der Helligkeit, dann später im Norden einen schönen Dämmerungsbogen, der eine prachtvolle Erscheinung wird.“

Auch die häufigen Polarlichter tragen dazu bei, das Dunkel der Polarnacht zu mildern, und der Mond zieht, je nach seinem Stand und seiner Phase, eine flache Bahn entlang dem Horizont. Wo das alles fehlt, da ist die Nacht aber ganz schwarz, zumal bei bedecktem Himmel. Dazu das absolute Schweigen — da sagt Parry: „Es ist schwer, sich vorzustellen, daſs zwei Dinge sich ähnlicher sein können als zwei Winter in den höheren Polarregionen.“

Manche Reisende haben aber versichert, daſs der „ewige Tag“ beinahe noch unerträglicher sei und sich mehr auf die Nerven lege als die „ewige Nacht“. Beides, Kälte

und Mangel an Licht, wirken auf den Neuangekommenen
im Anfang einschläfernd. Große Gleichgültigkeit zu Beginn,
gegen Ende dagegen Schlaflosigkeit und große Reizbarkeit, beides auch zu verschiedenen Zeiten abwechselnd,
machen sich geltend.

Die längste Nacht, die Menschen je durchlebt haben,
sagt N a n s e n, war die ungefähr unter dem 85. Breitegrad. Am 8. Oktober wurde der letzte Schimmer vom Son-
nenrand gesehen, am 26. Oktober war kaum noch ein
Unterschied zwischen Tag und Nacht zu bemerken.

Über die Einwirkung des polaren Klimas auf die Gesundheit lauten die neueren Nachrichten von den Nordpol-
fahrern bedeutend günstiger als die aus früheren Zeiten.
Offenbar kommt das daher, daß man gelernt hat, in Ausrüstung und Versorgung mit Bedürfnissen aller Art, besonders auch mit Lebensmitteln, viel besser und verstän-
diger zu Werke zu gehen. Es steckt schon viel Klugheit,
Umsicht, Erfindungsgabe und Fleiß in der Ausrüstung der
„Fram". Das hat sich auch gelohnt, und der Gesundheitszustand der Besatzung war und blieb im ganzen vortreff-
lich. Katarrhe kamen fast nicht vor, erst auf der Heim-
reise, wenig Rheumatismen, am ehesten im Sommer. Vor
allem blieb die Geißel früherer Polarfahrer, der Skorbut,
aus, ein Zeichen, daß er nicht als eine Wirkung des Klimas
aufzufassen ist, und alles das, was man dafür verantwortlich
machte: die Kälte, der Mangel an Licht usw., nicht zutrifft.
Es ist auch nach N a n s e n irrig, daß die kleinen Mengen
von Salz, die dem Trinkwasser, das aus Eis gewonnen
wurde, zukommt, zu Skorbut führen. Man braucht also
nicht Schnee zu schmelzen, der wenig Wasser liefert und
viel Heizmaterial verbraucht. Das Seewassereis, das sich
über der Erdoberfläche erhält, gibt ein vorzügliches Trinkwasser. Die Gegend liefert wohl auch sonst manches Ge-
nießbare. Alke kommen massenhaft vor, und ihre Eier

werden als köstlich gepriesen. Dazu hie und da eine Robbe und ein Eisbär; die Hauptsache aber muſs der Proviant bleiben, der von der Heimat mitgenommen wurde. Und da ist allerdings ein groſser Fortschritt sowohl in Auswahl als in Herstellung zu verzeichnen. Ungemein wichtig ist es bei einem Aufenthalt, fern von den Stätten der Kultur, der auf Jahre berechnet ist, daſs nicht für gut und viel allein gesorgt ist, sondern auch für vielerlei.

So gab es auf der Fram: Getrocknetes und gemahlenes Fleisch und Fische, Pemmican, Butter, Mehl, Kartoffeln, Erbsen, Schokolade, Aleuronatbrot (30% Aleuronat), Büchsenfleisch, gedörrte Fische, Fischkonserven, Gemüse, gedörrt und konserviert, Obst, gekocht und gedörrt, Eingemachtes und Marmelade, kondensierte Milch, konservierte Butter, getrocknete Suppeneinlagen, Mehl, Schiffsbrot aus Roggen und Weizen, englischen Schiffszwieback. Auch den Genuſsmitteln wurde die so notwendige Aufmerksamkeit geschenkt. Tabak reichlich, Bier, Malzextrakt, Kaffee, Thee, Schokolade, Zitronensaft, Zucker wurden mitgenommen.

Die Folge davon war, daſs der Skorbut, der gefürchtete Skorbut, ausblieb, und das ganze ist ein Beispiel dafür, daſs manche Schädigung, die der Mensch auf den Einfluſs des Klimas unmittelbar zurückführt, nichts anderes ist als eine Folge der veränderten Kost, die unzureichend, oder in Zusammensetzung, Zubereitung, Aufbewahrung usw. sich als ungeeignet erweist. Das mag auch für andere Klimata gelten, und viele Menschen gewöhnen sich an alles andere leichter, an Hitze und Kälte, Licht und Dunkel, als an die Veränderung des einstigen Speisezettels.

Übrigens wurden doch auch bei den Framleuten einige Abweichungen des körperlichen Befindens beobachtet: eine blasse Gesichtsfarbe, die Haare und Nägel wurden lang, Wunden brauchten längere Zeit zum Heilen. N a n -

s e n selber aber fühlte sich nachher nicht älter, sondern eher jünger geworden.

Auffallend ist es, wie gut die Kälte ertragen wurde. Wenigstens in ruhiger Luft. Der Wind aber „ging einem trotz des wärmsten Pelzanzugs durch Mark und Bein". In der Polargegend gibt es auch Regen, richtige Regengüsse, in den Monaten August und im Anfang September. Auch sonst ist die reichlichste Gelegenheit zu gründlichen Durchnässungen gegeben. Aber auch da kam es zu keiner eigentlichen Erkältung. Ein Hexenschuß wurde im Juli beobachtet. Sonst ging es über ein paar erfrorene Wangen und Nasen nicht hinaus. Allerdings war auch für passende Kleidung nicht minder vorzüglich gesorgt als für die Nahrung. Die gewöhnliche Kleidung bestand aus: Unterbeinkleid, Kniehosen, Strümpfen, Friesgamaschen, Schneemasken und Finnenschuhen; am Oberkörper gewöhnliches Hemd, Kragen aus Wolfsfell und Robbenpelzjacke. N a n - s e n schwitzte darin bei einer Temperatur von — 40 bis 42⁰ „wie ein Pferd". Zu Schneefahrten oder bei Wind wurde eine andere Art von Kleidung gewählt. Auch hier hatte sich der Vorteil mehrerer Hüllen übereinander herausgestellt. Besondere Sorgfalt wurde auch der Bekleidung der Hände und Füße zugewendet. Schwere Fausthandschuhe und gewöhnliche wollene wurden getragen. Solche aus Schafwolle und Menschenhaaren erwiesen sich als ebenso warm wie dauerhaft, Fußlappen aus Fries als bequem und leicht zu trocknen. Auf diesen Punkt muß in polaren Gegenden bei der Kleidung ein großes Gewicht gelegt werden. Die Luft ist zwar absolut trocken, hat aber bei ihrer niederen Temperatur doch nur ein geringes Feuchtigkeitsdefizit, und die gewöhnlich aufs äußerte durchnäßsten Kleidungsstücke müssen nur allzu oft am warmen Körper wieder trocken gemacht werden. Komager (Lappenschuhe) sind für die warme Jahreszeit die besten, für den Winter die Schuhe, wie sie die Finnen tragen. Sie sind aus der Haut eines der Hinterbeine eines Renntierbocks verfertigt, werden mit Seegras gefüllt und die bloſsen Füſse werden hineingesteckt. Ein Filzhut soll mehr gegen Blendung als gegen Kälte schützen. Doch werden auch wollene Mützen und eine oder zwei Wollkapuzen getragen. Ein fettiger Überzug soll die Haut am besten bewahren, und von Polarfahrern wird der Rat gegeben, sich nur alle paar Tage einmal zu waschen.

Auſserhalb des Schiffes müssen als Behausung Hütten aus Stein, Moos, Schnee und Eisblöcken dienen, als Decke Wallroſshaut. Mehr noch als ein Schlafsack aus der Haut eines Renntierkalbes werden zwei Renntierhäute übereinander gelobt. Den besten Schutz gegen den überaus kalten und sehr oft sehr heftigen Wind soll Bärenfell gewähren, auſserdem wird das Gesicht, um die Nase vor dem Erfrieren zu schützen, mit einer Maske aus Flanell bedeckt. Rasieren des Schnurrbarts sei vorteilhaft, „weil sich in ihm kleine Gletscher bilden". Dinge, die auch für Flieger in Betracht kämen; in der groſsen Höhe, die sie feindlicher Angriffe wegen erreichen müssen, herrscht eine polare Kälte und geht ein noch stärkerer Wind als in den fürchterlichsten Polarstürmen.

Bei der Einatmung sehr kalter Luft wird bei Temperaturen von 15 bis 40° oder 50° über Schmerz „tief in der Brust" geklagt. Wäre nicht die Reserveluft und die Residualluft da, so wäre das Lungenepithel wohl rettungslos verloren.

Die Schneeblindheit ist im Sommer zu fürchten und erfordert das Tragen von Schneebrillen, roten, blauen oder schwarzen Schleiern.

Sehr bemerkenswert ist die Angabe, daſs die Empfindlichkeit gegen Kälte im Sommer beträchtlicher ist, als im Winter, und daſs das zweite Jahr im Norden besser vertragen wird als das erste. Die Leute sind an den Einfluſs

des Klimas schon etwas g e w ö h n t. Damit kommen wir
zum Schluſs noch zu einem sehr wichtigen Abschnitt über

Die Akklimatisation.

Der Eingewöhnung nicht in einem besonders ungünstigen Klima, sondern in der Fremde überhaupt, steht wohl
bei allen erwachsenen Menschen in geringerem oder höherem Grade die Sehnsucht nach der Heimat entgegen, die
sich zu einem sehr heftigen Wehgefühl, dem allbekannten
H e i m w e h, steigern kann. Ganz junge Kinder kennen
das Heimweh gar nicht, ältere leiden nur anfangs wenig
und nicht lang darunter. Am schlimmsten sind die Formen,
die erst spät ausbrechen; sie können zu allgemeinem Verfall, geistigem und körperlichem, führen, und auch die Gefahr des suicidiums ist nicht ganz ausgeschlossen. Das
Heimweh kann in jedem Klima ausbrechen, und auch die
Beschaffenheit der Gegend, aus der der Eingewanderte
kommt, ist dabei gleichgültig, es ist eben die H e i m a t,
nach der der Kranke sich mit allen Fasern seines Herzens
sehnt. Vielleicht ist auch keine Rasse, keine Nation gegen
das Heimweh gefeit. Die Deutschen galten von jeher als
besonders empfänglich und schwer leidend, ob nun die
Wiege am Strand der See, an den Ufern des Rheins, auf
einem Berge der Alpen, in der fruchtbarsten Au oder im
Sande der Mark gestanden hatte.

Wiederholt sahen wir uns leider gezwungen, auf die
schweren Schädigungen der allgemeinen Gesundheit hin-
zuweisen, die man in Deutschland der Revolution und
ihrer legitimen und ausgetragenen Tochter, der Ochlokratie, verdankt. Die Gerechtigkeit verlangt es aber, daſs
auch die Gegenseite, die entschieden günstige Einwirkung
gegenüber einer weit verbreiteten Krankheit nicht uner-
wähnt bleiben darf. Mit jedem Jahr nimmt in Deutschland

die Zahl der Auswanderer zu und wenden mehr, namentlich junge Leute ihrem Vaterland den Rücken. Und wenn jetzt von den vielen Hunderttausenden, wie man annehmen muſs, keiner an Heimweh erkrankt, dann haben sie dies ohne allen Zweifel der segensreichen Wirkung der beiden, der Revolution und ihrer ausgetragenen Tochter, der Ochlokratie, zu danken.

Daſs Organismen, Pflanzen und Tiere, nicht gleich gut an allen Orten der Erde vorkommen und gedeihen können, das weiſs man längst. Man hat auch herausgebracht warum, nicht in allen Fällen, doch in vielen. Es kann an der Temperatur, an der Belichtung, an der Feuchtigkeit liegen, und indem man dem abhilft, kann man auch in anderen Klimaten den hier nicht wild vorkommenden Arten das Fortkommen ermöglichen. In den meisten Fällen bleibt es aber ein Treibhausleben, und die neue Art bürgert sich nur ausnahmsweise im neuen Klima ein, um verwildert weiterzuleben. Solcher Ausnahmen sind freilich sehr wichtige bekannt; man braucht nur an die Kartoffel zu denken. Da mag es vielleicht nur am Zufall gelegen sein, daſs die betreffende Art nicht auch im jetzt neuen Klima sich von vornherein entwickelt hat, offenbar wäre sie so gut dazu befähigt gewesen wie in ihrer eigentlichen Heimat. Freilich beobachtet man nicht selten dabei immerhin deutliche, wenn auch kleine, oft kaum wahrnehmbare Unterschiede, die dem Tierzüchter, dem Landwirt und Gärtner aber doch nicht verborgen bleiben. Dann hat sich in der Tat eine gewisse Gewöhnung der Art an das Klima vollzogen, in das sie versetzt worden ist. Und nun ist der Mensch — homo sapiens, wie Linné ganz unnötigerweise die Spezies genannt hat — wohl die Art, die für die weiteste Verbreitung auf der Erde am geeignetsten ist. Leben regt sich überall, unter den Tropen in den üppigsten Formen, und in den wechselwarmen Zonen treten noch reichere auf, und auch in den polaren gibt es mehr Lebewesen als man wohl gedacht hatte, so wurden von Nansen Algen, Diatomeen, Flagellaten, auch Bakterien gefunden.

Aber da sind es doch überall immer wieder andere Formen und Arten. Der Hauptsache nach können auch hier nur wenige über einen größeren Raum und in verschiedenen Klimaten sich erstrecken. Alle übertrifft aber darin der Mensch.

Und doch kommt es auch beim Menschen vor, daß er ein Klima nicht verträgt, wie oft! Ganze Völker sind einem fremden Klima erlegen, und man hat für diese Tatsache keineswegs immer auch das nötige Verständnis. Was heißt, sie sind „dem Klima erlegen". War es eine Krankheit, war es ein Unfall, wie Beschädigung durch Bewohner, wie sie im neuen Klima nur vorkommen, wirkten die Elemente der Witterung auf diese oder jene Organe stärker verbrauchend ein, oder was war es sonst? Noch vor dem Krieg behandelte ich einen englischen Gouverneur aus dem zentralen Teil von Afrika. Er versicherte mir, daß das Kind eines Weißen, dort geboren, unbedingt vom zweiten Jahr ab nach Europa gesandt werden müsse, sonst sei es unfehlbar verloren. Als Grund für dieses wohlbekannte Verhalten konnte er nur angeben, „weil es eben das Klima nicht verträgt". Was dann mit dem Kinde wird, wenn der Rat nicht befolgt wird, ob es eine Krankheit bekommt und welche, das war nicht zu erfahren. „Das Kind verträgt eben das Klima nicht", das muß reichen. Und damit muß es leider in vielen Fällen sein Bewenden haben. Das gilt auch für die Beispiele im größten Maßstab.

Wir wissen, daß die nordischen Völker in der Völkerwanderung das südliche Klima „nicht vertragen haben", sie sind seinen Einflüssen sicher erlegen, wir wissen im einzelnen nicht wie. War es eine der Seuchen, die wie so oft die Heereszüge begleiteten, die sie selbst gar auf ihrer

Wanderung mitgebracht hatten — wäre nicht ganz unmöglich — waren es neue, die sie im Süden fanden und
mit denen der Volksstamm noch nicht durchseucht war?
Oder wurde dem Volk, das unter grofsen Entbehrungen,
karg und keusch bis dahin gelebt hatte, durch Überreich-
tum, durch Wein von ungeahnter Güte und Stärke, durch
nicht schönere, aber ungewohnte Weiber, durch unerhörte
Lüste das Mark aus den Knochen gesogen? Ignoramus!

Jedenfalls ist dabei und bei ähnlichen Gelegenheiten
nicht alles zugrunde gegangen. Und wenn man sagt, das
deutsche Blut sei in Italien vom südlichen aufgesogen
worden, so ist das gewifs nicht wörtlich zu verstehen. Ein
paar Tropfen nordischen Blutes werden wohl noch in den
Bewohnern der Lombardei rollen. Hat man es ja unternommen, sogar für das Geschlecht der Bonaparte (Boni-
pert) die Herkunft aus langobardischem Stamm anzu-
nehmen.

Mag man die Entwicklung des Menschengeschlechts von
einem Brennpunkt aus geschehen lassen, oder von mehreren, soviel ist sicher, der Mensch hat seine Ausbreitung
über die bewohnte Erde nicht ohne grofse Wanderungen
vollziehen können, und nicht ohne dafs immer ein in vielen
Fällen ungeheurer Klimawechsel untergelaufen ist. Es mufs
also die Möglichkeit bestanden haben, dafs sich die Zugewanderten auch dem neuen Klima angepafst haben, sich
mit den neuen Verhältnissen abgefunden haben, oder wie
man sich das vorstellen mag. Denn es gibt auch andere
Möglichkeiten.

Oft wird es halt so gehen, wie bei der früher erwähnten
Fischersfrau mit ihren 23 Kindern, von denen fünf durch-
kamen. Die widerstandsunfähigen gehen zugrunde, die
anderen bleiben übrig und pflanzen die Rasse fort. So
mufs es ja auch bei der ursprünglichen Verbreitung des
Menschengeschlechts über die Erde und über die ver-

schiedenen Klimata zugegangen sein. Das kann man aber keine Akklimatisation heifsen. Eine solche vollzieht sich ohne Zweifel sehr oft in der Weise, dafs im neuen Klima eine dort endemische Krankheit überstanden und damit Immunität erworben wird. Das ist sicher eine wirkliche Akklimatisation, und zwar eine sehr wichtige Art davon.

Ferner mufs man wohl auf eine Grundeigenschaft des Menschen nicht nur, sondern — könnte man sagen — der lebenden Materie überhaupt hinweisen. Das ist die Gewöhnung. Sie betrifft die Einzelwesen, und erst mittelbar durch Auslese den Stamm. So ist zum Beispiel im menschlichen Organismus Sorge getragen, dafs zu den Stellen höheren Bedarfs mehr Blut zugetragen wird, und darauf beruhen viele Fälle von sogenannter Gewöhnung. Wenn ein Schmied länger mit seinem schweren Hammer und ganz anders hinhauen kann als einer, der von Haus aus auch nicht schwächer ist, so beruht das, wie man sagt, auf Gewöhnung, ist aber die Folge davon, dafs in den Muskeln des Schmieds bei der Arbeit mehr Blut umgeflossen ist, den Muskel gut ernährt und damit stärker gemacht hat usw. Ich erinnere mich noch recht gut der Zeit, da es bei mir nicht anders war, und beim Rudern war ich nicht zum Umbringen. Unermüdlich, so dafs kein anderer Ungeübter damit wetteifern kann, wird man durch die Arbeit. Noch jetzt geht das so. Anfangs strengt es gewaltig an, bis man nur einmal im Zug ist, dann gehts schon weiter, wenn die Übung wieder gekommen ist. Warum das nur bei der Muskelarbeit so sein soll, das liefse sich nicht einsehen und ist unwahrscheinlich. So mag es auch in manch anderer Beziehung sich verhalten, sogar auf psychischem Gebiet. Wieviel Unannehmlichkeiten erträgt man, weil es sein mufs, und endlich immer leichter, weil man sich daran gewöhnt hat. Sich den näheren Vorgang klar zu machen, ist nicht ganz leicht. Vornehmlich dürfte es sich dabei um eine zweite Grundeigenschaft des lebenden Stoffes handeln, auch der seelischen Verrichtungen, und das ist die Ermüdbarkeit. Das Neue reizt mehr als das Gewohnte, und so stumpft sich die Empfindung auch gegen Reize allmählich ab, die im Anfang, solang man noch nicht daran gewöhnt war, eine grofse Wirkung, namentlich auf die Empfindungssphäre, ausübten.

So kann man sich beispielsweise an das Ertragen von Hitze und Kälte gewöhnen, und ein gut Teil der Akklimatisation beruht gewifs auf diesem Umstand. Dabei kann die Willenskraft auch mithelfen, indem willkürlich andere Ideenassoziationen geweckt werden, die die unangenehme Empfindung in den Hintergrund treten lassen.

Aber auch sonst läfst sich die Akklimatisation wenigstens unterstützen durch Mafsregeln, die willkürlich nach bester Einsicht und erworbener Erfahrung getroffen werden. Auch wieder eine wichtige Seite der Akklimatisation! Die einzige, auf der man etwas lernen und die zu gutem Rat und bestimmten Anweisungen führen kann. Und bei diesem Punkt wollen wir noch einen Augenblick stehenbleiben.

Wer sich in anderes Klima begibt, mufs sich darüber klar sein, dafs er seine frühere Lebensweise in um so mehr Punkten abändern mufs, je verschiedener das neue Klima sich vom alten zeigt. Ob es nun Strahlung, Temperatur, Luftbewegung oder sonst etwas sei, an der gegebenen Verschiedenheit mufs eingegriffen werden. Ein grofser Vorteil ist es, wenn Erfahrene, bereits besser Eingewöhnte, zum Beispiel Eingeborene, die Ankömmlinge auf die besonderen Punkte des Klimas aufmerksam machen können. Eine derartige Warnung darf nie in den Wind geschlagen werden. Und sei es nur, dafs uns in München ein guter Freund den Rat gibt, des Abends wegen der zu erwartenden kalten Bergluft den Sommerüberzieher mitzunehmen, wenn wir unsere Maſs auf einem Sommerkeller trinken wollen. Im Ernst! Leichtsinn bei der Auswahl, der Einrichtung der Wohnstätte, der Beschäftigung in den verschiedenen Tagesstunden, der Kleidung und tausend anderen Dingen, an die der Ankömmling meist gar nicht denkt, kann sich in unerwarteter Schwere rächen.

Im allgemeinen ist es wohl geraten, sich den Gewohnheiten der Eingeborenen, auch ihrer Kleidung möglichst anzuschlieſsen. Sie haben es ja gezeigt, daſs sie und ihre Rasse dabei gediehen sind, oder wenigstens es ausgehalten haben. Doch darf man auch hierin nicht zu weit gehen. Die Eingeborenen gehören vor allem auch zu den Eingewöhnten, und ein Fehler wäre es, wenn der Neugekommene versuchen wollte, es ihnen in allen Stücken gleich zu tun. Wirklich besteht zwischen den Menschenrassen ein bestimmter Unterschied im Ertragen von Schädlichkeiten des Klimas. Auch daran muſs man denken. Ist schon die Kleidung der Eingeborenen dem Klima angepaſst, so geschah das eben nach Möglichkeit, und die Hilfsmittel des Europäers schlieſsen eine noch weitergehende Verbesserung nicht aus. Für den Neger hat es seine Vorteile, nackt zu gehen, er kann das bischen Kleidung, das er sein eigen nennt, als Schmuck oder sexuelles Lockmittel betrachten, die weiſse Haut, die die chemisch wirksamen Sonnenstrahlen leicht in die Tiefe durchdringen läſst, bedarf notwendig des Schutzes durch die Kleidung. Und der Weiſse findet ihn in den leichten und feinen Geweben, wie sie dem Neger nicht zu Gebote stehen, und wie er sie auch verschmähen würde, wenn es der Fall wäre. Einem dicken Negerschädel mit seinem dichten, krausen Wollhaar, was schadet dem die Sonne, und der Weiſse müſste ohne Schutz seines Hauptes dem Sonnenstich erliegen. So ist denn auch hier die Ansicht, der Rat bereits eingewöhnter, mit dem

Klima wohlvertrauter Europäer von höherem Wert als das Urteil und die Gewohnheit der Eingeborenen.

Dazu kommen aber noch Dinge von allgemeiner Gültigkeit und Wichtigkeit. Die Lehren der Gesundheitspflege sind im allgemeinen in der wechselwarmen Zone besser ausgebildet und bekannt als in den anderen. Das ist ein Vorteil, der in der Fremde nicht aufgegeben werden soll. Was nach eigener oder fremder Erfahrung allgemein als gesundheitsschädlich gelten darf, das muſs auch im neuen Klima nach Möglichkeit vermieden werden. Das gilt vornehmlich für Ausschweifungen aller Art. Daſs diese, wie auch der an sich erlaubte Genuſs im Übermaſs gebraucht, die Gesundheit untergraben, das weiſs man. Der Alkohol, dessen grundsätzlicher und verbohrter Gegner ich nicht bin, noch war, ist hier in erster Reihe zu nennen, wo es sich um das Tropenklima handelt. Daſs er auch im hohen Norden fast ganz entbehrt werden kann, lehrte die Fram mit den Framleuten. Doch sollen, so hieſs es, gelegentlich ein paar von den wenigen Flaschen Bier, die mitgenommen waren, eine recht gute Wirkung auf gesunkene Stimmung und Hebung froher, kleiner Feste hervorgebracht haben.

Es wird wohl dabei bleiben, daſs den Menschen der angeborene Drang in die Ferne nicht verläſst. Notwendigkeiten führen vielleicht — wer weiſs das — eines Tages zu Wanderungen im groſsen Stil. Da kommt die Frage nach Wetter und Klima wieder zu erneuter, gewaltiger Bedeutung. Daſs sie auch heute nicht klein ist, das haben wir, so hoffe ich, sehen können.

Wie es auch gehen mag, es scheint, daſs wohl eine Nation, auch eine groſse, wenn sie nur zum guten Teil dumm genug ist, oder schlecht, oder beides, auch einmal bei gutem Wollen der anderen vernichtet und kaput gemacht werden kann. Die Geschichte kennt solche Beispiele. Bis

jetzt hat es aber den Anschein, daſs dem ganzen Menschengeschlecht das gleiche Schicksal nicht droht.

„Was sich dem Nichts entgegenstellt,
Das Etwas, diese plumpe Welt,
Soviel als ich schon unternommen,
Ich wuſste nicht ihr beizukommen.
Mit Wellen, Stürmen, Schütteln, Brand,
Geruhig bleibt am Ende Meer und Land.
Und dem verdammten Zeug, der Tier- und Men-
   schenbrut,
Dem ist nun gar nichts anzuhaben,
Wie viele hab ich schon begraben!
Und immer zirkuliert ein neues frisches Blut.
So geht es fort, man möchte rasend werden!
Der Luft, dem Wasser wie der Erden
Entwinden tausend Keime sich,
Im Trocknen, Feuchten, Warmen, Kalten!
Hätt' ich mir nicht die Flamme vorbehalten,
Ich hätte nichts Aparts für mich."

REGISTER.

G. Franz'sche Buchdruckerei (G. Emil Mayer), München.